苏州城市学院资助出版

微积分

（财经类）

主　编　杨松林　邵永存　徐　婷

副主编　史　莹　蒋清扬

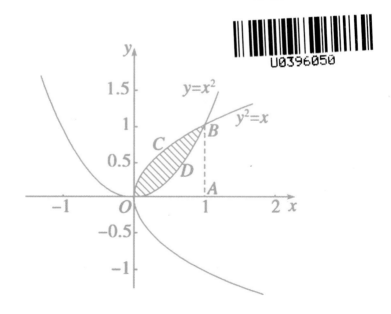

苏州大学出版社

Soochow University Press

图书在版编目(CIP)数据

微积分:财经类 / 杨松林,邵永存,徐婷主编. ——
苏州 : 苏州大学出版社,2024.3
ISBN 978-7-5672-4758-1

Ⅰ.①微… Ⅱ.①杨… ②邵… ③徐… Ⅲ.①微积分
－高等学校－教材 Ⅳ.①O172

中国国家版本馆 CIP 数据核字(2024)第 058924 号

书　　名	微积分(财经类)
主　　编	杨松林　邵永存　徐　婷
责任编辑	管兆宁
出版发行	苏州大学出版社
	(苏州市十梓街 1 号　215006)
印　　刷	镇江文苑制版印刷有限责任公司
开　　本	787 mm×1 092 mm　1/16
印　　张	18.5
字　　数	417 千
版　　次	2024 年 3 月第 1 版
印　　次	2024 年 3 月第 1 次印刷
书　　号	ISBN 978-7-5672-4758-1
定　　价	55.00 元

图书若有印装错误,本社负责调换
苏州大学出版社营销部　电话:0512-67481020
苏州大学出版社网址　http://www.sudapress.com
苏州大学出版社邮箱　sdcbs@suda.edu.cn

高等数学在现代社会(特别在当前的大数据时代)的地位、作用和影响十分显著,在高素质创新型人才的培养中具有独特的、不可替代的重要作用.高等数学不仅广泛应用于自然科学,而且日益渗透于很多社会科学,已经成为社会经济研究的重要工具,促进了数理经济学、计量经济学等领域理论的完善.高等数学不仅仅是一门科学,更重要的是,通过分析、归纳、推理等各项数学素养训练,学生能够具备理性思维能力、逻辑推理能力及综合判断能力.

微积分作为高等数学的分支之一,广泛应用于自然科学和社会科学中.20世纪杰出数学家库朗(Courant)指出:微积分和数学分析是人类智力的伟大成就之一,是一种震撼心灵的智力奋斗的结晶,其地位介于自然科学和人文科学之间.

本书以介绍微积分的内容为主,以财经类学生为授课对象,针对财经类学生的特点,本着重基础、重素质、重能力、重应用的编写原则,在概念与理论、方法与技巧、实践与应用三个方面,努力做出较为合理的安排,力求使学生的逻辑思维能力和数学应用能力都能得到发展,以期达到提高学生综合数学素质的目的,并为后续财经课程的学习打好基础.

作为一门数学基础课的教材,我们注意保持数学学科本身的科学性、系统性和严密性,但在引入一些概念、定理时,适当降低理论要求,尽量采用学生易于接受的方式表述,突出有关理论、方法的应用和经济数学模型的介绍.

本书围绕微积分的四类核心问题展开,共分七章,第一章至第三章介绍一元函数微分,第四章和第五章介绍一元函数积分,第六章介绍多元函数微积分,第七章介绍常微分方程.在相应部分附加了在微积分方面做出突出贡献的数学家的简要介绍,以二维码的形式呈现,既让学生学史明理、学史增信、学史崇德、学史力行,又让学生了解数学与人类活动的密切联系,消除数学的神秘感.每章的各节附有习题供学生练习;每章均配备了一定数量的复习题供学生复习;每章另配备了自测题,书后附有参考答案,供学生检验学习效果.对于一些高中阶段的数学知识,我们考虑到财经类学生以文科居多,在附录中加以补充和强化.

本书的编写得到苏州城市学院教务处教材培育项目的经费支持和苏州城市学院基础部的大力支持.本书的选材、编写、审稿等得到苏州大学东吴学院、苏州城市学院数学教研室主任戴中寅教授的鼎力支持,苏州城市学院基础部数学系的部分老师根据多年的教学经验和学生的反馈对本书编写提供了非常好的建议,使其增色不少,在此一并表示衷心的感谢.

由于编者水平有限,本书中难免有一些疏漏,敬请读者不吝指教.

编 者

2023 年 11 月

目 录
Contents

第一章

函数与极限

微积分的发明是继欧几里得几何学之后,数学中最伟大的创造.16世纪欧洲资本主义开始成长,新技术的使用引出了许多新的问题,迫切需要用数学做出定量的解释和描述,这些问题主要集中在以下四类核心问题:

(1)由距离和时间的函数关系求物体的瞬时速度和加速度,反之由加速度求速度和距离的函数。

(2)由研究运动物体在其轨道上任一点处的运动方向及研究光线通过透镜的通道而提出的求曲线的切线问题。

(3)求函数的最大值和最小值问题。

(4)求曲线的长度、曲线所围成图形的面积、曲面围成立体的体积和物体的重心等的一般方法.

上述问题在常量数学的范围内不可能得到解决,于是变量进入了数学.变量和函数等概念为上述问题的解决提供了条件.随之,牛顿(Newton)和莱布尼兹(Leibniz)集众多数学家之大成,各自独立地创立了微积分,被誉为数学史上划时代的里程碑.

第一节　函数

函数研究的是变量的变化规律及变量之间的相互关系,是现代数学的基本概念之一,是微积分的主要研究对象.17世纪初,数学家首先从对运动的研究中引出了函数这个基本概念.牛顿于1665年开始正式研究微积分,他一直用"流量"一词表示变量之间的关系,即函数关系;1673年,莱布尼兹在一篇手稿里第一次使用"函数"这一名词,他用"函数"表示任何一个随着曲线上的点的变动而变动的量.1837年,狄利克雷(Dirichlet)通过集合的语言给出现今通用的函数定义.

一、函数的概念

1. 函数的定义

我们先看一个例子。

例1　设一个圆的半径为$r(r \geqslant 0)$,则该圆的面积S和半径r之间有下列依赖关系

$$S = \pi r^2.$$

当半径r取定一正的数值时,面积S也就随之确定;当半径r变化时,面积S也跟着变化.

在例1中,我们遇到的量有两类,一类在研究过程中始终保持不变(圆周率 π),这样的量称为常量;另一类在研究过程中不断地变化着(圆的面积 S 和半径 r),这样的量称为变量.一个量是变量还是常量,并不是固定不变的,在一定的条件下,常量和变量可以互相转化.函数就是描述变量之间相互依赖关系的一种数学模型.

定义 1　设 D 和 W 是实数集 **R** 中的两个非空子集,x 和 y 是两个变量,对数集 D 中的任意实数 x,按照某种对应法则 f,数集 W 中总有唯一确定的实数 y 与之对应,则称 y 是 x 的**函数**,记为 $y=f(x)$.称 x 为**自变量**,称 y 为**因变量**;称 D 为函数 $y=f(x)$ 的**定义域**,称数集 $f(D)=\{f(x)\,|\,x\in D\}$ 为函数 $y=f(x)$ 的**值域**.

由函数的定义可知,只要函数的定义域与对应法则确定了,函数也就确定了,而自变量与因变量用什么字母表示并不重要.因此,定义域与对应法则称为确定函数的两个**基本要素**.两个函数相同当且仅当它们的定义域与对应法则分别相同.

例 2　设函数 $f(x)$ 满足 $f(x+1)=x^2+x+1$,求 $f(x)$.

解　令 $u=x+1$,则 $x=u-1$,代入得
$$f(u)=(u-1)^2+(u-1)+1=u^2-u+1,$$
即 $f(x)=x^2-x+1$.

例 3　求函数 $y=\sqrt{\dfrac{x+1}{x^2-x-6}}$ 的定义域.

解　要使函数的表达式有意义,则有
$$\begin{cases} \dfrac{x+1}{x^2-x-6}\geqslant 0, \\ x^2-x-6\neq 0. \end{cases}$$

解得 $-2<x\leqslant-1$ 且 $x>3$.

因此,函数的定义域为 $(-2,-1]\cup(3,+\infty)$.

例 4　下列各对函数是否为同一函数?

(1) $f(x)=\ln x^2$,$g(x)=2\ln x$;　　　　(2) $f(x)=x$,$g(x)=\sqrt{x^2}$;

(3) $f(x)=\sin^2 x+\cos^2 x$,$g(x)=1$;　　(4) $y=\sin x$,$u=\sin v$.

解　(1) 不相同.因为定义域不同.

(2) 不相同.因为对应法则不同,事实上 $g(x)=|x|$.

(3) 相同.因为定义域与对应法则都相同.

(4) 相同.因为对应法则相同,函数的定义域也相同.

由此可知,一个函数由定义域与对应法则完全确定,而与用什么字母来表示无关.

2. 函数的表示法

常用的函数表示法有三种:

(1) 解析表达式法.用解析表达式表示自变量与因变量的关系.例如,$y=x^2$,$y=\dfrac{1}{\sqrt{9-x^2}}$ 等.

(2) 图形法.通过图形将自变量与因变量的对应关系直观地表现出来,如图 1-1 所

示.图形法是表示函数的一种常用方法,但是并不是所有的函数都可以用图形表示,例如,我们无法画出狄利克雷函数 $D(x) =$
$\begin{cases} 0, & x \text{ 是无理数}, \\ 1, & x \text{ 是有理数} \end{cases}$ 的图形.

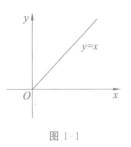

图 1-1

(3)表格法.通过表格表示自变量与因变量的对应关系.例如,某地 2023 年 7 月 19 日—28 日每天的最高气温如表 1-1 所示。

表 1-1

日期	19	20	21	22	23	24	25	26	27	28
最高气温/℃	31	32	31	33	33	35	36	37	35	35

由于日期确定之后,该天的最高气温也随之确定,所以最高气温 c 是日期 t 的函数.

用解析表达式表示函数时,一般一个函数仅用一个解析表达式表示,但有时一个函数在其定义域的不同部分需要用不同的解析表达式表示;也就是说,在定义域的不同范围内,要用几个不同的解析表达式表示,称这样的函数为**分段函数**.

例 5 某自来水公司规定用水量不超过 20 m^3 时,每立方米支付水费 2 元,超过部分按每立方米 2.6 元支付水费.若用水量不超过 500 m^3,求总水费与用水量的关系.

解 总水费与用水量的关系可由解析表达式表示为

$$y = \begin{cases} 2x, & 0 < x \leqslant 20, \\ 40 + 2.6(x-20), & 20 < x \leqslant 500 \end{cases}$$
$$= \begin{cases} 2x, & 0 < x \leqslant 20, \\ 2.6x - 12, & 20 < x \leqslant 500. \end{cases}$$

这就是定义在 $(0, 500]$ 上的一个分段函数.当 $x \in (0, 20]$ 时,函数的对应法则由 $y = 2x$ 确定;当 $x \in (20, 500]$ 时,函数的对应法则由 $y = 2.6x - 12$ 确定.

由于分段函数有不同的解析表达式,求分段函数在某点处的函数值时,先要判断该点在定义域的哪一个部分,再用对应的解析表达式求出函数值.

二 函数的几种特性

函数具有一些特殊性质,这些性质包括有界性、单调性、奇偶性、周期性等.

1. 函数的有界性

定义 2 设函数 $f(x)$ 的定义域为 D,数集 $X \subset D$.如果存在正数 M,使得对 X 中的任意 x,恒有 $|f(x)| \leqslant M$,则称函数 $f(x)$ **在数集 X 上有界**;否则,称函数 $f(x)$ 在数集 X 上无界.

注 函数的有界性与讨论的范围有关.

例如,$y = \dfrac{1}{x}$ 在区间 $(1, 2)$ 内有界,但在区间 $(0, 1)$ 内无界.

2. 函数的单调性

定义 3 设函数 $f(x)$ 的定义域为 D, 区间 $I \subset D$.

(1) 如果对于 I 中任意的 x_1, x_2, 当 $x_1 < x_2$ 时, 有 $f(x_1) < f(x_2)$, 则称函数 $f(x)$ 在区间 I 上**单调增加**, 并称区间 I 为函数 $f(x)$ 的**单调增加区间**;

(2) 如果对于 I 中任意的 x_1, x_2, 当 $x_1 < x_2$ 时, 有 $f(x_1) > f(x_2)$, 则称函数 $f(x)$ 在区间 I 上**单调减少**, 并称区间 I 为函数 $f(x)$ 的**单调减少区间**.

单调增加函数和单调减少函数统称为**单调函数**. 函数的单调增加区间和单调减少区间统称为函数的**单调区间**.

从几何上看, 单调增加函数的图形是沿 x 轴正向逐渐上升的(图 1-2); 单调减少函数的图形是沿 x 轴正向逐渐下降的(图 1-3).

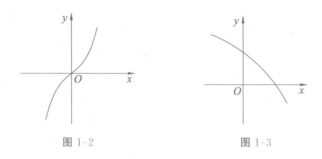

图 1-2   图 1-3

例 6 证明函数 $f(x) = 3x + 1$ 在其定义域内是单调增加的.

证 函数 $f(x)$ 的定义域为 $D = (-\infty, +\infty)$, 任取 $x_1, x_2 \in D$, 当 $x_1 < x_2$ 时,
$$f(x_1) - f(x_2) = (3x_1 + 1) - (3x_2 + 1) = 3(x_1 - x_2) < 0,$$
即 $f(x_1) < f(x_2)$, 所以, 函数 $f(x)$ 在其定义域内是单调增加的.

3. 函数的奇偶性

定义 4 设函数 $f(x)$ 的定义域 D 关于原点对称(若 $x \in D$, 则有 $-x \in D$).

(1) 若对于 D 中任意的 x, 有 $f(-x) = -f(x)$, 则称函数 $f(x)$ 为**奇函数**;

(2) 若对于 D 中任意的 x, 有 $f(-x) = f(x)$, 则称函数 $f(x)$ 为**偶函数**.

例如, $y = \cos x$, $y = x^2$ 是偶函数; $y = \sin x$, $y = x^3$ 是奇函数; $y = \sin x + \cos x$ 是非奇非偶函数.

例 7 判断函数 $f(x) = x \cos x$ 的奇偶性.

解 函数 $f(x) = x \cos x$ 的定义域是 $(-\infty, +\infty)$, 且有
$$f(-x) = (-x) \cos(-x) = (-x) \cos x = -x \cos x = -f(x),$$
因此, 函数 $f(x)$ 是奇函数.

注 从几何上看, 奇函数的图形关于原点对称; 偶函数的图形关于 y 轴对称.

4. 函数的周期性

定义 5 设函数 $f(x)$ 的定义域为 D. 如果存在一个常数 $T > 0$, 使得对于 D 中的任意 x, 恒有 $(x \pm T) \in D$, 且 $f(x + T) = f(x)$, 则称函数 $f(x)$ 为**周期函数**, T 称为函数 $f(x)$ 的**周期**.

例如,$y=\sin x$ 是周期函数,周期为 $2k\pi(k\in\mathbf{Z})$;$y=\tan x$ 的周期为 $k\pi(k\in\mathbf{Z})$.

通常,周期函数的周期是指**最小正周期**.例如,函数 $f(x)=\sin x$ 的周期为 2π.但并非每个周期函数都有最小正周期.例如,常值函数 $y=c$(c 为某个常数)是周期函数,任何正实数均为其周期.

三、反函数

定义 6 设 $y=f(x)$ 的定义域为 D,值域为 W.如果对于任意的 $y\in W$,通过关系式 $y=f(x)$,存在唯一确定的 $x\in D$ 与之对应,则称这样确定的函数 $x=\varphi(y)$ 为函数 $y=f(x)$ 的**反函数**.相对于这个反函数而言,也称原来的函数 $y=f(x)(x\in D)$ 为**直接函数**.事实上,函数 $y=f(x)$ 与 $x=\varphi(y)$ 互为反函数.

习惯上用 x 表示自变量,而用 y 表示函数,因此往往把反函数 $x=\varphi(y)$ 改写成 $y=\varphi(x)$,记作 $y=f^{-1}(x)$.函数 $y=f(x)$ 与其反函数 $y=f^{-1}(x)$ 的图形关于直线 $y=x$ 对称.但并非所有的函数都存在反函数,例如,常值函数 $y=c$ 就不存在反函数.

例 8 求函数 $y=3x-1$ 的反函数.

解 由 $y=3x-1$,得

$$x=\frac{y+1}{3}.$$

交换 x 和 y 符号,得

$$y=\frac{x+1}{3}.$$

因此,$y=3x-1$ 的反函数为 $y=\dfrac{x+1}{3}$.

四、基本初等函数

基本初等函数包括常值函数、幂函数、指数函数、对数函数、三角函数和反三角函数.

1. 常值函数 $y=c$

定义域为 $(-\infty,+\infty)$,无论 x 取何值,都有 $y=c$,因此它的图象是与 x 轴平行或重合的直线.

2. 幂函数 $y=x^{\mu}$(μ 为实数)

幂函数当 μ 取不同值时,其定义域不尽相同,需分 $\mu>0$ 和 $\mu<0$ 两种情况讨论.

当 $\mu>0$ 时,函数的图象通过原点 $(0,0)$ 和 $(1,1)$ 点,在 $(0,+\infty)$ 内单调增加且无界.

当 $\mu<0$ 时,函数的图象不过原点,但仍通过 $(1,1)$ 点,在 $(0,+\infty)$ 内单调减少且无界.

幂函数示例如图 1-4 至图 1-6 所示.

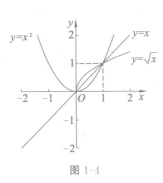

图 1-4

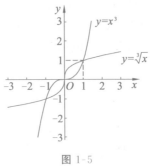

图 1-5

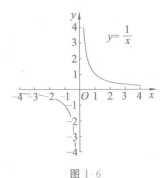

图 1-6

3. 指数函数 $y=a^x(a>0,a\neq1,a$ 为常数$)$

定义域为$(-\infty,+\infty)$,值域为$(0,+\infty)$,它的图象在 x 轴上方,且通过$(0,1)$点.

当 $a>1$ 时,函数单调增加且无界;当 $0<a<1$ 时,函数单调减少且无界,如图 1-7 所示.

4. 对数函数 $y=\log_a x(a>0,a\neq1,a$ 为常数$)$

定义域为$(0,+\infty)$,值域为$(-\infty,+\infty)$.当 $a>1$ 时,函数单调增加且无界;当 $0<a<1$ 时,函数单调减少且无界,如图 1-8 所示.

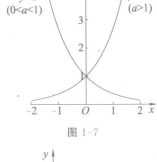

图 1-7

注 常数 e,有时称它为欧拉数,以瑞士数学家欧拉(Euler)命名,也有个较鲜见的名字纳皮尔常数.e 是一个无理数,其值为 $2.718\ 281\ 828\ 459\ 045\cdots$.以 e 为底的指数函数 $y=e^x$ 与对数函数 $y=\log_e x$(记为 $\ln x$,称为自然对数函数)是微积分中常用的两个函数.

5. 三角函数

三角函数包括:$y=\sin x,y=\cos x,y=\tan x,y=\cot x$.

$y=\sin x$ 与 $y=\cos x$ 的定义域均为$(-\infty,+\infty)$,值域为

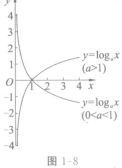

图 1-8

$[-1,1]$,以 2π 为周期,是有界函数,且 $y=\sin x$ 为奇函数,$y=\cos x$ 为偶函数,如图 1-9 所示.

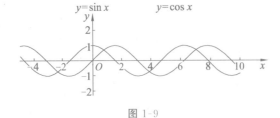

图 1-9

欧拉小传

$y=\tan x$ 的定义域为 $\left\{x\mid x\neq k\pi+\dfrac{\pi}{2}(k=0,\pm1,\pm2,\cdots)\right\}$,值域为$(-\infty,+\infty)$,

且为奇函数,并以 π 为周期,在 $\left(k\pi-\dfrac{\pi}{2},k\pi+\dfrac{\pi}{2}\right)$ 内单调增加(图 1-10).

$y=\cot x$ 的定义域为 $\{x\mid x\neq k\pi(k=0,\pm 1,\pm 2\cdots)\}$,值域为 $(-\infty,+\infty)$,且为奇函数,并以 π 为周期,在 $(k\pi,(k+1)\pi)$ 内单调减少(图 1-11).

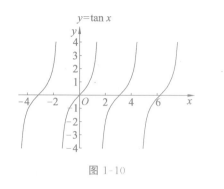 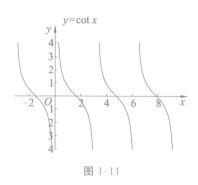

图 1-10　　　　　　　　　　　　图 1-11

另有两个常用的三角函数 $y=\sec x=\dfrac{1}{\cos x}$,$y=\csc x=\dfrac{1}{\sin x}$.

6. 反三角函数

对于值域中的任何 y 值,三角函数的自变量 x 均有无穷多个值与之对应,因此在整个定义域上所有三角函数都不存在反函数.只有限制 x 的取值范围后,才能考虑其反函数.

反三角函数包括:$y=\arcsin x$,$y=\arccos x$,$y=\arctan x$,$y=\text{arccot} x$.

反正弦函数 $y=\arcsin x$ 是函数 $y=\sin x$,$x\in\left[-\dfrac{\pi}{2},\dfrac{\pi}{2}\right]$ 的反函数,定义域为 $[-1,1]$,值域为 $\left[-\dfrac{\pi}{2},\dfrac{\pi}{2}\right]$,是单调增加的奇函数(图 1-12、图 1-13).

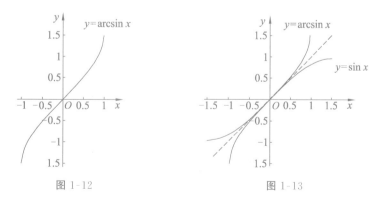

图 1-12　　　　　　　　　　　　图 1-13

反余弦函数 $y=\arccos x$ 是函数 $y=\cos x$,$x\in[0,\pi]$ 的反函数,定义域为 $[-1,1]$,值域为 $[0,\pi]$,是单调减少的函数(图 1-14、图 1-15).

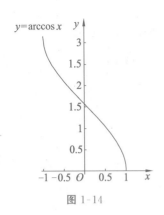

图 1-14

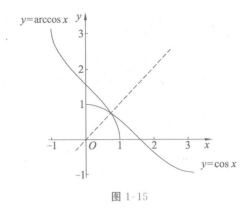

图 1-15

反正切函数 $y = \arctan x$ 是函数 $y = \tan x$，$x \in \left(-\dfrac{\pi}{2}, \dfrac{\pi}{2}\right)$ 的反函数，定义域为

$(-\infty, +\infty)$，值域为 $\left(-\dfrac{\pi}{2}, \dfrac{\pi}{2}\right)$，是单调增加的奇函数(图 1-16、图 1-17).

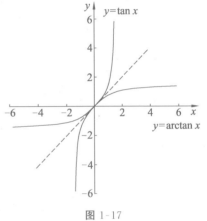

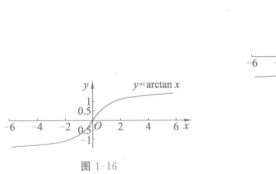

图 1-16

图 1-17

反余切函数 $y = \text{arccot}\, x$ 是函数 $y = \cot x$，$x \in (0, \pi)$ 的反函数，定义域为 $(-\infty, +\infty)$，值域为 $(0, \pi)$，是单调减少的函数(图 1-18).

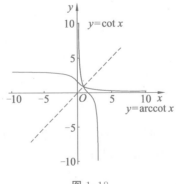

图 1-18

五、复合函数与初等函数

1. 函数的四则运算

设函数 $f(x)$ 和 $g(x)$ 的定义域分别为 D_1 和 D_2，且 $D=D_1\cap D_2\neq\varnothing$，则在 $D_1\cap D_2$ 上可以定义两个函数的和差积商.

和(差) $f\pm g$：$(f\pm g)(x)=f(x)\pm g(x)$；

积 $f\cdot g$：$(f\cdot g)(x)=f(x)\cdot g(x)$；

商 $\dfrac{f}{g}$：$\left(\dfrac{f}{g}\right)(x)=\dfrac{f(x)}{g(x)}$，$x\in D\backslash\{x\,|\,g(x)=0,x\in D\}$.

2. 复合函数

定义 7 设函数 $y=f(u)$ 的定义域为 D_f，函数 $u=\varphi(x)$ 的值域为 W_φ，如果 $D_f\cap W_\varphi\neq\varnothing$，则变量 y 通过中间变量 u 成为变量 x 的函数，称其为由函数 $y=f(u)$ 和 $u=\varphi(x)$ 复合而成的**复合函数**，记为 $y=f[\varphi(x)]$.

一个复合函数也可由两个以上的函数复合而成.例如，函数 $y=\sqrt{\sin^2 x+1}$ 是由 $y=\sqrt{u}$，$u=v^2+1$，$v=\sin x$ 复合而成的.

注 并不是任何两个函数都可以构成复合函数的.例如，函数 $y=f(u)=\sqrt{u}$ 与函数 $u=\varphi(x)=-x^2-1$ 就不能构成复合函数.

将若干个简单函数复合成一个复合函数固然重要，有时将一个复合函数分解成若干个简单函数更是十分必要，这对后面的许多运算是很有用的.

例 9 指出下列函数是由哪些简单函数复合而成的.

(1) $y=\ln(\sin^2 x+1)+1$；   (2) $y=\mathrm{e}^{\sin^2\frac{1}{x}}$.

解 (1) 函数 $y=\ln(\sin^2 x+1)+1$ 由 $y=\ln u+1$，$u=v^2+1$，$v=\sin x$ 复合而成.

(2) 函数 $y=\mathrm{e}^{\sin^2\frac{1}{x}}$ 由 $y=\mathrm{e}^u$，$u=v^2$，$v=\sin w$，$w=\dfrac{1}{x}$ 复合而成.

例 10 设函数 $f(x)=x^2$，$g(x)=2^x$，求复合函数 $f[g(x)]$ 和 $g[f(x)]$.

解 $f[g(x)]=[g(x)]^2=(2^x)^2=4^x$；$g[f(x)]=2^{f(x)}=2^{x^2}$.

3. 初等函数

定义 8 由常数和基本初等函数经过有限次的四则运算和有限次的函数复合步骤所构成的，并可用一个式子表示的函数称为**初等函数**.

例如，$y=\sqrt[3]{x+1}$，$y=(1+\sin x)^2$ 和 $y=\arccos\sqrt{1-x}$ 都是初等函数.

按初等函数的定义，例 5 中的函数不能用一个式子表示，因此不是初等函数.分段函数通常不是初等函数.但并不是任何分段函数都不是初等函数.例如，函数 $f(x)=\begin{cases}-x,&x<0,\\ x,&x\geqslant 0,\end{cases}$ 形式上是分段函数，但若将其改写成 $f(x)=|x|=\sqrt{x^2}$，则可知它是初等函数.

六、经济学中常用的函数

1. 需求函数

需求的含义：消费者在某一特定的时期内，在一定的价格条件下对某种商品具有购买力的需要.

销售商品时，应密切注意市场的需求情况.一种商品的市场需求量 Q 除与单价 p 有关外，还涉及其他因素(消费者人数、收入及其他同类商品的单价等).若这些因素固定不变，则需求量 Q 为单价 p 的一元函数，称为**需求函数**，记作 $Q=Q(p)$.需求函数 $Q=Q(p)$ 的反函数就是价格函数，记作 $p=p(Q)$，也反映商品的需求与价格的关系.

例 11 设某商品的需求函数为 $Q=-ap+b$(常数 $a>0,b>0$，也称线性需求函数)，讨论单价 $p=0$ 时的需求量和需求量 $Q=0$ 时的价格.

解 当 $p=0$ 时，$Q=b$，它表示价格为零时的需求量为 b，称为饱和需求量；

当 $Q=0$ 时，$p=\dfrac{b}{a}$，它表示价格为 $\dfrac{b}{a}$ 时，无人愿意购买此商品.

2. 供给函数

供给的含义：在某一时间内，在一定的价格条件下，生产者愿意并且能够售出的商品.

通常情况下，商品的市场供给量 S 也受商品价格 p 的制约，价格上涨将刺激生产者向市场供给更多的商品，使得供给量增加；反之，价格下跌将使供给量减少.如果忽略其他因素，当供给量只与价格有关时，供给量 S 为价格 p 的一元函数，称为**供给函数**，记为

$$S=S(p).$$

常见的供给函数有线性函数、二次函数、幂函数、指数函数等.其中，线性供给函数为

$$S=-c+dp(常数 \ c>0,d>0).$$

使某种商品的市场需求量与供给量相等的价格 p_0，称为**均衡价格**.当市场价格 p 高于均衡价格 p_0 时，供给量将增加而需求量相应地减少，这时产生的"供大于求"的现象必然使价格 p 下降；当市场价格 p 低于均衡价格 p_0 时，供给量将减少而需求量增加，这时会产生"物资短缺"现象，从而又使得价格 p 上升.市场价格的调节就是这样来实现的.

例 12 当某种洗衣机每台售价为 2 500 元时，每月可供 20 000 台，每台售价降低 500 元时，则每月减少供给 5 000 台，试求洗衣机的线性供给函数.

解 设洗衣机的线性供给函数为 $S=-c+dp$.

由题意有，

$$\begin{cases} 20\ 000=-c+2\ 500d, \\ 25\ 000=-c+2\ 000d, \end{cases}$$

解得 $c=5\ 000, d=10$.

因此所求供给函数为 $S = -5\,000 + 10d$.

3. 成本函数

生产某种产品的总成本由固定成本与变动成本两部分组成.固定成本与产量无关,如厂房、设备折旧费、保险费、企业管理费等.而变动成本如原材料费、燃料费、动力费、提成奖金等,一般随产量的增加而增加,它是产量的函数.设产量为 q,固定成本为 C_0,变动成本为 $C_1(q)$,则总成本 C 是产量 q 的函数

$$C(q) = C_0 + C_1(q).$$

当 $q = 0$ 时,总成本就是固定成本,即 $C(0) = C_0$.

在讨论总成本的基础上,还要进一步讨论均摊在单位产量上的成本,称为平均成本,记作

$$\overline{C}(q) = \frac{C(q)}{q} = \frac{C_0 + C_1(q)}{q}.$$

例 13 生产某种商品的总成本(单位:元)是 $C(q) = 500 + 4q$,其中 q 表示产量,求生产 50 件这种商品的总成本和平均成本.

解 生产 50 件这种商品的总成本为 $C(50) = 500 + 4 \times 50 = 700$(元).

平均成本为 $\overline{C}(50) = \left.\frac{C(q)}{q}\right|_{q=50} = \frac{700}{50} = 14$(元/件).

4. 收益函数

收益是指销售某种商品所获得的收益,又可分为总收益和平均收益.总收益是销售者售出一定数量商品所得的全部收益,常用 R 表示.平均收益是售出一定数量的商品时,平均每售出一个单位商品所得的收益,也就是销售一定数量商品时的单位商品的销售价格.常用 $\overline{R}$ 表示.总收益和平均收益都是售出商品数量的函数.设 P 为商品价格,q 为商品的销售量,则有 $R = R(q) = qP(q)$,$\overline{R} = \frac{R(q)}{q} = P(q)$,其中 $P(q)$ 是商品的价格函数.

例 14 设某商品的价格函数是 $P = 50 - \frac{1}{5}q$,其中 q 表示商品的销售量,试求该商品的收益函数,并求出销售 10 件商品时的总收益和平均收益.

解 收益函数为 $R = Pq = 50q - \frac{1}{5}q^2$.

平均收益为 $\overline{R} = \frac{R}{q} = P = 50 - \frac{1}{5}q$.

销售 10 件商品时的总收益和平均收益分别为

$$R(10) = 50 \times 10 - \frac{1}{5} \times 10^2 = 480,$$

$$\overline{R}(10) = 50 - \frac{1}{5} \times 10 = 48.$$

5. 利润函数

总利润是指销售一定数量的产品的总收益与总成本之差,记作 L,即 $L=L(q)=R(q)-C(q)$,其中 q 是产品数量.平均利润记作 $\overline{L}=\overline{L}(q)=\dfrac{L(q)}{q}$.

例 15 已知生产某种商品 q 件时的总成本(单位:万元)为 $C(q)=10+6q+0.1q^2$,如果该商品的销售单价为 9 万元,试求:

(1) 该商品的利润函数;

(2) 销售 10 件该商品时的总利润和平均利润;

(3) 销售 30 件该商品时的总利润.

解 (1)该商品的收益函数为 $R(q)=9q$.

得到利润函数为

$$L(q)=R(q)-C(q)=3q-10-0.1q^2.$$

(2) 销售 10 件该商品时的总利润为 $L(10)=3\times10-10-0.1\times10^2=10$(万元).

此时的平均利润为

$$\overline{L}=\frac{L(10)}{10}=\frac{10}{10}=1\,(万元/件).$$

(3) 销售 30 件该商品时的总利润为

$$L(30)=3\times30-10-0.1\times30^2=-10\,(万元).$$

6. 个人所得税函数

现行个人所得税按月起征点为 5 000 元,个人所得税税率见表 1-2.

表 1-2

税级	月应纳税额 x	税率
1	$1<x\leqslant5\,000$	0%
2	$5\,000<x\leqslant8\,000$	3%
3	$8\,000<x\leqslant17\,000$	10%
4	$17\,000<x\leqslant30\,000$	20%
5	$30\,000<x\leqslant40\,000$	25%
6	$40\,000<x\leqslant60\,000$	30%
7	$60\,000<x\leqslant85\,000$	35%
8	$x>85000$	45%

因此,税率函数是一个分段函数

$$r(x) = \begin{cases} 0, & 1 < x \leq 5\,000, \\ 0.03, & 5\,000 < x \leq 8\,000, \\ 0.10, & 8\,000 < x \leq 17\,000, \\ 0.20, & 17\,000 < x \leq 30\,000, \\ 0.25, & 30\,000 < x \leq 40\,000, \\ 0.30, & 40\,000 < x \leq 60\,000, \\ 0.35, & 60\,000 < x \leq 85\,000, \\ 0.45, & x > 85\,000. \end{cases}$$

习题 1-1

1. 求下列函数的定义域：

(1) $y = \arccos(x-1)$；

(2) $y = \dfrac{1}{\sin 2x}$；

(3) $y = \sqrt{x^2 - 3x + 2} + \sqrt{2-x}$；

(4) $y = \dfrac{1}{\sqrt{x^2 - 2x + 1}} + \ln x$.

2. 判断下列函数的奇偶性.

(1) $y = x\,\mathrm{e}^{\cos x}\sin x$；

(2) $y = \ln(x + \sqrt{x^2 + 1})$；

(3) $y = \begin{cases} 1 - \sin x, & x < 0, \\ 1, & x = 0, \\ 1 + \sin x, & x > 0. \end{cases}$

3. 已知 $f(x)$ 是定义在 $[-1,1]$ 上的奇函数，且当 $0 < x \leq 1$ 时，$f(x) = x^2 + x + 1$，求 $f(x)$ 的表达式.

4. 证明：任一定义域关于原点对称的函数均可表示为一个奇函数与一个偶函数之和.

5. 设函数 $f(x+1) = 2x^2$，求 $f(x-1)$ 和 $f[f(x)]$.

6. 设函数 $f(x) = \ln x$，而 $f[\varphi(x)] = x^2 + \ln 2$，求函数 $\varphi(x)$.

7. 下列函数可以看成由哪些简单函数复合而成？

(1) $y = \ln\sqrt{1 + \sin x}$；

(2) $y = 2^{x^2}\mathrm{e}^{x^2}$；

(3) $y = \left(\arcsin\dfrac{1}{x}\right)^2$；

(4) $y = \mathrm{e}^{\sin^2\sqrt{x}}$.

8. 求下列函数的反函数：

(1) $y = \sqrt{3x+1}$；

(2) $y = \mathrm{e}^{2x+5}$；

(3) $y = 2^x\mathrm{e}^x + 1$；

(4) $y = \arcsin x$.

9. 已知某商品的供给函数是 $S = \dfrac{2}{3}p - 4$，需求函数是 $Q = 50 - \dfrac{4}{3}p$，其中 p 是商品的价格，试求该商品处于市场平衡状态下的均衡价格和均衡数量.

→ 第二节　极限

　　极限理论研究的是变量的变化趋势,是微积分的基础理论,也是微积分的重要工具.极限概念是由求某些问题的精确解答而产生的,是微积分最基本的概念之一.求平面图形的面积和空间立体的体积问题是产生数列极限的起源之一.例如,古希腊人曾用穷竭法求出了某些图形的面积和体积,我国南北朝时期的祖冲之和他的儿子祖暅也曾推导出某些图形的面积和体积.我国古代数学家刘徽发明的"割圆术"——利用圆的内接正多边形的面积来推算圆面积的方法,就是极限思想在几何学上的应用.刘徽形容他的"割圆术"说:割之弥细,所失弥少,割之又割,以至于不可割,则与圆合体,而无所失矣.这段话是对极限思想的生动描述.

一、数列的极限

　　1. 数列的概念

　　自变量为正整数的函数 $x_n = f(n)(n=1,2,3,\cdots)$,其函数值按自变量 n 由小到大排列成一列数

祖冲之小传

$$x_1, x_2, x_3, \cdots, x_n, \cdots$$

称为**无穷数列**,简称**数列**,记为 $\{x_n\}$,其中 x_n 称为数列 $\{x_n\}$ 的通项或一般项.

　　例如,

　　(1) $x_n = \dfrac{1}{2^n}$: $\dfrac{1}{2}, \dfrac{1}{4}, \dfrac{1}{8}, \cdots$;

　　(2) $x_n = 1 + \dfrac{1}{n}$: $2, \dfrac{3}{2}, \dfrac{4}{3}, \cdots$;

刘徽小传

　　(3) $x_n = (-1)^n$: $-1, 1, -1, 1, \cdots$;

　　(4) $x_n = 2n$: $2, 4, 6, \cdots$.

　　2. 数列的极限

　　当 n 无限增大时,数列(1)的一般项 $x_n = \dfrac{1}{2^n}$ 无限接近于 0;数列(2)的一般项 $x_n = 1 + \dfrac{1}{n}$ 无限接近于 1;数列(3)的一般项 $x_n = (-1)^n$ 不是 1,就是 -1,不接近于任何确定的常数;数列(4)的一般项 $x_n = 2n$ 无限增大,也不接近于任何确定的常数.

　　定义 1　对于数列 $\{x_n\}$,如果当 n 无限增大时,x_n 无限接近于一个确定的常数 A,则称数列 $\{x_n\}$ 以 A 为**极限**,或称数列 $\{x_n\}$ **收敛于** A,记作

$$\lim_{n \to \infty} x_n = A \ \text{或} \ x_n \to A (n \to \infty).$$

　　如果数列 $\{x_n\}$ 没有极限,则称数列 $\{x_n\}$ **发散**.

　　数列(1)的一般项 $x_n = \dfrac{1}{2^n}$,当 n 无限增大时无限接近于 0,0 是数列(1)的极限,即

$\lim\limits_{n\to\infty}x_n=0$, 称数列 $\left\{\dfrac{1}{2^n}\right\}$ 收敛于 0; 数列(2)的一般项 $x_n=1+\dfrac{1}{n}$, 当 n 无限增大时无限接

近于 1, 1 是数列(2)的极限, 即 $\lim\limits_{n\to\infty}x_n=1$, 称数列 $\left\{1+\dfrac{1}{n}\right\}$ 收敛于 1; 数列(3)、数列(4)均

为发散数列.

例 1 求极限 $\lim\limits_{n\to\infty}\left(\dfrac{1}{2}+\dfrac{1}{2^2}+\cdots+\dfrac{1}{2^n}\right)$.

解 由于 $\dfrac{1}{2}+\dfrac{1}{2^2}+\cdots+\dfrac{1}{2^n}=\dfrac{\dfrac{1}{2}-\dfrac{1}{2^{n+1}}}{1-\dfrac{1}{2}}=1-\dfrac{1}{2^n}$, 于是,

$$\lim_{n\to\infty}\left(\frac{1}{2}+\frac{1}{2^2}+\cdots+\frac{1}{2^n}\right)=\lim_{n\to\infty}\left(1-\frac{1}{2^n}\right)=1.$$

3. 数列极限的性质

性质 1(数列极限的唯一性) 若数列 $\{x_n\}$ 的极限存在, 则数列 $\{x_n\}$ 的极限唯一.

定义 2 对于数列 $\{x_n\}$, 如果存在正数 M, 使得对所有的 n 都有不等式
$$|x_n|\leqslant M,$$
则称数列 $\{x_n\}$ 为**有界数列**, 否则称数列 $\{x_n\}$ 为**无界数列**.

数列(1)、(2)、(3)为有界数列, 数列(4)为无界数列.

性质 2(收敛数列的有界性) 若数列 $\{x_n\}$ 收敛, 则数列 $\{x_n\}$ 有界.

性质 3(收敛数列的保号性) 若 $\lim\limits_{n\to\infty}x_n=A$, 且 $A>0$(或 $A<0$), 则存在正整数 N, 当 $n>N$ 时, 都有 $x_n>0$(或 $x_n<0$).

二、函数的极限

对于函数 $y=f(x)$ 而言, 我们主要关心当自变量 x 无限趋近于确定数或自变量无限增大时, 函数的变化趋势. 故对于一般的函数而言, 我们研究自变量变化过程的两种类型, 即自变量趋向于无穷大和自变量趋向于有限值.

"自变量趋向于无穷大"这一类型又包括三种情形:

(1) $|x|$ 无限增大, 记作 $x\to\infty$;

(2) $|x|$ 无限增大且 $x>0$, 记作 $x\to+\infty$;

(3) $|x|$ 无限增大且 $x<0$, 记作 $x\to-\infty$.

"自变量趋向于有限值"这一类型也包括三种情形:

(1) x 趋近于 x_0, 记作 $x\to x_0$;

(2) x 趋近于 x_0 且 $x<x_0$, 即 x 从 x_0 的左侧趋近于 x_0, 记作 $x\to x_0^-$;

(3) x 趋近于 x_0 且 $x>x_0$, 即 x 从 x_0 的右侧趋近于 x_0, 记作 $x\to x_0^+$.

我们主要研究在 $x\to\infty$ 及 $x\to x_0$ 这两种变化过程中的函数极限.

定义 3 设 a 和 δ 为两个给定实数, 且 $\delta>0$, 则开区间 $(a-\delta,a+\delta)$ 称为点 a 的 δ **邻域**, 记为 $U(a,\delta)$ 或 $U_\delta(a)$. 其中 a 称为**邻域的中心**, δ 称为**邻域的半径**. 点 a 的 δ 邻域

$U(a,\delta)$ 去掉中心点 a 后,称为**点 a 的去心 δ 邻域**,记为 $\mathring{U}(a,\delta)$ 或 $\mathring{U}_\delta(a)$.

点 a 的 δ 邻域 $U(a,\delta)$ 在几何上表示 x 轴上与点 a 的距离小于 δ 的点的全体(图 1-19).

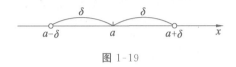

图 1-19

为了方便,将开区间 $(a-\delta,a)$ 称为**点 a 的左 δ 邻域**,而将开区间 $(a,a+\delta)$ 称为**点 a 的右 δ 邻域**.

1. 自变量趋向于无穷大时函数的极限

定义 4 设函数 $f(x)$ 当 $|x|$ 大于某一正数时有定义,如果当 $|x|$ 无限增大时,$f(x)$ 无限接近于一个确定的常数 A,则常数 A 称为**函数 $f(x)$ 当 $x\to\infty$ 时的极限**,记作

$$\lim_{x\to\infty}f(x)=A \quad \text{或} \quad f(x)\to A(x\to\infty).$$

当 $|x|$ 无限增大且 $x>0$ 时,记作:$\lim\limits_{x\to+\infty}f(x)=A$ 或 $f(x)\to A(x\to+\infty)$;当 $|x|$ 无限增大且 $x<0$ 时,记作:$\lim\limits_{x\to-\infty}f(x)=A$ 或 $f(x)\to A(x\to-\infty)$.

其中,$\lim\limits_{x\to\infty}f(x)$ 与 $\lim\limits_{x\to-\infty}f(x)$ 及 $\lim\limits_{x\to+\infty}f(x)$ 有如下关系:

定理 1 $\lim\limits_{x\to\infty}f(x)=A$ 的充分必要条件是 $\lim\limits_{x\to-\infty}f(x)=\lim\limits_{x\to+\infty}f(x)=A$.

例 2 函数 $y=1+\dfrac{1}{x}$,当 $|x|$ 无限增大时,$\dfrac{1}{x}$ 无限地接近于 0,因此 y 无限地接近于 1,即 $\lim\limits_{x\to\infty}\left(1+\dfrac{1}{x}\right)=1$.如图 1-20 所示.

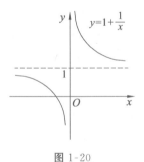

图 1-20

例 3 求极限 $\lim\limits_{x\to\infty}\left(2-\dfrac{1}{x^3}\right)$.

解 当 $x\to\infty$ 时,$\dfrac{1}{x^3}$ 无限地接近于 0,$2-\dfrac{1}{x^3}$ 无限地接近于 2,因此 $\lim\limits_{x\to\infty}\left(2-\dfrac{1}{x^3}\right)=2$.

例 4 当 $x\to\infty$ 时,函数 $f(x)=\arctan x$ 是否存在极限?为什么?

解 由 $y=\arctan x$ 的图形可知

$$\lim_{x\to-\infty}f(x)=\lim_{x\to-\infty}\arctan x=-\frac{\pi}{2},$$

$$\lim_{x\to+\infty}f(x)=\lim_{x\to+\infty}\arctan x=\frac{\pi}{2}.$$

因此 $\lim\limits_{x\to+\infty}f(x)\neq\lim\limits_{x\to-\infty}f(x)$,从而由定理 1 知,$\lim\limits_{x\to\infty}f(x)$ 不存在.

2. 自变量趋向于有限值时函数的极限

定义 5 设函数 $f(x)$ 在点 x_0 的某一去心邻域内有定义,如果当 x 无限接近于 x_0

时，$f(x)$ 无限接近于确定的常数 A，则常数 A 称为**函数 $f(x)$ 当 $x \to x_0$ 时的极限**，记作

$$\lim_{x \to x_0} f(x) = A \quad 或 \quad f(x) \to A (x \to x_0).$$

当 x 无限接近于 x_0 且 $x < x_0$ 时，记作 $\lim\limits_{x \to x_0^-} f(x) = A$ 或 $f(x_0^-) = A$ 或 $f(x) \to A (x \to x_0^-)$.常数 A 称为**函数 $f(x)$ 当 $x \to x_0$ 时的左极限**.

当 x 无限接近于 x_0 且 $x > x_0$ 时，记作 $\lim\limits_{x \to x_0^+} f(x) = A$ 或 $f(x_0^+) = A$ 或 $f(x) \to A (x \to x_0^+)$.常数 A 称为**函数 $f(x)$ 当 $x \to x_0$ 时的右极限**.

注　$x \to x_0$ 的含义是 x 无限接近于 x_0，但 $x \neq x_0$.因而，当 $x \to x_0$ 时，$f(x)$ 有无极限仅与点 x_0 附近(点 x_0 的某一去心邻域内)的函数值有关，而与点 x_0 处的函数值及"远离"点 x_0 处的那些函数值无关，甚至与 $f(x)$ 在点 x_0 处是否有定义无关.正因为如此，在定义中只要求 $f(x)$ 在点 x_0 的某一去心邻域内有定义.

左极限、右极限统称为**单侧极限**.相应地，也把 $x \to x_0$ 时的极限称为**双侧极限**.

双侧极限与单侧极限具有下列关系：

定理 2　$\lim\limits_{x \to x_0} f(x) = A (A$ 为常数)的充分必要条件是

$$\lim_{x \to x_0^-} f(x) = \lim_{x \to x_0^+} f(x) = A.$$

定理 2 常用来判定函数在某点处的极限是否存在，尤其是常用来讨论分段函数在分段点处的极限的存在性.

例 5　设函数 $f(x) = \begin{cases} x+1, & -1 \leqslant x < 0, \\ 2-x, & 0 \leqslant x < 1, \\ 1, & 1 \leqslant x < 3. \end{cases}$

(1) 求 $\lim\limits_{x \to 0^-} f(x)$ 和 $\lim\limits_{x \to 0^+} f(x)$；

(2) 判断极限 $\lim\limits_{x \to 0} f(x)$ 是否存在；

(3) 求 $\lim\limits_{x \to 1} f(x)$.

解　(1) $\lim\limits_{x \to 0^-} f(x) = \lim\limits_{x \to 0^-} (x+1) = 1$，$\lim\limits_{x \to 0^+} f(x) = \lim\limits_{x \to 0^+} (2-x) = 2$.

(2) 因为 $\lim\limits_{x \to 0^-} f(x) \neq \lim\limits_{x \to 0^+} f(x)$，所以由定理 2 知，$\lim\limits_{x \to 0} f(x)$ 不存在.

(3) 因为 $\lim\limits_{x \to 1^-} f(x) = \lim\limits_{x \to 1^-} (2-x) = 1$，$\lim\limits_{x \to 1^+} f(x) = \lim\limits_{x \to 1^+} 1 = 1$，$\lim\limits_{x \to 1^-} f(x) = \lim\limits_{x \to 1^+} f(x)$，所以由定理 2 知，$\lim\limits_{x \to 1} f(x) = 1$.

3. 函数极限的性质

与数列极限的性质类似，函数极限也有相应的一些性质.由于函数极限按自变量的变化过程不同有六种情形，为了方便，下面仅以 $\lim\limits_{x \to x_0} f(x)$ 这种情形为代表加以讨论.至于其他情形的函数极限的性质，只要相应地做一些修改即可得出.

性质 1(函数极限的唯一性)　若 $\lim\limits_{x \to x_0} f(x)$ 存在，则极限唯一.

性质 2(函数极限的局部有界性)　若 $\lim\limits_{x \to x_0} f(x) = A$，则函数 $f(x)$ 在点 x_0 的某一去心邻域内有界.

性质 3(函数极限的局部保号性) 若 $\lim\limits_{x \to x_0} f(x) = A$,且 $A > 0$(或 $A < 0$),则存在 $\delta_0 > 0$,使得当 $x \in \mathring{U}(x_0, \delta_0)$ 时,有 $f(x) > 0$(或 $f(x) < 0$).

推论 如果 $\lim\limits_{x \to x_0} f(x) = A$,且在点 x_0 的某一去心邻域内函数 $f(x) \geqslant 0$(或 $f(x) \leqslant 0$),则 $A \geqslant 0$(或 $A \leqslant 0$).

性质 3 及其推论表明:如果函数 $f(x)$ 在点 x_0 处的极限存在,则在点 x_0 的某一去心邻域内函数值一定保持与极限值相同的符号;反之,若在点 x_0 的某一去心邻域内函数 $f(x)$ 非负(或非正),则其极限值也非负(或非正).需要指出的是,将推论中的"$f(x) \geqslant 0$"(或"$f(x) \leqslant 0$")改为"$f(x) > 0$"(或"$f(x) < 0$"),则结论仍然是"$A \geqslant 0$"(或"$A \leqslant 0$").也就是说,此时仍有可能 $A = 0$.例如,函数 $f(x) = x^2$ 在点 $x = 0$ 的去心邻域内有 $f(x) > 0$,但是 $\lim\limits_{x \to 0} f(x) = \lim\limits_{x \to 0} x^2 = 0$.

习题 1-2

1. 写出下列数列的一般项:

(1) $1, -\dfrac{1}{2}, \dfrac{1}{4}, -\dfrac{1}{8}, \dfrac{1}{16}, \cdots$;

(2) $3, 2, \dfrac{5}{3}, \dfrac{3}{2}, \dfrac{7}{5}, \cdots$;

(3) $1, -1, 3, 1, -1, 6, 1, -1, 9, \cdots$.

2. 观察下列数列的变化趋势,指出是收敛还是发散.如果收敛,写出其极限:

(1) $x_n = \dfrac{(-1)^n}{\sqrt{n}}$;

(2) $x_n = \dfrac{1}{n} \sin \dfrac{\pi}{n}$;

(3) $x_n = \dfrac{2^n + 3^n}{3^n}$.

3. 设函数 $f(x) = \begin{cases} e^x, & x \leqslant 0, \\ \dfrac{1}{x}, & x > 0. \end{cases}$ 求 $\lim\limits_{x \to -\infty} f(x)$ 及 $\lim\limits_{x \to +\infty} f(x)$,并说明 $\lim\limits_{x \to \infty} f(x)$ 是否存在.

4. 下列函数在给定点处的极限是否存在? 若存在,求其极限值:

(1) $f(x) = \begin{cases} 1 - \sqrt{1-x}, & x < 1, \\ 2 - x, & x > 1 \end{cases}$ 在 $x = 1$ 处;

(2) $f(x) = \dfrac{|x|}{x}$ 在 $x = 0$ 处.

5. 设函数 $f(x) = \begin{cases} x^2, & -1 < x < 0, \\ 1, & x = 0, \\ 2x, & 0 < x \leqslant 1. \end{cases}$ 求:

(1) $\lim\limits_{x \to 0} f(x)$;

(2) $\lim\limits_{x \to -1+} f(x)$;

(3) $\lim\limits_{x \to 1-} f(x)$.

第三节 无穷小与无穷大

在本节的讨论中,我们以 $x \to x_0$ 与 $x \to \infty$ 这两种情形为代表,给出的有关定义、定理与性质等均适用于自变量 x 为其他变化过程的情形,也适用于数列.

一、无穷小

1. 无穷小的概念

定义1 如果当 $x \to x_0$(或 $x \to \infty$)时函数 $f(x)$ 的极限为零,则称函数 $f(x)$ 为当 $x \to x_0$(或 $x \to \infty$)时的无穷小,记作 $\lim\limits_{\substack{x \to x_0 \\ (x \to \infty)}} f(x) = 0$.

例如,当 $x \to 1$ 时,$f(x) = x^2 - 1$ 是无穷小;当 $x \to \infty$ 时,$f(x) = \dfrac{1}{x}$ 是无穷小;当 $n \to \infty$ 时,$\left(\dfrac{1}{2}\right)^n$ 是无穷小.

注 (1)不能把无穷小理解为很小的数,因为无穷小是这样的一个函数,当 $x \to x_0$(或 $x \to \infty$)时,函数的绝对值无限接近于零.零作为常值函数可看作任何变化过程中的无穷小.

(2)无穷小总是与自变量的某一变化过程相联系,离开了自变量的变化过程而笼统地说某一函数为无穷小是没有意义的.例如,函数 $f(x) = x^2 - 1$,当 $x \to 1$ 时为无穷小,但当 $x \to 0$ 时,$f(x)$ 就不是无穷小了.

2. 无穷小的性质

性质1 有限个无穷小的和仍是无穷小.

性质2 有界函数与无穷小的乘积是无穷小.

性质2提供了求一类极限的方法.

例1 求下列极限:

(1) $\lim\limits_{x \to 0} x^2 \sin \dfrac{1}{x}$; (2) $\lim\limits_{n \to \infty} \dfrac{(-1)^n}{n}$.

解 (1)因为当 $x \to 0$ 时,函数 x^2 是无穷小,而且 $\sin \dfrac{1}{x}$ 是有界函数,所以由性质2得

$$\lim_{x \to 0} x^2 \sin \frac{1}{x} = 0.$$

(2)因为当 $n \to \infty$ 时,$\dfrac{1}{n}$ 是无穷小,而且 $\{(-1)^n\}$ 是有界数列,所以由性质2得,

$$\lim_{n \to \infty} \frac{(-1)^n}{n} = \lim_{n \to \infty} (-1)^n \frac{1}{n} = 0.$$

性质3 有限个无穷小的乘积仍是无穷小.

注 两个无穷小的商不一定是无穷小.如当 $x \to 0$ 时,函数 x 和 $2x$ 都是无穷小,但 $\dfrac{x}{2x} = \dfrac{1}{2}$ 不是无穷小.

定理 1(极限与无穷小量之间的关系) $\lim\limits_{x \to x_0} f(x) = A$(或 $\lim\limits_{x \to \infty} f(x) = A$)的充分必要条件是 $f(x) = A + \alpha(x)$,其中 $\alpha(x)$ 是当 $x \to x_0$(或 $x \to \infty$)时的无穷小.

例如,$\lim\limits_{x \to 2} \dfrac{5x+10}{x+3} = 4$,令 $\alpha(x) = \dfrac{5x+10}{x+3} - 4 = \dfrac{x-2}{x+3}$,则 $\dfrac{5x+10}{x+3} = 4 + \alpha(x)$,且 $\alpha(x)$ 是当 $x \to 2$ 时的无穷小.

定理 1 中自变量的变化过程换成 $x \to x_0^+$,$x \to x_0^-$,$x \to +\infty$,$x \to -\infty$ 后仍然成立.

二、无穷大

1. 无穷大的概念

定义 2 如果当 $x \to x_0$(或 $x \to \infty$)时,$|f(x)|$ 无限增大,则称函数 $f(x)$ 为当 $x \to x_0$(或 $x \to \infty$)时的无穷大,记作 $\lim\limits_{\substack{x \to x_0 \\ (x \to \infty)}} f(x) = \infty$.

如果将定义 2 中的 $|f(x)|$ 无限增大换成 $f(x)$ 无限增大或 $f(x)$ 无限减小,则称函数 $f(x)$ 为当 $x \to x_0$(或 $x \to \infty$)时的正(或负)无穷大,记作 $\lim\limits_{\substack{x \to x_0 \\ (x \to \infty)}} f(x) = +\infty$ 或 $\lim\limits_{\substack{x \to x_0 \\ (x \to \infty)}} f(x) = -\infty$.

例如,因为当 $x \to 1$ 时,函数 $f(x) = \dfrac{1}{x-1}$ 的绝对值无限增大,所以函数 $f(x) = \dfrac{1}{x-1}$ 为当 $x \to 1$ 时的无穷大,记作 $\lim\limits_{x \to 1} \dfrac{1}{x-1} = \infty$.因为当 $x \to 1$ 时,$f(x) = \dfrac{1}{(x-1)^2}$ 的绝对值无限增大,故 $f(x) = \dfrac{1}{(x-1)^2}$ 为当 $x \to 1$ 时的正无穷大,记作 $\lim\limits_{x \to 1} \dfrac{1}{(x-1)^2} = +\infty$.

注 (1)定义 2 中的"∞"是一个记号,并非是一个数.无穷大是极限不存在的一种特殊情形,"$\lim\limits_{x \to x_0} f(x) = \infty$"仅是借用极限的记号,并不表示极限存在.

(2)无穷大是变量,一个不论多大的常数都不能作为无穷大;无穷大与自变量的变化过程有关.例如,当 $x \to \infty$ 时,x^2 是无穷大,而当 $x \to 0$ 时,x^2 是无穷小.

2. 无穷大的性质

性质 4 有限个无穷大的乘积仍是无穷大.

性质 5 不为零的常数与无穷大的乘积仍是无穷大.

注 两个无穷大的商不一定是无穷大,两个无穷大的和或差也不一定是无穷大.但是,两个正无穷大的和仍为正无穷大,两个负无穷大的和仍为负无穷大.

例如,当 $x \to \infty$ 时,x,x^2 和 $x^2 + 1$ 都是无穷大,而 $\lim\limits_{x \to \infty} \dfrac{x}{x^2} = 0$(两个无穷大的商不是

无穷大$),\lim\limits_{x\to\infty}[(x^2+1)-x^2]=1$(两个无穷大的差不是无穷大$),\lim\limits_{x\to+\infty}(x+x^2)=+\infty$(两个正无穷大的和仍为正无穷大$)$.

三、无穷小与无穷大的关系

定理 2(无穷小与无穷大的关系) 在自变量的同一变化过程中,如果 $f(x)$ 为无穷大,则 $\dfrac{1}{f(x)}$ 为无穷小;反之,如果 $f(x)$ 为无穷小且 $f(x)\neq 0$,则 $\dfrac{1}{f(x)}$ 为无穷大.

上述定理告诉我们,在自变量的同一变化过程中,无穷大与无穷小(除零以外)互为倒数.例如,当 $x\to 0$ 时,x 为无穷小,有 $\lim\limits_{x\to 0}\dfrac{1}{x}=\infty$,即 $\dfrac{1}{x}$ 为无穷大.当 $x\to\infty$ 时,x 为无穷大,有 $\lim\limits_{x\to\infty}\dfrac{1}{x}=0$,即 $\dfrac{1}{x}$ 为无穷小.

习题 1-3

1. 观察判定下列变量当 x 趋于何值时为无穷小:

(1) $y=\ln\sqrt{1+x^2}$;　　　　(2) $y=\dfrac{x-1}{x^3+3}$;　　　　(3) $y=e^{2-x}$.

2. 观察判定下列变量当 x 趋于何值时为无穷大:

(1) $y=\dfrac{x-1}{x^3+1}$;　　　　(2) $y=\ln|1-x|$;　　　　(3) $y=\dfrac{2}{\sqrt{4-x}}$.

3. 下列函数在自变量的哪些变化过程中为无穷小?在自变量的哪些变化过程中为无穷大(包括正无穷大与负无穷大)?

(1) $f(x)=\dfrac{x+1}{x^3}$;　　　　(2) $f(x)=\dfrac{x^3-x}{x^2-3x+2}$;　　　　(3) $f(x)=\ln x$.

4. 求下列极限:

(1) $\lim\limits_{x\to 1}\dfrac{x}{x^2-1}$;　　　　(2) $\lim\limits_{x\to+\infty}e^{3-x}$;　　　　(3) $\lim\limits_{x\to\infty}\dfrac{\arctan x}{x}$;

(4) $\lim\limits_{x\to\infty}\dfrac{(x+1)\sin x}{x^2}$;　　　　(5) $\lim\limits_{x\to\infty}\dfrac{1+\cos x}{x}$;　　　　(6) $\lim\limits_{x\to 0}\dfrac{x\sin x}{|x|}$.

第四节　极限的运算法则

前面我们介绍了在自变量的各种变化过程中函数极限的定义,但极限的定义并没有给出求极限的方法.从这一节开始,我们讨论求极限的方法.

在本节及以后的讨论中,有时记号"lim"下面没有标明自变量的变化过程,我们约定,这种情况对自变量的各种变化过程相关结论都是成立的.当然,在同一问题中,自变量的变化过程是相同的.

一、极限的四则运算法则

定理 1(函数极限的四则运算法则)   如果 $\lim f(x)$ 与 $\lim g(x)$ 都存在,则

(1) $\lim[f(x)+g(x)]=\lim f(x)+\lim g(x)$;

(2) $\lim[f(x)-g(x)]=\lim f(x)-\lim g(x)$;

(3) $\lim[f(x)\cdot g(x)]=\lim f(x)\cdot\lim g(x)$;

(4) $\lim\dfrac{f(x)}{g(x)}=\dfrac{\lim f(x)}{\lim g(x)}$(当 $\lim g(x)\neq 0$ 时).

我们只证明法则(3),其他法则证法类似.

证   设 $\lim f(x)=A$,$\lim g(x)=B$,由第三节的定理 1 知存在无穷小 α 和 β 使得

$$f(x)=A+\alpha,\quad g(x)=B+\beta,$$

于是,$f(x)\cdot g(x)=(A+\alpha)(B+\beta)=AB+(A\beta+B\alpha+\alpha\beta)$,

由无穷小的性质知 $A\beta+B\alpha+\alpha\beta$ 仍为无穷小量,再由第三节的定理 1 可得

$$\lim[f(x)\cdot g(x)]=A\cdot B=\lim f(x)\cdot\lim g(x).$$

需要强调的是,运用极限的四则运算法则求极限时,必须要求参与运算的每个函数的极限都存在,并且在运用商的运算法则时还要求分母的极限不为零.此外,法则(1)、(2)和(3)还可推广到有限个函数的情形,但对无限多个函数未必成立.

推论   如果 $\lim f(x)$ 存在,C 为常数,n 为正整数,则

(1) $\lim[Cf(x)]=C\lim f(x)$;

(2) $\lim[f(x)]^n=[\lim f(x)]^n$.

例 1   求极限 $\lim\limits_{x\to 2}(3x-1)$.

解   由定理 1 的法则(2)有

$$\lim_{x\to 2}(3x-1)=\lim_{x\to 2}3x-\lim_{x\to 2}1=3\cdot 2-1=5.$$

例 2   求极限 $\lim\limits_{x\to 0}\dfrac{2x^2+x-4}{3x^2+2}$.

解   因为 $\lim\limits_{x\to 0}(3x^2+2)=2\neq 0$,即分母的极限不为零,由定理 1 的法则(4)有

$$\lim_{x\to 0}\frac{2x^2+x-4}{3x^2+2}=\frac{\lim\limits_{x\to 0}(2x^2+x-4)}{\lim\limits_{x\to 0}(3x^2+2)}=\frac{-4}{2}=-2.$$

从上面两个例题可以看出,设 $P(x)$ 与 $Q(x)$ 均为多项式,且 $Q(x_0)\neq 0$,则

(1) 若 $\lim\limits_{x\to x_0}P(x)=P(x_0)$,$\lim\limits_{x\to x_0}Q(x)=Q(x_0)$;

(2) $\lim\limits_{x\to x_0}\dfrac{P(x)}{Q(x)}=\dfrac{P(x_0)}{Q(x_0)}$.

例 3   求极限 $\lim\limits_{x\to 1}\dfrac{x+2}{x^2-5x+4}$.

解   因为 $\lim\limits_{x\to 1}(x^2-5x+4)=0$,即分母的极限为零,故不能直接使用运算法则.

由 $\lim\limits_{x\to 1}\dfrac{x^2-5x+4}{x+2}=0$ 知,$\dfrac{x^2-5x+4}{x+2}$ 是 $x\to 1$ 时的无穷小.

由无穷小与无穷大的关系知，

$$\lim_{x\to 1}\frac{x+2}{x^2-5x+4}=\infty.$$

例 4 求极限 $\lim\limits_{x\to 2}\dfrac{x^2-3x+2}{x^2-4}$.

解 由于当 $x\to 2$ 时，分子与分母的极限都是零，故不能运用商的极限运算法则.因分子、分母有公因子 $x-2$，而当 $x\to 2$ 时，$x\neq 2$，即 $x-2\neq 0$，所以求极限时可约去这个公因子.于是，

$$\lim_{x\to 2}\frac{x^2-3x+2}{x^2-4}=\lim_{x\to 2}\frac{(x-1)(x-2)}{(x+2)(x-2)}=\lim_{x\to 2}\frac{x-1}{x+2}=\frac{1}{4}.$$

例 4 中的分子、分母都趋于零，因而是两个无穷小的商的形式，称其为"$\dfrac{0}{0}$"型未定式.在这里，我们采用了先约去分子、分母的无穷小公因子，使之变成"定式"，再运用极限的四则运算法则的方法.我们称这种求极限的方法为**约去无穷小公因子法**.

例 5 求极限 $\lim\limits_{x\to\infty}\dfrac{2x^4+5x^2+3}{7x^4-6x^2+1}$.

解 先用 x^4 去除分母及分子，然后取极限，

$$\lim_{x\to\infty}\frac{2x^4+5x^2+3}{7x^4-6x^2+1}=\lim_{x\to\infty}\frac{2+\dfrac{5}{x^2}+\dfrac{3}{x^4}}{7-\dfrac{6}{x^2}+\dfrac{1}{x^4}}=\frac{2}{7}.$$

例 6 求极限 $\lim\limits_{x\to\infty}\dfrac{2x^3+5x^2+3}{7x^4-6x^2+1}$.

解 先用 x^4 去除分母及分子，然后取极限，

$$\lim_{x\to\infty}\frac{2x^3+5x^2+3}{7x^4-6x^2+1}=\lim_{x\to\infty}\frac{\dfrac{2}{x}+\dfrac{5}{x^2}+\dfrac{3}{x^4}}{7-\dfrac{6}{x^2}+\dfrac{1}{x^4}}=0.$$

例 7 求极限 $\lim\limits_{x\to\infty}\dfrac{7x^4-6x^2+1}{2x^3+5x^2+3}$.

解 参照例 6 的计算过程，得 $\lim\limits_{x\to\infty}\dfrac{7x^4-6x^2+1}{2x^3+5x^2+3}=\lim\limits_{x\to\infty}\dfrac{7x-\dfrac{6}{x}+\dfrac{1}{x^3}}{2+\dfrac{5}{x}+\dfrac{3}{x^3}}=\infty.$

例 5、例 6 和例 7 中的极限是两个无穷大的商的形式.我们注意到这种极限可能存在，也可能不存在.通常，把这种极限称为"$\dfrac{\infty}{\infty}$"型未定式.求 $x\to\infty$ 时的"$\dfrac{\infty}{\infty}$"型未定式的极限时，起主要作用的是分子、分母中自变量 x 的最高次幂，主要处理方法：以自变量 x 的最高次幂除分子与分母，使之化出无穷小，从而求得极限值，称这种方法为**无穷小**

化出法.

一般地,当 $a_0 \neq 0, b_0 \neq 0, m$ 和 n 为非负整数时,有

$$\lim_{x \to \infty} \frac{a_0 x^m + a_1 x^{m-1} + \cdots + a_m}{b_0 x^n + b_1 x^{n-1} + \cdots + b_n} = \begin{cases} 0, & \text{当 } n > m, \\ \dfrac{a_0}{b_0}, & \text{当 } n = m, \\ \infty, & \text{当 } n < m. \end{cases}$$

例 8　求极限 $\lim\limits_{x \to 0} \dfrac{\sqrt{4+x} - 2}{x}$.

解　当 $x \to 0$ 时,分子分母的极限均为 0,不能直接用极限运算法则,可以先有理化,再求极限.

$$\lim_{x \to 0} \frac{\sqrt{4+x} - 2}{x} = \lim_{x \to 0} \frac{(\sqrt{4+x} - 2)(\sqrt{4+x} + 2)}{x(\sqrt{4+x} + 2)} = \lim_{x \to 0} \frac{1}{\sqrt{4+x} + 2} = \frac{1}{4}.$$

例 9　求极限 $\lim\limits_{x \to 1} \left(\dfrac{1}{x-1} - \dfrac{2}{x^2 - 1} \right)$.

解　因为当 $x \to 1$ 时, $\dfrac{1}{x-1}$ 与 $\dfrac{2}{x^2-1}$ 都是无穷大(这种类型的极限称为"$\infty - \infty$"型未定式),而"无穷大"属于极限不存在的情形,所以不能运用极限的四则运算法则.可采用通分的方法对函数进行恒等变形,将其转化为"$\dfrac{0}{0}$"型未定式,再用约去无穷小公因子法转化为定式极限.

$$\lim_{x \to 1} \left(\frac{1}{x-1} - \frac{2}{x^2-1} \right) = \lim_{x \to 1} \frac{x-1}{x^2-1} = \lim_{x \to 1} \frac{x-1}{(x+1)(x-1)} = \lim_{x \to 1} \frac{1}{x+1} = \frac{1}{2}.$$

例 10　设函数 $f(x) = \begin{cases} \dfrac{x+2}{x^2+1}, & x < 0, \\ 1, & x = 0, \\ \dfrac{-x^2+4}{3x^2+2}, & x > 0. \end{cases}$ 试求: (1) $\lim\limits_{x \to 0} f(x)$; (2) $\lim\limits_{x \to -\infty} f(x)$ 及

$\lim\limits_{x \to +\infty} f(x)$,并说明 $\lim\limits_{x \to \infty} f(x)$ 是否存在.

解　(1) 因为

$$\lim_{x \to 0^-} f(x) = \lim_{x \to 0^-} \frac{x+2}{x^2+1} = 2,$$

$$\lim_{x \to 0^+} f(x) = \lim_{x \to 0^+} \frac{-x^2+4}{3x^2+2} = 2,$$

两者相等,所以 $\lim\limits_{x \to 0} f(x) = 2$.

(2) 因为

$$\lim_{x \to -\infty} f(x) = \lim_{x \to -\infty} \frac{x+2}{x^2+1} = 0,$$

$$\lim_{x \to +\infty} f(x) = \lim_{x \to +\infty} \frac{-x^2+4}{3x^2+2} = -\frac{1}{3},$$

两者不相等,所以$\lim_{x\to\infty} f(x)$不存在.

对于数列极限,有类似的四则运算法则.

定理 2(数列极限的四则运算法则) 如果$\lim\limits_{n\to\infty} x_n$与$\lim\limits_{n\to\infty} y_n$都存在,则

(1) $\lim\limits_{n\to\infty}(x_n+y_n)=\lim\limits_{n\to\infty}x_n+\lim\limits_{n\to\infty}y_n$;

(2) $\lim\limits_{n\to\infty}(x_n-y_n)=\lim\limits_{n\to\infty}x_n-\lim\limits_{n\to\infty}y_n$;

(3) $\lim\limits_{n\to\infty}(x_n \cdot y_n)=\lim\limits_{n\to\infty}x_n \cdot \lim\limits_{n\to\infty}y_n$;

(4) $\lim\limits_{n\to\infty}\dfrac{x_n}{y_n}=\dfrac{\lim\limits_{n\to\infty}x_n}{\lim\limits_{n\to\infty}y_n}$ ($y_n\neq0$且$\lim\limits_{n\to\infty}y_n\neq0$).

例 11 求极限$\lim\limits_{n\to\infty}\dfrac{n^2-1}{4n^2+2}$.

解 将表达式$\dfrac{n^2-1}{4n^2+2}$的分子和分母同时除以n^2,得到

$$\frac{1-\dfrac{1}{n^2}}{4+\dfrac{2}{n^2}},$$

注意到分母的极限

$$\lim_{n\to\infty}\left(4+\frac{1}{n^2}\right)=\lim_{n\to\infty}4+\left(\lim_{n\to\infty}\frac{1}{n}\right)^2=4\neq0,$$

由定理 2 法则(4)有

$$\lim_{n\to\infty}\frac{n^2-1}{4n^2+2}=\lim_{n\to\infty}\frac{1-\dfrac{1}{n^2}}{4+\dfrac{2}{n^2}}=\frac{\lim\limits_{n\to\infty}\left(1-\dfrac{1}{n^2}\right)}{\lim\limits_{n\to\infty}\left(4+\dfrac{2}{n^2}\right)}=\frac{1}{4}.$$

例 12 求极限$\lim\limits_{n\to\infty}\left(\dfrac{1}{n^2}+\dfrac{2}{n^2}+\cdots+\dfrac{n}{n^2}\right)$.

解 当$n\to\infty$时,$\dfrac{1}{n^2}+\dfrac{2}{n^2}+\cdots+\dfrac{n}{n^2}$是无穷多项和的形式,故不能用和的极限运算法则.现先求其和,使数列通项变形,再求极限.

$$\lim_{n\to\infty}\left(\frac{1}{n^2}+\frac{2}{n^2}+\cdots+\frac{n}{n^2}\right)=\lim_{n\to\infty}\frac{\dfrac{1}{2}n(n+1)}{n^2}=\frac{1}{2}\lim_{n\to\infty}\left(1+\frac{1}{n}\right)=\frac{1}{2}.$$

二、复合函数的极限运算法则

定理 3(复合函数的极限运算法则) 设函数$y=f[\varphi(x)]$由函数$y=f(u)$与$u=$

$\varphi(x)$ 复合而成. 如果 $\lim\limits_{x \to x_0} \varphi(x) = a$, 且在点 x_0 的某去心邻域内 $\varphi(x) \neq a$, 又 $\lim\limits_{u \to a} f(u) = A$, 则有

$$\lim\limits_{x \to x_0} f[\varphi(x)] = \lim\limits_{u \to a} f(u) = A.$$

定理 3 表明: 如果函数 $f(x)$ 与 $g(x)$ 满足该定理条件, 那么在求复合函数的极限 $\lim\limits_{x \to x_0} f[\varphi(x)]$ 时, 可作变量代换 $u = \varphi(x)$, 使之转化为 $\lim\limits_{u \to a} f(u)$, 这里 $a = \lim\limits_{x \to x_0} \varphi(x)$.

例 13　求极限 $\lim\limits_{x \to 1} \sqrt{\dfrac{x^2-1}{x-1}}$.

解　由于

$$\lim\limits_{x \to 1} \frac{x^2-1}{x-1} = \lim\limits_{x \to 1} (x+1) = 2,$$

令 $u = \dfrac{x^2-1}{x-1}$, 则当 $x \to 1$ 时, $u \to 2$.

由定理 3 得

$$\lim\limits_{x \to 1} \sqrt{\frac{x^2-1}{x-1}} = \lim\limits_{u \to 2} \sqrt{u} = \sqrt{2}.$$

习题 1-4

1. 求下列极限:

(1) $\lim\limits_{x \to 0} (2 - \cos x)$;

(2) $\lim\limits_{x \to \infty} \dfrac{2x^2 + 3x}{x^3 - 5x + 1}$;

(3) $\lim\limits_{x \to -1} \left(1 - \dfrac{1}{x^2 + 1}\right)$;

(4) $\lim\limits_{x \to +\infty} (\sqrt{x+1} - \sqrt{x})$.

2. 求下列极限:

(1) $\lim\limits_{x \to 2} \dfrac{x^2 - 4}{x - 2}$;

(2) $\lim\limits_{x \to 1} \left(\dfrac{1}{1 - x} - \dfrac{3}{1 - x^3}\right)$;

(3) $\lim\limits_{x \to \infty} \left(\dfrac{x^3}{2x^2 - 1} - \dfrac{x^2}{2x + 1}\right)$;

(4) $\lim\limits_{n \to \infty} \dfrac{(n+2)(2n+3)(3n+4)}{n^3}$;

(5) $\lim\limits_{n \to \infty} \left(1 + \dfrac{1}{2} + \dfrac{1}{4} + \cdots + \dfrac{1}{2^n}\right)$;

(6) $\lim\limits_{x \to \infty} \dfrac{x + \sin x}{x - \sin x}$.

3. 设函数

$$f(x) = \begin{cases} \dfrac{2x^3 + 3x + 1}{x^3 + 2x}, & x < 0, \\[3mm] \dfrac{3x^4 + 4x^3 + 2x}{x^4 + 4x + 1}, & x \geqslant 0. \end{cases}$$

求 $\lim\limits_{x \to -\infty} f(x)$ 及 $\lim\limits_{x \to +\infty} f(x)$, 并说明 $\lim\limits_{x \to \infty} f(x)$ 是否存在.

4. 设函数 $f(x) = \dfrac{4x^2 + 3}{x - 1} + ax + b$, 其中 a 和 b 为常数, 已知:

(1) $\lim\limits_{x \to \infty} f(x) = 0$；　　　(2) $\lim\limits_{x \to \infty} f(x) = 2$；　　　(3) $\lim\limits_{x \to \infty} f(x) = \infty$，

试分别求这三种情形下常数 a 与 b 的值.

5. 已知 $\lim\limits_{x \to 3} \dfrac{x^2 - 2x + k}{x - 3}$ 存在且等于 a，求常数 k 与 a 的值.

→ 第五节　两个重要极限

本节介绍极限存在的两个准则，并引入两个重要极限.

一、极限存在准则

定理 1（夹逼准则）　如果数列 $\{x_n\}$，$\{y_n\}$ 和 $\{z_n\}$ 满足下列条件：

(1) 对任一 n 有 $y_n \leqslant x_n \leqslant z_n$；

(2) $\lim\limits_{n \to \infty} y_n = a$，$\lim\limits_{n \to \infty} z_n = a$，

则数列 $\{x_n\}$ 必收敛，且 $\lim\limits_{n \to \infty} x_n = a$.

例如，数列 $\left\{\dfrac{n!}{n^n}\right\}$，根据 $0 \leqslant \dfrac{n!}{n^n} = \dfrac{1 \cdot 2 \cdot 3 \cdot \cdots \cdot n}{n \cdot n \cdot n \cdot \cdots \cdot n} \leqslant \dfrac{1 \cdot 2 \cdot n \cdot \cdots \cdot n}{n \cdot n \cdot n \cdot \cdots \cdot n} = \dfrac{2}{n^2}$，取 $y_n = 0$，

$z_n = \dfrac{2}{n^2}$，又 $\lim\limits_{n \to \infty} z_n = \lim\limits_{n \to \infty} \dfrac{2}{n^2} = 0$，因此 $\lim\limits_{n \to \infty} \dfrac{n!}{n^n} = 0$.

上述关于数列的夹逼准则对函数也成立.

定理 $1'$（夹逼准则）　如果函数 $f(x)$，$g(x)$ 和 $h(x)$ 满足下列条件：

(1) 在 x_0 的某一去心邻域内，有 $g(x) \leqslant f(x) \leqslant h(x)$，

(2) $\lim\limits_{x \to x_0} g(x) = \lim\limits_{x \to x_0} h(x) = A$，

则有 $\lim\limits_{x \to x_0} f(x) = A$.

上述定理对 $x \to \infty$ 的情形也成立.

定义 1　对于数列 $\{x_n\}$，如果对所有的 n 都有 $x_n \leqslant x_{n+1}$，则称 $\{x_n\}$ 为**单调增加数列**；如果对所有的 n 都有 $x_n \geqslant x_{n+1}$，则称 $\{x_n\}$ 为**单调减少数列**.单调增加数列和单调减少数列统称单调数列.

定理 2（单调有界准则）　单调有界数列必有极限.

例如，数列 $\left\{\dfrac{1}{n}\right\}$ 为单调减少数列，且 $\left|\dfrac{1}{n}\right| \leqslant 1$ 有界，因此数列 $\left\{\dfrac{1}{n}\right\}$ 必有极限.由第 2 节知 $\lim\limits_{n \to \infty} \dfrac{1}{n} = 0$.数列 $\left\{\dfrac{n}{n+1}\right\}$ 为单调增加数列，且 $\left|\dfrac{n}{n+1}\right| \leqslant 1$ 有界，因此数列 $\left\{\dfrac{n}{n+1}\right\}$ 必有极限.由第 2 节知 $\lim\limits_{n \to \infty} \dfrac{n}{n+1} = 1$.

这两个定理我们不作证明.

二、两个重要极限

1. 重要极限一：$\lim\limits_{x \to 0} \dfrac{\sin x}{x} = 1$

对于函数 $y = \dfrac{\sin x}{x}$，当 $x \to 0$ 时分子和分母的极限都是 0，因此该极限是 "$\dfrac{0}{0}$" 型的未定式，但无法采用第 4 节中例 4 约去分子分母公因子的方法求该极限.

例 1 求下列极限：

(1) $\lim\limits_{x \to 0} \dfrac{\sin 5x}{x}$；

(2) $\lim\limits_{x \to 0} \dfrac{\arcsin x}{x}$；

(3) $\lim\limits_{x \to 0} \dfrac{1 - \cos x}{x^2}$；

(4) $\lim\limits_{x \to \infty} x \sin \dfrac{2}{x}$.

解 (1) $\lim\limits_{x \to 0} \dfrac{\sin 5x}{x} = \lim\limits_{x \to 0} \left(\dfrac{\sin 5x}{5x} \cdot 5 \right) = 1 \cdot 5 = 5$.

(2) $\lim\limits_{x \to 0} \dfrac{\arcsin x}{x} = \lim\limits_{x \to 0} \dfrac{\arcsin x}{\sin(\arcsin x)} \xlongequal{\text{令 } u = \arcsin x} \lim\limits_{u \to 0} \dfrac{u}{\sin u} = 1$.

(3) $\lim\limits_{x \to 0} \dfrac{1 - \cos x}{x^2} = \lim\limits_{x \to 0} \dfrac{2 \sin^2 \dfrac{x}{2}}{x^2} = \dfrac{1}{2} \lim\limits_{x \to 0} \left(\dfrac{\sin \dfrac{x}{2}}{\dfrac{x}{2}} \right)^2 = \dfrac{1}{2} \cdot 1^2 = \dfrac{1}{2}$.

(4) $\lim\limits_{x \to \infty} x \sin \dfrac{2}{x} = 2 \lim\limits_{x \to \infty} \dfrac{\sin \dfrac{2}{x}}{\dfrac{2}{x}} = 2 \cdot 1 = 2$.

第(2)小题中，我们将 $\arcsin x$ 看成一个变量 $\alpha(x)$：当 $x \to 0$ 时，$\alpha(x) \to 0$，因此 $\lim\limits_{x \to 0} \dfrac{\sin(\arcsin x)}{\arcsin x} = \lim\limits_{x \to 0} \dfrac{\sin \alpha(x)}{\alpha(x)}$，该极限也等于 1. 于是对下列形式的极限可以直接利用重要极限一

$$\lim\limits_{x \to x_0} \dfrac{\sin \alpha(x)}{\alpha(x)} = 1，\text{其中} \lim\limits_{x \to x_0} \alpha(x) = 0.$$

2. 重要极限二：$\lim\limits_{x \to \infty} \left(1 + \dfrac{1}{x} \right)^x = e$ 或 $\lim\limits_{x \to 0} (1 + x)^{\frac{1}{x}} = e$

对于函数 $y = \left(1 + \dfrac{1}{x} \right)^x$，当 $x \to \infty$ 时，$1 + \dfrac{1}{x}$ 的极限是 1，x 的极限是 ∞，因此该极限是 "1^∞" 型的未定式.

例 2 求下列极限：

(1) $\lim\limits_{n \to \infty} \left(1 + \dfrac{2}{n} \right)^{3n}$；

(2) $\lim\limits_{x \to 0} (1 - 2x)^{\frac{1}{x}}$；

(3) $\lim\limits_{x \to \infty} \left(\dfrac{3 - x}{2 - x} \right)^x$.

解 (1) $\lim\limits_{n \to \infty} \left(1 + \dfrac{2}{n} \right)^{3n} = \lim\limits_{n \to \infty} \left[\left(1 + \dfrac{2}{n} \right)^{\frac{n}{2}} \right]^6 = \left[\lim\limits_{n \to \infty} \left(1 + \dfrac{2}{n} \right)^{\frac{n}{2}} \right]^6 = e^6$.

（2）$\lim\limits_{x\to 0}(1-2x)^{\frac{1}{x}}=\left\{\lim\limits_{x\to 0}[1+(-2x)]^{\frac{1}{-2x}}\right\}^{-2}=\mathrm{e}^{-2}.$

（3）$\lim\limits_{x\to \infty}\left(\dfrac{3-x}{2-x}\right)^{x}=\lim\limits_{x\to \infty}\left(1+\dfrac{1}{2-x}\right)^{x}=\lim\limits_{x\to \infty}\left(1+\dfrac{1}{2-x}\right)^{(2-x)\cdot(-1)+2}$

$=\left[\lim\limits_{x\to \infty}\left(1+\dfrac{1}{2-x}\right)^{2-x}\right]^{-1}\cdot \lim\limits_{x\to \infty}\left(1+\dfrac{1}{2-x}\right)^{2}$

$=\mathrm{e}^{-1}\cdot 1=\mathrm{e}^{-1}.$

第（3）小题中，我们将 $\dfrac{1}{2-x}$ 看成一个变量 $\alpha(x)$：当 $x\to \infty$ 时，$\alpha(x)\to 0$，因此 $\lim\limits_{x\to \infty}\left(1+\dfrac{1}{2-x}\right)^{2-x}=\lim\limits_{x\to \infty}[1+\alpha(x)]^{\frac{1}{\alpha(x)}}$，该极限也等于 e. 于是对下列形式的极限可以直接利用重要极限二，得

$$\lim\limits_{x\to x_0}[1+\alpha(x)]^{\frac{1}{\alpha(x)}}=\mathrm{e},$$

其中 $\lim\limits_{x\to x_0}\alpha(x)=0.$

三、连续复利

所谓复利计息，就是将第一期的利息与本金之和作为第二期的本金，然后反复计息. 设本金为 A_0，年利率为 r，一年后的本利和为

$$A_1=A_0+A_0r=A_0(1+r).$$

把 A_1 作为本金存入，第二年年末的本利和为

$$A_2=A_1+A_1r=A_1(1+r)=A_0(1+r)^2.$$

照此计算，利滚利，得到 t 年后的本利和为

$$A_t=A_0(1+r)^t.$$

若把一年均分为 n 期结算，年利率仍为 r，于是每期利率为 $\dfrac{r}{n}$，可得一年后的本利和为

$$A_1=A_0\left(1+\dfrac{r}{n}\right)^n,$$

t 年后的本利和为

$$A_t=A_0\left(1+\dfrac{r}{n}\right)^{nt}.$$

若采取瞬时结算法，即随时生息随时结算（连续复利），也就是当 $n\to \infty$ 时，得 t 年后的本利和为

$$A_t=\lim\limits_{n\to \infty}A_0\left(1+\dfrac{r}{n}\right)^{nt}=A_0\lim\limits_{n\to \infty}\left[\left(1+\dfrac{r}{n}\right)^{\frac{n}{r}}\right]^{rt}=A_0\mathrm{e}^{rt}.$$

例 3 银行向企业发放一笔贷款，额度为 200 000 元，期限为 5 年，年利率为 7%，复利计算 5 年后的本利和是多少？瞬即时结算法本利和是多少？

解 复利计算 5 年后本利和为

$$200\ 000 \times (1+7\%)^5 \approx 280\ 510.35\ 元.$$

瞬时结算法计算 5 年后的本利和为 $2\ 000\mathrm{e}^{0.07 \times 5} \approx 283\ 813.51\ 元.$

习题 1-5

1. 求下列极限：

(1) $\lim\limits_{x \to 0} \dfrac{\sin 5x}{\sin 4x}$；

(2) $\lim\limits_{n \to \infty} n \sin \dfrac{\pi}{n}$；

(3) $\lim\limits_{x \to \frac{\pi}{2}} \dfrac{\cos x}{2x - \pi}$；

(4) $\lim\limits_{x \to 0} \dfrac{\tan 3x}{\sin x}$；

(5) $\lim\limits_{x \to 0} \dfrac{\sec x - \cos x}{x^2}$；

(6) $\lim\limits_{x \to 0} \dfrac{1 - \cos 4x}{x \sin x}$；

(7) $\lim\limits_{x \to \infty} \left(\dfrac{x}{1+x} \right)^x$；

(8) $\lim\limits_{n \to \infty} \left(1 + \dfrac{1}{2n} \right)^n$；

(9) $\lim\limits_{x \to 0} \dfrac{3x - \sin x}{x + 2\sin x}$；

(10) $\lim\limits_{x \to 1} x^{\frac{2}{x-1}}$；

(11) $\lim\limits_{x \to \infty} \left(\dfrac{x}{x+1} \right)^{x+4}$.

2. 已知 $\lim\limits_{x \to \infty} \left(\dfrac{x+a}{x-a} \right)^{\frac{x}{2}} = 3$，其中 a 为常数，求常数 a 的值.

3. 将 2 万元存入银行，按年利率 4% 连续计算复利，问 10 年后的本息和是多少？

第六节 无穷小的比较

我们知道，两个无穷小的和、差、积仍是无穷小，而两个无穷小的商却会出现各种不同的情形. 例如，当 $x \to 0$ 时，x，x^2，$\sin x$，$x \sin \dfrac{1}{x}$ 均为无穷小，而 $\lim\limits_{x \to 0} \dfrac{x^2}{x} = 0$，$\lim\limits_{x \to 0} \dfrac{x}{x^2} = \infty$，

$\lim\limits_{x \to 0} \dfrac{\sin x}{x} = 1$，$\lim\limits_{x \to 0} \dfrac{x \sin \dfrac{1}{x}}{x} = \lim\limits_{x \to 0} \sin \dfrac{1}{x}$ 不存在. 两个无穷小的商的极限的各种不同情况，反映了不同无穷小趋于零的速度有"快慢"之分. 为了描述无穷小趋于零的"快慢"程度，我们引入无穷小的阶的概念.

定义 1 设当 $x \to x_0$ 时，α 和 β 均是无穷小，

(1) 如果 $\lim\limits_{x \to x_0} \dfrac{\beta}{\alpha} = 0$，则称当 $x \to x_0$ 时 β 是比 α 高阶的无穷小，记作 $\beta = o(\alpha)$；

(2) 如果 $\lim\limits_{x \to x_0} \dfrac{\beta}{\alpha} = C \neq 0$，则称当 $x \to x_0$ 时 β 与 α 是同阶无穷小，

特别地,如果 $\lim\limits_{x \to x_0} \dfrac{\beta}{\alpha} = 1$,则称当 $x \to x_0$ 时 β 与 α 是等价无穷小,记作 $\alpha \sim \beta$.

对于自变量的其他五种变化趋势及数列也有类似的定义.

有了无穷小的阶(同阶和高阶)的概念,我们再来考察本节开头讨论的几个无穷小.

因为 $\lim\limits_{x \to 0} \dfrac{x^2}{x} = 0$,所以当 $x \to 0$ 时,x^2 是比 x 高阶的无穷小,即 $x^2 = o(x)$.

因为 $\lim\limits_{x \to 0} \dfrac{\sin x}{x} = 1$,所以当 $x \to 0$ 时,$\sin x$ 与 x 是同阶无穷小,也是等价无穷小,即 $\sin x \sim x$.

例 1 证明:当 $x \to 0$ 时,$1 - \cos x \sim \dfrac{1}{2} x^2$.

证 因为

$$\lim_{x \to 0} \frac{1 - \cos x}{\dfrac{1}{2} x^2} = \lim_{x \to 0} \frac{2 \sin^2 \dfrac{x}{2}}{\dfrac{1}{2} x^2} = \left(\lim_{x \to 0} \frac{\sin \dfrac{x}{2}}{\dfrac{x}{2}} \right)^2 = 1,$$

所以,当 $x \to 0$ 时,$1 - \cos x \sim \dfrac{1}{2} x^2$.

关于等价无穷小有下面一个重要定理:

定理 1 设 $\alpha, \alpha', \beta, \beta'$ 都是同一变化过程中的无穷小,如果 $\alpha \sim \alpha'$,$\beta \sim \beta'$,且 $\lim \dfrac{\beta'}{\alpha'}$ 存在或为无穷大,则有 $\lim \dfrac{\beta}{\alpha} = \lim \dfrac{\beta'}{\alpha'}$.

证 若 $\lim \dfrac{\beta'}{\alpha'}$ 存在,则

$$\lim \frac{\beta}{\alpha} = \lim \left(\frac{\beta}{\beta'} \cdot \frac{\beta'}{\alpha'} \cdot \frac{\alpha'}{\alpha} \right) = \lim \frac{\beta}{\beta'} \cdot \lim \frac{\beta'}{\alpha'} \cdot \lim \frac{\alpha'}{\alpha} = \lim \frac{\beta'}{\alpha'}.$$

若 $\lim \dfrac{\beta'}{\alpha'} = \infty$,则 $\lim \dfrac{\alpha'}{\beta'} = 0$.由上面的讨论得

$$\lim \frac{\alpha}{\beta} = \lim \frac{\alpha'}{\beta'} = 0,$$

从而 $\lim \dfrac{\beta}{\alpha} = \infty$.

故 $\lim \dfrac{\beta}{\alpha} = \lim \dfrac{\beta'}{\alpha'}$.

定理 1 表明,在求 "$\dfrac{0}{0}$" 型未定式极限时,分子与分母的无穷小因子都可用其等价无穷小代换,使计算简化.这种求极限的方法称为等价无穷小替换法.

常用的等价无穷小有:

当 $x \to 0$ 时,

① $\sin x \sim x$；　　　② $\tan x \sim x$；　　　③ $\arcsin x \sim x$；

④ $\arctan x \sim x$；　　⑤ $e^x - 1 \sim x$；　　⑥ $\ln(1+x) \sim x$；

⑦ $1 - \cos x \sim \dfrac{1}{2}x^2$.

例 2　求下列极限：

(1) $\lim\limits_{x \to 0} \dfrac{\sin 2x}{\arctan 3x}$；　　　(2) $\lim\limits_{x \to 0} \dfrac{\cos x - 1}{x \tan x}$；　　　(3) $\lim\limits_{x \to 0} \dfrac{\tan x - \sin x}{x^2 e^x - x^2}$.

解　(1) 因为当 $x \to 0$ 时，$\sin 2x \sim 2x$，$\arctan 3x \sim 3x$，所以由定理 1 得

$$\lim_{x \to 0} \frac{\sin 2x}{\arctan 3x} = \lim_{x \to 0} \frac{2x}{3x} = \frac{2}{3}.$$

(2) 因为当 $x \to 0$ 时，$\cos x - 1 = -(1 - \cos x) \sim -\dfrac{1}{2}x^2$，

$$x \tan x \sim x^2,$$

所以由定理 1 得

$$\lim_{x \to 0} \frac{\cos x - 1}{x \tan x} = \lim_{x \to 0} \frac{-\dfrac{1}{2}x^2}{x^2} = -\frac{1}{2}.$$

(3) $\lim\limits_{x \to 0} \dfrac{\tan x - \sin x}{x^2 e^x - x^2} = \lim\limits_{x \to 0} \dfrac{\tan x (1 - \cos x)}{x^2 (e^x - 1)}$，

因为当 $x \to 0$ 时，$\tan x \sim x$，$1 - \cos x \sim \dfrac{1}{2}x^2$，$e^x - 1 \sim x$，所以由定理 1 得

$$\lim_{x \to 0} \frac{\tan x - \sin x}{x^2 e^x - x^2} = \lim_{x \to 0} \frac{\tan x (1 - \cos x)}{x^2 (e^x - 1)} = \lim_{x \to 0} \frac{x \cdot \dfrac{1}{2}x^2}{x^2 \cdot x} = \frac{1}{2}.$$

习 题 1-6

1. 当 $x \to 0$ 时，$x - x^2$ 与 $x^2 - x^3$ 相比，哪一个是高阶无穷小？

2. 当 $x \to 1$ 时，无穷小 $x - 1$ 与下列无穷小是否同阶？是否等价？

(1) $x^2 - 1$；　　　　　　　　　　(2) $2(\sqrt{x} - 1)$；

(3) $\dfrac{1}{x} - 1$；　　　　　　　　　(4) $\ln x$.

3. 利用等价无穷小代换法求下列极限：

(1) $\lim\limits_{x \to 0} \dfrac{\arcsin 3x}{2x}$；　　　　　　(2) $\lim\limits_{x \to 0} \dfrac{\arctan 2x}{\arcsin 3x}$；

(3) $\lim\limits_{x \to 0} \dfrac{1 - \cos x^2}{\sin x \tan x^3}$；　　　　　(4) $\lim\limits_{x \to 0} \dfrac{e^{3x} - 1}{x}$；

(5) $\lim\limits_{x \to 0} \dfrac{\ln(1 + x \sin x)}{\tan x^2}$；　　　　(6) $\lim\limits_{x \to 0} \dfrac{\tan x - \sin x}{x \sin^2 x}$.

4. 当 $x \to 0$ 时，如果 $1 - \cos x$ 是 $m x^n$ 的等阶无穷小（m, n 均为常数），求 m, n 的值.

5. 设当 $x \to 0$ 时，$1 - \cos x^2$ 是 $x \sin^n x$ 的高阶无穷小，而 $x \sin^n x$ 又是 $e^{x^2} - 1$ 的高阶无穷小，求正整数 n.

→ 第七节　无穷级数

在介绍了极限的概念和计算后，我们介绍极限的另一个应用——求级数的和.无穷级数的理论在微积分中占有重要的地位，它是与数列极限密切相关的一个概念，是微积分的一个重要组成部分.无穷级数在表示函数、研究函数的性质、进行数值计算及求解微分方程等方面都有着重要的应用.本节主要简单介绍无穷级数的一些基本内容.

一、常数项级数的定义

定义 1　给定数列 $\{u_n\}$，则表达式

$$\sum_{n=1}^{\infty} u_n = u_1 + u_2 + \cdots + u_n + \cdots$$

称为（常数项）**无穷级数**，简称**级数**，其中第 n 项 u_n 称为级数 $\sum\limits_{n=1}^{\infty} u_n$ 的**一般项**.

例如，$\dfrac{1}{1} + \dfrac{1}{2} + \dfrac{1}{3} + \cdots + \dfrac{1}{n} + \cdots = \sum\limits_{n=1}^{\infty} \dfrac{1}{n}$；$1 + \dfrac{1}{2} + \dfrac{1}{2^2} + \cdots + \dfrac{1}{2^n} + \cdots = \sum\limits_{n=0}^{\infty} \dfrac{1}{2^n}$ 都是级数.

定义 2　级数 $\sum\limits_{n=1}^{\infty} u_n$ 的前 n 项的和 $S_n = u_1 + u_2 + \cdots + u_n$ 称为级数 $\sum\limits_{n=1}^{\infty} u_n$ 的**部分和**，由部分和构成的数列 $\{S_n\}$ 称为级数 $\sum\limits_{n=1}^{\infty} u_n$ 的**部分和数列**.

例如，级数 $1 + \dfrac{1}{2} + \dfrac{1}{2^2} + \cdots + \dfrac{1}{2^n} + \cdots$ 的部分和为

$$S_1 = \frac{1}{2}, S_2 = \frac{1}{2} + \frac{1}{2^2}, S_3 = \frac{1}{2} + \frac{1}{2^2} + \frac{1}{2^3}, \cdots, S_n = \sum_{i=1}^{n} \frac{1}{2^i} = 1 - \frac{1}{2^n}.$$

部分和数列为 $\{S_n\} = \left\{ 1 - \dfrac{1}{2^n} \right\}$.

二、级数收敛与发散的定义

定义 3　对于给定级数 $\sum\limits_{n=1}^{\infty} u_n$，如果其部分和数列 $\{S_n\}$ 有极限 S，即 $\lim\limits_{n \to \infty} S_n = S$，则称级数 $\sum\limits_{n=1}^{\infty} u_n$ **收敛**，极限 S 称为级数 $\sum\limits_{n=1}^{\infty} u_n$ 的和，并记作 $S = u_1 + u_2 + \cdots + u_n + \cdots$.如果 $\lim\limits_{n \to \infty} S_n$ 不存在，则称级数 $\sum\limits_{n=1}^{\infty} u_n$ **发散**.

例 1　讨论(等比级数或几何级数)

$$\sum_{n=0}^{\infty} aq^n = a + aq + aq^2 + \cdots + aq^{n-1} + \cdots \quad (a \neq 0)$$

的敛散性.

解　(1) 当 $q \neq 1$ 时,部分和 $S_n = a + aq + aq^2 + \cdots + aq^{n-1} = \dfrac{a - aq^n}{1 - q}$.

若 $|q| < 1$,则 $\lim\limits_{n \to \infty} S_n = \dfrac{a}{1 - q}$;

若 $|q| > 1$,则 $\lim\limits_{n \to \infty} S_n = \infty$;

若 $q = -1$ 时,原级数成为 $a - a + a - a + \cdots$,则 $\lim\limits_{n \to \infty} S_n$ 不存在.

(2) 当 $q = 1$ 时,部分和 $S_n = na$,$\lim\limits_{n \to \infty} S_n = \infty$.

综上可得：等比级数 $\sum_{n=0}^{\infty} aq^n$ 当 $|q| < 1$ 时收敛,当 $|q| \geqslant 1$ 时发散.

《庄子·天下篇》中提到：一尺之棰,日取其半,万世不竭.那么所取木棒长度的日积月累就是无穷个数相加,其和就是一个等比级数 $\dfrac{1}{2} + \dfrac{1}{2^2} + \cdots + \dfrac{1}{2^n} + \cdots$ 的和.

例 2　判定 $\dfrac{1}{1 \cdot 2} + \dfrac{1}{2 \cdot 3} + \cdots + \dfrac{1}{n(n+1)} + \cdots$ 的敛散性.

解　部分和 $S_n = \dfrac{1}{1 \cdot 2} + \dfrac{1}{2 \cdot 3} + \cdots + \dfrac{1}{n(n+1)}$

$$= \left(1 - \frac{1}{2}\right) + \left(\frac{1}{2} - \frac{1}{3}\right) + \cdots + \left(\frac{1}{n} - \frac{1}{n+1}\right) = 1 - \frac{1}{n+1}.$$

于是, $\lim\limits_{n \to \infty} S_n = \lim\limits_{n \to \infty} \left(1 - \dfrac{1}{n+1}\right) = 1$,因此原级数收敛.

例 3　证明调和级数 $\sum_{n=1}^{\infty} \dfrac{1}{n} = \dfrac{1}{1} + \dfrac{1}{2} + \cdots + \dfrac{1}{n} + \cdots$ 发散.

证　(反证法)如果调和级数 $\sum_{n=1}^{\infty} \dfrac{1}{n}$ 收敛,则其部分和数列 $\{S_n\}$ 的极限存在.

设 $\lim\limits_{n \to \infty} S_n = \lim\limits_{n \to \infty} S_{2n} = S$,于是,

$$\lim_{n \to \infty} (S_{2n} - S_n) = 0.$$

但是,

$$S_{2n} - S_n = \frac{1}{n+1} + \frac{1}{n+2} + \cdots + \frac{1}{n+n} > \frac{1}{2n} + \cdots + \frac{1}{2n} = \frac{1}{2},$$

这与 $\lim\limits_{n \to \infty} (S_{2n} - S_n) = 0$ 矛盾,所以调和级数发散.

三、无穷级数的性质

性质 1　当 $k \neq 0$ 时,级数 $\sum_{n=1}^{\infty} u_n$ 与 $\sum_{n=1}^{\infty} k u_n$ 具有相同的敛散性,且如果级数 $\sum_{n=1}^{\infty} u_n$ 收

敛于和 S,则级数 $\sum_{n=1}^{\infty} ku_n$ 收敛于和 kS.

性质 2　如果级数 $\sum_{n=1}^{\infty} u_n$ 与 $\sum_{n=1}^{\infty} v_n$ 都收敛,则级数 $\sum_{n=1}^{\infty} (u_n \pm v_n)$ 也收敛,且

$$\sum_{n=1}^{\infty} (u_n \pm v_n) = \sum_{n=1}^{\infty} u_n \pm \sum_{n=1}^{\infty} v_n.$$

推论　如果级数 $\sum_{n=1}^{\infty} u_n$ 与 $\sum_{n=1}^{\infty} v_n$ 一个收敛,另一个发散,则级数 $\sum_{n=1}^{\infty} (u_n \pm v_n)$ 必发散.

注　级数 $\sum_{n=1}^{\infty} u_n$ 与 $\sum_{n=1}^{\infty} v_n$ 都发散,而级数 $\sum_{n=1}^{\infty} (u_n \pm v_n)$ 不一定发散.

性质 3　去掉、增加或改变级数的有限项不改变级数的敛散性.

性质 4　对收敛级数的项任意加括号后所成的新级数仍收敛,且其和不变.

推论　如果加括号后所成的级数发散,则原级数也发散.

注　如果加括号后所成的级数收敛,那么不能断定去括号后,原级数也收敛.例如,级数

$$\sum_{n=1}^{\infty} (-1)^{n+1} = 1 - 1 + 1 - 1 + \cdots + 1 - 1 + \cdots,$$

其加括号后的级数为

$$(1-1) + (1-1) + \cdots + (1-1) + \cdots,$$

它是收敛的,但原级数 $\sum_{n=1}^{\infty} (-1)^{n+1}$ 却是发散的.

例 4　判定级数 $\sum_{n=1}^{\infty} \left(\dfrac{2}{n} + \dfrac{1}{2^n} \right)$ 的敛散性.

解　因为 $\sum_{n=1}^{\infty} \dfrac{1}{n}$ 是调和级数,发散,由性质 1 知,级数 $\sum_{n=1}^{\infty} \dfrac{2}{n}$ 也是发散的;而 $\sum_{n=1}^{\infty} \dfrac{1}{2^n}$ 是公比为 $\dfrac{1}{2}$ 的等比级数,由例 1 知,它是收敛的.由性质 2 的推论得,级数 $\sum_{n=1}^{\infty} \left(\dfrac{2}{n} + \dfrac{1}{2^n} \right)$ 发散.

性质 5(级数收敛的必要条件)　如果级数 $\sum_{n=1}^{\infty} u_n$ 收敛,则必有 $\lim\limits_{n \to \infty} u_n = 0$.

推论　如果 $\lim\limits_{n \to \infty} u_n \neq 0$ 或 $\lim\limits_{n \to \infty} u_n$ 不存在,则级数 $\sum_{n=1}^{\infty} u_n$ 发散.

注　$\lim\limits_{n \to \infty} u_n = 0$ 只是级数 $\sum_{n=1}^{\infty} u_n$ 收敛的必要条件,不是充分条件,即当 $\lim\limits_{n \to \infty} u_n = 0$ 时,级数 $\sum_{n=1}^{\infty} u_n$ 不一定收敛.如,调和级数 $\sum_{n=1}^{\infty} \dfrac{1}{n}$,尽管 $\lim\limits_{n \to \infty} u_n = \lim\limits_{n \to \infty} \dfrac{1}{n} = 0$,但级数 $\sum_{n=1}^{\infty} \dfrac{1}{n}$ 是发散的.

如果级数 $\sum\limits_{n=1}^{\infty} u_n$ 的每一项都是非负数,即 $u_n \geqslant 0(n=1,2,3,\cdots)$,则称级数 $\sum\limits_{n=1}^{\infty} u_n$ 为正项级数.

定理 1(比较审敛法)　对正项级数 $\sum\limits_{n=1}^{\infty} u_n$,

(1) 如果存在收敛的正项级数 $\sum\limits_{n=1}^{\infty} v_n$,且 $u_n \leqslant v_n(n=1,2,3,\cdots)$,则级数 $\sum\limits_{n=1}^{\infty} u_n$ 也收敛;

(2) 如果存在发散的正项级数 $\sum\limits_{n=1}^{\infty} v_n$,且 $u_n \geqslant v_n(n=1,2,3,\cdots)$,则级数 $\sum\limits_{n=1}^{\infty} u_n$ 也发散.

例 7　判别级数 $\sum\limits_{n=1}^{\infty} \dfrac{1}{n^2}$ 的敛散性.

解　因为 $\dfrac{1}{n^2} < \dfrac{1}{n(n-1)}$,级数且 $\sum\limits_{n=1}^{\infty} \dfrac{1}{n(n-1)}$ 收敛,由定理 1 可知 $\sum\limits_{n=1}^{\infty} \dfrac{1}{n^2}$ 收敛.

注　p-级数 $\sum\limits_{n=1}^{\infty} \dfrac{1}{n^p}$,当 $p > 1$ 时收敛,当 $0 < p \leqslant 1$ 时发散.

例 8　判别级数 $\sum\limits_{n=1}^{\infty} \dfrac{1}{n} \sin \dfrac{1}{n}$ 的敛散性.

解　因为 $\dfrac{1}{n} \sin \dfrac{1}{n} < \dfrac{1}{n^2}$,所以由定理 1 和例 7 可知 $\sum\limits_{n=1}^{\infty} \dfrac{1}{n} \sin \dfrac{1}{n}$ 收敛.

四、绝对收敛

定义 4　设 $\sum\limits_{n=1}^{\infty} u_n$ 为任意项级数,如果其绝对值级数 $\sum\limits_{n=1}^{\infty} |u_n|$ 收敛,则称级数 $\sum\limits_{n=1}^{\infty} u_n$ 绝对收敛.

例如,级数 $\sum\limits_{n=1}^{\infty} \dfrac{(-1)^n}{n^2}$ 是绝对收敛的,级数 $\sum\limits_{n=1}^{\infty} \dfrac{(-1)^n}{n}$ 不是绝对收敛的.

定理 2　如果级数 $\sum\limits_{n=1}^{\infty} u_n$ 绝对收敛,则级数 $\sum\limits_{n=1}^{\infty} u_n$ 一定收敛.

例 9　判别级数 $\sum\limits_{n=1}^{\infty} \dfrac{\cos n^2}{n^2}$ 的敛散性.

解　因为 $\left| \dfrac{\cos n^2}{n^2} \right| \leqslant \dfrac{1}{n^2}$,而级数 $\sum\limits_{n=1}^{\infty} \dfrac{1}{n^2}$ 收敛,所以级数 $\sum\limits_{n=1}^{\infty} \left| \dfrac{\cos n^2}{n^2} \right|$ 收敛,则 $\sum\limits_{n=1}^{\infty} \left| \dfrac{\cos n^2}{n^2} \right|$ 收敛,则 $\sum\limits_{n=1}^{\infty} \dfrac{\cos n^2}{n^2}$ 绝对收敛.

由定理 2 知级数 $\sum\limits_{n=1}^{\infty} \dfrac{\cos n^2}{n^2}$ 收敛.

离散变量的求和可以用无穷级数来表达,无穷级数的求和是一个极限过程.与无穷级数内容相关的应用实例有:通过对几何级数的求和进行最大货币供应量的计算;通过几何级数在投资效果评估中的应用,揭示政府支出的乘数效应;根据复利条件下的贴现公式,运用现值计算进行投资项目的评估;根据几何级数对龟兔赛跑悖论的破解.

习题 1-7

1. 写出下列级数的一般项:

(1) $\dfrac{1}{2}+\dfrac{1}{4}+\dfrac{1}{6}+\dfrac{1}{8}+\cdots$;

(2) $\dfrac{2}{2}+\dfrac{3}{5}+\dfrac{4}{10}+\dfrac{5}{17}+\cdots$;

(3) $\dfrac{2}{1}-\dfrac{3}{2}+\dfrac{4}{3}-\dfrac{5}{4}+\cdots$;

(4) $\dfrac{a^2}{3}-\dfrac{a^3}{5}+\dfrac{a^4}{7}-\dfrac{a^5}{9}+\cdots$.

2. 用定义判别下列级数的敛散性:

(1) $\displaystyle\sum_{n=1}^{\infty}(\sqrt{n+1}-\sqrt{n})$;

(2) $\displaystyle\sum_{n=1}^{\infty}\dfrac{1}{(n+\alpha)(n+\alpha-1)}(\alpha>0)$.

3. 如果级数 $\displaystyle\sum_{n=1}^{\infty}u_n$ 收敛,判别下列级数的敛散性:

(1) $100+\displaystyle\sum_{n=1}^{\infty}u_n$;

(2) $\displaystyle\sum_{n=1}^{\infty}100u_n$;

(3) $\displaystyle\sum_{n=1}^{\infty}(u_n+100)$;

(4) $\displaystyle\sum_{n=1}^{\infty}\dfrac{100}{u_n}$.

4. 判别下列级数的敛散性:

(1) $\displaystyle\sum_{n=1}^{\infty}\dfrac{1}{n(n+2)}$;

(2) $\displaystyle\sum_{n=1}^{\infty}\sin\dfrac{1}{n^2}$;

(3) $\displaystyle\sum_{n=1}^{\infty}n\sin\dfrac{\pi}{n}$;

(4) $\displaystyle\sum_{n=1}^{\infty}\dfrac{1}{\sqrt{n(n+1)}}$;

(5) $\displaystyle\sum_{n=1}^{\infty}\dfrac{(-1)^n}{n^2}$;

(6) $\displaystyle\sum_{n=1}^{\infty}\dfrac{\sin n^2}{n^2}$.

第八节　函数的连续性

自然界中有许多现象都是连续变化的,如动植物的生长、气温的变化、物体的热胀冷缩等.其共同特点是,这些现象所涉及的变量都是与时间有关的,可看作时间的函数,而且当时间变化很微小时,这些变量的变化也很微小.这种特点在数学上就是所谓的函数的连续性.

一、函数连续的概念

为了给出函数连续的严格定义,我们先引入函数增量的概念.

对于函数 $y=f(x)$,如果自变量 x 从 x_0 变到 x,则称 $x-x_0$ 为**自变量 x 在点 x_0 处取得的增量**,记为 Δx,即 $\Delta x=x-x_0$.设函数 $y=f(x)$ 在点 x_0 的某一邻域 $U(x_0,\delta)$ 内有定义,且 $x_0+\Delta x\in U(x_0,\delta)$,则称 $f(x_0+\Delta x)-f(x_0)$ 为**函数 $y=f(x)$ 在点 x_0 处相应于自变量增量 Δx 的增量**,记为 Δy,即

$$\Delta y=f(x_0+\Delta x)-f(x_0).$$

直观地说,如果一个函数是连续变化的,它的图形应是一条不间断的曲线(图 1-21).如果函数在某点是不连续的,那么曲线的图形在某点断开(图 1-22).

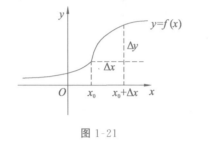

图 1-21

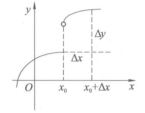

图 1-22

对比上述两个图形发现,图 1-21 中函数的图象是一条连续的曲线,它在点 x_0 处连续.当自变量 x 在点 x_0 处取得极其微小的改变量 Δx 时,函数的相应改变量 Δy 也极其微小,且当 $\Delta x\to 0$ 时,Δy 也趋于 0.而对于图 1-22 中的函数,当自变量在点 x_0 处取得微小改变量 $\Delta x(\Delta x>0)$ 时,对应的函数发生了显著的变化.显然,当 $\Delta x\to 0$ 时,Δy 不可能趋近于 0.

因此,我们对函数在某点连续作如下定义:

定义 1   设函数 $y=f(x)$ 在点 x_0 的某一邻域内有定义,如果 $\lim\limits_{\Delta x\to 0}\Delta y=0$,则称函数 $y=f(x)$ 在点 x_0 处连续,并称点 x_0 是函数 $f(x)$ 的连续点.

例 1   用定义证明函数 $y=x^2+1$ 在点 x_0 处连续.

证   当自变量 x 在 x_0 处取得改变量 Δx 时,

$$\Delta y=f(x_0+\Delta x)-f(x_0)=(x_0+\Delta x)^2+1-(x_0{}^2+1)=2x_0\Delta x+(\Delta x)^2.$$

因为

$$\lim_{\Delta x\to 0}\Delta y=\lim_{\Delta x\to 0}[2x_0\Delta x+(\Delta x)^2]=2x_0\lim_{\Delta x\to 0}\Delta x+\lim_{\Delta x\to 0}(\Delta x)^2=0,$$

所以由定义 1 可知,函数 $y=x^2+1$ 在点 x_0 处连续.

在定义 1 中,令 $x=x_0+\Delta x$,即 $\Delta x=x-x_0$,则当 $\Delta x\to 0$ 时,$x\to x_0$.于是 $\lim\limits_{\Delta x\to 0}\Delta y=0$ 可改写为 $\lim\limits_{x\to x_0}[f(x)-f(x_0)]=0$,即 $\lim\limits_{x\to x_0}f(x)=f(x_0)$.于是有以下函数连续的等价定义:

定义 $1'$ 设函数 $y=f(x)$ 在点 x_0 的某一邻域内有定义,如果 $\lim\limits_{x\to x_0}f(x)=f(x_0)$,则称**函数 $y=f(x)$ 在点 x_0 处连续**.

由定义 $1'$ 可看出,函数 $f(x)$ 在点 x_0 处连续,必须同时满足以下三个条件:

(1) 函数 $f(x)$ 在点 x_0 的某个邻域内有定义;

（2）$\lim\limits_{x \to x_0} f(x)$ 存在；

（3）$\lim\limits_{x \to x_0} f(x) = f(x_0)$.

由于连续性概念是由极限来定义的,而极限有双侧极限与单侧极限之分,所以连续也有双侧连续与单侧连续之分.

定义 2　设函数 $y = f(x)$ 在点 x_0 及其某一左邻域(或右邻域)内有定义,如果

$$\lim\limits_{x \to x_0^-} f(x) = f(x_0) \quad [\text{或} \lim\limits_{x \to x_0^+} f(x) = f(x_0)],$$

则称函数 $y = f(x)$ 在点 x_0 处**左连续(或右连续)**.

定理 1　函数 $y = f(x)$ 在点 x_0 处连续的充分必要条件是函数 $f(x)$ 在点 x_0 处既左连续又右连续.

定义 3　如果函数 $y = f(x)$ 在开区间 (a,b) 内每一点都连续,则称函数 $f(x)$ 在**开区间** (a,b) **内连续**；如果函数 $y = f(x)$ 在开区间 (a,b) 内连续,并且在点 $x = a$ 处右连续,在点 $x = b$ 处左连续,则称函数 $f(x)$ 在闭区间 $[a,b]$ **上连续**.

例 1　讨论函数 $f(x) = \begin{cases} x \sin \dfrac{1}{x}, & x \neq 0 \\ 0, & x = 0 \end{cases}$ 在点 $x = 0$ 处的连续性.

解　因为

$$\lim\limits_{x \to 0} f(x) = \lim\limits_{x \to 0} x \sin \frac{1}{x} = 0, \text{而 } f(0) = 0,$$

所以 $\lim\limits_{x \to 0} f(x) = f(0)$. 故函数 $f(x)$ 在点 $x = 0$ 处连续.

例 2　讨论函数 $f(x) = \begin{cases} \dfrac{\sin(x^2 - 1)}{x - 1}, & x < 1, \\ 1, & x = 1, \\ \dfrac{2\ln x}{x - 1}, & x > 1 \end{cases}$ 在点 $x = 1$ 处的连续性.

解　因为

$$\lim\limits_{x \to 1^-} f(x) = \lim\limits_{x \to 1^-} \frac{\sin(x^2 - 1)}{x - 1} = \lim\limits_{x \to 1^-} \frac{x^2 - 1}{x - 1} = \lim\limits_{x \to 1^-} (x + 1) = 2,$$

$$\lim\limits_{x \to 1^+} f(x) = \lim\limits_{x \to 1^+} \frac{2\ln x}{x - 1} = \lim\limits_{x \to 1^+} \frac{2\ln[1 + (x - 1)]}{x - 1} = \lim\limits_{x \to 1^+} \frac{2(x - 1)}{x - 1} = 2,$$

所以, $\lim\limits_{x \to 1} f(x) = 2$.

而 $f(1) = 1$, 故 $\lim\limits_{x \to 1} f(x) \neq f(1)$, 因此, 函数 $f(x)$ 在点 $x = 1$ 处不连续.

二、连续函数的运算性质

函数连续的概念是由极限来定义的. 利用极限的四则运算法则和复合函数的极限运算法则可以导出下列连续函数的运算性质.

性质 1(连续函数的和、差、积、商的连续性)　设函数 $f(x)$ 和 $g(x)$ 都在点 x_0 处连

续,则 $f(x)+g(x)$,$f(x)-g(x)$,$f(x) \cdot g(x)$ 和 $\dfrac{f(x)}{g(x)}$(当 $g(x_0) \neq 0$ 时)也都在点 x_0 处连续.

我们只证明和的情况,类似地可以证明积与商的情况.

证 因为函数 $f(x)$ 与 $g(x)$ 在点 x_0 处连续,所以

$$\lim_{x \to x_0} f(x) = f(x_0),\ \lim_{x \to x_0} g(x) = g(x_0).$$

于是,$\lim\limits_{x \to x_0}[f(x)+g(x)] = \lim\limits_{x \to x_0} f(x) + \lim\limits_{x \to x_0} g(x) = f(x_0) + g(x_0).$

因此,和函数 $f(x)+g(x)$ 在 x_0 处连续.

性质 1 可以推广到有限多个函数的和(差)及乘积的情形.

性质 2(反函数的连续性) 如果函数 $y=f(x)$ 在区间 I_x 上单调且连续,那么它的反函数 $x=\varphi(y)$ 在对应区间 $I_y = \{y \mid y=f(x),x \in I_x\}$ 上单调且连续.

性质 3(复合函数的连续性) 如果函数 $u=g(x)$ 在点 $x=x_0$ 处连续,且 $g(x_0) = u_0$,而函数 $y=f(u)$ 在点 $u=u_0$ 处连续,则复合函数 $y=f[g(x)]$ 在点 $x=x_0$ 处也连续.

性质 4 如果 $\lim\limits_{x \to x_0} g(x) = u_0$,而函数 $y=f(u)$ 在点 $u=u_0$ 处连续,则

$$\lim_{x \to x_0} f[g(x)] = f[\lim_{x \to x_0} g(x)] = f(u_0).$$

性质 4 表明:如果复合函数 $y=f[g(x)]$ 满足定理的条件,那么求复合函数的极限 $\lim\limits_{x \to x_0} f[g(x)]$ 时,极限号"$\lim$"与函数号"f"可以交换次序.

三、初等函数的连续性

利用函数连续的定义及连续函数的运算性质可以证明:基本初等函数在其定义域内都是连续的.再由初等函数的定义及连续函数的运算性质可得下列重要结论:

定理 2 初等函数在其定义区间内连续.

所谓**定义区间**,就是包含在定义域内的区间.

定理 2 提供了求极限的一个简单而又重要的方法:如果 $f(x)$ 是初等函数,且点 x_0 是函数 $f(x)$ 的定义区间内的点,则 $\lim\limits_{x \to x_0} f(x) = f(x_0)$.

例 3 求下列极限:

(1) $\lim\limits_{x \to 2} \sqrt{5-x^2}$；

(2) $\lim\limits_{x \to \frac{\pi}{2}}[\ln(\sin x)]$.

解 (1) 因为 $\sqrt{5-x^2}$ 是初等函数,定义域为 $[-\sqrt{5},\sqrt{5}]$,而 $2 \in [-\sqrt{5},\sqrt{5}]$,所以

$$\lim_{x \to 2} \sqrt{5-x^2} = \sqrt{5-2^2} = 1.$$

(2) 因为 $\ln(\sin x)$ 是初等函数,定义域为 $D = (2k\pi,(2k+1)\pi)$,$k \in \mathbf{Z}$,而 $\dfrac{\pi}{2} \in (0,\pi) \subset D$,所以 $\lim\limits_{x \to \frac{\pi}{2}}[\ln(\sin x)] = \ln(\sin \dfrac{\pi}{2}) = \ln 1 = 0.$

例 4 求下列极限：

(1) $\lim\limits_{x \to +\infty}(\sqrt{x^2+x}-x)$； (2) $\lim\limits_{x \to 4}\dfrac{\sqrt{2x+1}-3}{\sqrt{x}-2}$.

解 (1) $\lim\limits_{x \to +\infty}(\sqrt{x^2+x}-x)=\lim\limits_{x \to +\infty}\dfrac{x}{\sqrt{x^2+x}+x}=\lim\limits_{x \to +\infty}\dfrac{1}{\sqrt{1+\dfrac{1}{x}}+1}$

$$=\dfrac{1}{\sqrt{\lim\limits_{x \to +\infty}\left(1+\dfrac{1}{x}\right)}+1}=\dfrac{1}{2}.$$

(2) $\lim\limits_{x \to 4}\dfrac{\sqrt{2x+1}-3}{\sqrt{x}-2}=\lim\limits_{x \to 4}\dfrac{(2x-8)(\sqrt{x}+2)}{(x-4)(\sqrt{2x+1}+3)}$

$$=\lim\limits_{x \to 4}\dfrac{2(\sqrt{x}+2)}{\sqrt{2x+1}+3}=\dfrac{2(\sqrt{4}+2)}{\sqrt{2 \cdot 4+1}+3}=\dfrac{4}{3}.$$

例 5 证明：当 $x \to 0$ 时，(1) $\ln(1+x) \sim x$；(2) $e^x-1 \sim x$.

证 (1) 因为

$$\lim\limits_{x \to 0}\dfrac{\ln(1+x)}{x}=\lim\limits_{x \to 0}\ln(1+x)^{\frac{1}{x}}=\ln[\lim\limits_{x \to 0}(1+x)^{\frac{1}{x}}]=\ln e=1,$$

所以，当 $x \to 0$ 时，$\ln(1+x) \sim x$.

(2) 令 $e^x-1=t$，则 $x=\ln(1+t)$，且当 $x \to 0$ 时，$t \to 0$.

于是，由(1)得

$$\lim\limits_{x \to 0}\dfrac{e^x-1}{x}=\lim\limits_{t \to 0}\dfrac{t}{\ln(1+t)}=1.$$

因此，当 $x \to 0$ 时，$e^x-1 \sim x$.

四、函数的间断点及其分类

由定义 1 和定义 $1'$ 可知，如果函数 $f(x)$ 有下列三种情形之一：

(1) 在点 $x=x_0$ 处没有定义；

(2) $\lim\limits_{x \to x_0}f(x)$ 不存在；

(3) $\lim\limits_{x \to x_0}f(x) \neq f(x_0)$，

那么函数 $f(x)$ 在点 x_0 处不连续.

定义 3 如果函数 $y=f(x)$ 在点 x_0 处不连续，则称 x_0 为函数 $f(x)$ 的**不连续点**或**间断点**.

下面举例来说明函数间断点的几种常见类型.

例 7 讨论函数 $f(x)=\dfrac{x-1}{x^2-x}$ 的连续性.

解 函数 $f(x)=\dfrac{x-1}{x^2-x}$ 的定义域为 $(-\infty,0) \bigcup (0,1) \bigcup (1,+\infty)$，而 $(-\infty,0)$，

$(0,1)$ 和 $(1,+\infty)$ 为其定义区间,因此函数 $f(x)$ 在 $(-\infty,0)$,$(0,1)$ 和 $(1,+\infty)$ 内连续,在 $x=0$ 及 $x=1$ 处不连续.

$$\lim_{x \to 0} f(x) = \lim_{x \to 0} \frac{x-1}{x^2-x} = \infty,$$ 我们称点 $x=0$ 为 $f(x)$ 的**无穷间断点**.

$$\lim_{x \to 1} f(x) = \lim_{x \to 1} \frac{x-1}{x^2-x} = \lim_{x \to 1} \frac{1}{x} = 1,$$ 如果补充定义 $f(1)=1$,那么函数 $f(x)$ 在 $x=1$ 处连续,否则我们称点 $x=1$ 为 $f(x)$ 的**可去间断点**.

例 8　讨论函数 $f(x)=\begin{cases} x-1, & x<0, \\ 0, & x=0, \\ x+1, & x>0 \end{cases}$ 的连续性.

解　当 $x<0$ 时,$f(x)=x-1$,因此函数 $f(x)$ 在区间 $(-\infty,0)$ 内连续.

当 $x>0$ 时,$f(x)=x+1$,因此函数 $f(x)$ 在区间 $(0,+\infty)$ 内连续.

当 $x=0$ 时,

$$\lim_{x \to 0^-} f(x) = \lim_{x \to 0^-}(x-1) = -1;$$
$$\lim_{x \to 0^+} f(x) = \lim_{x \to 0^+}(x+1) = 1.$$

故 $\lim_{x \to 0^-} f(x) \neq \lim_{x \to 0^+} f(x)$.

所以,函数 $f(x)$ 在 $x=0$ 处不连续,即 $x=0$ 是函数 $f(x)$ 的间断点.

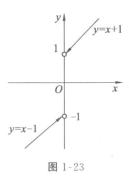

图 1-23

如图 1-23 所示,函数 $y=f(x)$ 的图形在 $x=0$ 处产生跳跃现象,我们称点 $x=0$ 为函数 $f(x)$ 的**跳跃间断点**.

例 9　初等函数 $y=\sin\dfrac{1}{x}$ 的定义域为 $(-\infty,0)\bigcup(0,+\infty)$.函数 y 在其定义区间 $(-\infty,0)$ 和 $(0,+\infty)$ 内连续.因为 $\lim\limits_{x \to 0^-} y = \lim\limits_{x \to 0^-}\sin\dfrac{1}{x}$ 不存在 ($\lim\limits_{x \to 0^+} y = \lim\limits_{x \to 0^+}\sin\dfrac{1}{x}$ 也不存在),所以点 $x=0$ 是函数的间断点.由于当 $x \to 0$ 时,函数 $y=\sin\dfrac{1}{x}$ 的值在 -1 与 1 之间变动,因此又称 $x=0$ 为函数 $f(x)$ 的**振荡间断点**.

上面举了一些间断点的例子.通常,我们把间断点分为两类.设 x_0 是函数 $f(x)$ 的间断点,如果 $\lim\limits_{x \to x_0^-} f(x)$ 与 $\lim\limits_{x \to x_0^+} f(x)$ 都存在,则称点 x_0 是函数 $f(x)$ 的**第一类间断点**;如果 $\lim\limits_{x \to x_0^-} f(x)$ 与 $\lim\limits_{x \to x_0^+} f(x)$ 至少有一个不存在,则称点 x_0 是函数 $f(x)$ 的**第二类间断点**.

五、闭区间上连续函数的性质

定理 3(有界性定理)　如果函数 $f(x)$ 在闭区间 $[a,b]$ 上连续,则函数 $f(x)$ 在 $[a,b]$ 上有界.

定义 4　设函数 $f(x)$ 在区间 I 上有定义,如果存在 $x_0 \in I$,使得 I 中的任一点 x,有 $f(x) \leqslant f(x_0)$(或 $f(x) \geqslant f(x_0)$),则称 $f(x_0)$ 是函数 $f(x)$ 在区间 I 上的最大值(或最小值).

定理 4(最值定理)　如果函数 $f(x)$ 在闭区间 $[a,b]$ 上连续,则函数 $f(x)$ 在 $[a,b]$ 上一定有最大值和最小值.

具体地说,如果函数 $f(x)$ 在闭区间 $[a,b]$ 上连续,则至少存在两点 $\xi_1,\xi_2 \in [a,b]$,使得任意 $x \in [a,b]$,有 $f(\xi_1) \leqslant f(x) \leqslant f(\xi_2)$.

注　如果函数 $f(x)$ 不在闭区间上连续,而在开区间内连续,或函数 $f(x)$ 在闭区间 $[a,b]$ 上有间断点,则定理 4 的结论不一定成立.例如,函数 $y=x^2$ 在开区间 $(0,2)$ 内连续,但在 $(0,2)$ 内没有最值.又如函数 $f(x) = \begin{cases} -x, & -1 \leqslant x < 0, \\ 1, & x = 0, \\ x, & 0 < x \leqslant 1 \end{cases}$ 在 $[-1,1]$ 上有间断点 $x=0$,在闭区间 $[-1,1]$ 上没有最值.

定理 5(介值定理)　如果函数 $f(x)$ 在闭区间 $[a,b]$ 上连续,m 和 $M(m \neq M)$ 分别为函数 $f(x)$ 在 $[a,b]$ 上的最小值和最大值,则对于介于 m 和 M 之间的任何任意实数 C,至少存在一点 $\xi \in (a,b)$,使得 $f(\xi)=C$.

介值定理的几何解释是:设 M 和 m 分别是连续曲线弧 $y=f(x)$ $(a \leqslant x \leqslant b)$ 的最高点与最低点的纵坐标,则该曲线弧与水平直线 $y=C$ $(m < C < M)$ 至少有一个交点(图 1-24).

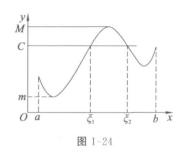

图 1-24

定义 5　如果 $f(x_0)=0$,则称点 x_0 为**函数 $f(x)$ 的零点**.

显然,函数 $f(x)$ 的零点也就是方程 $f(x)=0$ 的根.

推论(零点定理)　如果函数 $f(x)$ 在闭区间 $[a,b]$ 上连续,且 $f(a)$ 与 $f(b)$ 异号,则函数 $f(x)$ 在开区间 (a,b) 内至少有一个零点,即在开区间 (a,b) 内至少有一点 ξ,使 $f(\xi)=0$.

注　零点定理并没有指明点 ξ 的具体值,只说明了 ξ 的存在性,且位于开区间 (a,b) 内,ξ 可以不唯一.

零点定理的几何解释:如果连续曲线弧 $y=f(x)$ $(a \leqslant x \leqslant b)$ 的两个端点位于 x 轴的不同侧,那么这段曲线弧与 x 轴至少有一个交点(图 1-25).

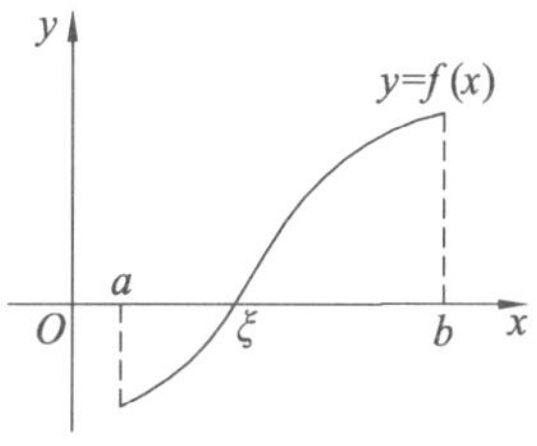

例 1　证明方程 $x e^x = 1$ 至少有一个小于 1 的正根.

证　令 $f(x)=x e^x - 1$,函数 $f(x)$ 在闭区间 $[0,1]$ 上连续,且

$$f(0)=-1<0, \quad f(1)=e-1>0,$$

图 1-25

由零点定理得,函数 $f(x)$ 在 $(0,1)$ 内至少有一个零点,即方程 $x e^x = 1$ 至少有一个小于 1 的正根.

习题 1-8

1. 求下列函数的连续区间:

(1) $y = \dfrac{x^2+1}{x^2-x}$;

(2) $y = \sin x + x^2$;

(3) $y = \ln(x^2-4)$;

(4) $y = \dfrac{1}{\sqrt{x^2-3x+2}}$.

2. 研究下列函数在 $x=0$ 处的连续性:

(1) $f(x) = \begin{cases} x^2\sin\dfrac{1}{x}, & x \neq 0, \\ 0, & x = 0; \end{cases}$

(2) $f(x) = \begin{cases} (1-x)^{\frac{1}{x}}, & x \neq 0, \\ \mathrm{e}, & x = 0; \end{cases}$

(3) $f(x) = \begin{cases} x^2, & x < 0, \\ 0, & x = 0, \\ \sin 2x, & 0 < x < 1. \end{cases}$

3*. 讨论函数的连续性,若有间断点,指出其类型:

(1) $f(x) = \dfrac{x^2-1}{x^2-3x+2}$;

(2) $y = \dfrac{\ln(1-x)}{x}$.

4. 证明方程 $x^5-3x^3-1=0$ 至少有一个介于 1 与 2 之间的实根.

5. 设函数 $f(x) = \mathrm{e}^x - 2$,证明:在区间 $(0,2)$ 内有一点 ξ,使得 $f(\xi) = \xi$.

6. 设函数 $f(x) = \begin{cases} \mathrm{e}^x-1, & x \leqslant 0, \\ a+x, & x > 0, \end{cases}$ 应该如何选择常数 a 使得函数 $f(x)$ 在 $x=0$ 处连续?

7*. 设

$$f(x) = \begin{cases} \dfrac{1-\cos x}{x^2}, & x < 0, \\ b, & x = 0, \\ \dfrac{\sqrt{a+x}-\sqrt{a}}{x}, & x > 0\,(a > 0). \end{cases}$$

当常数 a,b 为何值时,

(1) $x=0$ 是函数 $f(x)$ 的连续点?

(2) $x=0$ 是函数 $f(x)$ 的可去间断点?

(3) $x=0$ 是函数 $f(x)$ 的跳跃间断点?

→ 复习题一

1. 求下列函数的定义域:

(1) $y = \sqrt{\ln \dfrac{x^2 - 9x}{10}}$;　　　　　　　　(2) $y = \sqrt{-\sin^2(\pi x)}$;

(3) $y = \dfrac{1}{\ln(\ln x)}$.

2. 下列函数是否相同? 为什么?

(1) $f(x) = |x|$, $g(x) = \sqrt{x^2}$;　　　　　(2) $f(x) = \sin x$, $g(t) = \sin t$.

3. 下列函数哪些是奇函数? 哪些是偶函数? 哪些是非奇非偶函数?

(1) $y = \ln \dfrac{1-x}{1+x}$;　　　　　　　　(2) $y = \sin x + \cos x$;

(3) $y = e^x + e^{-x}$.

4. 某企业的一种商品,若以 175 元的单价出售,此时生产的产品可全部卖掉.企业的生产能力为每天 5 000 单位.每天的总固定费用为 20 万元,每单位的可变成本为 50元.试建立利润函数,并求达到盈亏平衡时,该企业每天的生产量.

5. 设函数 $f(x) = \begin{cases} 2x, & -1 < x < 0, \\ -2x, & 0 < x < 1, \\ x + 1, & 1 \leqslant x < 3. \end{cases}$ 求:

(1) $\lim\limits_{x \to -1^+} f(x)$;　　(2) $\lim\limits_{x \to 0} f(x)$;　　(3) $\lim\limits_{x \to 1} f(x)$;　　(4) $\lim\limits_{x \to 2} f(x)$.

6. 下列函数在其自变量的指定变化过程中哪些是无穷小? 哪些是无穷大(包括正无穷大与负无穷大)? 哪些既不是无穷小也不是无穷大?

(1) $f(x) = \dfrac{x-1}{x}$, 当 $x \to 0$ 时;　　　　(2) $f(x) = \dfrac{x}{(x+1)^2}$, 当 $x \to -1$ 时;

(3) $f(x) = e^x$, 当 $x \to \infty$ 时;　　　　(4) $f(x) = \sin x$, 当 $x \to \infty$ 时.

7. 求下列极限:

(1) $\lim\limits_{x \to 0} \dfrac{2x^2 + 3x}{x^3 - 5x}$;　　　　　　　　(2) $\lim\limits_{x \to \infty} \dfrac{2x^2 - 3x + 2}{x^2 - 5x + 1}$;

(3) $\lim\limits_{x \to 1} \dfrac{1 - x^2}{x^2 + x - 2}$;　　　　　　　(4) $\lim\limits_{x \to 0} \dfrac{x^2 - x}{x^3 + x}$;

(5) $\lim\limits_{x \to 2} \left(\dfrac{4}{x^2 - 4} - \dfrac{1}{x - 2} \right)$;　　　　(6) $\lim\limits_{n \to \infty} \dfrac{2^n + 1}{3^n - 1}$.

8. 设函数

$$f(x) = \begin{cases} x^2 + 2, & x < 1, \\ \dfrac{3}{2 - x}, & 1 < x < 2, \\ x + 1, & x > 2. \end{cases}$$

求函数 $f(x)$ 在点 $x=1$ 及 $x=2$ 处的左右极限,并说明 $\lim\limits_{x \to 1} f(x)$ 与 $\lim\limits_{x \to 2} f(x)$ 是否存在?

9. 求下列极限:

(1) $\lim\limits_{x \to 0} \dfrac{\sin 2x}{\tan 3x}$;

(2) $\lim\limits_{x \to \pi} \dfrac{\sin x}{\tan x}$;

(3) $\lim\limits_{x \to 0} \dfrac{2x - \sin x}{2x + \sin x}$;

(4) $\lim\limits_{n \to \infty} \left(1 + \dfrac{1}{n}\right)^{3n}$;

(5) $\lim\limits_{x \to 0} (1 + \tan x)^{\cot x}$;

(6) $\lim\limits_{x \to -1} (x + 2)^{\frac{x}{x+1}}$.

10. 设当 $x \to 0$ 时,$\sec x - \cos x$ 与 ax^n 是等价无穷小,求常数 a 与 n.

11. 利用等价无穷小代换法求下列极限:

(1) $\lim\limits_{x \to 1} \dfrac{e^x - e}{\ln x}$;

(2) $\lim\limits_{x \to 0} \dfrac{\sin x - \tan x}{x \ln(1 + x^2)}$;

(3) $\lim\limits_{x \to 0} \dfrac{x \ln(1 - 2x)}{1 - \sec x}$.

12. 判别下列级数的敛散性:

(1) $\sum\limits_{n=1}^{\infty} \sqrt{\dfrac{n+1}{n}}$;

(2) $\sum\limits_{n=1}^{\infty} (-1)^n \dfrac{3^n}{4^n}$.

13. 讨论函数 $f(x) = \begin{cases} \dfrac{\sin x}{x}, & x \neq 0, \\ 1, & x = 0 \end{cases}$ 在 $x = 0$ 处的连续性.

14. 求函数 $f(x) = \sqrt{\dfrac{x^2 - x - 2}{x^2 + x - 6}}$ 的连续区间,并求 $\lim\limits_{x \to 2} f(x)$.

15. 求函数 $f(x) = \lim\limits_{n \to \infty} \dfrac{x - x^{2n+1}}{1 + x^{2n}}$ 的间断点,并判别间断点的类型.

16. 设函数 $f(x)$ 在闭区间 $[0,1]$ 上连续,且对任意 $x \in [0,1]$,有 $0 \leqslant f(x) \leqslant 1$. 证明:至少存在一点 $x_0 \in [0,1]$,使得 $f(x_0) = x_0$.

17*. 设函数 $f(x)$ 在闭区间 $[a,b]$ 上连续,且 $a < x_1 < x_2 < \cdots < x_n < b\,(n \geqslant 2)$,证明:至少存在一点 $\xi \in [x_1, x_n]$,使得 $f(\xi) = \dfrac{f(x_1) + f(x_2) + \cdots + f(x_n)}{n}$.

➡ 自测题一

一、填空题

1. 函数 $y = \arcsin(1 - x) + \ln \dfrac{1+x}{1-x}$ 的定义域为 _____.

2. 函数 $y = x \sin x^2$ 是 _____ 函数(填奇、偶或非奇非偶).

3. 已知函数 $f(x)$ 满足 $f(\sin x)=1+\sqrt{1+\tan^2 x}$,则 $f(x)=$ _____ .

4. 极限 $\lim\limits_{n\to\infty}(\sqrt{n+1}-\sqrt{n})=$ _____ .

5. 极限 $\lim\limits_{x\to 4}\dfrac{x^2-6x+8}{x^2-3x-4}=$ _____ .

6. 极限 $\lim\limits_{x\to 0}\dfrac{\tan 3x}{2x}=$ _____ .

7. 极限 $\lim\limits_{n\to\infty}\left(\dfrac{2n-4}{2n+1}\right)^{2n}=$ _____ .

8. 函数 $f(x)=\dfrac{x^2-1}{x^2-3x+2}$ 的间断点为 _____ .

9. 设函数 $f(x)$ 在 $x=2$ 处连续,且 $\lim\limits_{x\to 2^-}f(x)=5$,则 $\lim\limits_{x\to 2^+}f(x)=$ _____ .

10. 设当 $x\to 0$ 时, $1-\cos(x^2)$ 与 $x\sin^n x$ 是同阶无穷小,则正整数 $n=$ _____ .

二、计算题

1. 设函数 $f(x)=\begin{cases}1-2x^2, & x<-1, \\ x^3, & x\geqslant -1,\end{cases}$ 求 $f(x)$ 的反函数 $g(x)$ 的表达式.

2. 求数列极限 $\lim\limits_{n\to\infty}\left(\dfrac{1}{1\cdot 3}+\dfrac{1}{3\cdot 5}+\cdots+\dfrac{1}{(2n-1)(2n+1)}\right)$.

3. 求函数极限 $\lim\limits_{x\to 1}\left(\dfrac{1}{1-x}-\dfrac{3}{1-x^3}\right)$.

4. 求函数极限 $\lim\limits_{x\to 0}\dfrac{x\sin^2 x}{\tan x^3}$.

5. 求函数极限 $\lim\limits_{x\to 0}(1-3\sin x)^{2\csc x}$.

6. 讨论函数 $f(x)=\begin{cases}\mathrm{e}^{\frac{1}{x}}, & x<0, \\ 1, & x=0, \\ \dfrac{\mathrm{e}^{x^2}-1}{x}, & x>0\end{cases}$ 的连续性,若有间断点,指出其类型.

7. 判断级数 $\sum\limits_{n=1}^{\infty}\left(\dfrac{1}{2n}-\dfrac{1}{2^n}\right)$ 的敛散性.

8. 设函数 $f(x)=\begin{cases}\mathrm{e}^x+2, & x<0, \\ x^2-a, & x\geqslant 0,\end{cases}$ 其中 a 为常数,求常数 a 使得 $f(x)$ 在 $(-\infty,$ $+\infty)$ 内连续.

9. 已知极限 $\lim\limits_{x\to 2}\dfrac{x^2-ax-b}{x^2-x-2}=2$,其中 a 和 b 为常数,求常数 a 和 b .

三、证明题

证明方程 $x=a\sin x+b(a>0,b>0$ 为常数)至少有一个不超过 $a+b$ 的正根.

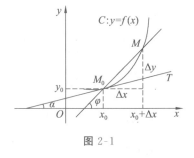

第二章 一元函数微分法

在科学研究与实际生活中,我们不仅需要了解变量之间的函数关系,而且经常需要研究各种函数的变化率问题,或者当自变量有微小变化时,函数变化的近似值问题.本章我们以极限概念为基础,引入微分学中的两个重要概念,即导数和微分,建立较为系统的导数和微分的计算方法,并介绍导数和微分在经济学中的应用.

第一节 导数的概念

16 世纪欧洲资本主义开始成长,新技术的使用,提出了许多新的问题,迫切需要用数学做出定量的解释和描述,这些问题归结为微积分的四类核心问题(第一章).四类核心问题中的前三类在数学上都可归结为函数相对于自变量变化的快慢程度,即函数的变化率问题,在数学上,我们将其称为导数.牛顿、莱布尼兹分别从不同角度出发给出了导数的定义.

一、概念的引入

下面我们通过两个变化率问题来介绍导数的概念.

引例 1 平面曲线的切线问题.

设曲线 C 的方程为 $y = f(x)$(图 2-1),$M_0(x_0, y_0)$是曲线 C 上的一定点,讨论曲线 C 在点 M_0 处切线的斜率 k.

如图 2-1 所示,在 M_0 点附近取曲线 C 上的一动点 $M(x_0 + \Delta x, y_0 + \Delta y)$,作割线 $M_0 M$,则割线 $M_0 M$ 的斜率为

$$k_{M_0 M} = \frac{\Delta y}{\Delta x} = \frac{f(x_0 + \Delta x) - f(x_0)}{\Delta x}.$$

图 2-1

当点 M 沿曲线 C 趋近于点 M_0 时,割线 $M_0 M$ 的极限位置 $M_0 T$ 即为曲线 C 在点 M_0 处的切线.于是,切线 $M_0 T$ 的斜率 k 为

$$k = \lim_{M \xrightarrow{C} M_0} k_{M_0 M} = \lim_{\Delta x \to 0} \frac{\Delta y}{\Delta x} = \lim_{\Delta x \to 0} \frac{f(x_0 + \Delta x) - f(x_0)}{\Delta x}.$$

引例 2 边际成本问题.

设生产或销售某种产品的成本函数为 $C(x)$,其中 x 为产品数量.当生产或销售的

产品数量从 x_0 增加到 $x_0 + \Delta x$ 时,相应成本增加了 $\Delta C = C(x_0 + \Delta x) - C(x_0)$,因此 $\dfrac{\Delta C}{\Delta x}$ 表示产品数量从 x_0 增加到 $x_0 + \Delta x$ 时成本提高的平均变化率,并且 Δx 越小,$\dfrac{\Delta C}{\Delta x}$ 就越接近于 x_0 时刻生产或销售成本提高的瞬时变化率.因此,当产品数量为 x_0 时,生产或销售成本提高的瞬时变化率即边际成本为

$$\lim_{\Delta x \to 0} \frac{\Delta C}{\Delta x} = \lim_{\Delta x \to 0} \frac{C(x_0 + \Delta x) - C(x_0)}{\Delta x}.$$

上面两个例子的实际意义虽各不相同,但略去实际背景和具体概念,它们有相同的数学表达形式,该形式在数学结构上都归结为当自变量增量趋于零时,函数在一点处的增量与自变量增量之比的极限.实际上,在自然科学、工程技术和经济学等领域还有很多类似问题,都可以归结为求这种特定数学形式的极限.因此,我们可以从这类问题中抽象出它们在数量关系与形式上的共性,得出如下导数的定义.

二、导数的定义

1. 函数在一点处的导数

定义 1 设函数 $y = f(x)$ 在点 x_0 的某一邻域内有定义,当自变量由点 x_0 变化到点 $x_0 + \Delta x$(点 $x_0 + \Delta x$ 仍在已知邻域内)时,相应的函数增量为 $\Delta y = f(x_0 + \Delta x) - f(x_0)$,如果极限 $\lim\limits_{\Delta x \to 0} \dfrac{\Delta y}{\Delta x} = \lim\limits_{\Delta x \to 0} \dfrac{f(x_0 + \Delta x) - f(x_0)}{\Delta x}$ 存在,则称函数 $f(x)$ 在点 x_0 处可导,并称此极限为函数 $f(x)$ 在点 x_0 处的导数,记作

$$f'(x_0), \ y' \Big|_{x=x_0}, \ \frac{\mathrm{d}y}{\mathrm{d}x} \Big|_{x=x_0} \ 或 \ \frac{\mathrm{d}f(x)}{\mathrm{d}x} \Big|_{x=x_0}.$$

如果极限 $\lim\limits_{\Delta x \to 0} \dfrac{\Delta y}{\Delta x}$ 不存在,则称函数 $f(x)$ 在点 x_0 处**不可导**,x_0 为函数 $f(x)$ 的**不可导点**.

导数的定义式可写成其他不同的表述形式,例如,

(1) 如果令 $\Delta x = h$,则函数 $f(x)$ 在点 x_0 处的导数可表示为

$$f'(x_0) = \lim_{h \to 0} \frac{f(x_0 + h) - f(x_0)}{h};$$

(2) 如果令 $x_0 + \Delta x = x$,则函数 $f(x)$ 在点 x_0 处的导数可表示为

$$f'(x_0) = \lim_{x \to x_0} \frac{f(x) - f(x_0)}{x - x_0}.$$

根据导数的定义,两个引例中的问题可以重新表述为

(1) 求曲线 $y = f(x)$ 在点 $M_0(x_0, y_0)$ 处的切线的斜率,即求函数 $y = f(x)$ 在点 x_0 处的导数,也即 $k = f'(x_0)$;

(2) 求生产或销售成本 $C = C(x)$ 在产品数量为 x_0 时的边际成本,即求总成本函数 $C = C(x)$ 在 x_0 处的导数,也即 $MC = C'(x_0)$.

根据导数的定义求导数一般包含以下三个步骤:

(1) 求出函数的增量 $\Delta y = f(x_0 + \Delta x) - f(x_0)$;

(2) 求增量比 $\dfrac{\Delta y}{\Delta x} = \dfrac{f(x_0 + \Delta x) - f(x_0)}{\Delta x}$;

(3) 求增量比的极限 $\lim\limits_{\Delta x \to 0} \dfrac{\Delta y}{\Delta x} = \lim\limits_{\Delta x \to 0} \dfrac{f(x_0 + \Delta x) - f(x_0)}{\Delta x}$.

例 1 求函数 $y = x^2$ 在 $x = -1$ 处的导数.

解 当 x 由 -1 改变到 $-1 + \Delta x$ 时,函数改变量为

$$\Delta y = (-1 + \Delta x)^2 - (-1)^2 = -2\Delta x + (\Delta x)^2,$$

因此,
$$\frac{\Delta y}{\Delta x} = \frac{-2\Delta x + (\Delta x)^2}{\Delta x} = -2 + \Delta x,$$

于是,由定义 1 有
$$y'\Big|_{x=-1} = \lim_{\Delta x \to 0} \frac{\Delta y}{\Delta x} = \lim_{\Delta x \to 0}(-2 + \Delta x) = -2.$$

例 2 设 $f'(x_0) = -3$,求极限 $\lim\limits_{\Delta x \to 0} \dfrac{f(x_0 + 2\Delta x) - f(x_0)}{\Delta x}$.

解 由函数在某一点处导数的定义可知

$$\lim_{\Delta x \to 0} \frac{f(x_0 + \Delta x) - f(x_0)}{\Delta x} = -3.$$

因此

$$\lim_{\Delta x \to 0} \frac{f(x_0 + 2\Delta x) - f(x_0)}{\Delta x} = 2\lim_{\Delta x \to 0} \frac{f(x_0 + 2\Delta x) - f(x_0)}{2\Delta x} = 2f'(x_0) = -6.$$

2. 单侧导数

定义 2 设函数 $y = f(x)$ 在点 x_0 的某左邻域内有定义,如果极限 $\lim\limits_{\Delta x \to 0^-} \dfrac{f(x_0 + \Delta x) - f(x_0)}{\Delta x}$ 存在,则称此极限值为 $y = f(x)$ 在点 x_0 处的**左导数**,记为 $f'_-(x_0)$,即

$$f'_-(x_0) = \lim_{\Delta x \to 0^-} \frac{f(x_0 + \Delta x) - f(x_0)}{\Delta x} = \lim_{x \to x_0^-} \frac{f(x) - f(x_0)}{x - x_0}.$$

设函数 $y = f(x)$ 在点 x_0 的某右邻域内有定义,如果极限 $\lim\limits_{\Delta x \to 0^+} \dfrac{f(x_0 + \Delta x) - f(x_0)}{\Delta x}$ 存在,则称此极限值为 $y = f(x)$ 在点 x_0 处的**右导数**,记为 $f'_+(x_0)$,即

$$f'_+(x_0) = \lim_{\Delta x \to 0^+} \frac{f(x_0 + \Delta x) - f(x_0)}{\Delta x} = \lim_{x \to x_0^+} \frac{f(x) - f(x_0)}{x - x_0}.$$

由第一章第二节定理 2 可得如下定理:

定理 1 函数 $y = f(x)$ 在点 x_0 处可导的充分必要条件是函数 $y = f(x)$ 在点 x_0 处左、右导数都存在且相等.

例 3 如图 2-2 所示,求函数 $f(x) = \begin{cases} x^2 + 1, & x < 1, \\ 2x, & x \geqslant 1 \end{cases}$ 在点 $x = 1$ 处的左、右导数

并讨论可导性.

解　因为 $f(1)=2$,所以

$$f'_+(1)=\lim_{x\to1^+}\frac{f(x)-f(1)}{x-1}=\lim_{x\to1^+}\frac{2x-2}{x-1}=2,$$

$$f'_-(1)=\lim_{x\to1^-}\frac{f(x)-f(1)}{x-1}=\lim_{x\to1^-}\frac{x^2+1-2}{x-1}=\lim_{x\to1^-}(x+1)=2.$$

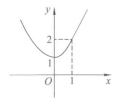

图 2-2

因为 $f'_+(1)=f'_-(1)=2$,所以由定理 1 可知,函数 $f(x)$ 在点 $x=1$ 处可导且 $f'(1)=2$.

例 4　讨论函数 $f(x)=|x|$(图 2-3)在点 $x=0$ 处的可导性.

解　因为 $f(x)=\begin{cases}-x, & x<0,\\ x, & x\geqslant0,\end{cases}$所以

$$f'_-(0)=\lim_{x\to0^-}\frac{f(x)-f(0)}{x-0}=\lim_{x\to0^-}\frac{-x}{x}=-1,$$

$$f'_+(0)=\lim_{x\to0^+}\frac{f(x)-f(0)}{x-0}=\lim_{x\to0^+}\frac{x}{x}=1,$$

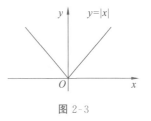

图 2-3

即 $f'_-(0)\neq f'_+(0)$,因此函数 $f(x)=|x|$ 在点 $x=0$ 处不可导.

3. 导函数

定义 3　如果函数 $y=f(x)$ 在开区间 (a,b) 内任一点都可导,则称函数在开区间 (a,b) 内可导.

如果函数 $y=f(x)$ 在开区间 (a,b) 内可导,则对于开区间 (a,b) 内的每一个 x 值,都有一个导数值 $f'(x)$ 与之对应,因此 $f'(x)$ 也是 x 的函数,称之为函数 $f(x)$ 的**导函数**,简称**导数**,记作

$$f'(x),y',\frac{\mathrm{d}y}{\mathrm{d}x}\text{ 或 }\frac{\mathrm{d}f(x)}{\mathrm{d}x}.$$

注　函数 $y=f(x)$ 在点 x_0 处的导数 $f'(x_0)$,就是导函数 $f'(x)$ 在 $x=x_0$ 处的函数值,即

$$f'(x_0)=f'(x)\bigg|_{x=x_0}.$$

三、求导举例

下面我们根据导数的定义给出一些简单函数的导数.

例 5　求常值函数 $y=C$(C 为常数)的导数.

解　
$$y'=\lim_{\Delta x\to0}\frac{\Delta y}{\Delta x}=\lim_{\Delta x\to0}\frac{C-C}{\Delta x}=0.$$

即**常数的导数为零**

$$(C)'=0.$$

例 6　求幂函数 $y=x^n$($x\neq0,n$ 为正整数)的导数.

解 $y' = \lim\limits_{\Delta x \to 0} \dfrac{\Delta y}{\Delta x} = \lim\limits_{\Delta x \to 0} \dfrac{(x+\Delta x)^n - x^n}{\Delta x}$

$$= \lim\limits_{\Delta x \to 0} \left[nx^{n-1} + \frac{n(n-1)}{2!} x^{n-2} \Delta x + \cdots + (\Delta x)^{n-1} \right] = nx^{n-1}.$$

即幂函数的导数为

$$(x^n)' = nx^{n-1}.$$

更一般地

$$(x^a)' = ax^{a-1} (a \text{ 为实数}).$$

例 7 求正弦函数 $y = \sin x$ 的导数.

解 因为 $\Delta y = \sin(x + \Delta x) - \sin x = 2\cos\left(x + \dfrac{\Delta x}{2}\right)\sin\dfrac{\Delta x}{2}$，所以

$$y' = \lim\limits_{\Delta x \to 0} \frac{\Delta y}{\Delta x} = \lim\limits_{\Delta x \to 0} \frac{2\cos\left(x + \dfrac{\Delta x}{2}\right)\sin\dfrac{\Delta x}{2}}{\Delta x}$$

$$= \lim\limits_{\Delta x \to 0} \cos\left(x + \frac{\Delta x}{2}\right) \cdot \lim\limits_{\Delta x \to 0} \frac{\sin\dfrac{\Delta x}{2}}{\dfrac{\Delta x}{2}} = \cos x.$$

即正弦函数的导数为

$$(\sin x)' = \cos x.$$

同理可得余弦函数的导数为

$$(\cos x)' = -\sin x.$$

例 8 求指数函数 $y = e^x$ 的导数.

解 $\qquad\qquad \Delta y = e^{x+\Delta x} - e^x = e^x (e^{\Delta x} - 1).$

由常用等价无穷小结论可知，当 $\Delta x \to 0$ 时，$e^{\Delta x} - 1 \sim \Delta x$，所以

$$y' = \lim\limits_{\Delta x \to 0} \frac{\Delta y}{\Delta x} = \lim\limits_{\Delta x \to 0} \frac{e^x (e^{\Delta x} - 1)}{\Delta x} = e^x \lim\limits_{\Delta x \to 0} \frac{\Delta x}{\Delta x} = e^x.$$

一般地，指数函数的导数为

$$(a^x)' = a^x \ln a.$$

例 9 求对数函数 $y = \ln x$ 的导数.

解 因为 $\Delta y = \ln(x + \Delta x) - \ln(x) = \ln\left(1 + \dfrac{\Delta x}{x}\right)$，所以

$$y' = \lim\limits_{\Delta x \to 0} \frac{\Delta y}{\Delta x} = \lim\limits_{\Delta x \to 0} \frac{\ln\left(1 + \dfrac{\Delta x}{x}\right)}{\Delta x} = \lim\limits_{\Delta x \to 0} \left[\frac{1}{x} \ln(1 + \frac{\Delta x}{x})^{\frac{x}{\Delta x}} \right] = \frac{1}{x}.$$

一般地，对数函数的导数公式为

$$(\log_a x)' = \frac{1}{x \ln a}.$$

四、导数的几何意义与经济意义

1. 导数的几何意义

由引例 1 可知,函数 $y=f(x)$ 在点 x_0 处的导数 $f'(x_0)$ 是曲线 $y=f(x)$ 在点 $(x_0,f(x_0))$ 处的切线斜率(图 2-4),即导数的几何意义.

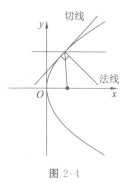

图 2-4

于是,曲线 $y=f(x)$ 在点 $M_0(x_0,y_0)$ 处的切线方程为
$$y-y_0=f'(x_0)(x-x_0).$$

曲线 $y=f(x)$ 在点 $M_0(x_0,y_0)$ 处的法线方程为
$$y-y_0=-\frac{1}{f'(x_0)}(x-x_0)\ [f'(x_0)\neq 0].$$

特别地,若 $f'(x_0)=\infty$,可得切线的倾斜角为 $\frac{\pi}{2}$ 或 $-\frac{\pi}{2}$,此时 $y=f(x)$ 在点 $M_0(x_0,y_0)$ 处的切线方程为 $x=x_0$,法线方程为 $y=y_0$;若 $f'(x_0)=0$,则切线与 x 轴平行,此时 $y=f(x)$ 在点 $M_0(x_0,y_0)$ 处的切线方程为 $y=y_0$,法线方程为 $x=x_0$.

例 10　求曲线 $y=\dfrac{1}{x}$ 在点 $(1,1)$ 处的切线方程和法线方程.

解　因为 $y'=\left(\dfrac{1}{x}\right)'=-x^{-2}$,所以曲线在 $(1,1)$ 处的切线斜率为
$$k=y'\Big|_{x=1}=-1.$$

于是,切线方程为　　$y-1=-(x-1)$,即 $x+y-2=0$;

法线方程为　　　　　$y-1=x-1$,即 $x-y=0$.

2. 导数的经济意义

在经济学中,"边际"概念从数学方面可以看作:当自变量有一个单位的增量时,函数相应地增量.如果 $f(x)$ 是经济领域的某种函数关系且可导,则在经济学中,将该导数 $f'(x)$ 称为边际,常见的边际函数及其经济意义有:

总成本函数 $C=C(Q)$ 的导数 $\dfrac{\mathrm{d}C}{\mathrm{d}Q}=C'(Q)$ 称为**边际成本**(函数).它表示了成本随产量变化的变化速度,等于产量为 Q 时再生产一个单位产品所需的成本.

总收入函数 $R=R(Q)$ 的导数 $\dfrac{\mathrm{d}R}{\mathrm{d}Q}=R'(Q)$ 称为**边际收益**(函数).它等于销量为 Q 时再多销售一个单位产品所获得的收益.

总利润函数 $L=L(Q)$ 的导数 $\dfrac{\mathrm{d}L}{\mathrm{d}Q}=L'(Q)$ 称为**边际利润**(函数).它等于销量为 Q 时再多销售一个单位产品所得的利润.

例 11　某电动汽车配件厂,每日最大生产能力为 1 000 件,假设产品的总成本 C

（元）与日产量 x（件）之间的函数关系式为 $C(x)=\dfrac{1}{2}x^2+7x+400$，求日产量为 800 件时的边际成本.

解　已知总成本函数为 $C(x)=\dfrac{1}{2}x^2+7x+400$，边际成本函数为 $C'(x)=x+7$.

当 $x=800$ 时，$C'(800)=807$，表示当产量为 800 件时，再生产一件产品需增加成本 807 元.

五、函数可导性与连续性的关系

定理 2　如果函数 $y=f(x)$ 在点 x_0 处可导，则函数 $f(x)$ 在点 x_0 处必连续.

证　因为函数 $y=f(x)$ 在点 x_0 处可导，所以

$$f'(x_0)=\lim_{\Delta x\to 0}\frac{\Delta y}{\Delta x},$$

于是，

$$\lim_{\Delta x\to 0}\Delta y=\lim_{\Delta x\to 0}\left(\frac{\Delta y}{\Delta x}\cdot\Delta x\right)=\lim_{\Delta x\to 0}\frac{\Delta y}{\Delta x}\cdot\lim_{\Delta x\to 0}\Delta x=0,$$

即函数 $y=f(x)$ 在点 x_0 处连续.

注　定理 2 的逆命题不成立，即连续函数未必可导.例如，由例 4 可知，函数 $y=|x|$ 在 $x=0$ 处不可导.但因为 $\lim\limits_{x\to 0}|x|=0$，所以函数 $y=|x|$ 在 $x=0$ 处连续.

例 12　讨论函数 $f(x)=\begin{cases}x\sin\dfrac{1}{x}, & x\neq 0 \\ 0, & x=0\end{cases}$（图 2-5）

在点 $x=0$ 处的连续性与可导性.

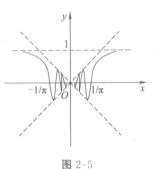

图 2-5

解　因为 $\lim\limits_{x\to 0}f(x)=\lim\limits_{x\to 0}x\sin\dfrac{1}{x}=0$ 与 $f(0)$ 相等，所以函数 $f(x)$ 在点 $x=0$ 处连续.

又因为

$$\lim_{x\to 0}\frac{f(x)-f(0)}{x-0}=\lim_{x\to 0}\frac{x\sin\dfrac{1}{x}}{x}=\lim_{x\to 0}\sin\frac{1}{x}$$

不存在，所以函数 $f(x)$ 在点 $x=0$ 处不可导.

习题 2-1

1. 已知物体的运动规律为 $s=\dfrac{1}{2}t^2+3t+4\,(\text{m})$，求：

（1）物体在 2s 到 3s 这一时间段的平均速度；

（2）物体在 3s 时的瞬时速度.

2. 设函数 $f(x)=\sqrt{x^3}$，求导数 $f'(4)$.

3. 设 $f'(x_0)$ 存在且为 A,指出下列极限各表示什么?

(1) $\lim\limits_{\Delta x \to 0} \dfrac{f(x_0 - \Delta x) - f(x_0)}{\Delta x}$;

(2) $\lim\limits_{h \to 0} \dfrac{f(x_0) - f(x_0 + h)}{h}$;

(3) $\lim\limits_{h \to 0} \dfrac{f(x_0 + \alpha h) - f(x_0 + \beta h)}{h}$ (α,β 非零).

4. 已知函数 $f(x) = \begin{cases} \sin x, & x < 0, \\ x^2, & x \geqslant 0, \end{cases}$ 求导数 $f'(x)$.

5. 设函数 $f(x)$ 在点 $x = 3$ 处连续,且 $\lim\limits_{x \to 3} \dfrac{f(x)}{x-3} = 2$,求导数 $f'(3)$.

6. 求曲线 $y = e^x$ 在点 $(0,1)$ 处的切线方程和法线方程.

7. 已知函数 $f(x) = \begin{cases} e^x, & x \leqslant 0, \\ x + 1, & x > 0, \end{cases}$ 求 $f'_+(0)$ 和 $f'_-(0)$,判定 $f'(0)$ 是否存在.

8. 讨论函数 $f(x) = \begin{cases} x^2 \sin \dfrac{1}{x}, & x \neq 0, \\ 0, & x = 0 \end{cases}$ 在 $x = 0$ 处的连续性与可导性.

9. 设函数 $f(x) = \begin{cases} x^2, & x \leqslant 1, \\ ax + b, & x > 1, \end{cases}$ (a 和 b 为常数) 在 $x = 1$ 处可导,求常数 a,b 的值.

10*. 设函数 $\varphi(x)$ 在 $x = 0$ 处可导,$f(x) = \varphi(x)(1 + |\tan x|)$.证明:$\varphi(0) = 0$ 是 $f(x)$ 在 $x = 0$ 处可导的充分必要条件.

→ 第二节 求导法则

根据导数的定义,已经求出一些简单函数的导数.但是,对于一些较为复杂的函数,直接依照定义来求其导数是相当困难的,计算往往很繁琐,甚至无法计算.为此,需要建立一些求导的运算法则,借助于这些法则和基本初等函数的导数公式能够快速有效地求出常见函数的导数.另外,在此基础上,我们继续讨论一些求导的方法,如反函数求导法和复合函数求导法,以便简化求导过程,随后进一步介绍高阶导数.

一、导数的四则运算法则

定理 1 如果函数 $u(x)$ 和 $v(x)$ 在点 x 处可导,则它们的和、差、积、商(分母不为零)在点 x 处可导,且

(1) $[u(x) \pm v(x)]' = u'(x) \pm v'(x)$;

(2) $[u(x) \cdot v(x)]' = u'(x) \cdot v(x) + u(x) \cdot v'(x)$,

特别地,$[C \cdot u(x)]' = C \cdot u'(x)$($C$ 为常数);

(3) $\left[\dfrac{u(x)}{v(x)}\right]' = \dfrac{u'(x) \cdot v(x) - u(x) \cdot v'(x)}{v^2(x)}$ $(v(x) \neq 0)$,

特别地,$\left[\dfrac{1}{v(x)}\right]' = -\dfrac{v'(x)}{v^2(x)}$ $(v(x) \neq 0)$.

证明 我们仅证明(1)和(2),(3)的证明略.

(1) $[u(x) \pm v(x)]' = \lim\limits_{h \to 0} \dfrac{[u(x+h) \pm v(x+h)] - [u(x) \pm v(x)]}{h}$

$\qquad = \lim\limits_{h \to 0} \dfrac{u(x+h) - u(x)}{h} \pm \lim\limits_{h \to 0} \dfrac{v(x+h) - v(x)}{h}$

$\qquad = u'(x) \pm v'(x)$.

(2) $[u(x) \cdot v(x)]' = \lim\limits_{h \to 0} \dfrac{u(x+h) \cdot v(x+h) - u(x) \cdot v(x)}{h}$

$\qquad = \lim\limits_{h \to 0} \left[\dfrac{u(x+h) - u(x)}{h} \cdot v(x+h) + u(x) \cdot \dfrac{v(x+h) - v(x)}{h}\right]$

$\qquad = \lim\limits_{h \to 0} \dfrac{u(x+h) - u(x)}{h} \cdot \lim\limits_{h \to 0} v(x+h) + u(x) \cdot \lim\limits_{h \to 0} \dfrac{v(x+h) - v(x)}{h}$,

由于 $v(x)$ 在点 x 处可导,从而其在点 x 处连续,故

$$[u(x) \cdot v(x)]' = u'(x) \cdot v(x) + u(x) \cdot v'(x).$$

例 1 设函数 $y = x^5 + 2\cos x + 6$,求导数 y'.

解 由定理 1 的(1)得

$$y' = (x^5)' + (2\cos x)' + (6)' = 5x^4 - 2\sin x.$$

例 2 设函数 $f(x) = \mathrm{e}^x \sin x$,求导数 $f'(x)$.

解 由定理 1 的(2)得

$$f'(x) = (\mathrm{e}^x \sin x)' = (\mathrm{e}^x)' \cdot \sin x + \mathrm{e}^x \cdot (\sin x)'$$
$$= \mathrm{e}^x \sin x + \mathrm{e}^x \cos x = \mathrm{e}^x(\sin x + \cos x).$$

例 3 求正切函数 $y = \tan x$ 的导数.

解 由定理 1 的(3)得

$$y' = (\tan x)' = \left(\dfrac{\sin x}{\cos x}\right)' = \dfrac{(\sin x)' \cdot \cos x - \sin x \cdot (\cos x)'}{\cos^2 x}$$

$$= \dfrac{\cos^2 x + \sin^2 x}{\cos^2 x} = \dfrac{1}{\cos^2 x} = \sec^2 x.$$

即得**正切函数的导数**公式

$$(\tan x)' = \sec^2 x.$$

类似可得**余切函数的导数**公式

$$(\cot x)' = -\csc^2 x.$$

例 4 求正割函数 $y = \sec x$ 的导数.

解 由定理 1 的(3)得

$$y' = (\sec x)' = \left(\frac{1}{\cos x}\right)' = -\frac{(\cos x)'}{\cos^2 x} = \frac{\sin x}{\cos^2 x} = \sec x \tan x.$$

即得**正割函数的导数**公式

$$(\sec x)' = \sec x \tan x.$$

类似可得**余割函数的导数**公式

$$(\csc x)' = -\csc x \cot x.$$

例 5 设函数 $f(x) = \dfrac{x e^x}{1-2x}$，求导数 $f'(x)$.

解 由定理 1 的(3)得

$$f'(x) = \frac{(x e^x)'(1-2x) - x e^x(1-2x)'}{(1-2x)^2} = \frac{(e^x + x e^x)(1-2x) - x e^x \cdot (-2)}{(1-2x)^2}$$

$$= \frac{(1+x-2x^2) e^x}{(1-2x)^2}.$$

例 6 求曲线 $y = -\dfrac{1}{6}x^3$ 上且与直线 $x+2y-8=0$ 平行的切线方程.

解 设切点为 (x_0, y_0)，由导数的几何意义知，所求切线斜率为

$$k = y'\Big|_{x=x_0} = -\frac{1}{2}x_0^2.$$

因为所求切线与直线 $x+2y-8=0$ 平行，所以 $k = -\dfrac{1}{2}$，代入上式得 $x_0 = 1$ 或 $x_0 = -1$.

于是切线的切点为 $\left(1, -\dfrac{1}{6}\right)$ 或 $\left(-1, \dfrac{1}{6}\right)$.

因此，所求切线方程为

$$y = -\frac{1}{2}x + \frac{1}{3} \quad 或 \quad y = -\frac{1}{2}x - \frac{1}{3}.$$

二、反函数的求导法则

定理 2 如果函数 $x = f(y)$ 在区间 I_y 内单调、可导且 $f'(y) \neq 0$，则它的反函数 $y = f^{-1}(x)$ 在区间 $I_x = \{x \mid x = f(y), y \in I_y\}$ 内也可导，且

$$[f^{-1}(x)]' = \frac{1}{f'(y)} \text{或} \frac{\mathrm{d}y}{\mathrm{d}x} = \frac{1}{\dfrac{\mathrm{d}x}{\mathrm{d}y}}.$$

简言之，即反函数的导数等于其直接函数导数的倒数.

证明 由于 $x = f(y)$ 在区间 I_y 内单调、可导(必连续)，从而可知 $x = f(y)$ 的反函数 $y = f^{-1}(x)$ 存在，且 $f^{-1}(x)$ 在区间 I_x 内也单调、连续.

对于 I_x 内的任一点 x，给 x 以增量 $\Delta x (\Delta x \neq 0, x + \Delta x \in I_x)$，由 $y = f^{-1}(x)$ 的单调性可知

$$\Delta y = f^{-1}(x + \Delta x) - f^{-1}(x) \neq 0,$$

于是,

$$\frac{\Delta y}{\Delta x} = \frac{1}{\dfrac{\Delta x}{\Delta y}},$$

由于 $y = f^{-1}(x)$ 连续,所以

$$\lim_{\Delta x \to 0} \Delta y = 0,$$

从而

$$[f^{-1}(x)]' = \lim_{\Delta x \to 0} \frac{\Delta y}{\Delta x} = \lim_{\Delta y \to 0} \frac{1}{\dfrac{\Delta x}{\Delta y}} = \frac{1}{\lim_{\Delta y \to 0} \dfrac{\Delta x}{\Delta y}} = \frac{1}{f'(y)}.$$

例 7　求反正弦函数 $y = \arcsin x \, (-1 < x < 1)$ 的导数.

解　函数 $y = \arcsin x \, (-1 < x < 1)$ 是 $x = \sin y, \, y \in I_y = \left(-\dfrac{\pi}{2}, \dfrac{\pi}{2}\right)$ 的反函数,因此

$$(\arcsin x)' = \frac{1}{(\sin y)'} = \frac{1}{\cos y} = \frac{1}{\sqrt{1 - \sin^2 y}} = \frac{1}{\sqrt{1 - x^2}}.$$

即得**反正弦函数的导数公式**

$$(\arcsin x)' = \frac{1}{\sqrt{1 - x^2}} \, (-1 < x < 1).$$

类似可得**反余弦函数的导数公式**

$$(\arccos x)' = -\frac{1}{\sqrt{1 - x^2}} \, (-1 < x < 1).$$

三、复合函数的求导法则

定理 3　如果函数 $u = g(x)$ 在点 x 处可导,函数 $y = f(u)$ 在相应点 $u = g(x)$ 处可导,则复合函数 $y = f[g(x)]$ 在点 x 处可导,且其导数为

$$\frac{\mathrm{d}y}{\mathrm{d}x} = f'(u) \cdot g'(x) \quad \text{或} \quad \frac{\mathrm{d}y}{\mathrm{d}x} = \frac{\mathrm{d}y}{\mathrm{d}u} \cdot \frac{\mathrm{d}u}{\mathrm{d}x}.$$

证明　因为 $y = f(u)$ 在点 u 处可导,所以 $\lim\limits_{\Delta u \to 0} \dfrac{\Delta y}{\Delta u} = f'(u)$ 存在,于是根据极限与无穷小的关系(第一章第三节定理1)可得

$$\frac{\Delta y}{\Delta u} = f'(u) + \alpha,$$

其中 α 是 $\Delta u \to 0$ 时的无穷小.由于上式中 $\Delta u \neq 0$,在其两边同乘 Δu,可得

$$\Delta y = f'(u) \cdot \Delta u + \alpha \cdot \Delta u.$$

用 $\Delta x \neq 0$ 除上式两边,可得

$$\frac{\Delta y}{\Delta x} = f'(u) \cdot \frac{\Delta u}{\Delta x} + \alpha \cdot \frac{\Delta u}{\Delta x},$$

于是

$$\frac{\mathrm{d}y}{\mathrm{d}x}=\lim_{\Delta x\to 0}\frac{\Delta y}{\Delta x}=\lim_{\Delta x\to 0}\left[f'(u)\cdot\frac{\Delta u}{\Delta x}+\alpha\cdot\frac{\Delta u}{\Delta x}\right]=\lim_{\Delta x\to 0}\left[f'(u)\cdot\frac{\Delta u}{\Delta x}\right]+\lim_{\Delta x\to 0}\left(\alpha\cdot\frac{\Delta u}{\Delta x}\right).$$

根据函数在某点可导必在该点连续可知,当 $\Delta x\to 0$ 时,$\Delta u\to 0$,从而可得

$$\lim_{\Delta x\to 0}\alpha=\lim_{\Delta u\to 0}\alpha=0.$$

又因为 $u=g(x)$ 在点 x 处可导,所以

$$\lim_{\Delta x\to 0}\frac{\Delta u}{\Delta x}=g'(x),$$

因此

$$\frac{\mathrm{d}y}{\mathrm{d}x}=f'(u)\cdot g'(x).$$

如果 $\Delta u=0$,规定 $\alpha=0$,那么 $\Delta y=0$,此时 $\Delta y=f'(u)\cdot\Delta u+\alpha\cdot\Delta u$ 仍成立,从而仍有

$$\frac{\mathrm{d}y}{\mathrm{d}x}=f'(u)\cdot g'(x).$$

注　定理的结论可以推广到有限个函数构成的复合函数.例如,设可导函数 $y=f(u),u=g(v),v=\varphi(x)$ 构成复合函数

$$y=f\{g[\varphi(x)]\},$$

则复合函数 $y=f\{g[\varphi(x)]\}$ 可导,且

$$\frac{\mathrm{d}y}{\mathrm{d}x}=\frac{\mathrm{d}y}{\mathrm{d}u}\cdot\frac{\mathrm{d}u}{\mathrm{d}v}\cdot\frac{\mathrm{d}v}{\mathrm{d}x}=f'(u)\cdot g'(v)\cdot\varphi'(x).$$

例 8　求函数 $y=\arcsin x^3$ 的导数.

解　因为 $y=\arcsin x^3$ 由 $y=\arcsin u$ 和 $u=x^3$ 复合而成,所以由定理 3 得

$$\frac{\mathrm{d}y}{\mathrm{d}x}=\frac{\mathrm{d}y}{\mathrm{d}u}\cdot\frac{\mathrm{d}u}{\mathrm{d}x}=(\arcsin u)'\cdot(x^3)'=\frac{1}{\sqrt{1-u^2}}\cdot 3x^2=\frac{3x^2}{\sqrt{1-x^6}}.$$

例 9　求函数 $y=\ln\cos(\mathrm{e}^x)$ 的导数.

解　因为 $y=\ln\cos(\mathrm{e}^x)$ 由 $y=\ln u,u=\cos v,v=\mathrm{e}^x$ 复合而成,所以由定理 3 得

$$\frac{\mathrm{d}y}{\mathrm{d}x}=\frac{\mathrm{d}y}{\mathrm{d}u}\cdot\frac{\mathrm{d}u}{\mathrm{d}v}\cdot\frac{\mathrm{d}v}{\mathrm{d}x}=(\ln u)'\cdot(\cos v)'\cdot(\mathrm{e}^x)'=\frac{1}{u}\cdot(-\sin v)\cdot\mathrm{e}^x=-\mathrm{e}^x\tan(\mathrm{e}^x).$$

从以上例子可以直观地看出,对复合函数求导时,是从外层向内层逐层求导,故形象地称其为**链式法则**.当对复合函数求导过程较熟练后,可以不用写出中间变量,而把中间变量看成一个整体,然后逐层求导即可.

例 10　求函数 $y=\ln\cos x$ 的导数.

解　$y'=\dfrac{1}{\cos x}\cdot(\cos x)'=\dfrac{1}{\cos x}\cdot(-\sin x)=-\tan x.$

四、基本求导公式

我们将基本初等函数的导数公式列成下表:

(1) $(C)' = 0 (C$ 为常数$)$,

(2) $(x^\alpha)' = \alpha x^{\alpha-1}(\alpha \in \mathbf{R})$,

(3) $(a^x)' = a^x \ln a \ (a > 0, a \neq 1)$,

(4) $(e^x)' = e^x$,

(5) $(\log_a x)' = \dfrac{1}{x \ln a} \quad (a > 0, a \neq 1)$,

(6) $(\ln x)' = \dfrac{1}{x}$,

(7) $(\sin x)' = \cos x$,

(8) $(\cos x)' = -\sin x$,

(9) $(\tan x)' = \dfrac{1}{\cos^2 x} = \sec^2 x$,

(10) $(\cot x)' = -\dfrac{1}{\sin^2 x} = -\csc^2 x$,

(11) $(\sec x)' = \sec x \cdot \tan x$,

(12) $(\csc x)' = -\csc x \cdot \cot x$,

(13) $(\arcsin x)' = \dfrac{1}{\sqrt{1-x^2}}(-1 < x < 1)$,

(14) $(\arccos x)' = -\dfrac{1}{\sqrt{1-x^2}}(-1 < x < 1)$,

(15) $(\arctan x)' = \dfrac{1}{1+x^2}$,

(16) $(\text{arccot} x)' = -\dfrac{1}{1+x^2}$.

五、高阶导数

可导函数 $f(x)$ 的导函数 $f'(x)$ 仍然是一个函数,因此我们可以继续考虑导函数 $f'(x)$ 的导数问题.这种导函数的导数称为二阶导数,依次类推就产生了高阶导数的概念.

定义 1 如果函数 $y = f(x)$ 的导数 $f'(x)$ 在点 x 处可导,则称 $f'(x)$ 在点 x 处的导数为函数 $y = f(x)$ 在点 x 处的**二阶导数**,记作

$$f''(x), y'', \dfrac{\mathrm{d}^2 f(x)}{\mathrm{d}x^2} \text{或} \dfrac{\mathrm{d}^2 y}{\mathrm{d}x^2},$$

即

$$f''(x) = \lim_{\Delta x \to 0} \dfrac{f'(x + \Delta x) - f'(x)}{\Delta x}.$$

这时也称 $f(x)$ 在点 x 处**二阶可导**.

如果函数 $y = f(x)$ 的二阶导数 $f''(x)$ 仍可导,那么可定义**三阶导数**

$$\lim_{\Delta x \to 0} \frac{f''(x + \Delta x) - f''(x)}{\Delta x},$$

记作

$$f'''(x), y''', \frac{d^3 f(x)}{dx^3} \text{或} \frac{d^3 y}{dx^3}.$$

以此类推,如果函数 $y = f(x)$ 的 $n-1 (n > 1)$ 阶导数可导,则可定义 n **阶导数**

$$\lim_{\Delta x \to 0} \frac{f^{(n-1)}(x + \Delta x) - f^{(n-1)}(x)}{\Delta x},$$

记作

$$f^{(n)}(x), y^{(n)}, \frac{d^n f(x)}{dx^n} \text{或} \frac{d^n y}{dx^n}.$$

通常称 $f'(x)$ 为函数 $f(x)$ 的**一阶导数**,二阶及二阶以上的导数统称为**高阶导数**. 有时也把函数 $f(x)$ 本身称为函数 $f(x)$ 的**零阶导数**,记为 $f^{(0)}(x)$.

注 由高阶导数的定义可知,前面学到的各类求导方法对于计算高阶导数同样适用,由一阶导数求二阶导数,由二阶导数求三阶导数,直到由 $n-1$ 阶导数求 n 阶导数,通过归纳总结求高阶导数的一般表达式.

例 12 求函数 $y = 3x^3 + 2x + 1$ 的三阶导数.

解 因为 $y' = 9x^2 + 2$,所以

$$y'' = (y')' = (9x^2 + 2)' = 18x,$$

因此 $y''' = (y'')' = (18x)' = 18.$

例 13 设 $f(x) = \arctan x$,求 $f''(0)$.

解 因为 $f'(x) = \dfrac{1}{x^2 + 1}, f''(x) = \left(\dfrac{1}{x^2 + 1}\right)' = -\dfrac{2x}{(x^2 + 1)^2}$,所以

$$f''(0) = -\frac{2x}{(x^2 + 1)^2}\bigg|_{x=0} = 0.$$

例 14 求函数 $y = \sin x$ 的 n 阶导数(n 为正整数).

解 由 $\quad y' = \cos x = \sin\left(x + \dfrac{\pi}{2}\right), y'' = -\sin x = \sin\left(x + 2 \cdot \dfrac{\pi}{2}\right),$

$$y''' = -\cos x = \sin\left(x + 3 \cdot \frac{\pi}{2}\right), y^{(4)} = \sin x = \sin\left(x + 4 \cdot \frac{\pi}{2}\right),$$

归纳得

$$y^{(n)} = (\sin x)^{(n)} = \sin\left(x + \frac{n\pi}{2}\right).$$

类似地,可得

$$(\cos x)^{(n)} = \cos\left(x + \frac{n\pi}{2}\right).$$

例 15 求幂函数 $y = x^\mu$(μ 为任意常数)的 n 阶导数(n 为正整数).

解 由 $y' = \mu x^{\mu-1}, y'' = \mu(\mu-1)x^{\mu-2}, y''' = \mu(\mu-1)(\mu-2)x^{\mu-3},$

$$y^{(4)} = \mu(\mu-1)(\mu-2)(\mu-3)x^{\mu-4},$$

归纳得

$$y^{(n)} = (x^\mu)^{(n)} = \mu(\mu-1)(\mu-2)\cdots(\mu-n+1)x^{\mu-n}.$$

特别地,当 $\mu=n$ 时,可得

$$(x^n)^{(n)} = n(n-1)(n-2)\cdots 2 \cdot 1 = n!;$$

且

$$(x^n)^{(k)} = 0 \text{(正整数 } k > n).$$

定理 4　如果函数 $u=u(x)$ 和 $v=v(x)$ 都在点 x 处具有 n 阶导数,则

(1) $(u \pm v)^{(n)} = u^{(n)} \pm v^{(n)}$;

(2) $(u \cdot v)^{(n)} = \sum_{k=0}^{n} C_n^k u^{(n-k)} \cdot v^{(k)}$,

特别地,$(Cu)^{(n)} = Cu^{(n)}$(C 为常数).

定理 4 中的(2)式称为**莱布尼兹公式**.

例 16　求函数 $y = 3x^4 - 2x^2 + 5x - 7$ 的五阶导数.

解　$y^{(5)} = (3x^4 - 2x^2 + 5x - 7)^{(5)} = 3(x^4)^{(5)} - 2(x^2)^{(5)} + 5x^{(5)} - 7^{(5)}$

$$= 3 \cdot 0 - 2 \cdot 0 + 5 \cdot 0 - 0 = 0.$$

一般地,由例 16 可知,每求一次导数,多项式的次数就降一次,因此对于多项式 $y = a_n x^n + a_{n-1}x^{n-1} + \cdots + a_1 x + a_0$,有 $y^{(n)} = n! a_n$,$y^{(n+1)} = 0$.

例 17　设函数 $y = e^{2x}(x^2 + 2)$,求 $y^{(4)}$.

解　设 $u = e^{2x}$,$v = x^2 + 2$,则

$$u' = 2e^{2x}, \quad u'' = 2^2 e^{2x}, \quad u''' = 2^3 e^{2x}, \quad u^{(4)} = 2^4 e^{2x},$$
$$v' = 2x, \quad v'' = 2, \quad v''' = v^{(4)} = 0.$$

由莱布尼兹公式,可得

$$y^{(4)} = C_4^0 u^{(4)} v + C_4^1 u''' v' + C_4^2 u'' v'' + C_4^3 u' v''' + C_4^4 u v^{(4)}$$

$$= 2^4 \cdot e^{2x} \cdot (x^2 + 2) + 4 \cdot 2^3 \cdot e^{2x} \cdot 2x + \frac{4 \cdot 3}{2!} \cdot 2^2 \cdot e^{2x} \cdot 2$$

$$= 2^4 \cdot e^{2x}(x^2 + 4x + 5).$$

例 18　设函数 $y = x^3 + 2x^2 - 4 + e^{4x}$,求 $y^{(n)}$ $(n > 3)$.

解　$y^{(n)} = (x^3 + 2x^2 - 4 + e^{4x})^{(n)} = (x^3 + 2x^2 - 4)^{(n)} + (e^{4x})^{(n)}$

$$= 0 + 4^n e^{4x} = 4^n e^{4x}.$$

例 19　设函数 $y = \dfrac{1}{x^2 - 5x + 6}$,求 $y^{(n)}$ $(n > 3)$.

解　因为 $y = \dfrac{1}{x^2 - 5x + 6} = \dfrac{1}{x-3} - \dfrac{1}{x-2}$,所以

$$y^{(n)} = \left(\frac{1}{x-3} - \frac{1}{x-2}\right)^{(n)} = \left(\frac{1}{x-3}\right)^{(n)} - \left(\frac{1}{x-2}\right)^{(n)}$$

$$= \frac{(-1)^n n!}{(x-3)^{n+1}} - \frac{(-1)^n n!}{(x-2)^{n+1}}.$$

习题 2-2 ✎

1. 求下列函数的导数.

(1) $y = 3x^2 - 5x + 20$;

(2) $y = x^3 + \dfrac{3}{x^2} - \dfrac{1}{x} + 6$;

(3) $y = x^3 - 2^x + 5e^x$;

(4) $y = 2\tan x - \sec x$;

(5) $y = \dfrac{1}{x} + \dfrac{1}{\sqrt{x}} + \dfrac{1}{\sqrt[3]{x}}$;

(6) $y = \sin x \cos x$;

(7) $y = e^x(\sin x + \cos x)$;

(8) $y = x^2 \ln x \sin x$;

(9) $y = \dfrac{\ln x}{x}$;

(10) $y = \dfrac{1 + \sin x}{1 - \sin x}$.

2. 求曲线 $y = 2\sin x + x^2$ 上横坐标为 $x = 0$ 的点处的切线方程和法线方程.

3. 求下列函数的导数.

(1) $y = \cos(3 - 5x)$;

(2) $y = \tan(x^2)$;

(3) $y = \sin\sqrt{1 + x^2}$;

(4) $y = \ln\tan\dfrac{x}{2}$;

(5) $y = \ln[\ln(\ln x)]$;

(6) $y = \ln(\sin x + \tan x)$;

(7) $y = e^{-x^2 + 3x - 1}$;

(8) $y = \sin^n x \cos nx$ (n 为正整数);

(9) $y = e^{-x}(x^2 - 2x + 3)$;

(10) $y = \sqrt{x}\, e^{\sin x^2}$;

(11) $y = \ln\sqrt{x} + \sqrt{\ln x}$;

(12) $y = e^x \sqrt{1 - e^{2x}} + \arcsin e^x$.

4. 设 $f(x)$ 为可导函数,求下列函数的导数.

(1) $y = f(x^3)$;

(2) $y = f\left(\arcsin\dfrac{1}{x}\right)$;

(3) $y = f(e^x) + e^{f(x)}$;

(4) $y = x^2 f(\ln x)$.

5. 求下列函数的二阶导数.

(1) $y = 5x^3 + \cos x$;

(2) $y = e^{x+5}$;

(3) $y = x\sin x$;

(4) $y = \tan x$;

(5) $y = \dfrac{1}{x^2 + 1}$;

(6) $y = \cos^2 x \ln x$.

6. 求下列函数所指定阶的导数.

(1) $y = e^x \cos x$,求 $y^{(4)}$;

(2) $y = \cos^2 x$,求 $y^{(n)}$ (n 为正整数).

第三节 隐函数的导数

我们前面提到的函数都可以写成 $y=f(x)$ 这种形式,即其变量 y 直接用 x 的解析式表达,这样的函数称为**显函数**;有时也会碰到由方程 $F(x,y)=0$ 所确定的两个变量 x 和 y 之间的函数关系,这样的函数称为**隐函数**.如今我们已经初步掌握显函数的求导法则,下面我们介绍隐函数的求导方法.

一、隐函数的求导法

函数可分为显函数和隐函数.形如 $y=f(x)$ 这种形式的显函数,如 $y=e^x\cos x$,$y=\ln x$ 等,它们的求导可以直接根据求导公式和求导法则进行.由方程 $F(x,y)=0$ 所确定的两个变量之间函数关系的隐函数,如由方程 $x^2+4y^2-1=0$ 和 $e^y-\sin(xy)=0$ 所确定的 y 是 x 的函数均为隐函数.这种情形下很难甚至无法求出其显函数形式.

下面我们学习由方程 $F(x,y)=0$ 所确定的隐函数 $y=y(x)$ 的求导方法.

1. 隐函数求导的基本思路

方程 $F(x,y)=0$ 两边逐项对自变量 x 求导,在求导过程中,把方程 $F(x,y)=0$ 中的 y 看成自变量 x 的函数 $y(x)$,结合复合函数求导法求其导数,然后整理变形解出 y'(y' 的结果中可同时含有 x 和 y).

例 1 求由方程 $x^2+xy=\cos(x-y)$ 所确定的函数 $y=y(x)$ 的导数 y'.

解 方程两边对 x 求导,得

$$2x+y+xy'=-\sin(x-y)\cdot(1-y'),$$

解得

$$y'=\frac{2x+y+\sin(x-y)}{\sin(x-y)-x}.$$

例 2 求由方程 $xy+2\ln y=2x$ 所确定的函数 $y=y(x)$ 在 $x=0$ 处的导数 $y'\big|_{x=0}$.

解 方程两边对 x 求导,得

$$y+x\cdot y'+2\,\frac{1}{y}\cdot y'=2.$$

当 $x=0$ 时,代入原方程可得 $y=1$.上式即为

$$1+0\cdot y'\big|_{x=0}+2\cdot 1\cdot y'\big|_{x=0}=2,$$

从而得 $y'\big|_{x=0}=\dfrac{1}{2}$.

例 3 求椭圆曲线 $\dfrac{x^2}{4}+\dfrac{y^2}{8}=1$ 上在点 $(\sqrt{2},2)$ 处的切线方程和法线方程.

解 方程两端对 x 求导,得 $\dfrac{1}{2}x+\dfrac{1}{4}y\cdot y'=0$,解得 $y'=-\dfrac{2x}{y}$.

从而,在点$(\sqrt{2},2)$处切线斜率k_1和法线斜率k_2分别为

$$k_1 = y'\Big|_{(\sqrt{2},2)} = -\sqrt{2}, \quad k_2 = -\frac{1}{k_1} = \frac{\sqrt{2}}{2}.$$

所求切线方程为

$$y - 2 = -\sqrt{2}(x - \sqrt{2}),$$

即

$$\sqrt{2}x + y - 4 = 0.$$

法线方程为

$$y - 2 = \frac{\sqrt{2}}{2}(x - \sqrt{2}),$$

即

$$\sqrt{2}x - 2y + 2 = 0.$$

例 4　求由方程$x - y + \frac{1}{2}\sin y = 0$所确定的函数$y = y(x)$的二阶导数$\dfrac{\mathrm{d}^2 y}{\mathrm{d}x^2}$.

解　方程两端对x求导,得

$$1 - \frac{\mathrm{d}y}{\mathrm{d}x} + \frac{1}{2}\cos y \cdot \frac{\mathrm{d}y}{\mathrm{d}x} = 0,$$

解得

$$\frac{\mathrm{d}y}{\mathrm{d}x} = \frac{2}{2 - \cos y}.$$

二阶导数为

$$\frac{\mathrm{d}^2 y}{\mathrm{d}x^2} = \frac{\mathrm{d}}{\mathrm{d}x}\left(\frac{\mathrm{d}y}{\mathrm{d}x}\right) = \frac{\mathrm{d}}{\mathrm{d}x}\left(\frac{2}{2 - \cos y}\right) = \frac{-2\sin y \cdot \dfrac{\mathrm{d}y}{\mathrm{d}x}}{(2 - \cos y)^2} = -\frac{4\sin y}{(2 - \cos y)^3}.$$

2. 对数求导法

对于以下两类函数:

(1) 幂指函数,即形如$y = u(x)^{v(x)}$ $[u(x) > 0]$的函数;

(2) 函数表达式是由多个因式的积、商、幂构成的.

要求它们的导数,可以先对函数式两边取自然对数,利用对数的运算性质将函数式进行化简,然后利用隐函数求导法求导,这种方法称为对数求导法.

例 5　设函数$y = (1 + x)^{\sin x}$,求导数y'.

解　等式两端取自然对数,得

$$\ln y = \sin x \cdot \ln(1 + x),$$

两端分别对x求导,得

$$\frac{y'}{y} = \cos x \cdot \ln(1 + x) + \sin x \cdot \frac{1}{1 + x},$$

解出

$$y' = y\left[\cos x \cdot \ln(1+x) + \frac{\sin x}{1+x}\right],$$

因此

$$y' = (1+x)^{\sin x}\left[\cos x \cdot \ln(1+x) + \frac{\sin x}{1+x}\right].$$

例 6　设函数 $y = \dfrac{(x+1)\sqrt[3]{x-1}}{(x+4)^2 e^x}$ $(x>1)$,求导数 y'.

解　先在等式两端取自然对数,得

$$\ln y = \ln(x+1) + \frac{1}{3}\ln(x-1) - 2\ln(x+4) - x,$$

两端分别对 x 求导,得

$$\frac{y'}{y} = \frac{1}{x+1} + \frac{1}{3(x-1)} - \frac{2}{x+4} - 1,$$

因此

$$y' = \frac{(x+1)\sqrt[3]{x-1}}{(x+4)^2 e^x}\left[\frac{1}{x+1} + \frac{1}{3(x-1)} - \frac{2}{x+4} - 1\right].$$

习题 2-3

1. 求由下列方程所确定的函数 $y = y(x)$ 的导数 $\dfrac{\mathrm{d}y}{\mathrm{d}x}$.

(1) $y^2 - 2xy + 9 = 0$；

(2) $x^3 + y^3 - 2xy = 0$；

(3) $xy = e^{x+y}$；

(4) $y\cos x + \sin(x-y) = 0$；

(5) $x^2 + y^2 = e^{xy}$；

(6) $\arctan \dfrac{y}{x} = \ln\sqrt{x^2+y^2}$.

2. 求曲线 $2xy + \ln y = 1$ 在点 $\left(\dfrac{1}{2}, 1\right)$ 处的切线方程和法线方程.

3. 求由下列方程所确定的函数 $y = y(x)$ 的二阶导数 $\dfrac{\mathrm{d}^2 y}{\mathrm{d}x^2}$.

(1) $y = 1 + x e^y$；

(2) $y = \tan(x+y)$.

4. 利用对数求导法求下列函数的导数.

(1) $y = x^x$；

(2) $y = (1+x^2)^{\sin x}$；

(3) $y = \left(\dfrac{x}{1-x}\right)^{3x}$；

(4) $y = \dfrac{\sqrt{x+2}(3-x)^4}{(x+1)^5}$；

(5) $y = \sqrt{\dfrac{3x-2}{(5-2x)(x-1)}}$.

→ 第四节　函数的微分

前面我们介绍函数的导数反映了函数的变化率,它描述了函数相对于自变量变化而变化的快慢程度.但在很多实际问题中,有时需要计算函数的增量,特别是讨论当函数在某一点自变量有一个微小的改变量时,函数取得相应的改变量.对于较为复杂的函数,其增量表达式更为复杂,计算函数改变量的精确值更加困难.为此,我们考虑能否找到函数改变量的近似值,并且要求该近似值计算方法简便,近似精度较高.这就是本节要讨论的微分,它与导数密切相关,但又有本质区别.

一、微分的概念

引例　一块正方形金属薄片受温度变化的影响,其边长由 x_0 变到 $x_0+\Delta x$(图 2-6),问此薄片的面积改变了多少?当 $|\Delta x|$ 很小时,正方形薄片的面积改变的近似值是多少?

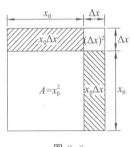

图 2-6

设正方形薄片的边长为 x,面积为 A,则 $A=x^2$.当边长由 x_0 变到 $x_0+\Delta x$,正方形金属薄片的面积改变量为

$$\Delta A=(x_0+\Delta x)^2-x_0^2=2x_0\Delta x+(\Delta x)^2.$$

从上式可以看出,ΔA 分为两部分,第一部分 $2x_0\Delta x$ 是图 2-6 中带有斜线的两个矩形面积之和,第二部分 $(\Delta x)^2$ 是图 2-6 中右上角小正方形的面积.当 $\Delta x\to 0$ 时,第二部分 $(\Delta x)^2$ 是比 Δx 高阶的无穷小.因此,当 $|\Delta x|$ 很小时,可以用 $2x_0\Delta x$ 近似地表示 ΔA,而将 $(\Delta x)^2$ 忽略,即 $2x_0\Delta x$ 是正方形的面积改变的近似值.

定义 1　设函数 $y=f(x)$ 在某区间 I 内有定义,x_0 及 $x_0+\Delta x$ 在此区间 I 内,如果函数的增量

$$\Delta y=f(x_0+\Delta x)-f(x_0)$$

可表示为

$$\Delta y=A\Delta x+o(\Delta x),$$

其中 A 是不依赖于 Δx 的常数,那么称函数 $y=f(x)$ 在点 x_0 处是**可微的**,而 $A\cdot\Delta x$ 称为函数 $y=f(x)$ 在点 x_0 处相应于自变量增量 Δx 的**微分**,记为

$$\mathrm{d}y\bigg|_{x=x_0}=A\Delta x.$$

二、微分与导数的关系

定理 1　函数 $y=f(x)$ 在点 x_0 处可微的充要条件是函数 $y=f(x)$ 在点 x_0 处可导,且当 $y=f(x)$ 在点 x_0 处可微时,其微分 $\mathrm{d}y\bigg|_{x=x_0}=f'(x_0)\mathrm{d}x.$

证明　(必要性)设函数 $y=f(x)$ 在点 x_0 处可微,即 $\Delta y=A\cdot\Delta x+o(\Delta x)$,其中 A 是不依赖于 Δx 的常数.上式两边同时除以 Δx,得

$$\frac{\Delta y}{\Delta x}=A+\frac{o(\Delta x)}{\Delta x},$$

对上式两边同时取极限得到

$$\lim_{\Delta x\to 0}\frac{\Delta y}{\Delta x}=A+\lim_{\Delta x\to 0}\frac{o(\Delta x)}{\Delta x}=A.$$

即 $f'(x_0)=A$. 因此,函数 $y=f(x)$ 在点 x_0 处可导,且 $\mathrm{d}y\Big|_{x=x_0}=f'(x_0)\Delta x$.

(充分性)函数 $y=f(x)$ 在点 x_0 处可导,即 $\lim\limits_{\Delta x\to 0}\frac{\Delta y}{\Delta x}=f'(x_0)$ 存在,根据函数极限与无穷小量的关系,有

$$\frac{\Delta y}{\Delta x}=f'(x_0)+\alpha,$$

其中 $\alpha\to 0$(当 $\Delta x\to 0$ 时),因此

$$\Delta y=f'(x_0)\Delta x+\alpha\Delta x,$$

其中 $f'(x_0)$ 是与 Δx 无关的常数,$\alpha\Delta x$ 是 Δx(当 $\Delta x\to 0$ 时)的高阶无穷小,所以函数 $y=f(x)$ 在点 x_0 处可微.

函数 $y=f(x)$ 在一点处的微分等于函数在该点的导数与自变量微分的乘积.

根据定义 1 和定理 1 得出以下结论:

(1) 函数 $y=f(x)$ 在点 x_0 处的微分就是当自变量 x 产生增量 Δx 时,函数 y 的增量 Δy 的主要部分.由于 $\mathrm{d}y=A\cdot\Delta x$ 是 Δx 的线性函数,故称微分 $\mathrm{d}y$ 是 Δy 的**线性主部**.当 $|\Delta x|$ 很小时,有近似等式 $\Delta y\approx\mathrm{d}y$,即 $\Delta y\approx f'(x_0)\Delta x$.

(2) 函数 $y=f(x)$ 的可导性与可微性是等价的,但导数与微分是两个不同的概念,导数 $f'(x_0)$ 是函数 $f(x)$ 在 x_0 处的变化率,其值只与 x_0 有关;而微分 $\mathrm{d}y\Big|_{x=x_0}$ 是函数 $f(x)$ 在 x_0 处增量 Δy 的线性主部,其值既与 x_0 有关,又与 Δx 有关.

以前将 $\frac{\mathrm{d}y}{\mathrm{d}x}$ 作为一个整体记号来表示导数,引进微分概念后,可知 $\frac{\mathrm{d}y}{\mathrm{d}x}$ 还可表示为函数微分 $\mathrm{d}y$ 与自变量微分 $\mathrm{d}x$ 的商,所以导数又称为微商.

例 1　已知函数 $y=\mathrm{e}^{\sin x}$,求 $\mathrm{d}y$ 及 $\mathrm{d}y\Big|_{x=0}$.

解　因为 $y'=\mathrm{e}^{\sin x}\cos x$,所以

$$\mathrm{d}y=\mathrm{e}^{\sin x}\cos x\,\mathrm{d}x,\qquad \mathrm{d}y\Big|_{x=0}=\mathrm{e}^{\sin 0}\cos 0\,\mathrm{d}x=\mathrm{d}x.$$

三、微分的几何意义

在平面直角坐标系中,对于曲线 $y=f(x)$ 上某一确定的点 $M(x_0,y_0)$,当自变量 x 有微小增量 Δx 时,就得到曲线上另一点 $N(x_0+\Delta x,y_0+\Delta y)$(图 2-7).过点 M 作曲线的切线 MT,它的倾斜角为 α,则有

$$\Delta y=f(x_0+\Delta x)-f(x_0)=NQ,$$

$$\mathrm{d}y = f'(x_0)\Delta x = \tan\alpha \cdot \Delta x = \frac{PQ}{\Delta x}\Delta x = PQ.$$

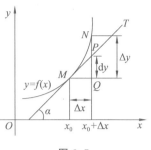

图 2-7

由此可见,对于可微函数 $y = f(x)$,当 Δy 是曲线 $y = f(x)$ 上点 $M(x_0,y_0)$ 处纵坐标的增量时,微分 $\mathrm{d}y$ 就是曲线 $y = f(x)$ 在点 $M(x_0,y_0)$ 处的切线 MT 的纵坐标的相应增量,这就是**微分的几何意义**.

在点 M 的邻近,可以用 $\mathrm{d}y$ 近似代替 Δy,进而可以用切线段来近似代替曲线段.在局部范围内用线性函数近似代替非线性函数,在几何上就是局部用切线段来近似代替曲线段,也称为非线性函数的局部线性化,这是微分学的基本思想之一,即"以直代曲"的微分思想.

四、微分的计算

根据函数的微分定义,函数微分就是函数导数与自变量微分之积.因此,由第二节中导数的基本公式和运算法则得到相应的微分基本公式和运算法则.

1. 基本初等函数的微分公式

(1) $\mathrm{d}C = 0$(C 为常数);

(2) $\mathrm{d}(x^\alpha) = \alpha x^{\alpha-1}\mathrm{d}x$;

(3) $\mathrm{d}(a^x) = a^x\ln a\,\mathrm{d}x$;

(4) $\mathrm{d}(e^x) = e^x\mathrm{d}x$;

(5) $\mathrm{d}(\log_a x) = \dfrac{1}{x\ln a}\mathrm{d}x$;

(6) $\mathrm{d}(\ln x) = \dfrac{1}{x}\mathrm{d}x$;

(7) $\mathrm{d}(\sin x) = \cos x\,\mathrm{d}x$;

(8) $\mathrm{d}(\cos x) = -\sin x\,\mathrm{d}x$;

(9) $\mathrm{d}(\tan x) = \sec^2 x\,\mathrm{d}x$;

(10) $\mathrm{d}(\cot x) = -\csc^2 x\,\mathrm{d}x$;

(11) $\mathrm{d}(\sec x) = \sec x\tan x\,\mathrm{d}x$;

(12) $\mathrm{d}(\csc x) = -\csc x\cot x\,\mathrm{d}x$;

(13) $\mathrm{d}(\arcsin x) = \dfrac{1}{\sqrt{1-x^2}}\mathrm{d}x$;

(14) $\mathrm{d}(\arccos x) = -\dfrac{1}{\sqrt{1-x^2}}\mathrm{d}x$;

(15) $\mathrm{d}(\arctan x) = \dfrac{1}{1+x^2}\mathrm{d}x$;

(16) $\mathrm{d}(\text{arccot}\,x) = -\dfrac{1}{1+x^2}\mathrm{d}x$.

2. 微分的四则运算法则

设函数 $u = u(x)$ 和 $v = v(x)$ 都可微,则

(1) $\mathrm{d}(u \pm v) = \mathrm{d}u \pm \mathrm{d}v$;

(2) $\mathrm{d}(uv) = v\mathrm{d}u + u\mathrm{d}v$;

(3) $\mathrm{d}\left(\dfrac{u}{v}\right) = \dfrac{v\mathrm{d}u - u\mathrm{d}v}{v^2}$($v \neq 0$).

3. 微分形式的不变性

设函数 $y = f(u)$ 可微,当 u 是自变量时,其微分为 $\mathrm{d}y = f'(u)\mathrm{d}u$;而当 u 是另一变量 x 的函数时,即 $u = g(x)$ 且可微,则复合函数 $y = f[g(x)]$ 的微分为

$$\mathrm{d}y = f'(u)g'(x)\mathrm{d}x = f'(u)\mathrm{d}u.$$

由此可见,无论 u 是自变量还是中间变量,微分形式保持 $\mathrm{d}y = f'(u)\mathrm{d}u$ 不变.这一性质称为微分形式不变性.

例 2　已知函数 $y = \ln\sqrt{1-x^2}$，求微分 dy.

解　$dy = d(\ln\sqrt{1-x^2}) = \dfrac{1}{\sqrt{1-x^2}}d\sqrt{1-x^2} = \dfrac{x}{x^2-1}dx$.

例 3　求由方程 $\sin y = x^3 + xy + y^2 + 5$ 所确定的隐函数 $y = f(x)$ 的微分.

解　方程两边求微分

$$\cos y\, dy = 3x^2 dx + x\, dy + y\, dx + 2y\, dy + 0,$$

$$(\cos y - x - 2y)dy = (3x^2 + y)dx,$$

因此，
$$dy = \frac{3x^2 + y}{\cos y - x - 2y}dx.$$

例 4　在下列等式左端的括号中填入适当的函数，使等式成立：

(1) $d(\quad) = \sin 2x\, dx$；　　　　　　　　　(2) $d(\quad) = \cos x \cdot e^{\sin x} dx$.

解　(1)因为　　　　　　　$d\cos 2x = -2\sin 2x\, dx$，

所以，
$$d\left(-\frac{1}{2}\cos 2x + C\right) = \sin 2x\, dx\,(C \text{ 为任意常数}).$$

(2)因为　　　　　　　　$de^{\sin x} = \cos x\, e^{\sin x} dx$，

所以，
$$d(e^{\sin x} + C) = \cos x\, e^{\sin x} dx\,(C \text{ 为任意常数}).$$

五、微分在近似计算中的应用

根据前面的讨论可知，如果函数 $y = f(x)$ 在点 x_0 处的导数 $f'(x_0) \neq 0$，且 $|\Delta x|$ 很小，那么有

$$\Delta y \approx dy = f'(x_0)\Delta x, \tag{2-1}$$

上式可以改写为

$$\Delta y = f(x_0 + \Delta x) - f(x_0) \approx f'(x_0)\Delta x, \tag{2-2}$$

或

$$f(x_0 + \Delta x) \approx f(x_0) + f'(x_0)\Delta x. \tag{2-3}$$

定义 2　如果函数 $y = f(x)$ 在点 x_0 处可微，则线性函数

$$L(x) = f(x_0) + f'(x_0)(x - x_0)$$

称为函数 $f(x)$ 在点 x_0 处的**线性化**.近似式 $f(x) \approx L(x)$ 称为函数 $f(x)$ 在点 x_0 处的**标准线性化**.

例 5　求函数 $f(x) = \sqrt{1+x}$ 在点 $x = 0$ 处的线性化.

解　函数的导数为

$$f'(x) = \frac{1}{2\sqrt{1+x}},$$

且 $f(0) = 1$，$f'(0) = \dfrac{1}{2}$.

于是,$f(x)$ 在点 $x=0$ 处的线性化为

$$L(x)=f(0)+f'(0)(x-0)=\frac{1}{2}x+1.$$

例 6　求 $\sqrt[3]{1.06}$ 的近似值.

解　设 $f(x)=\sqrt[3]{x}$,$x_0=1$,$\Delta x=0.06$,则

$$f(1)=1,\quad f'(x)=\frac{1}{3}x^{-\frac{2}{3}},\quad f'(1)=\frac{1}{3}.$$

由近似公式(2-3)得,

$$\sqrt[3]{1.06}\approx f(1)+f'(1)\Delta x=1+\frac{1}{3}\times0.06=1.02.$$

例 7　设某公司的广告支出 x(单位:万元)与总销售额 y(单位:万元)之间的函数关系为

$$y=-0.002x^3+0.6x^2+x+500\quad(0\leqslant x\leqslant200),$$

如果公司的广告支出从 100 万元增加到 105 万元,试估算该公司销售额的改变量.

解　令 $x_0=100$,$\Delta x=5$,$y'=-0.006x^2+1.2x+1$,有

$$f'(100)=-0.006\times100^2+1.2\times100+1=61.$$

因此,

$$f(105)-f(100)\approx f'(100)\times5=61\times5=305(万元)$$

故当广告支出从 100 万元增加到 105 万元,该公司销售额的改变量大约为 305 万元.

习题 2-4

1. 已知函数 $y=2x^2$,计算在 $x=2$ 处,当 $\Delta x=0.02$ 时的 Δy 和 $\mathrm{d}y$.

2. 求下列函数的微分.

(1) $y=\sin3x$;

(2) $y=x^2\mathrm{e}^{2x}$;

(3) $y=\ln\sqrt{1-x^2}$;

(4) $y=\arctan\dfrac{x+1}{x-1}$;

(5) $y=\dfrac{x}{\sqrt{x^2+1}}$;

(6) $y=\cos x-x\sin x$;

(7) $y=\mathrm{e}^{-x}\cos x$.

3. 求由方程 $\mathrm{e}^{x+y}+xy=0$ 所确定的函数 $y=y(x)$ 的微分 $\mathrm{d}y$.

4. 利用微分计算下列近似值.

(1) $\sqrt{1.002}$;

(2) $\cos29°$.

5. 设扇形的圆心角 $\alpha=60°$,半径 $R=100$ cm.如果 R 不变,α 减少 $30'$,问扇形面积大约改变了多少? 又如果 α 不变,R 增加 1 cm,问扇形面积大约改变了多少?

6. 有一批半径为 1 cm 的球,为了提高球面的光洁度,要镀上一层铜,铜的厚度定为 0.01 cm,估计一下每只球需用铜多少克? (铜的密度为 8.9 g/cm³)

第五节　导数在经济分析中的应用

众所周知,导数作为函数的变化率,不仅在几何、物理等学科中有广泛的应用,而且在经济中也有广泛的应用.随着我国市场经济的不断完善,尤其是大数据时代的到来和人工智能技术的不断发展,现代企业需要对市场情况进行定性分析和定量分析后,才能做出科学的经营决策.边际分析和弹性分析是微观经济学、管理经济学中常见的基本分析方法,也是现代企业经营决策的基本方法.本节将介绍这两个分析方法的基本概念和应用.

一、边际和边际分析

在经济学中,经常用平均和边际这两个概念来描述一个经济变量 y 相对于另一个经济变量 x 的变化率,即平均变化率和瞬时变化率.平均变化率是函数增量与自变量增量之比,例如,某经济函数 $y=f(x)$ 在以 x_0 和 $x_0+\Delta x$ 为端点的区间上的平均变化率为 $\dfrac{\Delta y}{\Delta x}=\dfrac{f(x_0+\Delta x)-f(x_0)}{\Delta x}$;而瞬时变化率就是函数对自变量的导数,即如果函数 $f(x)$ 在 x_0 处可导,则它在 x_0 处的瞬时变化率为

$$f'(x_0)=\lim_{\Delta x\to 0}\frac{\Delta y}{\Delta x}=\lim_{\Delta x\to 0}\frac{f(x_0+\Delta x)-f(x_0)}{\Delta x},$$

经济学中称它为 $f(x)$ 在 x_0 处的边际函数值.

"边际"在经济学中是对经济现象进行"增量"分析的一个专业术语,它用来表示"增加的"或"新增加的"意思.从数学角度来看,"边际"可看作当自变量 x 有一个单位的增量时,经济函数 $y=f(x)$ 相应的增量,往往新增加的数量相较于原来的总数量来说总是一个边缘上的增加量.因此,在经济学中通常把可导函数 $y=f(x)$ 的导数 $f'(x)$ 称为函数 $f(x)$ 的**边际函数**,或简称为 $f(x)$ 在 x 处的边际.因此,把 $f'(x_0)$ 称为函数 $f(x)$ 在 x_0 处的边际函数值,它表示在 $x=x_0$ 处,当 x 改变一个单位时,函数 $f(x)$ 近似改变 $f'(x_0)$ 个单位,一般在经济应用问题解释边际函数值的具体意义时常省略"近似"二字.

若将边际的概念应用到不同的经济函数中,如成本函数 $C(Q)$、收益函数 $R(Q)$ 和利润函数 $L(Q)$,则有相应的"边际"概念,即边际成本、边际收益和边际利润.

1. 边际成本

设某产品产量为 Q 单位时,其成本函数为 $C=C(Q)=C_0+C_1(Q)$[其中 C_0 表示固定成本,$C_1(Q)$ 表示可变成本].总成本函数的导数 $C'=C'(Q)$,称为当产品的产量为 Q 时的**边际成本**,记作 MC.边际成本(近似)表示产量为 Q 时再生产一个单位产品所需增加的成本.

生产 Q 件产品的边际成本近似等于多生产一件产品(第 $Q+1$ 件产品)的成本,因此若将边际成本 $C'(Q)$ 与平均成本 $\dfrac{C(Q)}{Q}$ 相比较,若边际成本小于平均成本,则应考虑

增加产量以降低单件产品的成本;反之,若边际成本大于平均成本,则应考虑减少产量以降低单件产品的成本.

例 1 设某企业生产某产品,产量为 Q(单位:件)时的总成本(单位:元)函数为

$$C(Q) = \frac{Q^2}{4} + 5Q + 3\,500.$$

(1) 求产量为 100 件时的总成本、平均成本与边际成本;

(2) 说明产量为 100 件时边际成本的经济意义.

解 (1) 当产量 $Q = 100$ 时,总成本为

$$C(100) = \frac{100^2}{4} + 5 \times 100 + 3\,500 = 6\,500(元),$$

平均成本为

$$\frac{C(Q)}{Q} = \frac{C(100)}{100} = \frac{6\,500}{100} = 65(元/件),$$

边际成本为

$$MC = C'(Q) = \left(\frac{Q^2}{4} + 5Q + 3\,500\right)' = \frac{Q}{2} + 5,$$

因此

$$C'(100) = \left(\frac{Q}{2} + 5\right)\Big|_{Q=100} = 55(元).$$

(2) 产量为 100 件时边际成本的经济意义为:当产量 $Q = 100$ 时,再多生产一件该产品所增加的成本为 55 元.

2. 边际收益

设某公司销售某种商品总收益函数为 $R = R(Q)$,Q 为销售量.总收益函数的导数 $R' = R'(Q)$ 称为当产品销售量为 Q 时的**边际收益**,记作 MR.边际收益近似表示当销售量为 Q 时,再增加一个单位的销售量时总收益的增量,或表示在已销售 Q 个单位商品时,销售第 $Q+1$ 个单位商品增加的收益.

设 P 为价格,且是销售量 Q 的函数,即 $P = P(Q)$,因此 $R(Q) = QP = Q \cdot P(Q)$,则边际收益为

$$R'(Q) = P(Q) + Q \cdot P'(Q).$$

例 2 设某产品的需求函数为 $Q = 120 - 3P$(Q 为需求量,P 为价格),求边际收益函数,以及分别计算 $Q = 6, 60, 120$ 时的边际收益,并说明经济意义.

解 由 $Q = 120 - 3P$,得 $P = \frac{1}{3}(120 - Q) = 40 - \frac{Q}{3}$,则收益函数为

$$R(Q) = QP = Q\left(40 - \frac{Q}{3}\right) = 40Q - \frac{1}{3}Q^2,$$

因此,边际收益函数为

$$R'(Q) = 40 - \frac{2}{3}Q.$$

当 $Q = 6, 60, 120$ 时,边际收益分别为

$$R'(6) = 36, \quad R'(60) = 0, \quad R'(120) = -40.$$

其经济意义为:当销售量即需求量为 6 个单位时,再多销售 1 个单位产品,总收益增加 36 个单位;当销售量为 60 个单位时,再多销售 1 个单位产品,总收益不变;当销售量为 120 个单位时,再多销售 1 个单位产品,反而使总收益减少 40 个单位.

3. 边际利润

设某公司某种商品的销售量为 Q,总收益函数为 $R(Q)$,总利润函数为 $C(Q)$(假定产销平衡),则总利润函数为 $L(Q)=R(Q)-C(Q)$.总利润函数 $L(Q)$ 的导数 $L'(Q)$ 称为当产品销售量为 Q 时的**边际利润**,记作 ML.边际利润(近似)表示当销售量为 Q 时,再增加一个单位的销售量所增加(或减少)的利润.由于 $L(Q)=R(Q)-C(Q)$,则边际利润为 $L'(Q)=R'(Q)-C'(Q)$,则边际利润是由边际收益与边际成本共同决定,即为二者之差.

当 $R'(Q)>C'(Q)$ 时,$L'(Q)>0$.它的经济意义是:当产量达到 Q 时,再多生产一个单位产品,所增加的收益将大于所增加的成本,即总利润将有所增加;而当 $R'(Q)<C'(Q)$ 时,$L'(Q)<0$.它的经济意义是:当产量达到 Q 时,再多生产一个单位产品,所增加的收益将小于所增加的成本,即总利润将有所减少.一般情况下,当 $R'(Q)=C'(Q)$ 即 $L'(Q)=0$ 时,再多生产一个单位产品,所增加的收益将等于所增加的成本,换言之,此时增加产量总利润并不增加.

例 3 已知某产品的成本函数为 $C(Q)=2Q+4\sqrt{Q}+150$,而需求函数为 $Q=100-2P$(其中 Q 为需求量,P 为单位产品价格),求边际利润函数,以及 $Q=16$ 和 100 时的边际利润,并说明经济意义.

解 收益函数为 $R(Q)=PQ$,由题设需求函数为 $P=\dfrac{1}{2}(100-Q)=50-\dfrac{1}{2}Q$.于是,收益函数为

$$R(Q)=PQ=\left(50-\frac{1}{2}Q\right)Q=50Q-\frac{1}{2}Q^2,$$

所以利润函数为

$$L(Q)=R(Q)-C(Q)=50Q-\frac{1}{2}Q^2-(2Q+4\sqrt{Q}+150)$$

$$=-\frac{1}{2}Q^2+48Q-4\sqrt{Q}-150,$$

从而,边际利润函数为

$$L'(Q)=-Q-\frac{2}{\sqrt{Q}}+48,$$

因此,当需求量 Q 分别为 16 和 100 时的边际利润分别为

$$L'(16)=-16-\frac{2}{\sqrt{16}}+48=31.5,$$

$$L'(100)=-100-\frac{2}{\sqrt{100}}+48=-52.2.$$

由所得结果可知,当销售量为 16 个单位时,再多销售一个单位产品,总利润约增加 31.5 个单位;当销售量为 100 个单位,再多销售一个单位产品,总利润将减少约 52.2 个单位.

二、弹性与弹性分析

在边际分析中,讨论函数变化率与函数改变量都属于绝对量范围的讨论.在经济问题中,仅用绝对量概念是不足以深入分析问题的.例如:甲商品原价格为每单位 10 元,涨价 1 元;乙商品原价格为每单位 200 元,也涨价 1 元.两种商品价格的绝对改变量都是 1 元,那么哪个商品的涨价幅度更大呢? 事实上,我们只需要用它们与其原价相比就能得出问题的答案.甲商品涨价 10%,乙商品涨价 0.5%,显然甲商品的涨价幅度比乙商品的涨价幅度更大.为此,我们更需要研究函数的相对改变量与相对变化率.

1. 弹性函数

对于函数 $y = f(x)$,称 $\dfrac{\Delta x}{x}$ 为自变量在点 x 处的相对改变量,称 $\dfrac{\Delta y}{y} = \dfrac{f(x + \Delta x) - f(x)}{y}$ 为函数 y 在点 x 处的相对改变量.

设函数 $y = f(x)$ 可导,当 $\Delta x \to 0$ 时,函数 $y = f(x)$ 在点 x 处的相对改变量 $\dfrac{\Delta y}{y}$ 与自变量的相对改变量 $\dfrac{\Delta x}{x}$ 比值的极限

$$\lim_{\Delta x \to 0} \frac{\dfrac{\Delta y}{y}}{\dfrac{\Delta x}{x}} = \lim_{\Delta x \to 0} \frac{\Delta y}{\Delta x} \cdot \frac{x}{y} = \frac{\mathrm{d}y}{\mathrm{d}x} \cdot \frac{x}{y}$$

称为函数 $y = f(x)$ 在点 x 处的**弹性**,或叫作**弹性系数**,记作 $\dfrac{Ey}{Ex}$ 或 E,即

$$\frac{Ey}{Ex} = \frac{\mathrm{d}y}{\mathrm{d}x} \cdot \frac{x}{y}.$$

当 x 为给定点时,$\dfrac{Ey}{Ex}$ 为常数.

当 x 为任意点时,$\dfrac{Ey}{Ex}$ 是关于 x 的函数,也称**弹性函数**.

由于弹性 $E = \lim\limits_{\Delta x \to 0} \dfrac{\dfrac{\Delta y}{y}}{\dfrac{\Delta x}{x}}$,当 $|\Delta x|$ 很小时,$\dfrac{\dfrac{\Delta y}{y}}{\dfrac{\Delta x}{x}} \approx E$,即 $\dfrac{\Delta y}{y} \approx E \cdot \dfrac{\Delta x}{x}$.

因此当 $\dfrac{\Delta x}{x} = 1\%$ 时,$\dfrac{\Delta y}{y} \approx E\%$.

所以函数 $y = f(x)$ 的弹性表示:当 x 的值变化 1% 时,函数 y 的值近似改变 $E\%$.

($E>0$ 时为增加;$E<0$ 时为减少)

E 反映了 y 对 x 的相对变化率,即 y 对 x 变化反映的灵敏度.

2. 需求弹性与收益、收益弹性的关系

设需求量 Q 与价格 P 的函数关系为 $Q=Q(P)$,需求价格弹性为

$$E=\lim_{\Delta P\to 0}\frac{\dfrac{\Delta Q}{Q}}{\dfrac{\Delta P}{P}}=\lim_{\Delta P\to 0}\frac{\Delta Q}{\Delta P}\cdot\frac{P}{Q}=\frac{\mathrm{d}Q}{\mathrm{d}P}\cdot\frac{P}{Q}.$$

一般地,由于 $P>0,Q=Q(P)>0,Q'(P)<0$,所以 $E<0$.

(1) 若 $-1<E<0$,即 $|E|<1$ 时,表明价格提高 1%,而减少的需求量低于 1%,这时称需求是缺乏弹性的,提高价格会使得总收益增加.生活必需品多属此类情况.

(2) 若 $E<-1$,即 $|E|>1$ 时,表明价格提高 1%,而减少的需求量大于 1%,这时,称需求是富有弹性的,提高价格会使得总收益减少.奢侈品多属此类情况.

(3) 若 $E=-1$,即 $|E|=1$ 时,表明价格提高 1%,而减少的需求量也是 1%,这时,称需求是单位弹性的,总收益不变.这种情况较少见.

例 4 设某商品市场需求函数为 $Q=\mathrm{e}^{-\frac{P}{5}}$.

(1) 求该商品的需求价格弹性函数;

(2) 求当价格 $P=4,5,6$ 时的需求价格弹性,并说明怎样调整价格才能使总收益增加.

解 (1) $\dfrac{\mathrm{d}Q}{\mathrm{d}P}=-\dfrac{1}{5}\mathrm{e}^{-\frac{P}{5}}$,弹性函数为

$$E=\frac{\mathrm{d}Q}{\mathrm{d}P}\cdot\frac{P}{Q}=-\frac{1}{5}\mathrm{e}^{-\frac{P}{5}}\cdot\frac{P}{\mathrm{e}^{-\frac{P}{5}}}=-\frac{P}{5}.$$

(2) 当 $P=4$ 时,$E=-\dfrac{4}{5}>-1$,即 $|E|=|-\dfrac{4}{5}|<1$,因而需求是缺乏弹性的.故提高价格会使得总收益增加.

当 $P=5$ 时,$E=-1$,即 $|E|=|-1|=1$,因而需求是单位弹性的,说明提高价格与降低价格对总收益无明显影响.

当 $P=6$ 时,$E=-\dfrac{6}{5}<-1$,即 $|E|=|-\dfrac{6}{5}|>1$,因而需求是富有弹性的.故降低价格会使得总收益增加.

习题 2-5

1. 已知某商品的成本函数为 $C(Q)=200+\dfrac{Q^2}{4}$,求当 $Q=10$ 时的成本及边际成本.

2. 设某产品的需求函数为 $Q=100-5P$,其中 P 为价格,Q 为销售量,求销售量为 15 个单位时的总收益和边际收益.

3. 已知某企业的总成本函数和总收益函数分别为

$$C(Q)=1\,000+5Q+\frac{Q^2}{10},\quad R(Q)=200Q+\frac{Q^2}{20}.$$

（1）求边际成本、边际收益和边际利润；

（2）求销售第120个单位商品增加的利润.

4. 设某商品的供给函数为 $Q=f(P)=-20+8P$，求：

（1）供给弹性函数 E；

（2）当 $P=6$ 时的供给弹性，并解释其经济意义.

5. 设某商品的需求函数为可导函数 $Q=f(P)$（P 表示商品价格，Q 表示需求量），收益函数为 $R=R(P)=P\cdot f(P)$.证明$\dfrac{ER}{EP}=\dfrac{EQ}{EP}+1$.

复习题二

1. 设函数 $f(x)=\sin\dfrac{x}{2}+\cos2x$，求 $f'(\pi)$.

2. 已知函数 $f(x)=\begin{cases}g(x)\sin\dfrac{1}{x}, & x\neq0,\\[2mm]0, & x=0,\end{cases}$ $g'(0)=g(0)=0$，求 $f'(0)$.

3. 讨论下列函数在 $x=0$ 点的连续性和可导性.

（1）$f(x)=\begin{cases}\dfrac{x^2}{1-e^x}, & x\neq0,\\[2mm]0, & x=0;\end{cases}$ 　　（2）$f(x)=|\sin x|$.

4. 设函数 $f(x)=\begin{cases}bx+2, & x\leqslant0,\\2a+\ln(x+1), & x>0\end{cases}$（$a$ 和 b 为常数）在点 $x=0$ 处可导，求常数 a,b 的值.

5. 求曲线 $y=x^3+1$ 在点 $(1,2)$ 处的切线方程和法线方程.

6. 求下列函数的导数.

（1）$y=(3x-1)^{10}$；　　　　　　　　　（2）$y=\ln(x^2+x+1)$；

（3）$y=e^{\sin^2 2x}$；　　　　　　　　　　（4）$y=\dfrac{x^3+2x}{e^x}$；

（5）$y=e^{2x}\ln(3-5x)$；　　　　　　　　（6）$y=\dfrac{1-5^x}{1+5^x}$；

（7）$y=\sqrt{\tan\dfrac{x}{2}}$；　　　　　　　　　（8）$y=x\tan^2 x$；

（9）$y=\ln(\ln3x)$；　　　　　　　　　　（10）$y=(\ln x)^x$；

（11）$y=(1+x)^{\sqrt{x}}$；　　　　　　　　　（12）$y=\dfrac{(x+2)^2(3-x)^5}{(x-1)^4}$；

(13) $y=\dfrac{\sqrt{x+1}\sin x}{(x^3+1)(x+2)}$; 　　　　(14) $y=\sqrt{x\cos x\ln(1+x^2)}$.

7. 求由下列方程所确定的函数 $y=y(x)$ 的导数.

(1) $\cos(xy)=x$; 　　　　(2) $y=1+x\mathrm{e}^y$;

(3) $3y-x+\arctan xy=0$; 　　　　(4) $xy^2+\mathrm{e}^y=\cos(x+y^2)$.

8. 求由下列方程所确定的函数 $y=y(x)$ 的二阶导数.

(1) $y^2+2\ln y=x^4$; 　　　　(2) $y=\sin(x+y)$.

9. 求由方程 $\sin(xy)+\ln(y-x)=x$ 所确定的隐函数 y 在 $x=0$ 处的导数 $\dfrac{\mathrm{d}y}{\mathrm{d}x}\Big|_{x=0}$.

10. 求下列函数的微分.

(1) $y=\cos x+\mathrm{e}^{3x}$; 　　　　(2) $y=\ln x^2+\ln\sqrt{x}$;

(3) $y=\mathrm{e}^x\sin 4x$; 　　　　(4) $y=x\mathrm{e}^{x^2}$;

(5) $y=\dfrac{\cos x}{1+\sin x}$; 　　　　(6) $y=\sqrt{\arctan x}+(\arcsin x)^2$.

11. 半径为 10 cm 的金属圆片加热后,其半径伸长了 0.05 cm,求其面积增大的精确值和近似值.

12. 证明:双曲线 $xy=a^2$ 上任一点处的切线与两坐标轴构成的三角形的面积都等于 $2a^2$.

13. 设某厂每月生产产品的固定成本为 1 000 元,生产 Q 单位产品的可变成本为 $0.01Q^2+10Q$ 元,如果每单位产品的售价为 30 元,求:

(1) 边际成本 $C'(Q)$;

(2) 总利润函数 $L(Q)$ 及边际利润 $L'(Q)$;

(3) 边际利润为零的产量.

14. 设某商品的需求函数为 $Q(P)=4\,000\mathrm{e}^{-0.003P}$(其中 P 为价格),求:

(1) 需求弹性函数 E;

(2) $P=20$ 时的需求弹性,并解释其经济意义.

⟶ 自测题二

一、填空题

1. $\lim\limits_{h\to 0}\dfrac{\sin(2+h)-\sin 2}{h}=$ _____.

2. 设函数 $y=2\tan x+\sin\dfrac{\pi}{3}$,则 $y'\left(\dfrac{\pi}{4}\right)=$ _____.

3. 设函数 $f(x^3+1)=\sin x$,则 $f'(2)=$ _____.

4. $\mathrm{d}(\mathrm{e}^{-2x})=$ _____.

5. d(＿＿＿＿＿＿＿＿＿)＝$\cos x \, \mathrm{d}x$.

6. 函数 $f(x)＝x^6＋5x^5＋6x^3＋7x＋1$ 的 6 阶导数为＿＿＿＿＿＿＿.

7. 函数 $y＝\ln(1－2x)$ 在 $x＝0$ 处的 n（正整数）阶导数 $y^{(n)}(0)＝$＿＿＿＿＿＿＿.

8. 函数 $f(x)＝\begin{cases} x^2\cos\dfrac{1}{x}, & x\neq0, \\ 0, & x＝0 \end{cases}$ 在 $x＝0$ 处＿＿＿＿＿＿（可导/不可导）.

9. 设 $f(x)$ 为连续函数且 $\lim\limits_{x\to2}\dfrac{f(x)}{x-2}＝3$，则 $f'(2)＝$＿＿＿＿＿＿＿.

10. 设函数 $f(x)＝x(x-1)(x-2)\cdots(x-2\,023)$，则 $f'(1)＝$＿＿＿＿＿＿＿.

二、计算题

1. 求函数 $y＝\ln(x＋\sqrt{x^2＋1})$ 的导数.

2. 求函数 $y＝x^3\mathrm{e}^{-x}$ 的二阶导数 $\dfrac{\mathrm{d}^2y}{\mathrm{d}x^2}$.

3. 求曲线 $y＝\mathrm{e}^{2x}＋x^2$ 在 $(0,1)$ 处的切线方程.

4. 求函数 $y＝\dfrac{\sqrt{x-1}\,(x-2)^3}{(2x＋1)^4}$ 的导数.

5. 求由方程 $\ln\sqrt{x^2＋y^2}＝\arctan\dfrac{y}{x}$ 确定函数 $y＝y(x)$ 的微分 $\mathrm{d}y$.

6. 设函数 $f(x)＝\varphi(a)＋(x-a)\varphi(x)$，其中函数 $\varphi(x)$ 在 a 点连续，求 $f'(a)$.

7. 设函数 $f(t)＝t\lim\limits_{x\to\infty}\left(\dfrac{x＋t}{x-t}\right)^x$，求 $f'(t)$.

8. 设函数 $f(x)＝\sin2x＋\cos\dfrac{x}{2}$，求 $f^{(7)}\left(\dfrac{\pi}{2}\right)$.

9. 已知函数 $f(x)＝\begin{cases} x^3, & x<1 \\ ax＋b, & x\geqslant1 \end{cases}$（$a$ 和 b 为常数）在点 $x＝1$ 处可导，求常数 a，b，并求导数 $f'(x)$.

10. 设函数 $f(x)$ 在 $(-\infty,＋\infty)$ 上均有定义，且对任意实数 x 成立
$$f(x＋y)＝f(x)\cos y＋f(y)\cos x,$$
又 $f(0)＝0,f'(0)＝1$. 证明：函数 $f(x)$ 在 $(-\infty,＋\infty)$ 上可导.

第三章

一元函数微分的应用

第二章从分析实际问题中因变量相对于自变量的变化快慢出发,介绍了导数的概念及其计算方法.本章以微分中值定理为基础,将导数与函数在区间上的变化联系起来,进一步介绍如何应用导数和微分来研究函数在区间上的整体性态,例如,判别函数的单调性和曲线的凹凸性、求函数的未定式极限、函数的极值及最值.另外,本章还给出了函数最值在经济分析中的应用举例.

→ 第一节　微分中值定理

微分中值定理是微分学中的重要定理,它既为利用微分学解决实际应用问题提供了理论基础,又是解决微分学自身发展的一种理论模型.微分中值定理揭示了函数在区间上的整体性态与函数在该区间内某一点的导数之间的关系.

我们首先介绍罗尔(Rolle)定理,然后以它为基础推出拉格朗日(Lagrange)中值定理和柯西(Cauchy)中值定理.

一、罗尔定理

考虑一个几何问题.如图 3-1 所示,闭区间 $[a,b]$ 上的光滑曲线弧,除端点 A 和 B 外,这条曲线弧每一点都存在不垂直于 x 轴的切线,且两端点处的函数值相等,则可以发现在曲线弧上的最高点或最低点处,曲线有水平切线,即该点处的导数为零.图 3-1 中的点 P_2 和 P_5 处的切线都是水平的,其实图 3-1 中的点 P_1,P_3,P_4 处的切线也是水平的.如果用微积分的语言把这个简单的几何事实描述出来,就可以得到罗尔定理.

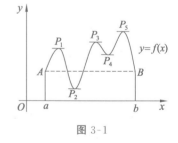

图 3-1

定理 1(罗尔定理)　如果函数 $y=f(x)$ 满足下列条件:

(1) 在闭区间 $[a,b]$ 上连续;

(2) 在开区间 (a,b) 内可导;

(3) 在两端点 a,b 处函数值相等,即 $f(a)=f(b)$,

则在开区间 (a,b) 内至少存在一点 ξ,使得 $f'(\xi)=0$.

罗尔小传

证　由于函数 $f(x)$ 在闭区间 $[a,b]$ 上连续,根据闭区间上连续函数的最大值和最小值定理,函数 $f(x)$ 在 $[a,b]$ 必有最大值 M 和最小值 m.

（1）若 $M=m$，则函数 $f(x)$ 在闭区间 $[a,b]$ 上恒为一个常数，于是对开区间 (a,b) 内任意一点 ξ，恒有 $f'(\xi)=0$．

（2）若 $M>m$，由条件（3）知，M 和 m 中至少有一个不等于端点的函数值．不妨设 $M\ne f(a)$，则最大值 M 只能在 (a,b) 内某一点处取得，即在开区间 (a,b) 内至少有一点 ξ，使得 $f(\xi)=M$．于是对于 (a,b) 内的任意 x，都有 $f(x)\leqslant f(\xi)$．因此，当 $x>\xi$ 时，$\dfrac{f(x)-f(\xi)}{x-\xi}\leqslant 0$；当 $x<\xi$ 时，$\dfrac{f(x)-f(\xi)}{x-\xi}\geqslant 0$．根据函数极限的局部保号性定理，有

$$f'_+(\xi)=\lim_{x\to\xi^+}\frac{f(x)-f(\xi)}{x-\xi}\leqslant 0,$$

$$f'_-(\xi)=\lim_{x\to\xi^-}\frac{f(x)-f(\xi)}{x-\xi}\geqslant 0,$$

由条件（2）知，$f'(\xi)$ 存在，因此 $f'(\xi)=f'_+(\xi)=f'_-(\xi)$．故 $f'(\xi)=0$．

因此，在开区间 (a,b) 内至少存在一点 ξ，使得 $f'(\xi)=0$．

注　（1）罗尔定理并没有指明点 ξ 的具体值，只说明了 ξ 的存在性，且位于开区间 (a,b) 内，ξ 可以不唯一；

（2）若定理中的三个条件至少有一个不满足，则结论可能成立也可能不成立．

例 1　不用求出函数 $f(x)=(x-2)(x-3)(x-4)$ 的导数，判断方程 $f'(x)=0$ 有几个实根，并指出各个根所在的范围．

解　由于 $f(x)$ 是一个多项式函数，显然 $f(x)$ 在 $(-\infty,+\infty)$ 内连续且可导，于是 $f(x)$ 在区间 $[2,3]$，$[3,4]$ 上连续，在区间 $(2,3)$，$(3,4)$ 内可导，而 $f(2)=f(3)=0$，$f(3)=f(4)=0$，所以 $f(x)$ 在区间 $[2,3]$ 和 $[3,4]$ 上均满足罗尔定理的全部条件，因此至少存在两点 $\xi_1\in(2,3)$，$\xi_2\in(3,4)$，使得 $f'(\xi_1)=0$，$f'(\xi_2)=0$．

又因为 $f(x)$ 为三次多项式，所以 $f'(x)=0$ 为一元二次方程，因此 $f'(x)=0$ 至多有两个实根．故方程 $f'(x)=0$ 恰有两个实根，分别位于区间 $(2,3)$ 和 $(3,4)$ 内．

例 2　证明方程 $x^4-4x+1=0$ 有且仅有一个小于 1 的正实根．

解　设 $f(x)=x^4-4x+1$，则函数 $f(x)$ 在 $[0,1]$ 上连续，且 $f(0)=1>0$，$f(1)=-2<0$．由零点定理知，存在点 $x_0\in(0,1)$，使得 $f(x_0)=0$，即 x_0 是方程 $x^4-4x+1=0$ 的小于 1 的正实根．

再来证明 x_0 是方程 $x^4-4x+1=0$ 的小于 1 的唯一正实根．

采用反证法．设另有 $x_1\in(0,1)$，且 $x_1\ne x_0$，使得 $f(x_1)=0$．显然函数 $f(x)$ 在以 x_0，x_1 为端点的区间上满足罗尔定理的条件，故至少存在介于 x_0 和 x_1 之间的点 ξ，使得 $f'(\xi)=0$．但

$$f'(x)=4(x^3-1)<0,\quad x\in(0,1),$$

与 $f'(\xi)=0$ 矛盾，所以假设不成立，即 x_0 是方程 $x^4-4x+1=0$ 的小于 1 的唯一正实根．

二、拉格朗日中值定理

在罗尔定理中，函数 $y=f(x)$ 在闭区间 $[a,b]$ 上满足定理的三个条件，则曲线 $y=$

$f(x)$必存在平行于弦$\overline{AB}$(曲线弧两端点的连线)的切线,但罗尔定理的第三个条件$f(a)=f(b)$不容易被满足,如果去掉这个条件,能否在曲线$y=f(x)$上找到一点,使得曲线在该点的切线平行于曲线弧的两端点的连线呢?拉格朗日在罗尔定理的基础上作了进一步研究,取消了罗尔定理中第三个条件的限制,得到了罗尔定理的一个推广——拉格朗日中值定理.

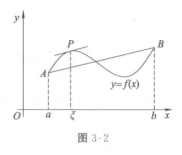

图 3-2

定理 2(拉格朗日中值定理) 如果函数$y=f(x)$满足下列条件:

(1) 在闭区间$[a,b]$上连续;

(2) 在开区间(a,b)内可导,

则在(a,b)内至少存在一点ξ,使得

$$f(b)-f(a)=f'(\xi)(b-a),\qquad(3\text{-}1)$$

或

$$\frac{f(b)-f(a)}{b-a}=f'(\xi).\qquad(3\text{-}2)$$

证 设$F(x)=f(x)-\left[f(a)+\dfrac{f(b)-f(a)}{b-a}(x-a)\right]$,由函数$f(x)$的连续性和可导性知,函数$F(x)$在$[a,b]$上连续,在$(a,b)$内可导,且

$$F(a)=F(b)=0,$$

则由罗尔定理知,在(a,b)内至少存在一点ξ,使得$F'(\xi)=0$.即

$$f'(\xi)-\frac{f(b)-f(a)}{b-a}=0,$$

也即

$$f(b)-f(a)=f'(\xi)(b-a).$$

因此,在(a,b)内至少存在一点ξ,使得

$$f(b)-f(a)=f'(\xi)(b-a).$$

拉格朗日小传

注 (1) 若定理中的两个条件有一个不满足,则结论可能成立也可能不成立;

(2) 若$f(a)=f(b)$,则拉格朗日中值定理即为罗尔定理,因此拉格朗日中值定理是罗尔定理的推广.

(3) 公式(3-1)和(3-2)均称为拉格朗日中值公式;公式(3-2)的左端$\dfrac{f(b)-f(a)}{b-a}$表示函数$f(x)$在闭区间$[a,b]$上整体变化的平均变化率,右端$f'(\xi)$表示函数$f(x)$在开区间(a,b)上某点ξ处的局部变化率.于是,拉格朗日中值公式反映了可导函数在闭区间$[a,b]$上的整体平均变化率与在开区间(a,b)上某点ξ处的局部变化率的关系.因此,**拉格朗日中值定理是联结整体与局部的纽带**.

如果函数$y=f(x)$在由$x,x+\Delta x$所构成的区间上满足拉格朗日定理的条件,则有

$$\Delta y=f(x+\Delta x)-f(x)=f'(x+\theta\Delta x)\cdot\Delta x\quad(0<\theta<1).$$

这个公式称为**有限增量公式**,它精确地表达了函数在一个区间上的增量与函数在区间

内某点处的导数之间的关系,从而为我们用导数这个工具来研究函数的性态提供了极大的方便.

由导数知识知道,常数的导数恒等于零;但反过来,导数恒为零的函数是否为常数呢?答案是肯定的,这就是下面所述的推论1.

推论1 如果函数 $f(x)$ 在区间 (a,b) 内每一点 x 处都有 $f'(x)=0$,则函数 $f(x)$ 在 (a,b) 内为一个常数.

证 在区间 (a,b) 上任取两点 x_1,x_2(不妨设 $x_1 < x_2$),在区间 $[x_1,x_2]$ 上应用拉格朗日中值定理,存在一点 $\xi \in (x_1,x_2)$ 使得

$$f(x_2)-f(x_1)=f'(\xi)(x_2-x_1).$$

由函数 $f(x)$ 在区间 (a,b) 内每一点 x 处都有 $f'(x)=0$ 知 $f'(\xi)=0$,因此 $f(x_1)=f(x_2)$.

由 x_1,x_2 的任意性知,函数 $f(x)$ 在区间 (a,b) 内任意两点处的函数值均相等,即函数 $f(x)$ 在 (a,b) 内为一个常数.

注 推论1表明:导数恒为零的函数就是常数函数.这一结论在后面的积分学中将会用到.

由推论1可得下面的推论2.

推论2 设 $f(x)$ 和 $g(x)$ 为 (a,b) 上的可导函数,如果在 (a,b) 内每一点 x 处都有 $f'(x)=g'(x)$,则在 (a,b) 内 $f(x)$ 与 $g(x)$ 仅相差一个常数,即

$$f(x)=g(x)+C, \quad x \in (a,b),$$

其中 C 是某个常数.

证 设 $F(x)=f(x)-g(x)$,因为在 (a,b) 内每一点 x 处都有 $f'(x)=g'(x)$,所以

$$F'(x)=[f(x)-g(x)]'=f'(x)-g'(x)\equiv 0.$$

由推论1知,$F(x)$ 在 (a,b) 内是一个常数,记作 C,即

$$f(x)-g(x)=C, \quad x \in (a,b).$$

于是在 (a,b) 内

$$f(x)=g(x)+C.$$

推论2表明:如果两个函数的导数恒等,则它们至多相差一个常数.这个结论在积分学中经常用到.

例3 证明恒等式:

$$\arcsin x + \arccos x = \frac{\pi}{2} \quad (-1 \leqslant x \leqslant 1).$$

证 当 $x=\pm 1$ 时,等式显然成立.

设 $f(x)=\arcsin x + \arccos x \, (-1 < x < 1)$,则 $f'(x)=\dfrac{1}{\sqrt{1-x^2}}-\dfrac{1}{\sqrt{1-x^2}}\equiv 0$,由推论1得在 $(-1,1)$ 内,$f(x)\equiv C$(常数).

又因为 $f(0)=\dfrac{\pi}{2}$,所以 $f(x)\equiv \dfrac{\pi}{2}$,即

$$\arcsin x + \arccos x = \frac{\pi}{2} \quad (-1 < x < 1).$$

因此,当$-1 \leqslant x \leqslant 1$时,$\arcsin x + \arccos x = \frac{\pi}{2}$.

例 4 证明:当$x > 0$时,$\frac{x}{1+x} < \ln(1+x) < x$.

证 令$f(t) = \ln(1+t)$,显然,当$x > 0$时,函数$f(t)$在$[0, x]$上满足拉格朗日中值定理的条件,则至少存在一点$\xi \in (0, x)$,使得

$$f(x) - f(0) = f'(\xi)(x - 0) \quad (0 < \xi < x).$$

又因为$f(0) = 0$,$f'(t) = \frac{1}{1+t}$,故上式转化为

$$\ln(1+x) = \frac{x}{1+\xi} \quad (0 < \xi < x).$$

由于$0 < \xi < x$,因此$\frac{x}{1+x} < \frac{x}{1+\xi} < x$,即

$$\frac{x}{1+x} < \ln(1+x) < x.$$

三*、柯西中值定理

在拉格朗日中值定理中,如果$f(a) = f(b)$,则其结论变成$f'(\xi) = 0$,这正是罗尔定理的结论,因此罗尔定理是拉格朗日中值定理的特殊情况,或者可以说拉格朗日中值定理是罗尔定理的推广,那么能否将拉格朗日中值定理推广到两个函数的情形呢? 下面的定理回答了这个问题.

定理 3(柯西中值定理) 如果函数$f(x)$和$g(x)$满足下列条件:

(1) 在闭区间$[a, b]$上连续;

(2) 在开区间(a, b)内可导;

(3) 在(a, b)内每一点处$g'(x) \neq 0$,

柯西小传

则在(a, b)内至少存在一点ξ,使得

$$\frac{f(b) - f(a)}{g(b) - g(a)} = \frac{f'(\xi)}{g'(\xi)}. \tag{3-3}$$

注 如果$g(x) = x$,则柯西中值定理即为拉格朗日中值定理,因此柯西中值定理是拉格朗日中值定理的推广.

本节中的三个定理统称为**微分中值定理**.

例 5* 设$0 < a < b$,函数$f(x)$在$[a, b]$上连续,在(a, b)内可导.证明至少存在一点$\xi \in (a, b)$,使得

$$f(\xi) - \xi f'(\xi) = \frac{bf(a) - af(b)}{b - a}.$$

证　设 $F(x)=\dfrac{f(x)}{x}$，$G(x)=\dfrac{1}{x}$，$F(x)$ 和 $G(x)$ 在 $[a,b]$ 上满足柯西中值定理的条件.

因此，至少存在一点 $\xi\in(a,b)$，使得

$$\frac{F'(\xi)}{G'(\xi)}=\frac{F(b)-F(a)}{G(b)-G(a)}=\frac{bf(a)-af(b)}{b-a}. \tag{3-4}$$

又

$$F'(x)=\frac{xf'(x)-f(x)}{x^2},\quad G'(x)=-\frac{1}{x^2},$$

代入(3-4)并化简得

$$f(\xi)-\xi f'(\xi)=\frac{bf(a)-af(b)}{b-a},$$

即至少存在一点 $\xi\in(a,b)$，使得

$$f(\xi)-\xi f'(\xi)=\frac{bf(a)-af(b)}{b-a}.$$

习题 3-1

1. 验证函数 $f(x)=\sin x$ 在区间 $\left[\dfrac{\pi}{4},\dfrac{3\pi}{4}\right]$ 上是否满足罗尔定理的条件，若满足，求出结论中的 ξ.

2. 验证函数 $f(x)=4x^3-6x^2-2$ 在区间 $[0,1]$ 上是否满足拉格朗日中值定理的条件，若满足，求出结论中的 ξ.

3*. 验证函数 $f(x)=x^3$ 与 $g(x)=x^2+1$ 在区间 $[1,2]$ 上是否满足柯西中值定理的条件，若满足，求出结论中的 ξ.

4. 设函数 $f(x)$ 在闭区间 $[a,b]$ 上连续，开区间 (a,b) 内可导，且 $f(a)=f(b)=0$.
证明：在 (a,b) 内至少存在一点 ξ，使得 $2f(\xi)-f'(\xi)=0$.

5. 如果函数 $f(x)$ 在闭区间 $[a,b]$ 上连续，开区间 (a,b) 内二阶可导，且

$$f(x_1)=f(x_2)=f(x_3)\quad(a<x_1<x_2<x_3<b),$$

证明：存在一点 $\xi\in(a,b)$，使得 $f''(\xi)=0$.

6. 如果函数 $f(x)$ 在 $(-\infty,+\infty)$ 内满足关系式 $f(x)=-f'(x)$，且 $f(0)=1$，证明：$f(x)=\mathrm{e}^{-x}$.

7. 证明：方程 $x^5+x-1=0$ 有且仅有一个正根.

8. 证明下列恒等式：

（1）$\arctan x+\arctan\dfrac{1}{x}=\dfrac{\pi}{2}$ $(x>0)$；

（2）$\arctan x=\arcsin\dfrac{x}{\sqrt{1+x^2}}$.

9. 证明下列不等式：

(1) 当 $0<a<b,n>1$ 时,$nb^{n-1}(a-b)<a^n-b^n<na^{n-1}(a-b)$;

(2) 当 $0<a<b$ 时,$\dfrac{b-a}{b}<\ln\dfrac{b}{a}<\dfrac{b-a}{a}$.

第二节　洛必达法则

第一章讨论极限时发现,在自变量 x 的同一变化过程中,如果函数 $f(x)$ 与 $g(x)$ 都趋近于 0 或 ∞,则极限 $\lim\dfrac{f(x)}{g(x)}$ 可能存在也可能不存在,通常称这种类型的极限为未定式,并且记为"$\dfrac{0}{0}$"型或"$\dfrac{\infty}{\infty}$"型.例如,第一章中讨论过的极限 $\lim\limits_{x\to 0}\dfrac{\sin x}{x}$ 就是一个"$\dfrac{0}{0}$"型的未定式,以及极限 $\lim\limits_{x\to+\infty}\dfrac{\ln x}{x}$ 是一个"$\dfrac{\infty}{\infty}$"型的未定式.对于这种未定式极限的计算,不能利用函数商的求导法则进行计算,因此在本节中我们将给出一个求这类极限的简便而重要的方法——**洛必达**(L'Hospital)**法则**.1696 年,洛必达在《用于了解曲线的无穷小分析》中首次介绍了洛必达法则.洛必达法则能帮助我们解决许多迄今为止无法计算的"$\dfrac{0}{0}$"型和"$\dfrac{\infty}{\infty}$"型未定式的极限.另外,洛必达法则对于如 $x\to x_0,x\to x_0^+,x\to x_0^-$ 及 $x\to\infty,x\to+\infty,x\to-\infty$ 等的未定式极限也适用.下面以 $x\to x_0$ 为例给出结论.

一、"$\dfrac{0}{0}$"型未定式的极限

定理 1(洛必达法则) 　设函数 $f(x)$ 和 $g(x)$ 在点 x_0 的某去心邻域内可导,$g'(x)\neq 0$,并且满足下列条件:

(1) $\lim\limits_{x\to x_0}f(x)=\lim\limits_{x\to x_0}g(x)=0$;

(2) 极限 $\lim\limits_{x\to x_0}\dfrac{f'(x)}{g'(x)}$ 存在(或为无穷大),

洛必达小传

则
$$\lim_{x\to x_0}\frac{f(x)}{g(x)}=\lim_{x\to x_0}\frac{f'(x)}{g'(x)}.$$

证 　由于极限 $\lim\limits_{x\to x_0}\dfrac{f(x)}{g(x)}$ 与 $f(x)$ 和 $g(x)$ 在 $x=x_0$ 处是否有定义无关,又因为 $\lim\limits_{x\to x_0}f(x)=\lim\limits_{x\to x_0}g(x)=0$,不妨补充定义 $f(x_0)=g(x_0)=0$,则函数 $f(x)$ 和 $g(x)$ 在点 x_0 的某个邻域内连续.设 x 是该邻域内任意一点且 $x\neq x_0$,则函数 $f(x)$ 和 $g(x)$ 在以 x_0 和 x 为端点的区间上,满足柯西中值定理的条件,因此在 x 与 x_0 之间存在一点 ξ,使得

$$\frac{f(x)}{g(x)}=\frac{f(x)-f(x_0)}{g(x)-g(x_0)}=\frac{f'(\xi)}{g'(\xi)}.$$

注意到当 $x\to x_0$ 时,有 $\xi\to x_0$,所以

$$\lim_{x \to x_0} \frac{f(x)}{g(x)} = \lim_{\xi \to x_0} \frac{f'(\xi)}{g'(\xi)} = \lim_{x \to x_0} \frac{f'(x)}{g'(x)}.$$

例 1　求极限 $\lim\limits_{x \to 0} \dfrac{\ln(1+x)}{x}$.

解　这是"$\dfrac{0}{0}$"型未定式,应用洛必达法则,得

$$\lim_{x \to 0} \frac{\ln(1+x)}{x} = \lim_{x \to 0} \frac{[\ln(1+x)]'}{x'} = \lim_{x \to 0} \frac{\frac{1}{1+x}}{1} = 1.$$

例 2　求极限 $\lim\limits_{x \to 0} \dfrac{\sin x - x}{2x + e^{-x} - e^x}$.

解　这是"$\dfrac{0}{0}$"型未定式,应用洛必达法则,得

$$\lim_{x \to 0} \frac{\sin x - x}{2x + e^{-x} - e^x} = \lim_{x \to 0} \frac{(\sin x - x)'}{(2x + e^{-x} - e^x)'} = \lim_{x \to 0} \frac{\cos x - 1}{2 - e^{-x} - e^x}$$

$$= \lim_{x \to 0} \frac{-\sin x}{e^{-x} - e^x} = \lim_{x \to 0} \frac{-\cos x}{-e^{-x} - e^x} = \frac{1}{2}.$$

如果极限 $\lim\limits_{x \to x_0} \dfrac{f'(x)}{g'(x)}$ 仍为"$\dfrac{0}{0}$"型未定式,可再次应用洛必达法则,直至求出极限值为止,如上例所示.

例 3　求极限 $\lim\limits_{x \to 0} \dfrac{x \tan^2 x}{x - \sin x}$.

解　这是"$\dfrac{0}{0}$"型未定式,但直接利用洛必达法则运算量较大,因此可以先利用等价无穷小替换,将分子中的 $\tan^2 x$ 替换成 x^2,但要注意的是分母中的 $\sin x$ 不能替换成 x.因此

$$\lim_{x \to 0} \frac{x \tan^2 x}{x - \sin x} = \lim_{x \to 0} \frac{x \cdot x^2}{x - \sin x} = \lim_{x \to 0} \frac{(x^3)'}{(x - \sin x)'}$$

$$= \lim_{x \to 0} \frac{3x^2}{1 - \cos x} = \lim_{x \to 0} \frac{6x}{\sin x} = 6.$$

例 4　求极限 $\lim\limits_{x \to 0} \dfrac{e^x - e^{-x}}{\sin x}$.

解　这是"$\dfrac{0}{0}$"型未定式,应用洛必达法则,得

$$\lim_{x \to 0} \frac{e^x - e^{-x}}{\sin x} = \lim_{x \to 0} \frac{e^x - e^{-x}}{x} = \lim_{x \to 0} \frac{(e^x - e^{-x})'}{x'} = \lim_{x \to 0} \frac{e^x + e^{-x}}{1} = 2.$$

在应用洛必达法则之前或求极限过程中,应尽可能用其他方法简化所求极限.例如,可以先求出极限为非零常数的因子的极限再利用洛必达法则,或运用等价无穷小替换与洛必达的结合以简化计算过程.

二、"$\dfrac{\infty}{\infty}$"型未定式的极限

对于"$\dfrac{\infty}{\infty}$"型未定式,前述洛必达法则依然成立.这里仅对 x 趋于 x_0 的情形进行叙述.

定理 2 设函数 $f(x)$ 和 $g(x)$ 在点 x_0 的某去心邻域内可导,$g'(x) \neq 0$,并且满足下列条件:

(1) $\lim\limits_{x \to x_0} f(x) = \lim\limits_{x \to x_0} g(x) = \infty$;

(2) 极限 $\lim\limits_{x \to x_0} \dfrac{f'(x)}{g'(x)}$ 存在(或为无穷大),

则
$$\lim\limits_{x \to x_0} \dfrac{f(x)}{g(x)} = \lim\limits_{x \to x_0} \dfrac{f'(x)}{g'(x)}.$$

使用洛必达法则前必须检验极限的类型,只有"$\dfrac{0}{0}$"型或"$\dfrac{\infty}{\infty}$"型未定式的极限才可以使用洛必达法则,否则就会得到错误的结果.

例 5 求极限 $\lim\limits_{x \to +\infty} \dfrac{x}{\ln x}$.

解 这是"$\dfrac{\infty}{\infty}$"型未定式,应用洛必达法则,得

$$\lim\limits_{x \to +\infty} \dfrac{x}{\ln x} = \lim\limits_{x \to +\infty} \dfrac{x'}{(\ln x)'} = \lim\limits_{x \to +\infty} \dfrac{1}{\dfrac{1}{x}} = \lim\limits_{x \to +\infty} x = +\infty.$$

例 6 求极限 $\lim\limits_{x \to +\infty} \dfrac{x^n}{e^{\lambda x}}$,其中 $\lambda > 0$,n 为正整数.

解 这是"$\dfrac{\infty}{\infty}$"型未定式,连续应用洛必达法则 n 次,得

$$\lim\limits_{x \to +\infty} \dfrac{x^n}{e^{\lambda x}} = \lim\limits_{x \to +\infty} \dfrac{(x^n)'}{(e^{\lambda x})'} = \lim\limits_{x \to +\infty} \dfrac{nx^{n-1}}{\lambda e^{\lambda x}}$$

$$= \cdots = \lim\limits_{x \to +\infty} \dfrac{n!}{\lambda^n e^{\lambda x}} = 0.$$

注 通过例 5 与例 6 我们发现,当 x 趋向于正无穷大时,对数函数 $\ln x$、幂函数 x^n 和指数函数 $e^{\lambda x} (\lambda > 0)$ 都趋向于正无穷大,但它们增长的速度不一样,指数函数 $e^{\lambda x}$ 趋向无穷大的速度最快,对数函数 $\ln x$ 趋向无穷大的速度最慢,幂函数介于两者之间.

例 7 求极限 $\lim\limits_{x \to \pi^-} \dfrac{\ln(\pi - x)}{\cot x}$.

解 这是"$\dfrac{\infty}{\infty}$"型未定式,应用洛必达法则,得

$$\lim\limits_{x \to \pi^-} \dfrac{\ln(\pi - x)}{\cot x} = \lim\limits_{x \to \pi^-} \dfrac{[\ln(\pi - x)]'}{(\cot x)'} = \lim\limits_{x \to \pi^-} \dfrac{-\dfrac{1}{\pi - x}}{-\csc^2 x} = \lim\limits_{x \to \pi^-} \dfrac{\sin^2 x}{\pi - x},$$

由于等式右端是"$\dfrac{0}{0}$"型未定式,再次应用洛必达法则,得

$$\lim_{x \to \pi^-} \frac{\ln(\pi - x)}{\cot x} = \lim_{x \to \pi^-} \frac{2\sin x \cos x}{-1} = 0.$$

三、其他类型未定式的极限

前面所述的"$\dfrac{0}{0}$"型与"$\dfrac{\infty}{\infty}$"型未定式,称为**第一类未定式**.除了这两种类型外,还有其他类型的未定式,如"$0 \cdot \infty$""$\infty - \infty$"类型的未定式,这类未定式称为**第二类未定式**,或"0^0""1^∞""∞^0"类型的未定式,称为**第三类未定式**.这两类未定式常常可以通过恒等变形,转化成第一类未定式"$\dfrac{0}{0}$"型或"$\dfrac{\infty}{\infty}$"型未定式,从而利用洛必达法则计算其极限.下面通过例题说明求解方法.

1. "$0 \cdot \infty$"型未定式

通过将乘积转化成商的形式,从而转化成"$\dfrac{0}{0}$"型或"$\dfrac{\infty}{\infty}$"型未定式,即

$$0 \cdot \infty = \frac{0}{\dfrac{1}{\infty}} = \frac{0}{0} \text{ 或 } 0 \cdot \infty = \frac{\infty}{\dfrac{1}{0}} = \frac{\infty}{\infty}.$$

例 8 求极限 $\lim\limits_{x \to 0^+} x \ln x$.

解 这是"$0 \cdot \infty$"型未定式,可转化成"$\dfrac{\infty}{\infty}$"型未定式,利用洛必达法则,得

$$\lim_{x \to 0^+} x \ln x = \lim_{x \to 0^+} \frac{\ln x}{x^{-1}} = \lim_{x \to 0^+} \frac{(\ln x)'}{(x^{-1})'}$$

$$= \lim_{x \to 0^+} \frac{\dfrac{1}{x}}{-x^{-2}} = \lim_{x \to 0^+} \frac{x}{-1} = 0.$$

例 9 求极限 $\lim\limits_{x \to +\infty} x(\mathrm{e}^{-\frac{1}{x}} - 1)$.

解 这是"$0 \cdot \infty$"型未定式,可转化成"$\dfrac{0}{0}$"型未定式,利用洛必达法则,得

$$\lim_{x \to +\infty} x(\mathrm{e}^{-\frac{1}{x}} - 1) = \lim_{x \to +\infty} \frac{\mathrm{e}^{-\frac{1}{x}} - 1}{x^{-1}} = \lim_{x \to +\infty} \frac{\dfrac{1}{x^2} \cdot \mathrm{e}^{-\frac{1}{x}}}{-\dfrac{1}{x^2}} = -1.$$

例 10 求极限 $\lim\limits_{x \to \infty} x^2\left(1 - x\arcsin\dfrac{1}{x}\right)$.

解 这是"$0 \cdot \infty$"型未定式,可转化成"$\dfrac{0}{0}$"型未定式,作适当的换元后利用洛必达法则,得

$$\lim_{x \to \infty} x^2 \left(1 - x \arcsin \frac{1}{x}\right) = \lim_{x \to \infty} \frac{1 - x \arcsin \frac{1}{x}}{\frac{1}{x^2}} \xrightarrow{\diamond t = \frac{1}{x}} \lim_{t \to 0} \frac{t - \arcsin t}{t^3}$$

$$= \lim_{t \to 0} \frac{(t - \arcsin t)'}{(t^3)'} = \lim_{t \to 0} \frac{1 - \frac{1}{\sqrt{1-t^2}}}{3t^2}$$

$$= \lim_{t \to 0} \frac{\sqrt{1-t^2} - 1}{3t^2 \sqrt{1-t^2}} = \frac{1}{3} \lim_{t \to 0} \frac{\frac{1}{2}(-t^2)}{t^2 \cdot 1} = -\frac{1}{6}.$$

注　对于"$0 \cdot \infty$"型未定式,是转化成"$\frac{0}{0}$"型未定式还是"$\frac{\infty}{\infty}$"型未定式,应根据具体题目来确定.

2. "$\infty - \infty$"型未定式

通常进行通分转化成分式,进而转化成"$\frac{0}{0}$"型未定式.即

$$\infty - \infty = \frac{1}{\frac{1}{0}} - \frac{1}{\frac{1}{0}} = \frac{\frac{1}{0} - \frac{1}{0}}{\frac{1}{0} \cdot \frac{1}{0}} = \frac{0}{0}.$$

例 11　求极限 $\lim\limits_{x \to 1} \left(\dfrac{1}{\ln x} - \dfrac{x}{x-1}\right)$.

解　这是"$\infty - \infty$"型未定式,通分后转化成"$\frac{0}{0}$"型未定式,利用洛必达法则,得

$$\lim_{x \to 1} \left(\frac{1}{\ln x} - \frac{x}{x-1}\right) = \lim_{x \to 1} \frac{(x-1) - x \ln x}{(x-1) \ln x} = \lim_{x \to 1} \frac{(x-1) - x \ln x}{(x-1)(x-1)}$$

$$= \lim_{x \to 1} \frac{[(x-1) - x \ln x]'}{[(x-1)^2]'} = \lim_{x \to 1} \frac{1 - \left(\ln x + x \cdot \frac{1}{x}\right)}{2(x-1)}$$

$$= \lim_{x \to 1} \frac{-\ln x}{2(x-1)} = \lim_{x \to 1} \frac{-\frac{1}{x}}{2} = -\frac{1}{2}.$$

例 12　求极限 $\lim\limits_{x \to \frac{\pi}{2}} (\sec x - \tan x)$.

解　这是"$\infty - \infty$"型未定式,通分后转化成"$\frac{0}{0}$"型未定式,利用洛必达法则,得

$$\lim_{x \to \frac{\pi}{2}} (\sec x - \tan x) = \lim_{x \to \frac{\pi}{2}} \frac{1 - \sin x}{\cos x} = \lim_{x \to \frac{\pi}{2}} \frac{(1 - \sin x)'}{(\cos x)'} = \lim_{x \to \frac{\pi}{2}} \frac{-\cos x}{-\sin x} = 0.$$

3. "0^0" "1^∞" "∞^0"等幂指型未定式

通常利用取对数的方法将其转化成"$0 \cdot \infty$"型未定式,然后再转化成"$\frac{0}{0}$"或"$\frac{\infty}{\infty}$"

型未定式.

例 13 求极限 $\lim\limits_{x \to 0^+} x^x$.

解 这是"0^0"型未定式,通过取对数将其变形为

$$\lim_{x \to 0^+} x^x = \lim_{x \to 0^+} e^{\ln x \cdot x} = \lim_{x \to 0^+} e^{x \ln x} = e^{\lim\limits_{x \to 0^+} x \ln x}.$$

其中, $\lim\limits_{x \to 0^+} x \ln x = \lim\limits_{x \to 0^+} \dfrac{(\ln x)'}{\left(\dfrac{1}{x}\right)'} = \lim\limits_{x \to 0^+} \dfrac{\dfrac{1}{x}}{-\dfrac{1}{x^2}} = 0,$

因此,

$$\lim_{x \to 0^+} x^x = e^0 = 1.$$

例 14 求极限 $\lim\limits_{x \to 0^+} (\cot x)^{\frac{1}{\ln x}}$.

解 这是"∞^0"型未定式,通过取对数将其变形为

$$\lim_{x \to 0^+} (\cot x)^{\frac{1}{\ln x}} = \lim_{x \to 0^+} e^{\ln(\cot x)^{\frac{1}{\ln x}}} = \lim_{x \to 0^+} e^{\frac{\ln \cot x}{\ln x}} = e^{\lim\limits_{x \to 0^+} \frac{\ln \cot x}{\ln x}}.$$

其中, $\lim\limits_{x \to 0^+} \dfrac{\ln \cot x}{\ln x} = \lim\limits_{x \to 0^+} \dfrac{(\ln \cot x)'}{(\ln x)'} = \lim\limits_{x \to 0^+} \dfrac{\dfrac{1}{\cot x} \cdot (-\csc^2 x)}{\dfrac{1}{x}} = \lim\limits_{x \to 0^+} \left(-\dfrac{1}{\cos x} \cdot \dfrac{x}{\sin x}\right) = -1,$

因此,

$$\lim_{x \to 0^+} (\cot x)^{\frac{1}{\ln x}} = e^{-1}.$$

例 15 求极限 $\lim\limits_{x \to +\infty} (1 + e^x)^{\frac{1}{x}}$.

解 这是"∞^0"型未定式,通过取对数将其变形为

$$\lim_{x \to +\infty} (1 + e^x)^{\frac{1}{x}} = \lim_{x \to +\infty} e^{\ln(1 + e^x)^{\frac{1}{x}}} = \lim_{x \to +\infty} e^{\frac{\ln(1 + e^x)}{x}} = e^{\lim\limits_{x \to +\infty} \frac{\ln(1 + e^x)}{x}}.$$

由于, $\lim\limits_{x \to +\infty} \dfrac{\ln(1 + e^x)}{x} = \lim\limits_{x \to +\infty} \dfrac{[\ln(1 + e^x)]'}{x'} = \lim\limits_{x \to +\infty} \dfrac{\dfrac{e^x}{1 + e^x}}{1} = 1,$ 因此,

$$\lim_{x \to +\infty} (1 + e^x)^{\frac{1}{x}} = e.$$

例 16 求极限 $\lim\limits_{x \to \infty} \left(\sin \dfrac{2}{x} + \cos \dfrac{1}{x}\right)^x$.

解 这是"1^∞"型未定式,通过取对数将其变形为

$$\lim_{x \to \infty} \left(\sin \frac{2}{x} + \cos \frac{1}{x}\right)^x = \lim_{x \to \infty} e^{x \ln\left(\sin \frac{2}{x} + \cos \frac{1}{x}\right)} = \lim_{x \to \infty} e^{\frac{\ln\left(\sin \frac{2}{x} + \cos \frac{1}{x}\right)}{\frac{1}{x}}}$$

$$= e^{\lim\limits_{x \to \infty} \frac{\ln\left(\sin \frac{2}{x} + \cos \frac{1}{x}\right)}{\frac{1}{x}}},$$

由于 $\lim\limits_{x \to \infty} \dfrac{\ln\left(\sin \dfrac{2}{x} + \cos \dfrac{1}{x}\right)}{1/x} \xlongequal{\text{令} t = \frac{1}{x}} \lim\limits_{t \to 0} \dfrac{\ln(\sin 2t + \cos t)}{t} = \lim\limits_{t \to 0} \dfrac{[\ln(\sin 2t + \cos t)]'}{t'}$

$$=\lim_{t\to0}\dfrac{\dfrac{2\cos2t-\sin t}{\sin2t+\cos t}}{1}=2,$$

因此, $\lim\limits_{x\to\infty}\left(\sin\dfrac{2}{x}+\cos\dfrac{1}{x}\right)^x=\mathrm{e}^2$.

用洛必达法则计算函数极限虽然方便,但是我们在使用洛必达则时务必要注意洛必达法则的条件,否则会得到错误的结果.

例 17　求极限 $\lim\limits_{x\to\infty}\dfrac{x+\cos x}{x}$.

解　这是 "$\dfrac{\infty}{\infty}$" 型未定式,因为

$$\lim_{x\to\infty}\dfrac{(x+\cos x)'}{x'}=\lim_{x\to\infty}\dfrac{1-\sin x}{1}=\lim_{x\to\infty}(1-\sin x)$$

不存在且不是无穷大,所以不能利用洛必达法则.

直接计算得

$$\lim_{x\to\infty}\dfrac{x+\cos x}{x}=\lim_{x\to\infty}\left(1+\dfrac{\cos x}{x}\right)=1+\lim_{x\to\infty}\dfrac{\cos x}{x}=1.$$

习题 3-2

1. 计算下列极限:

(1) $\lim\limits_{x\to0}\dfrac{\mathrm{e}^x-\mathrm{e}^{-x}}{\tan x}$;

(2) $\lim\limits_{x\to0}\dfrac{\tan x-x}{x-\sin x}$;

(3) $\lim\limits_{x\to0}\dfrac{\mathrm{e}^x-\cos x-x}{x^2}$;

(4) $\lim\limits_{x\to+\infty}\dfrac{x\ln x}{x^2+\ln x}$;

(5) $\lim\limits_{x\to\frac{\pi}{2}}\dfrac{\ln\sin x}{(\pi-2x)^2}$;

(6) $\lim\limits_{x\to\frac{\pi}{2}}\dfrac{\tan3x}{\tan x}$;

(7) $\lim\limits_{x\to0}\dfrac{\tan^3 x}{x-\arctan x}$;

(8) $\lim\limits_{x\to0+}\dfrac{\ln\sin4x}{\ln\sin x}$;

(9) $\lim\limits_{x\to0}x^2\mathrm{e}^{\frac{1}{x^2}}$;

(10) $\lim\limits_{x\to0+}\tan x\cdot\ln x$;

(11) $\lim\limits_{x\to1}(x^2-1)\tan\dfrac{\pi x}{2}$;

(12) $\lim\limits_{x\to1^-}\ln x\cdot\ln(1-x)$;

(13) $\lim\limits_{x\to0}\left(\dfrac{1}{x}-\dfrac{1}{\arcsin x}\right)$;

(14) $\lim\limits_{x\to0}\left(\dfrac{1+x}{1-\mathrm{e}^{-x}}-\dfrac{1}{x}\right)$;

(15) $\lim\limits_{x\to0}\left(\dfrac{2^x+3^x}{2}\right)^{\frac{3}{x}}$;

(16) $\lim\limits_{x\to0+}x^{\sin x}$;

(17) $\lim\limits_{x\to0+}\left(\dfrac{1}{x}\right)^{\tan x}$;

(18) $\lim\limits_{x\to0+}(1+x)^{\ln x}$;

(19) $\lim\limits_{n\to\infty}\left(n\tan\dfrac{1}{n}\right)^{n^2}$.

2. 验证下列极限不能利用洛必达法则,并用其他方法求出极限:

(1) $\lim\limits_{x\to\infty}\dfrac{3x+\sin x}{x+4}$;　　　　　　(2) $\lim\limits_{x\to\infty}\dfrac{x+\cos x}{x-\cos x}$.

3. 设函数 $f(x)=\begin{cases}\dfrac{\sin x}{x}-x, & x>0,\\ 1, & x<0,\end{cases}$ 求 $f'(x)$.

第三节　函数的单调性、极值和最值

极值问题是微积分的四类核心问题(第一章)之一,是自然科学、工程技术、国民经济和生活实践中经常遇到的问题,也是数学家长期、深入研究过的问题,并形成了一些与实践密切相关的数学分支,如最优化理论、变分法与运筹学等.然而,现代极值理论的基本思想实际上源于微分学的应用,本节将介绍这方面的基本内容.

在第一章中,我们介绍了函数单调性的概念,单调性是函数的一个重要特征.对于稍微复杂的函数,用定义直接判断一个函数的单调性往往比较困难.本节我们将以函数导数为工具,通过其符号来判断函数的单调性,从而求出函数的极值.

一、函数单调性的判定法

设函数 $f(x)$ 在 $[a,b]$ 上连续,在 (a,b) 内可导,因此曲线 $y=f(x)$ 上每一点处都存在切线.由图 3-3 可看出,如果设曲线上任意一点的切线与 x 轴正向的夹角为 α,则 $\alpha\in\left[0,\dfrac{\pi}{2}\right)$,即切线的斜率为 $f'(x)=\tan\alpha\geqslant0[f'(x)=0$ 只在个别点上成立$]$,曲线 $y=f(x)$ 是上升的;由图 3-4 可知,如果曲线上任意一点的切线与 x 轴正向的夹角 $\alpha\in\left(\dfrac{\pi}{2},\pi\right]$,即切线的斜率为 $f'(x)=\tan\alpha\leqslant0[f'(x)=0$ 只有个别点上成立$]$,曲线 $y=f(x)$ 是下降的.从这两个图形中,我们发现可导函数在一个区间上的单调性与其一阶导数的符号有关,因此可以利用导数的符号去判别函数的单调性.根据拉格朗日定理,可以推出函数单调性的判定定理.

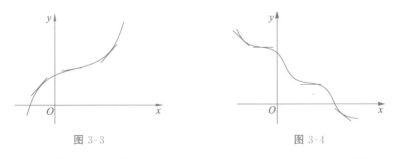

图 3-3　　　　　　　　　　　　　图 3-4

定理 1　设函数 $f(x)$ 在闭区间 $[a,b]$ 上连续,在开区间 (a,b) 内可导,

(1) 如果在 (a,b) 内 $f'(x)>0$，则函数 $f(x)$ 在 $[a,b]$ 上单调增加；

(2) 如果在 (a,b) 内 $f'(x)<0$，则函数 $f(x)$ 在 $[a,b]$ 上单调减少.

证 在 $[a,b]$ 上任取两点 x_1,x_2(不妨设 $x_1<x_2$)，在闭区间 $[x_1,x_2]$ 上应用拉格朗日中值定理，可得

$$f(x_2)-f(x_1)=f'(\xi)(x_2-x_1) \quad (x_1<\xi<x_2).$$

(1) 如果在 (a,b) 内 $f'(x)>0$，则 $f'(\xi)>0$，从而 $f(x_2)-f(x_1)>0$，即在 $[a,b]$ 上任意的 $x_1<x_2$ 时，$f(x_1)<f(x_2)$ 成立，因此函数 $f(x)$ 在 $[a,b]$ 上单调增加.

(2) 如果在 (a,b) 内 $f'(x)<0$，则 $f'(\xi)<0$，从而 $f(x_2)-f(x_1)<0$，即在 $[a,b]$ 上任意的 $x_1<x_2$ 时，$f(x_1)>f(x_2)$ 成立，因此函数 $f(x)$ 在 $[a,b]$ 上单调减少.

函数的单调性是一个区间上的整体性质，要用导数在这一区间上的符号来判定，而不能用导数在一点处的符号来判别函数在一个区间上的单调性，区间内个别导数为零并不影响函数在该区间上的单调性.例如，函数 $y=x^3$ 在其定义域 $(-\infty,+\infty)$ 内都是单调增加的，但其导数 $y'=3x^2$ 在点 $x=0$ 处为零.

如果函数在其定义域的某个区间内是单调的，则称该区间为函数的**单调区间**.于是，我们有如下结论：如果函数在某个区间上连续，除去有限个导数不存在的点外，导数存在且连续，则导数等于零的点和导数不存在的点，可能是单调区间的**分界点**.

讨论函数 $f(x)$ 的单调性或求函数的单调区间的步骤如下：

(1) 确定函数 $f(x)$ 的定义域 D；

(2) 求出方程 $f'(x)=0$ 的根及 $f'(x)$ 不存在的点，用这些点按从小到大的顺序将定义域 D 分成若干个子区间；

(3) 列表确定 $f'(x)$ 在每个子区间内的符号，从而确定函数 $f(x)$ 在各个子区间内的单调性.

例 1 求函数 $f(x)=2x^3-9x^2+12x-3$ 的单调区间.

解 函数 $f(x)$ 在其定义域 $D=(-\infty,+\infty)$ 上连续，且有连续导数

$$f'(x)=6x^2-18x+12=6(x-1)(x-2).$$

令 $f'(x)=0$，得 $x=1,2$.

在区间 $(-\infty,1)$ 内 $f'(x)>0$，函数 $f(x)$ 在 $(-\infty,1]$ 上单调增加；在区间 $(1,2)$ 内 $f'(x)<0$，函数 $f(x)$ 在 $[1,2]$ 上单调减少；在区间 $(2,+\infty)$ 内 $f'(x)>0$，函数 $f(x)$ 在 $[2,+\infty)$ 上单调增加.也可将上述讨论用表格表述如下(表 3-1)：

表 3-1

x	$(-\infty,1)$	1	$(1,2)$	2	$(2,+\infty)$
$f'(x)$	$+$	0	$-$	0	$+$
$f(x)$	单调增加	2	单调减少	1	单调增加

因此,函数 $f(x)$ 的单调增加区间为 $(-\infty,1]$ 和 $[2,+\infty)$,单调减少区间为 $[1,2]$.函数 $y=f(x)$ 的图形如图 3-5 所示.

例 2 讨论函数 $f(x)=3\sqrt[3]{x}\left(1-\dfrac{1}{4}x\right)$ 的单调性.

解 函数 $f(x)$ 的定义域为 $(-\infty,+\infty)$,且导数为

$$f'(x)=\left(3\sqrt[3]{x}-\frac{3}{4}\sqrt[3]{x^4}\right)'=\frac{1}{\sqrt[3]{x^2}}-\sqrt[3]{x}=\frac{1-x}{\sqrt[3]{x^2}}.$$

令 $f'(x)=0$,得 $x=1$;且当 $x=0$ 时,$f'(x)$ 不存在.

用 $x=0$ 和 $x=1$ 将函数定义域 $(-\infty,+\infty)$ 划分为三个子区间,列表讨论如下(表 3-2):

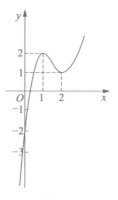

图 3-5

表 3-2

x	$(-\infty,0)$	0	$(0,1)$	1	$(1,+\infty)$
$f'(x)$	$+$	不存在	$+$	0	$-$
$f(x)$	单调增加	无	单调增加	$\dfrac{9}{4}$	单调减少

由表 3-2 可知,函数 $f(x)$ 的单调增加区间为 $(-\infty,1]$,单调减少区间为 $[1,+\infty)$.

例 3 求函数 $f(x)=\dfrac{\ln^2 x}{x}$ 的单调区间.

解 函数 $f(x)$ 的定义域为 $(0,+\infty)$,且导数为

$$f'(x)=\frac{2\ln x\cdot\dfrac{1}{x}\cdot x-\ln^2 x}{x^2}=\frac{\ln x\cdot(2-\ln x)}{x^2}.$$

令 $f'(x)=0$,得 $x=1,\mathrm{e}^2$.因此,用 $x=1$ 和 $x=\mathrm{e}^2$ 将函数定义域 $(0,+\infty)$ 划分为三个子区间,列表讨论如下(表 3-3):

表 3-3

x	$(0,1)$	1	$(1,\mathrm{e}^2)$	e^2	$(\mathrm{e}^2,+\infty)$
$f'(x)$	$-$	0	$+$	0	$-$
$f(x)$	单调减少	0	单调增加	$\dfrac{4}{\mathrm{e}^2}$	单调减少

由表 3-3 可知,函数 $f(x)$ 的单调增加区间为 $[1,\mathrm{e}^2]$,单调减少区间为 $(0,1]$ 和 $[\mathrm{e}^2,+\infty)$.

二、函数单调性的应用

1. 证明不等式

一般利用函数单调性证明不等式的方法为:如果要证明当 $x>a$(或 $a<x<b$)时,

$f(x)>g(x)$ 成立,先作辅助函数 $F(x)=f(x)-g(x)$,再求 $F'(x)$,然后由 $F(x)$ 的单调性推出 $F(x)>0$,即可得到不等式 $f(x)>g(x)$.

例4 证明:当 $x>1$ 时,$\ln x>\dfrac{2(x-1)}{x+1}$.

证 令 $f(x)=\ln x-\dfrac{2(x-1)}{x+1}$,$x\in[1,+\infty)$.

当 $x>1$ 时,有

$$f'(x)=\frac{1}{x}-\frac{4}{(x+1)^2}=\frac{(x-1)^2}{x\,(x+1)^2}>0.$$

因此,当 $x>1$ 时,$f'(x)>0$,即函数 $f(x)$ 单调增加,有 $f(x)>f(1)=0$,即 $\ln x-\dfrac{2(x-1)}{x+1}>0$.故当 $x>1$ 时,

$$\ln x>\frac{2(x-1)}{x+1}.$$

2. 证明方程至多有一个根

如果能证明函数 $f(x)$ 在区间 I 内单调或在 I 内 $f'(x)$ 处处存在且 $f'(x)\neq 0$,则可知方程 $f(x)=0$ 在 I 内至多有一个根.

例5 证明方程 $x^5+x+1=0$ 在区间 $(-1,0)$ 内有且仅有一个实根.

证 令 $f(x)=x^5+x+1$,由于函数 $f(x)$ 在闭区间 $[-1,0]$ 上连续,且 $f(-1)=-1<0$,$f(0)=1>0$.

一方面,由零点定理知,函数 $f(x)$ 在 $(-1,0)$ 内至少有一个零点,即方程 $x^5+x+1=0$ 在区间 $(-1,0)$ 内至少有一个实根.

另一方面,对于任意实数 x,有 $f'(x)=5x^4+1>0$,因此函数 $f(x)$ 在 $(-1,0)$ 内单调增加,函数 $f(x)$ 在 $(-1,0)$ 内至多只有一个零点.即方程 $x^5+x+1=0$ 在区间 $(-1,0)$ 内至多有一个实根.

综上所述,方程 $x^5+x+1=0$ 在区间 $(-1,0)$ 内有且仅有一个实根.

三、函数的极值

设函数 $f(x)$ 在区间 $[a,b]$ 上连续,如图 3-6 所示.由图形可看出,在点 x_1,x_3,x_5 处的曲线段位于曲线 $y=f(x)$ 的"谷底",这些点的函数值分别与其邻近的其他函数值进行比较都是最小的;而在点 x_2,x_4 处的曲线段位于曲线 $y=f(x)$ 的"峰顶",这些点的函数值分别与其邻近的其他函数值进行比较都是最大的.为了描述这种点的性质,我们引入极值的概念.

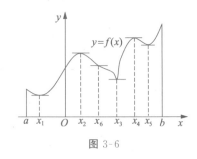

图 3-6

1. 极值的概念

定义1 设函数 $f(x)$ 在 x_0 的某个邻域 $U(x_0)$ 内有定义.

（1）如果对该邻域 $U(x_0)$ 内任一点 $x \neq x_0$，恒有 $f(x) < f(x_0)$，则称 $f(x_0)$ 为函数 $f(x)$ 的**极大值**，x_0 为 $f(x)$ 的**极大值点**；

（2）如果对该邻域 $U(x_0)$ 内任一点 $x \neq x_0$，恒有 $f(x) > f(x_0)$，则称 $f(x_0)$ 为函数 $f(x)$ 的**极小值**，x_0 为 $f(x)$ 的**极小值点**.

函数的极大值与极小值统称为函数的**极值**，极大值点与极小值点统称为函数的**极值点**.

根据极值的定义可知，极值是函数相对于某个邻域而言的特性，故极值是一个局部性、相对的概念，而最值是函数对整个定义区间（或整个定义域）而言的，它是全局性、绝对的概念.因此，极小值未必小于极大值，而极大值也未必大于极小值.如图 3-6 所示，函数 $y = f(x)$ 中的 x_1, x_3, x_5 是极小值点，x_2, x_4 是极大值点，而 $f(x_2) < f(x_5)$.

2. 函数极值的求法

函数在哪些点有可能取得极值呢？一方面，如果按定义来寻求 $f(x)$ 的极值往往是很困难的，但由图 3-6 可以发现，在极值点处曲线有水平切线或切线不存在，这说明极值点可以在 $f'(x)$ 为零的点或 $f'(x)$ 不存在的点中去寻找.

另一方面，从图 3-6 也可看出，极值点 x_0 是函数由单调增加变为单调减少或由单调减少变为单调增加的转折点，即 $f'(x)$ 经 $f'(x_0)$ 后由正变负或由负变正.由此得到函数取得极值的必要条件和充分条件如下：

定理 2（极值存在的必要条件）　如果函数 $f(x)$ 在点 x_0 处可导且在 x_0 处取得极值，则 $f'(x_0) = 0$.

证　不妨设点 x_0 为函数 $f(x)$ 的极大值点，根据极大值的定义可知，对于点 x_0 的某个去心邻域内任一 x，总有 $f(x) < f(x_0)$，于是有

$$\text{当 } x < x_0 \text{ 时，} \frac{f(x) - f(x_0)}{x - x_0} > 0;$$

$$\text{当 } x > x_0 \text{ 时，} \frac{f(x) - f(x_0)}{x - x_0} < 0.$$

于是，由于 $f'(x_0)$ 存在，故有

$$f'(x_0) = f'_-(x_0) = \lim_{x \to x_0^-} \frac{f(x) - f(x_0)}{x - x_0} \geqslant 0,$$

$$f'(x_0) = f'_+(x_0) = \lim_{x \to x_0^+} \frac{f(x) - f(x_0)}{x - x_0} \leqslant 0,$$

从而，$f'(x_0) = 0$.

类似地可证，当 x_0 为 $f(x)$ 的极小值点时，必定也有 $f'(x_0) = 0$.

定义 2　使得 $f'(x) = 0$ 的点称为函数 $f(x)$ 的**驻点**.

定理 2 说明，可导函数 $f(x)$ 的极值点必是它的驻点，但极值也可能在导数不存在的点处取得，如函数 $y = |x|$ 在不可导点 $x = 0$ 处取得极小值.驻点与导数不存在的点未必就是函数的极值点.例如，对于函数 $f(x) = 1, g(x) = x^2$，点 $x = 0$ 均为它们的驻点，点 $x = 0$ 是函数 $g(x)$ 的极小值点，但 $x = 0$ 却不是函数 $f(x)$ 的极值点.因此，对于连续

函数而言,通常把函数的驻点和导数不存在的点统称为函数的**可能极值点**.那么找到函数的可能极值点后,怎么判断该点是否为极值点呢? 这是一个需要进一步解决的问题,即建立判定极值点的充分条件.对此,有如下的两个定理.

定理 3(极值存在的第一充分条件)　设函数 $f(x)$ 在 x_0 处连续,且在 x_0 的某去心邻域 $\mathring{U}(x_0)$ 内可导.

(1) 如果在 x_0 的左邻域内有 $f'(x)>0$,而在 x_0 的右邻域内有 $f'(x)<0$,则函数 $f(x)$ 在点 x_0 处取得极大值 $f(x_0)$;

(2) 如果在 x_0 的左邻域内有 $f'(x)<0$,而在 x_0 的右邻域内有 $f'(x)>0$,则函数 $f(x)$ 在点 x_0 处取得极小值 $f(x_0)$;

(3) 如果在 x_0 的去心邻域 $\mathring{U}(x_0)$ 内 $f'(x)$ 不变号,则点 x_0 不是函数 $f(x)$ 的极值点.

证　(1)因为在 x_0 的左邻域内有 $f'(x)>0$,所以函数 $f(x)$ 在 x_0 的左邻域内单调增加,又因为函数 $f(x)$ 在 x_0 处连续,故在 x_0 的左邻域内有 $f(x)<f(x_0)$;而在 x_0 的右邻域内有 $f'(x)<0$,所以函数 $f(x)$ 在 x_0 的右邻域内单调减少,故在 x_0 的左邻域内有 $f(x)<f(x_0)$.因此,当 $x\in\mathring{U}(x_0)$ 时,总有 $f(x)<f(x_0)$ 成立.根据极值的定义可知 $f(x_0)$ 是函数 $f(x)$ 的极大值.

同理可证(2).至于(3),因为 $f(x)$ 在左右邻域内同为单调增加或单调减少,故 x_0 不可能为极值点.

综合定理 2 和定理 3,我们可以按下列步骤求函数 $f(x)$ 极值.

(1) 确定函数 $f(x)$ 的定义域,并求函数 $f(x)$ 的一阶导数 $f'(x)$;

(2) 求出函数 $f(x)$ 的全部驻点及导数不存在的点;

(3) 应用定理 3 判定驻点及导数不存在的点是否为极值点,从而求出函数在每个极值点处的极值.

例 7　求函数 $f(x)=x^3-3x^2-9x+5$ 的极值.

解　函数 $f(x)$ 的定义域为 $(-\infty,+\infty)$,其导数为
$$f'(x)=3x^2-6x-9=3(x+1)(x-3).$$

令 $f'(x)=0$,得驻点 $x_1=-1,x_2=3$,函数 $f(x)$ 无导数不存在的点.用这些点将函数的定义域 $(-\infty,+\infty)$ 分成如下三个子区间,列表讨论如下(表 3-4):

表 3-4

x	$(-\infty,-1)$	-1	$(-1,3)$	3	$(3,+\infty)$
$f'(x)$	$+$	0	$-$	0	$+$
$f(x)$	单调增加	极大值 10	单调减少	极小值 -22	单调增加

由表 3-4 可知,函数 $f(x)$ 在点 $x=3$ 处取得极小值 $f(3)=-22$,在点 $x=-1$ 处取得极大值 $f(-1)=10$.

例 8　求函数 $f(x)=x^{\frac{2}{3}}(3-x)^{\frac{1}{3}}$ 的极值.

解　函数 $f(x)$ 的定义域为 $(-\infty,+\infty)$,其导数为

$$f'(x)=\frac{2-x}{\sqrt[3]{x(3-x)^2}}.$$

令 $f'(x)=0$,得驻点 $x_1=2$;当 $x_2=0,x_3=3$ 时,$f'(x)$ 不存在.以这些点将定义域 $(-\infty,+\infty)$ 分成四个子区间,列表讨论如下(表 3-5):

表 3-5

x	$(-\infty,0)$	0	$(0,2)$	2	$(2,3)$	3	$(3,+\infty)$
$f'(x)$	$-$	不存在	$+$	0	$-$	不存在	$-$
$f(x)$	单调减少	极小值 0	单调增加	极大值 $\sqrt[3]{4}$	单调减少	非极值	单调减少

由表 3-5 可知,函数 $f(x)$ 在点 $x=0$ 处取得极小值 $f(0)=0$,在点 $x=2$ 处取得极大值 $f(2)=\sqrt[3]{4}$.

当函数 $f(x)$ 在驻点 x_0 处的二阶导数存在且不为零时,我们可以根据 $f(x)$ 在驻点 x_0 处的二阶导数 $f''(x_0)$ 来判断驻点 x_0 是否是极值点.

定理 4(极值存在的第二充分条件)　设函数 $f(x)$ 在 x_0 处有二阶导数,且 $f'(x_0)=0,f''(x_0)\neq0$,

(1) 如果 $f''(x_0)<0$,则函数 $f(x)$ 在 x_0 处取得极大值;

(2) 如果 $f''(x_0)>0$,则函数 $f(x)$ 在 x_0 处取得极小值.

证　(1)根据导数的定义及 $f'(x_0)=0,f''(x_0)<0$ 知

$$f''(x_0)=\lim_{x\to x_0}\frac{f'(x)-f'(x_0)}{x-x_0}=\lim_{x\to x_0}\frac{f'(x)}{x-x_0}.$$

由极限的局部保号性可知,存在点 x_0 的某去心邻域 $\mathring{U}(x_0)$,当 $x\in\mathring{U}(x_0)$ 时,有 $\dfrac{f'(x)}{x-x_0}<0$.

于是,当 $x_0-\delta<x<x_0$ 时,$f'(x)>0$;当 $x_0<x<x_0+\delta$ 时,$f'(x)<0$.由定理 3 知,函数 $f(x)$ 在 x_0 处取得极大值.

同理可证定理中的结论(2).

例 9　求函数 $f(x)=x^2e^x$ 的极值.

解　函数 $f(x)$ 的定义域为 $(-\infty,+\infty)$,其导数为

$$f'(x)=e^x(2x+x^2).$$

令 $f'(x)=0$,得驻点 $x_1=-2,x_2=0$.又 $f''(x)=e^x(x^2+4x+2)$,在函数 $f(x)$ 的驻点 $x_1=-2,x_2=0$ 处有

$$f''(-2)=-2e^{-2}<0,\quad f''(0)=2>0.$$

由定理 4 可知,函数 $f(x)$ 的极大值为 $f(-2)=4e^{-2}$,极小值为 $f(0)=0$.

四、函数的最大值与最小值

在实际问题中,常常会遇到诸如求材料最省、效率最高、产量最大、利润最大、成本最低等这样的问题,从数学上来说,这类问题都可以归纳为求某一函数(通常称为目标函数)在某区间上的最大值与最小值问题(简称为最值问题).

1. 连续函数 $f(x)$ 在闭区间 $[a,b]$ 上的最值

设函数 $y=f(x)$ 在闭区间 $[a,b]$ 上连续,根据第一章第八节定理 4(闭区间上连续函数的最值定理),函数 $f(x)$ 在闭区间 $[a,b]$ 上必能取得最大值和最小值.与极值点的讨论类似,如果最小值(或最大值)在开区间 (a,b) 内部某点处取得,那么这个最小值点(或最大值点)一定也是函数的极小值点(或极大值点).由本节知识可知,这些点必定是函数 $f(x)$ 的驻点或导数不存在的点.除此之外,函数的最小值(或最大值)也可能在闭区间 $[a,b]$ 的端点处取得.因此,如果函数 $f(x)$ 在闭区间 $[a,b]$ 上连续,且函数 $f(x)$ 在开区间 (a,b) 内除个别点外处处可导,则可按如下步骤来求得函数 $f(x)$ 在闭区间 $[a,b]$ 上的最小值和最大值:

(1) 求出一阶导数 $f'(x)$,并确定函数 $f(x)$ 在开区间 (a,b) 内的不可导点;

(2) 由 $f'(x)=0$ 求得函数 $f(x)$ 在开区间 (a,b) 内的全部驻点;

(3) 求出上述两个步骤中所得不可导点和驻点处的函数值,并求出函数在区间端点处的函数值 $f(a)$ 和 $f(b)$;

(4) 将步骤(3)中的所有函数值进行比较,最小者即为函数 $f(x)$ 在开区间 $[a,b]$ 上的最小值,最大者即为函数 $f(x)$ 在开区间 $[a,b]$ 上的最大值.

例 10 求函数 $f(x)=x^4-8x^2-3$ 在闭区间 $[-1,4]$ 上的最大值和最小值.

解 函数 $f(x)$ 在闭区间 $[-1,4]$ 上连续,其导数为

$$f'(x)=4x^3-16x=4x(x+2)(x-2).$$

令 $f'(x)=0$,得驻点 $x=0,-2,2$.而函数 $f(x)$ 无不可导点,且 $x=-2$ 不在闭区间 $[-1,4]$ 内,舍去.因此,函数 $f(x)$ 在闭区间 $[-1,4]$ 上可能的最大值点和最小值点为 $-1,0,2,4$.分别计算函数值得

$$f(-1)=-10,\quad f(0)=-3,\quad f(2)=-19,\quad f(4)=125.$$

比较可得,函数 $f(x)$ 在点 $x=2$ 处取得最小值 -19,在点 $x=4$ 处取得最大值 125.

2. 连续函数 $f(x)$ 在区间 I(非闭区间)上的最值

(1) 如果函数 $f(x)$ 在区间 I(非闭区间)上连续,且在区间 I 内仅有一个可能极值点 x_0.经判定当点 x_0 为函数 $f(x)$ 的极小(大)值点时,则点 x_0 必定是函数 $f(x)$ 在区间 I 上的最小(大)值点.

例 11 求函数 $f(x)=\dfrac{\ln x}{x^2}$ 在 $(0,+\infty)$ 上的最大值.

解 函数 $f(x)$ 在 $(0,+\infty)$ 内可导,其导数为

$$f'(x)=\frac{1-2\ln x}{x^3}.$$

令 $f'(x)=0$，解得唯一驻点 $x=\sqrt{e}$．当 $x\in(0,\sqrt{e})$ 时，$f'(x)>0$，则函数 $f(x)$ 在 $(0,\sqrt{e}]$ 上单调增加；当 $x\in(\sqrt{e},+\infty)$ 时，$f'(x)<0$，则函数 $f(x)$ 在 $[\sqrt{e},+\infty)$ 上单调减少．因此，驻点 $x=\sqrt{e}$ 是函数 $f(x)$ 在 $(0,+\infty)$ 内的唯一极大值点，于是，函数 $f(x)$ 在 $x=\sqrt{e}$ 处取到最大值 $f(\sqrt{e})=\dfrac{1}{2e}$．

（2）在实际问题中，由问题的实际意义可以确定所建立的可导函数 $f(x)$ 在区间 I 一定有最小值（或最大值）时，如果函数 $f(x)$ 在区间 I 内只有唯一的驻点 x_0，则不需要判定 $f(x_0)$ 是否为极值，即可断定 $f(x_0)$ 一定是所求函数 $f(x)$ 的最小值（或最大值）．

例 12 现要制作一个容积为 $V\ \mathrm{m}^3$ 的圆柱形无盖容器，问如何设计，使所用的材料最少？

解 设圆柱形容器的底半径为 $r(r>0)$，高为 $h(h>0)$，根据条件 $V=\pi r^2 h$，可得高 $h=\dfrac{V}{\pi r^2}$．因此，圆柱形无盖容器的表面积为

$$S=2\pi rh+\pi r^2=\frac{2V}{r}+\pi r^2.$$

所谓材料最少，就是表面积 S 最小．函数 $S=\dfrac{2V}{r}+\pi r^2$ 的导数为

$$S'=-\frac{2V}{r^2}+2\pi r.$$

由 $S'=0$ 解得唯一驻点为 $r=\sqrt[3]{\dfrac{V}{\pi}}$，此时 $h=\sqrt[3]{\dfrac{V}{\pi}}$．

由问题得到的实际意义可知，S 在 $(0,+\infty)$ 内一定能取到最小值，故这唯一驻点就是最小值点．因此，当圆柱形容器的底半径和高都为 $\sqrt[3]{\dfrac{V}{\pi}}\ \mathrm{m}$ 时，制作容器所用材料最少．

五、函数最值在经济分析中的应用举例

1．平均成本最低问题

设成本函数 $C=C(x)$（x 是产量），定义每单位产品所承担的成本费用为**平均成本函数**，即

$$\bar{C}(x)=\frac{C(x)}{x}.$$

例 13 某企业的总成本 C（单位：元）与产量 x（单位：件）的函数为

$$C=C(x)=7x^2+30x+28,$$

求该企业的最低平均成本及相应产量的边际成本．

解 平均成本函数为

$$\bar{C}(x)=\frac{C(x)}{x}=7x+30+\frac{28}{x},$$

其导数为

$$\bar{C}'(x) = 7 - \frac{28}{x^2}.$$

令 $\bar{C}'(x) = 0$，又 $x > 0$，因此可得 $x = 2$。由于 $\bar{C}(x)$ 在 $(0, +\infty)$ 内仅有一个驻点 $x = 2$，由实际问题本身可知 $\bar{C}(x)$ 的最小值一定存在，故当 $x = 2$ 件时，平均成本最低，且最低成本为 $\bar{C}(2) = 58$ 元。

边际成本函数为

$$C'(x) = 14x + 30,$$

故当产量为 2 件时，边际成本为 $C'(2) = 58$ 元。

2. 最大利润问题

关于利润，我们约定总是假设在产量、销量、需求量一致的情况下，讨论利润问题。

设销售某商品的收入为 R，指的是产品的单位价格 P 乘以销售量 x，即 $R = P \cdot x$，而销售利润 L 等于收入 R 减去成本 C，即 $L = R - C$。

例 14　已知某商品的需求函数(销售函数)为 $x = 1\,200 - 60P$(单位:件)，总成本函数为 $C(x) = 1\,000 + 10x$(单位:元)。若在需求量与销量平衡下，试问销售价格和销售量分别为多少时，总利润最大? 最大利润是多少元?

解　总收益函数为

$$R(P) = P \cdot x = 1\,200P - 60P^2,$$

于是，总利润函数为

$$\begin{aligned}L(P) &= R(P) - C(x) = 1\,200P - 60P^2 - [1\,000 + 10(1\,200 - 60P)] \\ &= -60P^2 + 1\,800P - 13\,000,\end{aligned}$$

其导数为

$$L'(P) = -120P + 1\,800.$$

令 $L'(P) = 0$，得 $P = 15$，是利润函数 $L(P)$ 唯一的驻点。故当销售价格 $P = 15$ 元时，利润最大，且最大利润为 $L(15) = 500$ 元，此时总利润最大时的销售量为 $x(15) = 300$ 件。

3. 最佳批量问题

例 15　某企业生产的产品年销售量为 100 万件，假设这些产品分批生产，每批需生产准备费 1\,000 元；另外，每件产品的库存费为 0.05 元，且按批量的一半收费。试问当批量为多少时，每年的生产准备费与库存费之和最小? 此时的批量称为**最佳批量**，也称**经济批量**。

解　设批量为 x 件，于是每年的生产准备费为

$$E_1(x) = 1\,000 \cdot \frac{1\,000\,000}{x} = \frac{10^9}{x},$$

每年的库存费为

$$E_2(x) = 0.05 \cdot \frac{x}{2} = \frac{x}{40},$$

因此，每年的生产准备费和库存费之和为

$$E(x) = E_1(x) + E_2(x) = \frac{10^9}{x} + \frac{x}{40},$$

其导数为

$$E'(x) = -\frac{10^9}{x^2} + \frac{1}{40}.$$

令 $E'(x) = 0$，得唯一驻点为 $x = 2 \cdot 10^5$（负根舍去），因此最佳批量为 20 万件. 即当批量为 20 万件时，每年的生产准备费与库存费之和最小.

4. 最大税收问题

例 16 某种商品的平均成本函数为 $\bar{C}(x) = 2$（单位：万元），价格函数为 $P(x) = 20 - 4x$，其中 x（单位：件）为商品数量，国家向企业每件商品征税为 t 万元.

（1）生产多少件商品时，企业纳税后的利润最大？

（2）在企业取得最大利润的情况下，t 为何值时才能使总税收最大？

解 （1）总成本函数为 $C(x) = x \bar{C}(x) = 2x$；

总收入函数为 $R(x) = xP(x) = 20x - 4x^2$；

总税收函数为 $T(x) = tx$.

因此，总利润函数 $L(x)$ 为

$$L(x) = R(x) - C(x) - T(x) = (18 - t)x - 4x^2,$$

其导数为

$$L'(x) = 18 - t - 8x.$$

令 $L'(x) = 0$，解得唯一驻点为 $x = \dfrac{18 - t}{8}$. 因此，生产 $\dfrac{18 - t}{8}$ 件产品时，企业纳税后的利润最大，且最大利润为 $L\left(\dfrac{18 - t}{8}\right) = \dfrac{(18 - t)^2}{16}$ 万元.

（2）取得最大利润时的税收函数为

$$T = tx = \frac{t(18 - t)}{8} = \frac{18t - t^2}{8} \quad (x > 0).$$

其导数为

$$T' = \frac{9 - t}{4}.$$

令 $T' = 0$，解得唯一驻点为 $t = 9$. 因此当 $t = 9$ 万元时，总税收取得最大，且最大税收为 $T(9) = \dfrac{9(18 - 9)}{8} = \dfrac{81}{8}$ 万元，此时的总利润为 $L = \dfrac{(18 - 9)^2}{16} = \dfrac{81}{16}$ 万元.

习题 3-3

1. 求下列函数的单调区间：

（1）$f(x) = \arctan x - x$；

（2）$f(x) = \dfrac{x^2}{e^x}$；

（3）$f(x) = x + \sqrt{1 - x}$；

（4）$f(x) = 2x^2 - \ln x$；

(5) $f(x)=2x^3-14x^2+22x-5$;　　(6) $f(x)=\ln(x+\sqrt{4+x^2})$.

2. 证明下列不等式:

(1) 当 $x>0$ 时, $e^x>1+x+\dfrac{x^2}{2}$;　　(2) 当 $0<x<\dfrac{\pi}{2}$ 时, $\sin x+\tan x>2x$;

(3) $2x\arctan x\geqslant\ln(1+x^2)$;　　(4) 当 $0<x<\dfrac{\pi}{2}$ 时, $\tan x>x+\dfrac{1}{3}x^3$.

3. 求下列函数的极值:

(1) $f(x)=(x+2)e^{\frac{1}{x}}$;　　(2) $f(x)=3x^4-4x^3+1$;

(3) $f(x)=2-(x+1)^{\frac{2}{3}}$;　　(4) $f(x)=x^3-3x+3$;

(5) $f(x)=\dfrac{(x+1)(x-2)}{2x^2}$;　　(6) $f(x)=\dfrac{1}{\sqrt{9-x^2}}$.

4. 设 $f(x)$ 在 $[0,+\infty)$ 上有 $f''(x)>0$,且 $f(0)=0$,证明: $g(x)=\dfrac{f(x)}{x}$ 在 $(0,+\infty)$ 内单调增加.

5. 证明方程 $\sin x=x$ 有且仅有一个实根.

6. 讨论方程 $\ln x=3x$ 的实根数目.

7. 求出下列函数在指定区间上的最大值与最小值:

(1) $f(x)=2x^3-3x^2-60$, $x\in[-1,4]$; (2) $f(x)=\sin x+\cos x$, $x\in[0,2\pi]$;

(3) $f(x)=\dfrac{x}{x^2+1}$, $x\in[0,+\infty)$;　　(4) $f(x)=x^2-\dfrac{16}{x}$, $x\in(-\infty,0)$.

8. 若 $f(x)=ax^3-6ax^2+b$ (a 和 b 为常数,且 $a>0$) 在 $[-1,2]$ 上的最大值为 3,最小值为 -29,求 a,b 的值.

9. 某企业产量为 x 件时,生产成本函数为 $C(x)=x^3-6x^2+15x$ (单位:元),求该企业生产多少件产品时,平均成本达到最小? 并求出相应的边际成本.

10. 假设某种商品的需求量 x (单位:件)是单价 P (单位:万元)的函数 $x=12\,000-80P$,商品的总成本 C (单位:万元)是需求量 x 的函数 $C=25\,000+50x$,每单位商品需纳税 2 万元.试求使销售利润最大的商品价格和最大利润.

→ 第四节　曲线的凹凸性与拐点

曲线的凹凸性是函数图形的一个重要性态,与函数单调性的讨论类似,本节主要利用二阶导数来判别曲线的凹凸性和拐点.

一、函数的凹凸性及其判别法

单调性是函数的一个重要性质,反映在图形上就是曲线的上升或下降.但在实际问题中应用更多的是函数图形的特征.曲线的凹凸性是函数图形的重要特征之一.

1. 曲线凹凸性的概念

为了给曲线 $y=f(x)$ 的凹凸性设置一个严格的定义,我们先从几何图形直观来分析.如图 3-7 所示,曲线 $y=f(x)$ 是向上弯曲的,称为是凹的.凹的曲线段上连接任两点的弦总位于这两点间的弧段的上方.如图 3-8 所示,曲线 $y=f(x)$ 是向下弯曲的,称为是凸的.凸的曲线段上连接任两点的弦总位于这两点间的弧段的下方.

综上所述,曲线 $y=f(x)$ 的凹凸性可以用连接曲线弧上任意两点的弦与曲线上相应点的位置关系来描述.

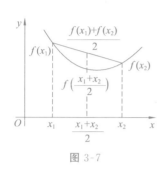　　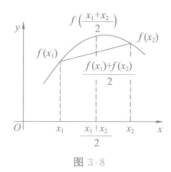

图 3-7　　　　　　　　　　　　　　　图 3-8

定义 1　设函数 $y=f(x)$ 在区间 I 内连续,对区间 I 上任意互异两点 x_1 和 x_2,如果恒有

$$\frac{f(x_1)+f(x_2)}{2}>f\left(\frac{x_1+x_2}{2}\right),$$

则称曲线 $y=f(x)$ 在区间 I 上是凹的(或凹弧);

如果恒有

$$\frac{f(x_1)+f(x_2)}{2}<f\left(\frac{x_1+x_2}{2}\right),$$

则称曲线 $y=f(x)$ 在区间 I 上是凸的(或凸弧).

直接利用定义 1 判定曲线的凹凸性比较困难,那么如何判定曲线 $y=f(x)$ 的凹凸性呢?

2. 曲线凹凸性的判定法

从图 3-9(a)可以看出,曲线 $y=f(x)$ 是凹的,当 x 逐渐增加时,对应的切线斜率 $\tan\alpha$ 由小变到大,即 $f'(x)$ 单调增加;类似地,由图 3-9(b)可知,曲线 $y=f(x)$ 为凸的,当 x 逐渐增加时,对应的切线斜率 $\tan\alpha$ 由大变到小,即 $f'(x)$ 单调减少.反之也可以看出,当曲线 $y=f(x)$ 的切线斜率单调增加时,其曲线是凹的;当曲线 $y=f(x)$ 的切线斜率单调减少时,其曲线是凸的.这样一来,判定曲线 $y=f(x)$ 凹或凸的问题就转化为判定导函数 $f'(x)$ 单调增加或单调减少的问题.根据第三节单调性的判定法中的定理 1 知,如果函数 $y=f(x)$ 的二阶导数存在,当 $f''(x)>0$ 时,导函数 $f'(x)$ 单调增加;当 $f''(x)<0$ 时,导函数 $f'(x)$ 单调减少.这就是下列利用二阶导数来判定曲线凹凸性的定理.

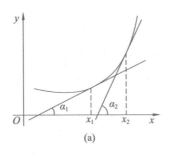 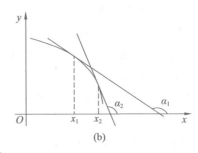

图 3-9

定理 1 设函数 $f(x)$ 在闭区间 $[a,b]$ 上连续,在开区间 (a,b) 内具有一阶和二阶的导数,

(1) 如果在 (a,b) 内 $f''(x)>0$,则曲线 $y=f(x)$ 在闭区间 $[a,b]$ 上是凹的;

(2) 如果在 (a,b) 内 $f''(x)<0$,则曲线 $y=f(x)$ 在闭区间 $[a,b]$ 上是凸的.

注 如果在区间 (a,b) 内 $f''(x)\geqslant0$[或 $f''(x)\leqslant0$],且等号仅在有限个点处成立,则曲线 $y=f(x)$ 在区间 (a,b) 内仍是凹的(或凸的).

要讨论曲线 $y=f(x)$ 的凹凸性,实际上就是找出二阶导函数 $f''(x)$ 的同号区间.因此,我们可以讨论导函数 $f'(x)$ 的单调性.先求出 $f''(x)=0$ 及 $f''(x)$ 不存在的点,然后确定每个区间内 $f''(x)$ 的符号就能得到曲线 $y=f(x)$ 的凹凸性.

例 1 讨论曲线 $y=x-\ln(1+x)$ 的凹凸性.

解 函数 $y=x-\ln(1+x)$ 的定义域为 $(-1,+\infty)$,又

$$y'=1-\frac{1}{1+x}, \quad y''=\frac{1}{(1+x)^2}>0,$$

因此,曲线 $y=x-\ln(1+x)$ 在其定义域 $(-1,+\infty)$ 内是凹的.

例 2 讨论曲线 $y=x^3$ 的凹凸性.

解 函数 $y=x^3$ 的定义域为 $(-\infty,+\infty)$,又

$$y'=3x^2, \quad y''=6x,$$

因此,在 $(-\infty,0)$ 内 $y''<0$,曲线 $y=x^3$ 在 $(-\infty,0]$ 内是凸的;在 $(0,+\infty)$ 内 $y''>0$,曲线 $y=x^3$ 在 $[0,+\infty)$ 内是凹的.

二、曲线的拐点及其求法

在例 2 中,曲线的凹凸性在点 $(0,0)$ 的两侧有所改变,这种凹弧与凸弧的分界点称为曲线的拐点.

定义 2 连续曲线 $y=f(x)$ 上的凹弧与凸弧的分界点 $(x_0,f(x_0))$ 称为曲线 $y=f(x)$ 的**拐点**.

由拐点的定义知,在拐点 $(x_0,f(x_0))$ 两侧,曲线 $y=f(x)$ 的凹凸性发生改变.如果 $f''(x)$ 在 x_0 的某去心邻域 $\mathring{U}(x_0)$ 内存在,则拐点横坐标 x_0 的左右两侧,$f''(x)$ 必然异号,因此曲线 $y=f(x)$ 的拐点的横坐标 x_0 只可能使 $f''(x_0)=0$ 或 $f''(x_0)$ 不存在.

定理 2(拐点存在的必要条件) 设函数 $y=f(x)$ 在点 x_0 处具有二阶导数,如果点 $(x_0,f(x_0))$ 为曲线 $y=f(x)$ 的拐点,则 $f''(x_0)=0$.

定理 3(拐点存在的充分条件) 设函数 $y=f(x)$ 在点 x_0 处连续,且在点 x_0 的某去心邻域 $\overset{\circ}{U}(x_0)$ 内二阶可导,如果在点 x_0 的左右两侧 $f''(x)$ 变号,则点 $(x_0,f(x_0))$ 为曲线 $y=f(x)$ 的拐点;否则点 $(x_0,f(x_0))$ 不是曲线 $y=f(x)$ 的拐点.

综上所述,确定曲线 $y=f(x)$ 的凹凸性与拐点的一般步骤如下:

(1) 确定函数 $f(x)$ 的定义域 D;

(2) 在定义域 D 内求出使 $f''(x)=0$ 及 $f''(x)$ 不存在的全部点,将这些点按从小到大的顺序将定义域 D 分成若干个子区间;

(3) 列表确定 $f''(x)$ 在每个子区间内的符号,从而确定曲线 $f(x)$ 的凹凸性和拐点.

例 3 求曲线 $y=x^4+6x^3+12x^2-10x+8$ 的凹凸区间和拐点.

解 函数 $f(x)=x^4+6x^3+12x^2-10x+8$ 的定义域为 $(-\infty,+\infty)$,又

$$f'(x)=4x^3+18x^2+24x-10,$$
$$f''(x)=12x^2+36x+24=12(x+2)(x+1),$$

由 $f''(x)=0$ 得 $x_1=-2,x_2=-1$,且函数 $f(x)$ 无二阶导数不存在的点.

用 $x_1=-2$ 和 $x_2=-1$ 将函数定义域 $(-\infty,+\infty)$ 划分为三个子区间,列表讨论如下(表 3-6):

表 3-6

x	$(-\infty,-2)$	-2	$(-2,-1)$	-1	$(-1,+\infty)$
$f''(x)$	$+$	0	$-$	0	$+$
曲线 $y=f(x)$	凹	拐点$(-2,44)$	凸	拐点$(-1,25)$	凹

由表 3-6 可知,曲线 $y=f(x)$ 的凹区间为 $(-\infty,-2]$ 和 $[-1,+\infty)$,凸区间为 $[-2,-1]$.点 $(-2,44)$ 和 $(-1,25)$ 是曲线 $y=f(x)$ 的拐点.

例 4 求曲线 $y=(x-1)^{\frac{2}{5}}(2x+5)$ 的凹凸区间和拐点.

解 函数 $f(x)=(x-1)^{\frac{2}{5}}(2x+5)$ 的定义域为 $(-\infty,+\infty)$,又

$$f'(x)=\frac{14x}{5\sqrt[5]{(x-1)^3}},$$
$$f''(x)=\frac{14(2x-5)}{25(x-1)\sqrt[5]{(x-1)^3}},$$

由 $f''(x)=0$ 得 $x=\frac{5}{2}$;且当 $x=1$ 时,函数 $f(x)$ 的二阶导数不存在.

用 $x=\frac{5}{2}$ 和 $x=1$ 将函数定义域 $(-\infty,+\infty)$ 划分为三个子区间,列表讨论如下(表 3-7):

表 3-7

x	$(-\infty,1)$	1	$(1,\frac{5}{2})$	$\frac{5}{2}$	$(\frac{5}{2},+\infty)$
$f''(x)$	−	不存在	−	0	+
曲线 $y=f(x)$	凸	不存在	凸	$10\left(\frac{3}{2}\right)^{\frac{2}{5}}$	凹

由表 3-7 可知,曲线 $y=f(x)$ 的凹区间为 $\left[\frac{5}{2},+\infty\right)$,凸区间为 $(-\infty,1]$ 和 $\left[1,\frac{5}{2}\right]$.点 $\left(\frac{5}{2},10\left(\frac{3}{2}\right)^{\frac{2}{5}}\right)$ 是曲线 $y=f(x)$ 的拐点.

利用曲线的凹凸性可以证明一些不等式.

例 5　证明不等式 $\frac{1}{2}(x^n+y^n)>\left(\frac{x+y}{2}\right)^n$ $(x>0,y>0,x\neq y,n>1)$.

证　令 $f(t)=t^n,t\in(0,+\infty)$,则 $f'(t)=nt^{n-1}$,$f''(t)=n(n-1)t^{n-2}$.

当 $n>1$ 时,$f''(t)>0$,所以曲线 $y=f(t)$ 在 $(0,+\infty)$ 内是凹的.

由曲线凹凸性的定义可知,当 $x>0,y>0,x\neq y$ 时,

$$\frac{1}{2}[f(x)+f(y)]>f\left(\frac{x+y}{2}\right),$$

即

$$\frac{1}{2}(x^n+y^n)>\left(\frac{x+y}{2}\right)^n.$$

习题 3-4

1. 求下列曲线的凹凸区间和拐点:

(1) $y=\dfrac{x}{(x+1)^2}$;　　　　　(2) $y=2xe^{-x}$;

(3) $y=x\arctan x$;　　　　　(4) $y=(x-2)^{\frac{5}{3}}$;

(5) $y=x^3(12\ln x-4)$;　　　　　(6) $y=x^4-2x^3+2$.

2. 问常数 a,b 为何值时点 $(1,3)$ 是曲线 $y=ax^3+bx^2$ 的拐点?

3. 已知函数 $f(x)=ax^3+bx^2+cx+d$ 在 $x=-1$ 处有极值30,点 $(1,-2)$ 为曲线 $y=f(x)$ 上的拐点,求常数 a,b,c,d.

4. 利用曲线的凹凸性证明不等式:

(1) 当 $x>0,y>0$ 时,$(x+y)\ln\dfrac{x+y}{2}<x\ln x+y\ln y$;

(2) $e^{\frac{x+y}{2}}<\dfrac{e^x+e^y}{2}$;

(3) 当 $x>0,y>0$ 时,$\arctan\dfrac{x+y}{2}>\dfrac{\arctan x+\arctan y}{2}$;

(4) 当 $x>0,y>0$ 时，$\sqrt{xy}>\dfrac{x+y}{2}$.

5. 设 $f(x)=|\ln x|$，求曲线 $y=f(x)$ 的拐点.

6. 求曲线 $y=x\mathrm{e}^{1-x}$ 在拐点处的切线方程.

7. 试确定函数 $f(x)=a(x^2-12)^2$ 中常数 a 的值，使曲线 $y=f(x)$ 在拐点处的法线通过原点 $(0,0)$.

8*. 证明：曲线 $y=\dfrac{x-1}{x^2+1}$ 有三个拐点且位于同一条直线上.

9*. 设函数 $y=f(x)$ 在 $x=x_0$ 的某个邻域内有连续的三阶导数，如果 $f'(x_0)=0$，$f''(x_0)=0$，而 $f'''(x_0)\neq0$，问 $x=x_0$ 是否为极值点？$(x_0,f(x_0))$ 是否为曲线 $y=f(x)$ 的拐点？并说明理由.

10. 若函数 $y=f(x)$ 在 $x=0$ 处有连续的二阶导数，且 $\lim\limits_{x\to0}\dfrac{f''(x)}{\sin x}=-1$，则点 $(0,f(0))$ 是否为曲线 $y=f(x)$ 的拐点？为什么？

⊃ 复习题三

1. 设函数 $f(x)$ 在 $[a,b]$ 上连续，在 (a,b) 内可导，且 $f(a)=f(b)=0$.证明：存在 $\xi\in(a,b)$，使得

$$f'(\xi)=-\frac{f(\xi)}{\xi}.$$

2. 证明下列恒等式：

(1) $2\arctan x+\arcsin\dfrac{2x}{1+x^2}=\pi\,(x\geqslant1)$；

(2) $\arctan x+\mathrm{arccot}\,x=\dfrac{\pi}{2}$，$x\in(-\infty,+\infty)$.

3. 证明下列不等式：

(1) 当 $0<a<b$ 时，$\dfrac{b-a}{1+b^2}<\arctan b-\arctan a<\dfrac{b-a}{1+a^2}$；

(2) 当 $x\geqslant1$ 时，$\mathrm{e}^x\geqslant\mathrm{e}x$.

4. 求下列极限：

(1) $\lim\limits_{x\to\frac{\pi}{4}}\dfrac{\tan x-1}{\sin4x}$；

(2) $\lim\limits_{x\to0}\dfrac{(1-\cos x)[x-\ln(1+\tan x)]}{(\arctan x)^4}$；

(3) $\lim\limits_{x\to+0}\dfrac{\mathrm{e}^x+2x^2-1}{(x^2+x)\sin x}$；

(4) $\lim\limits_{x\to3^+}\dfrac{\cos x\cdot\ln(x-3)}{\ln(\mathrm{e}^x-\mathrm{e}^3)}$；

(5) $\lim\limits_{x\to\infty}x^2\left(\dfrac{\pi}{2}-\arctan2x^2\right)$；

(6) $\lim\limits_{x\to+\infty}\left(\arctan x-\dfrac{\pi}{2}\right)\cdot\ln2x$；

(7) $\lim\limits_{x\to 0} x\cot 4x$；

(8) $\lim\limits_{x\to\infty} \left[(1+x)e^{\frac{1}{x}} - 2x\right]$；

(9) $\lim\limits_{x\to 0}\left(\dfrac{1}{\arctan x} - \dfrac{1}{x}\right)$；

(10) $\lim\limits_{x\to 0}\left(\dfrac{1}{x} - \dfrac{1}{e^{-x}-1}\right)$；

(11) $\lim\limits_{x\to 0^+}\left(\dfrac{1}{x}\right)^{\tan x}$；

(12) $\lim\limits_{n\to\infty}(1+n)^{\frac{1}{\sqrt{n}}}$.

5. 试确定常数 a,b，使极限 $\lim\limits_{x\to 0}\dfrac{\ln(1+x)-(ax+bx^2)}{x^2}=1$.

6. 求下列函数的极值与单调区间：

(1) $f(x)=2x^3-9x^2+12x+4$；

(2) $f(x)=x-\ln(1+x^2)$；

(3) $f(x)=\begin{cases} x^x, & x>0, \\ x+1, & x\leqslant 0. \end{cases}$

7. 求下列曲线的凹凸区间与拐点：

(1) $y=x^4-\dfrac{1}{3}x^3-x^2+2$；　　　(2) $y=x^2+\dfrac{1}{x}$；　　　(3) $y=\ln(x^2+2)$.

8. 证明下列不等式：

(1) 当 $x>0$ 时，$\ln(1+\dfrac{1}{x})>\dfrac{1}{1+x}$；

(2) 当 $x>0$ 时，$x-\dfrac{1}{3}x^3<\arctan x<x$.

9. 求下列函数的最大值与最小值：

(1) $f(x)=2x^3-3x^2-12x+10$，　$x\in[-2,3]$；

(2) $f(x)=x^4-8x^2+1$，　$x\in[-1,3]$；

(3) $f(x)=x^3\ln x$，　$x\in(0,+\infty)$.

10. 某家电厂在生产一款新冰箱，为了卖出 x 台冰箱，规定其单价应为 $p=320-0.4x$.同时，生产 x 台冰箱的总成本可表示为 $C(x)=5\,000+0.6x^2$.

(1) 求总收入 $R(x)$；

(2) 求总利润 $L(x)$；

(3) 为使利润最大化，厂家必须生产并销售多少台冰箱？

(4) 最大利润是多少？

(5) 为实现这一最大利润，其冰箱的单价应定为多少？

自测题三

一、填空题

1. 函数 $f(x)=\cos x$ 在 $\left[\dfrac{\pi}{4},\dfrac{7\pi}{4}\right]$ 上满足罗尔定理的条件,则罗尔定理结论中的 $\xi=$ _____.

2. 函数 $f(x)=4x^3-5x^2+2x-1$ 在 $[0,1]$ 上满足拉格朗日中值定理的条件,则拉格朗日中值定理结论中的 $\xi=$ _____.

3. 极限 $\lim\limits_{x\to\frac{\pi}{2}}\dfrac{\cos x}{\dfrac{\pi}{2}-x}=$ _____.

4. 函数 $f(x)=2e^{-x}+e^x$ 的单调增加区间为 _____.

5. 曲线 $y=(1+x)e^{-2x}$ 的凹区间为 _____.

6. 函数 $y=3x^2-6x+7$ 的驻点为 _____.

7. 曲线 $y=\dfrac{\ln x}{x}$ 的拐点为 _____.

8. 用罗尔定理判定函数 $f(x)=(x+1)(x-1)(x-2)(x-3)$ 的导函数有 ____ 个根.

9. 设函数 $f(x)$ 二阶连续可导,且 $f(0)=0$,$f'(0)=1$,则 $\lim\limits_{x\to0}\dfrac{f(x)-x}{x^2}=$ _____.

10. 设函数 $f(x)=x^3+ax^2+bx$ 在点 $x=1$ 处有极值 -1,则常数 a,b 分别为 _____.

二、计算题

1. 求极限 $\lim\limits_{x\to0}\left(\dfrac{1}{x}-\dfrac{1}{e^x-1}\right)$.

2. 求极限 $\lim\limits_{x\to\infty}\left[(1+x)e^{\frac{1}{x}}-x\right]$.

3. 求极限 $\lim\limits_{x\to0}(\sin x+e^{-x})^{\frac{1}{x}}$.

4. 若 $\lim\limits_{x\to0}\left(\dfrac{\sin 3x}{x^3}+\dfrac{a}{x^2}+b\right)=0$(其中 a,b 为常数),求常数 a,b.

5. 设函数 $f(x)=a\ln x+bx^2+2x$ 在 $x=1$ 处和 $x=2$ 处均取得极值,求函数 $f(x)$ 的单调区间.

6. 设函数 $f(x)=x^3-ax^2+bx$ 在 $x=1$ 处有极值 2,求曲线 $y=f(x)$ 的凹凸区间及拐点.

7. 求数列 $\{\sqrt[n]{n}\}$ 的最大项的项数及该项的数值.

8. 已知某工厂生产 x 件产品的成本为 $C(x)=20\,000+200x+\dfrac{1}{40}x^2$(单位:元),试

问若产品以每件 500 元售出,要使利润最大,应生产多少件产品?

三、证明题

1. 证明不等式:当 $x>0$ 时,$\sqrt{1+x^2}<x\ln(x+\sqrt{1+x^2})+1$.

2. 设 $a_0+\dfrac{a_1}{2}+\cdots+\dfrac{a_n}{n+1}=0$(其中 $a_0,a_1,\cdots,a_n$ 为常数),证明:方程 $a_0+a_1x+\cdots+a_nx^n=0$ 在 $(0,1)$ 内必有一个根.

第四章

不定积分

在第二章第一节由求曲线的切线、经济学的边际等瞬时变化率问题,构成了微积分学的微分学部分;微积分除了描述函数在给定的时刻如何变化外,还需描述那些瞬时的变化怎么能在一段时间间隔上积累产生该函数,如已知曲线的切线求曲线、求曲线的长度及曲线所围成的面积等问题——微积分的四类核心问题的第四类问题(第一章),产生了不定积分和定积分,构成了微积分学的积分学部分.

→ 第一节 不定积分的概念与性质

我们在第二章第一节引例1:根据曲线方程 $y = f(x)$,求该曲线在任一点处的切线的斜率.在实际中有时需要研究相反的问题,即已知曲线 $y = f(x)$ 在任一点处的切线的斜率,求该曲线的方程.同样,在经济应用中,我们也需要研究:已知某产品的边际成本函数,求生产该产品的成本函数.

上述问题把它抽象成数学问题就是:已知函数的导数,求该函数.即已知函数 $f(x)$,求函数 $F(x)$,使得 $F'(x) = f(x)$.为了便于研究这类问题,我们引入原函数与不定积分的概念.

一、原函数与不定积分的概念

导数和微分作为一种运算,是否有逆运算? 我们先讨论下面的问题:
$$(\quad)' = \cos x \quad \text{和} \quad d(\ ) = e^{2x} dx.$$

根据第二章的导数知识,在括号中分别填入 $\sin x$ 和 $\dfrac{1}{2}e^{2x}$,这就是导数和微分的逆运算.

定义 1 如果在区间 I 上可导函数 $F(x)$ 与函数 $f(x)$ 满足
$$F'(x) = f(x),$$
则称函数 $F(x)$ 是函数 $f(x)$ 在区间 I 上的一个**原函数**.

由定义 1 知,$(\sin x)' = \cos x$,$\sin x$ 是 $\cos x$ 的一个原函数,又因为 $(\sin x + 1)' = \cos x$,$(\sin x + \pi)' = \cos x$,$(\sin x + C)' = \cos x$(C 为任意常数),所以 $\sin x + 1$,$\sin x + \pi$,$\sin x + C$ 都是 $\cos x$ 的原函数.由此可见,$\cos x$ 有无数个原函数,且任意两个原函数之间相差一个常数.

关于原函数的存在性,我们有如下定理:

定理 1 如果函数 $f(x)$ 在区间 I 上连续,则函数 $f(x)$ 在区间 I 上存在原函数.

由第三章第一节拉格朗日中值定理可得：

定理 2 如果函数 $F(x)$ 是函数 $f(x)$ 的一个原函数，则 $F(x)+C$（C 为任意常数）也是函数 $f(x)$ 的原函数.

定理 3 如果函数 $F(x)$ 和 $G(x)$ 都是函数 $f(x)$ 的原函数，则 $F(x)=G(x)+C$（C 是常数）.

定理 2 和定理 3 表明：$F(x)+C$（C 是任意常数）包含了 $f(x)$ 的全体原函数. 据此，我们引进不定积分的定义.

定义 2 设函数 $F(x)$ 是函数 $f(x)$ 在区间 I 上的一个原函数，则 $f(x)$ 的全体原函数 $F(x)+C$（C 是任意常数）称为函数 $f(x)$ 在区间 I 上的**不定积分**，记作 $\int f(x)\mathrm{d}x$，即

$$\int f(x)\mathrm{d}x = F(x)+C,$$

其中 $\int$ 称为**不定积分号**，$f(x)$ 称为**被积函数**，x 称为**积分变量**，$f(x)\mathrm{d}x$ 称为**被积表达式**，C 称为**积分常数**.

定义中的不定积分号 $\int$ 类似于一个计算符号，是由莱布尼兹引入的. 根据定义 2，求不定积分 $\int f(x)\mathrm{d}x$，实际上只要求被积函数 $f(x)$ 的一个原函数 $F(x)$，再加上积分常数即可.

例 1 求不定积分 $\int x^3\mathrm{d}x$.

解 因为 $\left(\dfrac{1}{4}x^4\right)'=x^3$，所以函数 $\dfrac{1}{4}x^4$ 是 x^3 的一个原函数，于是 $\int x^3\mathrm{d}x=\dfrac{1}{4}x^4+C$（$C$ 是任意常数）.

例 2 求不定积分 $\int\dfrac{1}{x}\mathrm{d}x$.

解 因为当 $x>0$ 时，$(\ln x)'=\dfrac{1}{x}$；当 $x<0$ 时，$[\ln(-x)]'=\dfrac{1}{x}$，所以函数 $\ln|x|$ 是 $\dfrac{1}{x}$ 的一个原函数，于是 $\int\dfrac{1}{x}\mathrm{d}x=\ln|x|+C$（$C$ 是任意常数）.

例 3 设函数 $f(x)$ 是 $\dfrac{\cos x}{x}$ 的一个原函数，求不定积分 $\int xf'(x)\mathrm{d}x$.

解 因为函数 $f(x)$ 是 $\dfrac{\cos x}{x}$ 的一个原函数，所以 $f'(x)=\dfrac{\cos x}{x}$，于是 $\int xf'(x)\mathrm{d}x=\int x\cdot\dfrac{\cos x}{x}\mathrm{d}x=\int\cos x\mathrm{d}x=\sin x+C$（$C$ 是任意常数）.

例 4 设平面内的曲线经过点 $(0,2)$，且其上任一点 (x,y) 处切线的斜率等于 $3x^2$，求此曲线的方程.

解　设所求曲线的方程为 $y=f(x)$，由题设知

$$f'(x)=3x^2.$$

则

$$f(x)=\int 3x^2\,dx=x^3+C.$$

又 $f(0)=2$，即 $2=0+C$，得 $C=2$．

故所求曲线方程为 $y=x^3+2$．

由前面例题可以看出，求原函数与求导数互为逆运算．通过导数的运算法则，有以下关系和运算性质．

二、不定积分与导数微分的关系

设在区间 I 上函数 $f(x)$ 连续，函数 $F(x)$ 具有连续的导数，则

$$\left[\int f(x)\,dx\right]'=f(x),\qquad d\left[\int f(x)\,dx\right]=f(x)\,dx,$$

$$\int F'(x)\,dx=F(x)+C,\qquad \int dF(x)=F(x)+C.$$

三、不定积分的性质

性质 1　设不定积分 $\int f(x)\,dx$ 存在，k 为常数，则 $\int kf(x)\,dx=k\int f(x)\,dx$．

性质 2　设不定积分 $\int f(x)\,dx$ 和 $\int g(x)\,dx$ 都存在，则

$$\int[f(x)\pm g(x)]\,dx=\int f(x)\,dx\pm\int g(x)\,dx.$$

四、不定积分的基本公式

由于不定积分和求导互为逆运算，因此把基本求导公式反过来，就得到不定积分的基本公式．

(1) $\int k\,dx=kx+C$；

(2) $\int x^\alpha\,dx=\dfrac{1}{\alpha+1}x^{\alpha+1}+C\,(\alpha\neq-1)$；

(3) $\int \dfrac{1}{x}\,dx=\ln|x|+C$；

(4) $\int a^x\,dx=\dfrac{1}{\ln a}a^x+C$；

(5) $\int e^x\,dx=e^x+C$；

(6) $\int \sin x\,dx=-\cos x+C$；

(7) $\int \cos x\,dx=\sin x+C$；

(8) $\displaystyle\int \frac{1}{1+x^2}\mathrm{d}x = \arctan x + C$；

(9) $\displaystyle\int \frac{1}{\sqrt{1-x^2}}\mathrm{d}x = \arcsin x + C$；

(10) $\displaystyle\int \frac{1}{\cos^2 x}\mathrm{d}x = \int \sec^2 x\,\mathrm{d}x = \tan x + C$；

(11) $\displaystyle\int \frac{1}{\sin^2 x}\mathrm{d}x = \int \csc^2 x\,\mathrm{d}x = -\cot x + C$；

(12) $\displaystyle\int \sec x \cdot \tan x\,\mathrm{d}x = \sec x + C$；

(13) $\displaystyle\int \csc x \cdot \cot x\,\mathrm{d}x = -\csc x + C.$

在计算不定积分时,可以直接按照不定积分的性质与基本积分公式求出结果,或先经过适当的变形,再按照不定积分的性质与基本积分公式求出结果.

例 5 求不定积分 $\displaystyle\int \left(\frac{3}{x} + \sin x \right)\mathrm{d}x$.

解 由性质 2 有

$$\int \left(\frac{3}{x} + \sin x \right)\mathrm{d}x = \int \frac{3}{x}\mathrm{d}x + \int \sin x\,\mathrm{d}x = 3\int \frac{1}{x}\mathrm{d}x + \int \sin x\,\mathrm{d}x = 3\ln|x| - \cos x + C.$$

例 6 求不定积分 $\displaystyle\int (2^x - 3x^2 + 4)\mathrm{d}x$.

解 由性质 2 有

$$\int (2^x - 3x^2 + 4)\,\mathrm{d}x = \int 2^x\,\mathrm{d}x - 3\int x^2\,\mathrm{d}x + 4\int 1\mathrm{d}x = \frac{2^x}{\ln 2} - x^3 + 4x + C.$$

注 (1) 每一个不定积分只要写出一个任意常数 C. 在计算不定积分时,可能因为使用的方法不同而得到不同的结果形式.

(2) 计算不定积分时,充分利用性质 2,将不定积分拆成"和"与"差"的形式再计算.

例 7 求不定积分 $\displaystyle\int \frac{\cos 2x}{\cos x + \sin x}\mathrm{d}x$.

解
$$\int \frac{\cos 2x}{\cos x + \sin x}\mathrm{d}x = \int \frac{\cos^2 x - \sin^2 x}{\cos x + \sin x}\mathrm{d}x$$
$$= \int \cos x\,\mathrm{d}x - \int \sin x\,\mathrm{d}x$$
$$= \sin x + \cos x + C.$$

例 8 求不定积分 $\displaystyle\int (\tan x + \sec x)^2\mathrm{d}x$.

解
$$\int (\tan x + \sec x)^2\mathrm{d}x = \int (\tan^2 x + 2\tan x\,\sec x + \sec^2 x)\,\mathrm{d}x$$
$$= \int (2\sec^2 x + 2\tan x\,\sec x - 1)\,\mathrm{d}x$$
$$= 2\int \sec^2 x\,\mathrm{d}x + 2\int \tan x\,\sec x\,\mathrm{d}x - \int 1\mathrm{d}x$$

$$= 2\tan x + 2\sec x - x + C.$$

例 9 求不定积分 $\int \left(\sin \dfrac{x}{2} + 2\cos \dfrac{x}{2} \right)^2 dx$.

解
$$\int \left(\sin \dfrac{x}{2} + 2\cos \dfrac{x}{2} \right)^2 dx = \int \left(1 - 2\sin x + 3\cos^2 \dfrac{x}{2} \right) dx$$
$$= \int \left[1 - 2\sin x + \dfrac{3}{2}(1 + \cos x) \right] dx$$
$$= \int \dfrac{5}{2} dx - 2\int \sin x \, dx + \dfrac{3}{2} \int \cos x \, dx$$
$$= \dfrac{5}{2} x + 2\cos x + \dfrac{3}{2} \sin x + C.$$

例 10 求不定积分 $\int \dfrac{\cos 2x}{\sin^2 x \cos^2 x} dx$.

解
$$\int \dfrac{\cos 2x}{\sin^2 x \cos^2 x} dx = \int \left(\dfrac{\cos^2 x - \sin^2 x}{\sin^2 x \cos^2 x} \right) dx$$
$$= \int \left(\dfrac{1}{\sin^2 x} - \dfrac{1}{\cos^2 x} \right) dx$$
$$= \int \csc^2 x \, dx - \int \sec^2 x \, dx = -\cot x - \tan x + C.$$

注 对被积函数中含有三角函数的不定积分,充分利用三角函数恒等式等,对被积函数进行适当的变形再进行计算.

例 11 求不定积分 $\int \dfrac{(x+1)^2}{x} dx$.

解
$$\int \dfrac{(x+1)^2}{x} dx = \int \dfrac{x^2 + 2x + 1}{x} = \int \left(x + 2 + \dfrac{1}{x} \right) dx$$
$$= \int x \, dx + 2\int 1 dx + \int \dfrac{1}{x} dx$$
$$= \dfrac{1}{2} x^2 + 2x + \ln |x| + C.$$

例 12 求不定积分 $\int \dfrac{x^4 + 3x^2 + 1}{1 + x^2} dx$.

解
$$\int \dfrac{x^4 + 3x^2 + 1}{1 + x^2} dx = \int \dfrac{x^4 - 1 + 3(x^2 + 1) - 1}{1 + x^2} dx$$
$$= \int \left(x^2 - 1 + 3 - \dfrac{1}{1 + x^2} \right) dx$$
$$= \int x^2 dx + \int 2 dx - \int \dfrac{dx}{1 + x^2}$$
$$= \dfrac{x^3}{3} + 2x - \arctan x + C.$$

注 对被积函数中含有有理函数的不定积分,可将被积函数化为多项式和部分分式的和.

例 13 一个年产 3 000 桶原油的油井,在 4 年后将要枯竭.预计从现在开始 t 年后,原油价格 $p(t)$ 将是 $p(t)=1\,000+300\sqrt{t}$(万元/千桶).如果假定油一生产出就被售出,试问从现在起到油井枯竭,从这口油井还可获得多少收益?

解 设 $R(t)$ 表示从现在起 t 年的收益,则每年的收益 $R(t)$ 的变化率为 $R'(t)$,而每年的收入为每年的产量与油价 $p(t)$ 之积.即

$$R'(t)=3(1\,000+300\sqrt{t})=3\,000+900\sqrt{t}.$$

于是

$$R(t)=\int(3\,000+900\sqrt{t})\mathrm{d}t=3\,000t+600t^{\frac{3}{2}}+C.$$

由 $R(0)=0$,得 $C=0$,所以 $R(t)=3\,000t+600t^{\frac{3}{2}}$.

故

$$R(4)=3\,000\times8+600\times4^{\frac{3}{2}}=28\,800(万元).$$

即从现在起到油井枯竭这 4 年里可得的总收益为 2.88 亿元.

五、不定积分在经济方面的应用举例

经济学是研究如何实现资源的最佳配置以使人类需要得到最大限度满足的一门科学.在市场经济的条件下,任何经济活动的目的都是以较少的资源去追求尽可能多的收益.为此,任何经济活动都必须对"数量"关系进行精确分析,没有对经济因素的定量分析,就没有真正意义上的经济学.随着信息时代的发展,市场经济需要人们掌握更多有用的数学知识,成本、利润、投入、产出、贷款、效益、股份、市场预测、风险评估等经济术语被频繁使用.

在经济分析中,经常会遇到已知经济函数的导数(或微分),求这个函数的问题,这就是求积分的问题.由于经济函数(如总产量函数 $Q(x)$、总收益函数 $R(x)$、总需求函数 $P(x)$、总成本函数 $C(x)$、总利润函数 $L(x)$ 等)的边际就是经济函数的导数,所以通过对经济函数的边际积分即可求出经济函数.

例 14 已知某产品的边际收益函数 $R'(Q)=30-Q^2-Q$,试求总收益函数 $R(Q)$ 与总需求函数 $P(Q)$.

解 总收益函数为

$$R(Q)=\int R'(Q)\mathrm{d}Q=\int(30-Q^2-Q)\mathrm{d}Q=30Q-\frac{1}{3}Q^3-\frac{1}{2}Q^2+C.$$

当市场需求量 $Q=0$ 时,总收益函数也为零,即 $R(0)=0$,于是 $C=0$,因此,所求总收益函数为

$$R(Q)=30Q-\frac{1}{3}Q^3-\frac{1}{2}Q^2.$$

又由于 $R(Q)=Q\cdot P$,故

$$P=\frac{30Q-\frac{1}{3}Q^3-\frac{1}{2}Q^2}{Q}=30-\frac{1}{3}Q^2-\frac{1}{2}Q.$$

从而所求总需求函数为

$$P = 30 - \frac{1}{3}Q^2 - \frac{1}{2}Q.$$

设产量为 Q 时的边际成本(或边际费用)为 $C'(Q)$,固定成本为 C_0,则产量为 Q 时的总成本函数(或总费用)为 $C(Q) = C_0 + \int C'(Q)\mathrm{d}Q$,其中 C_0 为固定成本(零产出量时的成本),而 $\int C'(Q)\mathrm{d}Q$ 为可变成本.

例 15 已知某产品的边际成本 $C'(Q) = 30\mathrm{e}^{0.2Q} + 2Q$(万元/吨,$Q$ 为产出量),固定成本 $C_0 = 500$ 万元,求总成本函数 $C(Q)$ 及平均成本函数 $\overline{C}(Q)$.

解 总成本函数为

$$\begin{aligned}
C(Q) &= C_0 + \int C'(Q)\mathrm{d}Q = 500 + \int(30\mathrm{e}^{0.2Q} + 2Q)\mathrm{d}Q \\
&= 500 + 150\mathrm{e}^{0.2Q} + Q^2 + C,
\end{aligned}$$

由 $C(0) = 500$,得 $C = -150$,从而总成本函数为

$$C(Q) = 350 + 150\mathrm{e}^{0.2Q} + Q^2.$$

平均成本函数为

$$\overline{C}(Q) = \frac{C(Q)}{Q} = \frac{350}{Q} + \frac{150\mathrm{e}^{0.2Q}}{Q} + Q.$$

习题 4-1

1. 计算下列各题:

(1) 求函数 $\cos x + \dfrac{1}{\sqrt{1-x^2}}$ 的原函数;

(2) 设函数 $f(x) = \ln x$,求 $\displaystyle\int \frac{x}{\sin^2 x} f'(x)\mathrm{d}x$;

(3) 设函数 $f(x)$ 的某个原函数为 $x\ln x$,求 $f'(x)$ 及 $\displaystyle\int x f'(x)\mathrm{d}x$;

(4) 设函数 $f(x)$ 的导数为 $a^x (a > 0, a \neq 1)$,求不定积分 $\displaystyle\int \mathrm{d}f(x)$ 和 $\displaystyle\int f(x)\mathrm{d}x$;

(5) 若 $\displaystyle\int f\left(\frac{1}{\sqrt{x}}\right)\mathrm{d}x = x^2 + C$,求不定积分 $\displaystyle\int f(x)\mathrm{d}x$;

(6) 已知函数 $f(x) = k\tan 2x$ 的一个原函数为 $\ln\cos 2x$,求常数 k.

2. 求下列不定积分:

(1) $\displaystyle\int \frac{x-3}{x^2}\mathrm{d}x$;

(2) $\displaystyle\int (x^2+1)^2 \mathrm{d}x$;

(3) $\displaystyle\int (\sqrt{x}+1)(\sqrt{x^3}+1)\mathrm{d}x$;

(4) $\displaystyle\int \frac{3x^3 + 3x + 1}{x^2+1}\mathrm{d}x$;

(5) $\displaystyle\int \mathrm{e}^x\left(1 - \frac{\mathrm{e}^{-x}}{x^3}\right)\mathrm{d}x$;

(6) $\displaystyle\int \frac{2 \cdot 3^x + 3 \cdot 2^x}{\mathrm{e}^x}\mathrm{d}x$;

(7) $\int \dfrac{10x^3+3}{x^4}\mathrm{d}x$;　　　　　　(8) $\int \dfrac{(1-x)^2}{\sqrt{x}}\mathrm{d}x$;

(9) $\int\left(\dfrac{3}{1+x^2}-\dfrac{2}{\sqrt{1-x^2}}\right)\mathrm{d}x$;　　(10) $\int \dfrac{x^4}{1+x^2}\mathrm{d}x$;

(11) $\int \sec x(\sec x-\tan x)\mathrm{d}x$;　　　(12) $\int \tan^2 x\,\mathrm{d}x$;

(13) $\int \dfrac{1}{1+\cos 2x}\mathrm{d}x$;　　　　(14) $\int \dfrac{\cos 2x}{\cos x-\sin x}\mathrm{d}x$.

3. 证明：$\dfrac{1}{2}\mathrm{e}^{2x}$ 是 e^{2x} 的一个原函数.

4. 已知曲线上任意一点的切线的斜率为切点横坐标的两倍，求满足上述条件的所有曲线方程，并求出过点$(0,1)$的曲线方程.

5. 一物体由静止开始运动，经 t s 后的速度是 $3t^2(\mathrm{m/s})$，问：

(1) 在 3 s 后物体离开出发点的距离是多少？

(2) 物体走完 625 m 需要多少时间？

6. 设生产某产品 x 个单位的边际成本为 $MC=2x+10$，固定成本为 400，求总成本函数.

第二节　换元积分法

当被积函数 $f(x)$ 比较复杂，不能直接利用第一节的基本积分公式和积分运算性质去计算不定积分时，有必要进一步讨论不定积分的计算方法.我们首先讨论利用中间变量的代换计算不定积分，这就是与复合函数求导公式相对应的换元积分法.换元积分法通常分为两类，下面介绍第一类换元法.

一、第一类换元积分法

例 1　求不定积分$\int 3\mathrm{e}^{3x}\mathrm{d}x$.

解　基本积分公式$\int \mathrm{e}^x\mathrm{d}x=\mathrm{e}^x+C$，对于被积函数 $3\mathrm{e}^{3x}$ 不能直接应用.我们将被积表达式 $3\mathrm{e}^{3x}\mathrm{d}x$ 看成是某个函数的微分，那么 $3\mathrm{e}^{3x}\mathrm{d}x=\mathrm{e}^{3x}\cdot(3x)'\mathrm{d}x=\mathrm{e}^{3x}\mathrm{d}(3x)$.设 $u=3x$，有 $3\mathrm{e}^{3x}\mathrm{d}x=\mathrm{e}^u\mathrm{d}u$，则 $\int 3\mathrm{e}^{3x}\mathrm{d}x=\int \mathrm{e}^u\mathrm{d}u=\mathrm{e}^u+C=\mathrm{e}^{3x}+C$.

由于 $(\mathrm{e}^{3x})'=3\mathrm{e}^{3x}$，所以 $\mathrm{e}^{3x}+C$ 是 $3\mathrm{e}^{3x}$ 的不定积分，这说明上述计算方法是正确的.

例 1 的解题方法的特点是引入新的变量 $u=3x$，把原来的积分变量为 x 的积分化为积分变量为 u 的积分，再利用基本积分公式进行计算，最后回代 $u=3x$，得到结果.

一般地，我们有下面的积分公式：

设函数 $F(u)$ 是函数 $f(u)$ 的一个原函数，而 u 又是 x 的函数 $u=u(x)$，则由复合

函数求导公式

$$\frac{\mathrm{d}}{\mathrm{d}x}F[u(x)]=F'[u(x)]u'(x)=f[u(x)]u'(x),$$

即

$$\mathrm{d}F[u(x)]=F'[u(x)]u'(x)\mathrm{d}x=f[u(x)]u'(x)\mathrm{d}x,$$

对上式两边积分,得

$$\int \mathrm{d}F[u(x)]=\int f[u(x)]u'(x)\mathrm{d}x,$$

$$F[u(x)]+C=\int f[u(x)]u'(x)\mathrm{d}x.$$

即

$$\int f[u(x)]u'(x)\mathrm{d}x=\int f(u)\mathrm{d}u.$$

这就是**第一类换元积分公式**.

定理 1 设函数 $f(u)$ 有原函数 $F(u)$,函数 $u=u(x)$ 具有连续的导数,则有第一类换元公式

$$\int f[u(x)]u'(x)\mathrm{d}x=\int f(u)\mathrm{d}u\Big|_{u=u(x)}=F[u(x)]+C.$$

由定理 1 可见,第一类换元积分法的基本思想是,如果能将被积表达式写成 $f[u(x)]\mathrm{d}u(x)$ 的形式,则作变量代换 $u=u(x)$,将原积分变形为 $\int f(u)\mathrm{d}u$,再利用不定积分的性质与基本积分公式求出结果.

如何利用定理 1 来求不定积分 $\int f[u(x)]u'(x)\mathrm{d}x$?我们采用下列步骤:

步骤 1:做换元 $u=u(x)$,则 $\mathrm{d}u=u'(x)\mathrm{d}x$,得到不定积分 $\int f(u)\mathrm{d}u$;

步骤 2:求不定积分 $\int f(u)\mathrm{d}u$;

步骤 3:在上一步的结果中用 $u(x)$ 代替 u.

例 2 求不定积分 $\int \cos 3x\,\mathrm{d}x$.

解
$$\int \cos 3x\,\mathrm{d}x=\frac{1}{3}\int \cos 3x\cdot(3x)'\mathrm{d}x.$$

设 $u=3x$,有 $\mathrm{d}u=(3x)'\mathrm{d}x$,则由定理 1 得

$$\int \cos 3x\,\mathrm{d}x=\frac{1}{3}\int \cos u\,\mathrm{d}u=\frac{1}{3}\sin u+C\xrightarrow{\text{回代}\,u=3x}\frac{1}{3}\sin 3x+C.$$

例 3 求不定积分 $\int (3x+2)^2\mathrm{d}x$.

解
$$\int (3x+2)^2\mathrm{d}x=\frac{1}{3}\int (3x+2)^2\cdot(3x+2)'\mathrm{d}x.$$

设 $u=3x+2$,有 $\mathrm{d}u=(3x+2)'\mathrm{d}x$,则由定理 1 得

$$\int (3x+2)^2\mathrm{d}x=\frac{1}{3}\int u^2\mathrm{d}u=\frac{1}{9}u^3+C\xrightarrow{\text{回代}\,u=3x+2}\frac{1}{9}(3x+2)^3+C.$$

例 4 求不定积分 $\int x\,\mathrm{e}^{x^2}\,\mathrm{d}x$.

解 $\int x\,\mathrm{e}^{x^2}\,\mathrm{d}x = \dfrac{1}{2}\int \mathrm{e}^{x^2}\cdot(x^2)'\,\mathrm{d}x$,

设 $u=x^2$,有 $\mathrm{d}u=(x^2)'\,\mathrm{d}x$,则由定理 1 得

$$\int x\,\mathrm{e}^{x^2}\,\mathrm{d}x = \frac{1}{2}\int \mathrm{e}^u\,\mathrm{d}u = \frac{1}{2}\mathrm{e}^u + C \xrightarrow{\text{回代}\,u=x^2} \frac{1}{2}\mathrm{e}^{x^2} + C.$$

例 5 求不定积分 $\displaystyle\int \frac{x}{(2x+1)^3}\,\mathrm{d}x$.

解 令 $u=2x+1$,有 $\mathrm{d}u=2\,\mathrm{d}x$,即 $\mathrm{d}x=\dfrac{\mathrm{d}u}{2}$,则

$$\int \frac{x}{(2x+1)^3}\,\mathrm{d}x = \frac{1}{2}\int \frac{\dfrac{u-1}{2}}{u^3}\,\mathrm{d}u = \frac{1}{4}\int (u^{-2}-u^{-3})\,\mathrm{d}u = \frac{1}{4}\left(-u^{-1}+\frac{1}{2}u^{-2}\right)+C$$

$$\xrightarrow{\text{回代}\,u=2x+1} -\frac{1}{4(2x+1)}+\frac{1}{8(2x+1)^2}+C.$$

从上面的例子可以看出,第一类换元法的关键是将被积表达式通过引入中间变量凑成某个函数的微分形式,然后再利用不定积分的性质和基本积分公式求出积分.因此,这种方法也称为"凑微分法".

在第一类换元法用得比较熟练后,可以不必写出中间变量的代换过程.

例 6 求不定积分 $\int (1-5x)^{10}\,\mathrm{d}x$.

解 $\int (1-5x)^{10}\,\mathrm{d}x = -\dfrac{1}{5}\int (1-5x)^{10}\,\mathrm{d}(1-5x) = -\dfrac{1}{55}(1-5x)^{11}+C.$

例 7 求不定积分 $\int \cos(2x+1)\,\mathrm{d}x$.

解 $\int \cos(2x+1)\,\mathrm{d}x = \dfrac{1}{2}\int \cos(2x+1)\,\mathrm{d}(2x+1) = \dfrac{1}{2}\sin(2x+1)+C.$

在上例中,我们实际上运用了变量代换 $u=2x+1$,并求出关于 u 的积分,代回了变量 x,只是没有将这些步骤写出来.

例 8 求不定积分 $\displaystyle\int \frac{1}{a^2-x^2}\,\mathrm{d}x\,(a>0)$.

解 因为 $\dfrac{1}{a^2-x^2}=\dfrac{1}{2a}\left(\dfrac{1}{a-x}+\dfrac{1}{a+x}\right)$,所以

$$\int \frac{1}{a^2-x^2}\,\mathrm{d}x = \frac{1}{2a}\left[\int \frac{1}{a-x}\,\mathrm{d}x + \int \frac{1}{a+x}\,\mathrm{d}x\right],$$

其中 $\displaystyle\int \frac{1}{a-x}\,\mathrm{d}x \xrightarrow{u=a-x} -\int \frac{1}{u}\,\mathrm{d}u = -\ln|u|+C = -\ln|a-x|+C,$

$\displaystyle\int \frac{1}{a+x}\,\mathrm{d}x \xrightarrow{t=a+x} \int \frac{1}{t}\,\mathrm{d}t = \ln|t|+C = \ln|a+x|+C,$

所以　$\displaystyle\int\frac{1}{a^2-x^2}\mathrm{d}x=\frac{1}{2a}(-\ln|a-x|+\ln|a+x|)+C=\frac{1}{2a}\ln\left|\frac{a+x}{a-x}\right|+C.$

利用凑微分法做题时，需要记住下面几个微分倒推式：

$$\frac{1}{x}\mathrm{d}x=\mathrm{d}(\ln x)\,,\qquad x^{n-1}\mathrm{d}x=\frac{1}{n}\mathrm{d}(x^n)\,,\qquad \mathrm{e}^x\mathrm{d}x=\mathrm{d}(\mathrm{e}^x)\,,$$

$$\frac{1}{\sqrt{x}}\mathrm{d}x=2\mathrm{d}(\sqrt{x})\,,\quad \frac{1}{\sqrt{1-x^2}}\mathrm{d}x=\mathrm{d}(\arcsin x)\,,\quad \frac{1}{1+x^2}\mathrm{d}x=\mathrm{d}(\arctan x).$$

例 9　求不定积分 $\displaystyle\int\frac{2+\ln x}{x}\mathrm{d}x$.

解　$\displaystyle\int\frac{2+\ln x}{x}\mathrm{d}x=\int(2+\ln x)\mathrm{d}(\ln x+2)=\frac{1}{2}(2+\ln x)^2+C.$

例 10　求不定积分 $\displaystyle\int\frac{x^3}{\sqrt{x^2-1}}\mathrm{d}x$.

解　令 $u=\sqrt{x^2-1}$，则 $\mathrm{d}u=\dfrac{x}{\sqrt{x^2-1}}\mathrm{d}x$，于是，

$$\int\frac{x^3}{\sqrt{x^2-1}}\mathrm{d}x=\int(u^2+1)\mathrm{d}u=\frac{1}{3}u^3+u+C,$$

$$\xlongequal{\text{回代}\,u=\sqrt{x^2-1}}\frac{1}{3}(\sqrt{x^2-1})^3+\sqrt{x^2-1}+C.$$

例 11　求不定积分 $\displaystyle\int\frac{1}{1-\mathrm{e}^x}\mathrm{d}x$.

解　$\displaystyle\int\frac{1}{1-\mathrm{e}^x}\mathrm{d}x=\int\frac{1-\mathrm{e}^x+\mathrm{e}^x}{1-\mathrm{e}^x}\mathrm{d}x=\int\left(1+\frac{\mathrm{e}^x}{1-\mathrm{e}^x}\right)\mathrm{d}x$

$$=\int 1\mathrm{d}x-\int\frac{1}{1-\mathrm{e}^x}\mathrm{d}(1-\mathrm{e}^x)=x-\ln|1-\mathrm{e}^x|+C.$$

例 12　求不定积分 $\displaystyle\int\frac{(\arcsin x)^2}{\sqrt{1-x^2}}\mathrm{d}x$.

解　$\displaystyle\int\frac{(\arcsin x)^2}{\sqrt{1-x^2}}\mathrm{d}x=\int(\arcsin x)^2\mathrm{d}\arcsin x=\frac{1}{3}(\arcsin x)^3+C.$

下面的例题中被积函数含有三角函数，在计算这类积分时，需要用到一些三角恒等式．

例 13　求不定积分 $\displaystyle\int\tan x\,\mathrm{d}x$.

解　令 $u=\cos x$，则 $\mathrm{d}u=-\sin x\,\mathrm{d}x$，于是，

$$\int\tan x\,\mathrm{d}x=\int\frac{\sin x}{\cos x}\mathrm{d}x=-\int\frac{1}{u}\mathrm{d}u=-\ln|u|+C=-\ln|\cos x|+C.$$

类似地，$\displaystyle\int\cot x\,\mathrm{d}x=\ln|\sin x|+C.$

例 14　求不定积分 $\int \csc x \, \mathrm{d}x$.

解　令 $u = \cos x$，则 $\mathrm{d}u = -\sin x \, \mathrm{d}x$，于是，

$$\int \csc x \, \mathrm{d}x = \int \frac{1}{\sin x} \mathrm{d}x = \int \frac{\sin x}{\sin^2 x} \mathrm{d}x = \int \frac{\sin x}{1 - \cos^2 x} \mathrm{d}x = -\int \frac{1}{1 - u^2} \mathrm{d}u,$$

利用例 8 的结果得

$$\int \csc x \, \mathrm{d}x = -\frac{1}{2} \ln \left| \frac{1+u}{1-u} \right| + C$$

$$= \frac{1}{2} \ln \left| \frac{1-\cos x}{1+\cos x} + C \right| = \ln | \csc x - \cot x | + C.$$

类似地，$\int \sec x \, \mathrm{d}x = \ln | \sec x + \tan x | + C$.

对于形如 $\int \sin^m x \cos^n x \, \mathrm{d}x$（$m, n$ 为正整数）的积分问题，可归纳如下：

(1) 若 m 为奇数，令 $u = \cos x$；

(2) 若 n 为奇数，令 $u = \sin x$；

(3) 若 m, n 均为偶数，反复利用 $\sin^2 x = \dfrac{1-\cos 2x}{2}$，$\cos^2 x = \dfrac{1+\cos 2x}{2}$，$\sin x \cos x = \dfrac{\sin 2x}{2}$ 降到一次幂，再利用积化和差公式求积.

例 15　求不定积分 $\int \sin^3 x \cos^2 x \, \mathrm{d}x$.

解　两个乘幂中，$\sin x$ 是奇数次幂，令 $u = \cos x$，则 $\mathrm{d}u = -\sin x \, \mathrm{d}x$，于是

$$\int \sin^3 x \cos^2 x \, \mathrm{d}x = \int \sin^2 x \cos^2 x \sin x \, \mathrm{d}x = -\int u^2 (1 - u^2) \mathrm{d}u$$

$$= \frac{u^5}{5} - \frac{u^3}{3} + C = \frac{\cos^5 x}{5} - \frac{\cos^3 x}{3} + C.$$

例 16　求不定积分 $\int \sin^2 x \cos^2 x \, \mathrm{d}x$.

解

$$\int \sin^2 x \cos^2 x \, \mathrm{d}x = \int (\sin x \cos x)^2 \, \mathrm{d}x = \int \left(\frac{\sin 2x}{2} \right)^2 \mathrm{d}x$$

$$= \frac{1}{8} \int (1 - \cos 4x) \mathrm{d}x = \frac{1}{8} \left(x - \frac{1}{4} \sin 4x \right) + C$$

$$= \frac{1}{8} x - \frac{1}{32} \sin 4x + C.$$

例 17　求不定积分 $\int \sin 4x \cos 5x \, \mathrm{d}x$.

解　利用积化和差公式 $\sin A \cos B = \dfrac{1}{2} [\sin(A+B) + \sin(A-B)]$，得

$$\sin 4x \cos 5x = \frac{1}{2} [\sin 9x + \sin(-x)],$$

于是

$$\int \sin 4x \cos 5x \, \mathrm{d}x = \frac{1}{2}\left(\int \sin 9x \, \mathrm{d}x - \int \sin x \, \mathrm{d}x\right)$$

$$= -\frac{1}{18}\cos 9x + \frac{1}{2}\cos x + C.$$

下面的例题中被积函数是有理函数,常用方法为裂项法与配方法.

例 18 求不定积分 $\int \dfrac{5x-3}{x^2-2x-3}\mathrm{d}x$.

解 由于 $\dfrac{5x-3}{x^2-2x-3}=\dfrac{2}{x+1}+\dfrac{3}{x-3}$,从而

$$\int \frac{5x-3}{x^2-2x-3}\mathrm{d}x = \int\left(\frac{2}{x+1}+\frac{3}{x-3}\right)\mathrm{d}x$$

$$= \int \frac{2}{x+1}\mathrm{d}(x+1) + \int \frac{3}{x-3}\mathrm{d}(x-3)$$

$$= 2\ln|x+1| + 3\ln|x-3| + C.$$

例 19 求不定积分 $\int \dfrac{1}{x^2+2x+3}\mathrm{d}x$.

解 由于 $x^2+2x+3=(x+1)^2+2$,令 $t=x+1$,则 $\mathrm{d}t=\mathrm{d}x$,从而

$$\int \frac{1}{x^2+2x+3}\mathrm{d}x = \int \frac{1}{t^2+2}\mathrm{d}t = \int \frac{1}{t^2+(\sqrt{2})^2}\mathrm{d}t$$

$$= \frac{\sqrt{2}}{2}\arctan\frac{t}{\sqrt{2}} + C.$$

二*、第二类换元积分法

如果不定积分 $\int f(x)\mathrm{d}x$ 不能够直接用基本积分公式计算,又不能够分解成为某个中间变量 u 的函数 $f(u)$ 与 u 的导数 $u'(x)$ 之乘积时,可以试着从右到左应用第一类换元积分公式,即将变量 x 看作变量 u 的函数,即 $x=\varphi(u)$,这时 $\mathrm{d}x=\varphi'(u)\mathrm{d}u$,于是,

$$\int f(x)\mathrm{d}x = \int f[\varphi(u)]\varphi'(u)\mathrm{d}u.$$

如果 $\int f[\varphi(u)]\varphi'(u)\mathrm{d}u = F(u)+C$,则

$$\int f(x)\mathrm{d}x = F[\varphi^{-1}(x)] + C,$$

其中 $\varphi^{-1}(x)$ 是 $x=\varphi(u)$ 的反函数.上述公式称为**第二类换元积分公式**.

定理 2 设函数 $x=\varphi(u)$ 是可导的单调函数,且 $\varphi'(u)\neq 0$,则有第二类换元公式

$$\int f(x)\mathrm{d}x = \int f[\varphi(u)]\varphi'(u)\mathrm{d}u \big|_{u=\varphi^{-1}(x)},$$

其中 $\varphi^{-1}(x)$ 是 $x=\varphi(u)$ 的反函数.

使用第二类换元积分法的关键在于选择满足定理 2 中条件的代换 $x=\varphi(u)$,并且关于 u 的积分 $\int f[\varphi(u)]\varphi'(u)\mathrm{d}u$ 要易于计算.如何选择这个代换与被积函数的形式有关系.例如,当被积函数中含有根式函数,且该积分不能用直接积分法也不能用第一类换元积分法求积分时,一般设法选择适当的代换 $x=\varphi(u)$,消去被积函数中的根式,使得积分得到简化,变得容易计算.常用的代换有简单无理函数的根式代换和三角代换.

例 20 求不定积分 $\displaystyle\int \frac{x\,\mathrm{d}x}{\sqrt{x-3}}$.

解 由于被积函数中含有 $\sqrt{x-3}$,为了将被积函数变为有理分式,令 $u=\sqrt{x-3}$,得 $x=u^2+3$.设 $x=u^2+3$,有 $\mathrm{d}x=2u\,\mathrm{d}u$,则由定理 2 得

$$\int \frac{x\,\mathrm{d}x}{\sqrt{x-3}}=\int \frac{(u^2+3)}{u}\cdot 2u\,\mathrm{d}u=2\int(u^2+3)\mathrm{d}u=\frac{2}{3}u^3+6u+C$$

$$=\left(\frac{2}{3}x+4\right)\sqrt{x-3}+C.$$

例 21 求不定积分 $\displaystyle\int \sqrt{a^2-x^2}\,\mathrm{d}x \quad (a>0)$.

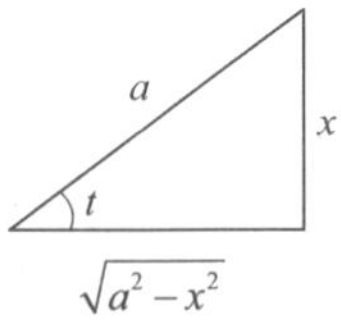

解 如图 4-1 所示,设 $x=a\sin t$,$t\in\left[-\frac{\pi}{2},\frac{\pi}{2}\right]$,则 $\mathrm{d}x=a\cos t\,\mathrm{d}t$.由定理 2 得

图 4-1

$$\int \sqrt{a^2-x^2}\,\mathrm{d}x=\int a\cos t\cdot a\cos t\,\mathrm{d}t=a^2\int\cos^2 t\,\mathrm{d}t$$

$$=a^2\left(\frac{1}{2}t+\frac{1}{4}\sin 2t\right)+C$$

$$=\frac{a^2}{2}\arcsin\frac{x}{a}+\frac{1}{2}x\sqrt{a^2-x^2}+C.$$

例 22 求不定积分 $\displaystyle\int \frac{1}{\sqrt{x^2+a^2}}\mathrm{d}x \quad (a>0)$.

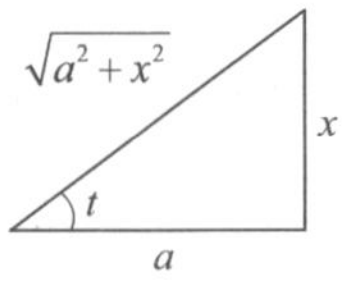

解 如图 4-2 所示,设 $x=a\tan t$,$t\in\left(-\frac{\pi}{2},\frac{\pi}{2}\right)$,则 $\mathrm{d}x=a\sec^2 t\,\mathrm{d}t$.由定理 2 得

图 4-2

$$\int \frac{1}{\sqrt{x^2+a^2}}\mathrm{d}x=\int \frac{1}{a\sec t}\cdot a\sec^2 t\,\mathrm{d}t=\int\sec t\,\mathrm{d}t$$

$$=\ln|\sec t+\tan t|+C=\ln|x+\sqrt{x^2+a^2}|+C.$$

例 23 求不定积分 $\displaystyle\int \frac{1}{\sqrt{25x^2-4}}\mathrm{d}x\left(x>\frac{2}{5}\right)$.

解 如图 4-3 所示,设 $x=\frac{2}{5}\sec t$,$t\in\left(0,\frac{\pi}{2}\right)$,则 $\mathrm{d}x=\frac{2}{5}\sec t\tan t\,\mathrm{d}t$.由定理 2 得

$$\int \frac{1}{\sqrt{25x^2-4}}dx = \int \frac{\frac{2}{5}\sec t \tan t}{2\tan t}dt$$

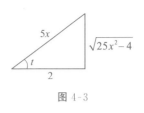

图 4-3

$$= \frac{1}{5}\int \sec t\, dt = \frac{1}{5}\ln|\sec t + \tan t| + C$$

$$= \frac{1}{5}\ln\left| \frac{5x}{2} + \frac{\sqrt{25x^2-4}}{2} \right| + C.$$

例 24　求不定积分 $\displaystyle\int \frac{\sqrt{9-x^2}}{x^2}dx$.

解　设 $x = 3\sin t$，$t\in\left(0, \frac{\pi}{2}\right]$，则 $dx = 3\cos t\, dt$. 由定理 2 得

$$\int \frac{\sqrt{9-x^2}}{x^2}dx = \int \frac{3\cos t \cdot 3\cos t}{9\sin^2 t}dt = \int \cot^2 t\, dt = \int (\csc^2 t - 1)dt$$

$$= -\cot t - t + C = -\frac{\sqrt{9^2-x^2}}{x} - \arcsin\frac{x}{3} + C.$$

例 25　求不定积分 $\displaystyle\int \frac{1}{\sqrt{(4+x^2)^3}}dx$.

解　设 $x = 2\tan t$，$t\in\left(-\frac{\pi}{2}, \frac{\pi}{2}\right)$，则 $dx = 2\sec^2 t\, dt$. 由定理 2 得

$$\int \frac{1}{\sqrt{(4+x^2)^3}}dx = \int \frac{2\sec^2 t}{8\sec^3 t}dt = \frac{1}{4}\int \cos t\, dt = \frac{1}{4}\sin t + C$$

$$= \frac{1}{4}\frac{x}{\sqrt{4+x^2}} + C.$$

例 20 使用的是简单无理函数的根式代换；例 21—25，使用的均为三角代换，其目的是化掉根式. 需要指出的是，第一类和第二类换元积分法中的两种换元的本质是用换元的方法将被积函数中比较难处理的部分代换掉. 在使用时，我们不要拘泥于第一类和第二类换元公式中对被积函数形式的规定，应该灵活应用第一类和第二类换元公式.

本节中一些例题的结果会经常遇到，我们通常也将它们作为基本积分公式使用. 接续第一节公式.

(14) $\displaystyle\int \tan x\, dx = -\ln|\cos x| + C$；

(15) $\displaystyle\int \cot x\, dx = \ln|\sin x| + C$；

(16) $\displaystyle\int \sec x\, dx = \ln|\sec x + \tan x| + C$；

(17) $\displaystyle\int \csc x\, dx = \ln|\csc x - \cot x| + C$；

(18) $\displaystyle\int \frac{1}{a^2+x^2}dx = \frac{1}{a}\arctan\frac{x}{a} + C$；

(19) $\int \dfrac{1}{x^2 - a^2} dx = \dfrac{1}{2a} \ln \left| \dfrac{x-a}{x+a} \right| + C$;

(20) $\int \dfrac{1}{\sqrt{a^2 - x^2}} dx = \arcsin \dfrac{x}{a} + C$;

(21) $\int \dfrac{1}{\sqrt{x^2 \pm a^2}} dx = \ln | x + \sqrt{x^2 \pm a^2} | + C$.

习题 4-2

1. 求下列不定积分：

(1) $\int e^{10x} dx$;

(2) $\int (1 - 2x)^5 dx$;

(2) $\int \dfrac{1}{3 - 2x} dx$;

(4) $\int \sqrt{8 - 2x} \, dx$;

(5) $\int \dfrac{\sin \sqrt{x}}{\sqrt{x}} dx$;

(6) $\int \dfrac{1}{x \cdot \ln x \cdot \ln(\ln x)} dx$;

(7) $\int \dfrac{x+1}{\sqrt{1 - x^2}} dx$;

(8) $\int \dfrac{1}{\sin x \cos x} dx$;

(9) $\int \dfrac{1}{1 + \sqrt{2x}} dx$;

(10) $\int x \cos x^2 \, dx$;

(11) $\int \dfrac{1}{x^2} \sqrt[3]{1 + \dfrac{1}{x}} dx$;

(12) $\int \dfrac{x^2}{(1-x)^{100}} dx$;

(13) $\int \dfrac{\sqrt{1 + \ln x}}{x} dx$;

(14) $\int \dfrac{x-4}{\sqrt{x+2}} dx$;

(15) $\int \dfrac{\sin x}{\sqrt{1 + 2\cos x}} dx$;

(16) $\int \dfrac{x^3}{9 + x^2} dx$;

(17) $\int \dfrac{dx}{e^x + e^{-x}}$;

(18) $\int \dfrac{1}{(x+1)(x-2)} dx$;

(19) $\int \dfrac{x}{x^4 + 2x^2 + 5} dx$;

(20) $\int \dfrac{1}{4 - x^2} dx$;

(21) $\int \dfrac{1}{2x^2 - 1} dx$;

(22) $\int \cos^2 x \, dx$;

(23) $\int \sin^4 x \cos^2 x \, dx$;

(24) $\int \tan^{10} x \sec^2 x \, dx$;

(25) $\int \tan^3 x \sec x \, dx$;

(26) $\int \dfrac{10^{2\arccos x}}{\sqrt{1 - x^2}} dx$;

(27) $\int \cos 3x \cos 5x \, dx$;

(28) $\int \dfrac{1}{(\arcsin x)^2 \sqrt{1 - x^2}} dx$;

$(29) \int \dfrac{x^2}{\sqrt{a^2-x^2}}\mathrm{d}x$;

$(30) \int \dfrac{1}{x\sqrt{x^2-1}}\mathrm{d}x$;

$(31) \int \dfrac{1}{\sqrt{(x^2+1)^3}}\mathrm{d}x$;

$(32) \int \dfrac{\sqrt{x^2-9}}{x}\mathrm{d}x$;

$(33) \int \dfrac{1}{1+\sqrt{1-x^2}}\mathrm{d}x$;

$(34) \int \dfrac{1}{x^3+1}\mathrm{d}x$;

$(35) \int \dfrac{2x+3}{x^2+3x-10}\mathrm{d}x$;

$(36) \int \dfrac{x^5+x^4-8}{x^3-x}\mathrm{d}x$.

2. 设 $\int xf(x)\mathrm{d}x=\arcsin x+C$,求不定积分 $\int \dfrac{1}{f(x)}\mathrm{d}x$.

3. 设 $\int x^5 f(x)\mathrm{d}x=\sqrt{x^2-1}+C$,求不定积分 $\int f(x)\mathrm{d}x$.

4. 设 $f'(2+\cos x)=\sin^2 x+\tan^2 x$,求函数 $f(x)$.

5. 设函数 $F(x)=f(x)-\dfrac{1}{f(x)}$,$g(x)=f(x)+\dfrac{1}{f(x)}$,$F'(x)=g^2(x)$,且 $f\left(\dfrac{\pi}{4}\right)=1$,求可导函数 $f(x)$.

➡ 第三节　分部积分法

因为 $\int x\mathrm{d}x=\dfrac{1}{2}x^2+C$ 和 $\int x^2\mathrm{d}x=\dfrac{1}{3}x^3+C$,显然 $\int x\cdot x\mathrm{d}x\neq\int x\mathrm{d}x\cdot\int x\mathrm{d}x$.一般情况下,$\int f(x)\cdot g(x)\mathrm{d}x\neq\int f(x)\mathrm{d}x\cdot\int g(x)\mathrm{d}x$.这一节我们利用两个函数乘积求导公式来介绍求两个函数乘积的不定积分 $\int f(x)\cdot g(x)\mathrm{d}x$ 的分部积分法.

一、分部积分法

设函数 $u(x)$ 和 $v(x)$ 具有连续导数,则有

$$\frac{\mathrm{d}}{\mathrm{d}x}[u(x)v(x)]=\frac{\mathrm{d}u(x)}{\mathrm{d}x}\cdot v(x)+u(x)\cdot\frac{\mathrm{d}v(x)}{\mathrm{d}x},$$

即

$$\mathrm{d}[u(x)v(x)]=v(x)\mathrm{d}u(x)+u(x)\mathrm{d}v(x),$$

对上式两边积分,得

$$\int\mathrm{d}[u(x)v(x)]=\int v(x)\mathrm{d}u(x)+\int u(x)\mathrm{d}v(x),$$

移项并积分得

$$\int u(x)\mathrm{d}v(x)=u(x)v(x)-\int v(x)\mathrm{d}u(x),$$

或

$$\int u(x)v'(x)\mathrm{d}x = u(x)v(x) - \int u'(x)v(x)\mathrm{d}x.$$

这就是**分部积分公式**.

定理 1 设函数 $u(x)$ 和函数 $v(x)$ 具有连续的导数,且不定积分 $\int u'(x)v(x)\mathrm{d}x$ 存在,则 $\int u(x)v'(x)\mathrm{d}x$ 也存在,且有

$$\int u(x)v'(x)\mathrm{d}x = u(x)v(x) - \int u'(x)v(x)\mathrm{d}x.$$

通过分部积分公式,我们可以将积分 $\int u(x)v'(x)\mathrm{d}x$ 转为积分 $\int v(x)u'(x)\mathrm{d}x$,这样如果求积分 $\int u(x)v'(x)\mathrm{d}x$ 有困难,而求积分 $\int v(x)u'(x)\mathrm{d}x$ 比较容易,就可以通过分部积分公式"化难为易".

分部积分法是与被积函数为两个函数 $u(x)$ 和 $v'(x)$ 乘积相对应的.在应用分部积分公式时,恰当选取 $u(x)$ 和 $v(x)$ 是计算的关键.选取 $u(x)$ 和 $v(x)$ 一般考虑下面两点:(1) $v(x)$ 要容易求得;(2) 积分 $\int v(x)u'(x)\mathrm{d}x$ 要比积分 $\int u(x)v'(x)\mathrm{d}x$ 容易计算.

常见的使用分部积分处理的不定积分有:

(1) $\int x^n \mathrm{e}^x \mathrm{d}x$,$\int x^n \sin x \mathrm{d}x$,$\int x^n \cos x \mathrm{d}x$ $(n \geqslant 0)$.此时,选择 $u = x^n$,利用分部积分,使之逐次降幂,化为常数.

(2) $\int x^n \ln x \mathrm{d}x$,$\int x^n \arcsin x \mathrm{d}x$,$\int x^n \arctan x \mathrm{d}x$ $(n \geqslant 0)$,选择 $u = \ln x$,$u = \arcsin x$ 或 $u = \arctan x$,利用分部积分计算.

例 1 求不定积分 $\int x \cos x \mathrm{d}x$.

解 被积分函数是幂函数(幂非负)与三角函数的乘积,可用分部积分进行积分.将积分 $\int x \cos x \mathrm{d}x$ 改写为 $\int x (\sin x)' \mathrm{d}x$,取 $u = x$,$v = \sin x$.

因此,由定理 1 得

$$\int x \cos x \mathrm{d}x = x \sin x - \int x' \cdot \sin x \mathrm{d}x = x \sin x - \int \sin x \mathrm{d}x$$
$$= x \sin x + \cos x + C.$$

在例 1 中积分 $\int \sin x \mathrm{d}x$ 比积分 $\int x \cos x \mathrm{d}x$ 容易计算.如果取 $u = \cos x$,$v = \frac{1}{2}x^2$,则

$$\int x \cos x \mathrm{d}x = \frac{1}{2}\left(x^2 \cos x + \int x^2 \cdot \sin x \mathrm{d}x\right),$$

显然 $\int x^2 \cdot \sin x \mathrm{d}x$ 比 $\int x \cos x \mathrm{d}x$ 更难计算.

例 2　求不定积分 $\int x\,\mathrm{e}^{-x}\,\mathrm{d}x$.

解　被积分函数是幂函数与指数函数的乘积,可用分部积分进行积分.取 $u=x$,$\mathrm{d}v=-\mathrm{e}^{-x}\,\mathrm{d}x$,则由定理 1 得

$$\int x\,\mathrm{e}^{-x}\,\mathrm{d}x = \int x\cdot(-\mathrm{e}^{-x})'\,\mathrm{d}x = -x\,\mathrm{e}^{-x} + \int \mathrm{e}^{-x}\cdot(x)'\,\mathrm{d}x$$

$$= -x\,\mathrm{e}^{-x} + \int \mathrm{e}^{-x}\,\mathrm{d}x = -x\,\mathrm{e}^{-x} - \int \mathrm{e}^{-x}\,\mathrm{d}(-x)$$

$$= -(x+1)\mathrm{e}^{-x} + C.$$

例 3　求不定积分 $\int x^2\ln x\,\mathrm{d}x$.

解　被积分函数是幂函数与指数函数的乘积,可用分部积分进行积分.取 $u=\ln x$,$\mathrm{d}v=x^2\,\mathrm{d}x$,则由定理 1 得

$$\int x\ln x\,\mathrm{d}x = \int \ln x\cdot\left(\frac{x^3}{3}\right)'\,\mathrm{d}x = \frac{x^3}{3}\cdot\ln x - \int \frac{x^3}{3}\cdot(\ln x)'\,\mathrm{d}x$$

$$= \frac{1}{3}x^3\ln x - \frac{1}{3}\int x^3\cdot\frac{1}{x}\,\mathrm{d}x = \frac{1}{3}x^3\ln x - \frac{1}{3}\int x^2\,\mathrm{d}x$$

$$= \frac{1}{3}x^3\ln x - \frac{1}{9}x^3 + C.$$

例 4　求 $\int \arctan x\,\mathrm{d}x$.

解　被积分函数是幂函数与反三角函数的乘积,可用分部积分进行积分. 取 $u=\arctan x$,$\mathrm{d}v=\mathrm{d}x$,则由定理 1 得

$$\int \arctan x\,\mathrm{d}x = x\arctan x - \int x\,\mathrm{d}(\arctan x)$$

$$= x\arctan x - \int x\cdot\frac{1}{1+x^2}\,\mathrm{d}x$$

$$= x\arctan x - \frac{1}{2}\int \frac{1}{1+x^2}\,\mathrm{d}(1+x^2)$$

$$= x\arctan x - \frac{1}{2}\ln(1+x^2) + C.$$

有些函数的不定积分需要连续多次应用分部积分法.

例 5　求不定积分 $\int x^2\sin x\,\mathrm{d}x$.

解　取 $u=x^2$,$v=-\cos x$,则由定理 1 得

$$\int x^2\sin x\,\mathrm{d}x = -\int x^2(\cos x)'\,\mathrm{d}x = -\left[x^2\cos x - \int(x^2)'\cdot\cos x\,\mathrm{d}x\right]$$

$$= -x^2\cos x + 2\int x\cdot\cos x\,\mathrm{d}x = -x^2\cos x + 2\int x\cdot(\sin x)'\,\mathrm{d}x$$

$$= -x^2\cos x + 2x\sin x - 2\int \sin x\,\mathrm{d}x$$

$$= -x^2\cos x + 2x\sin x + 2\cos x + C.$$

在求积分过程中往往需要换元法与分部积分法一同使用.

例 6 求不定积分 $\int e^{\sqrt{3x+9}}\,dx$.

解 令 $t=\sqrt{3x+9}$,则 $x=\dfrac{t^2-9}{3}$,$dx=\dfrac{2}{3}t\,dt$,于是

$$\int e^{\sqrt{3x+9}}\,dx = \frac{2}{3}\int t\,e^t\,dt = \frac{2}{3}\int t\,de^t = \frac{2}{3}\left(t\,e^t - \int e^t\,dt\right)$$

$$= \frac{2}{3}(t-1)e^t + C$$

$$= \frac{2}{3}(\sqrt{3x+9}-1)e^{\sqrt{3x+9}} + C.$$

例 7 求不定积分 $\int e^x\cos x\,dx$.

解 被积分函数是指数函数与三角函数的乘积,也可用分部积分进行积分. 取 $u=\cos x$,$dv=e^x\,dx$,也可取 $u=e^x$,$dv=\cos x\,dx$,则

$$\int e^x\cos x\,dx = \int \cos x\,de^x = e^x\cos x - \int e^x\,d\cos x$$

$$= e^x\cos x + \int e^x\sin x\,dx ,$$

其中

$$\int e^x\sin x\,dx = \int \sin x\,de^x = e^x\sin x - \int e^x\,d\sin x$$

$$= e^x\sin x - \int e^x\cos x\,dx .$$

即

$$\int e^x\cos x\,dx = e^x\cos x + e^x\sin x - \int e^x\cos x\,dx ,$$

移项得

$$\int e^x\cos x\,dx = \frac{1}{2}e^x(\sin x + \cos x) + C .$$

二*、积分表法

在计算形如 $\int x^n e^x\,dx$,$\int x^n\sin x\,dx$,$\int x^n\cos x\,dx$,$\int e^{mx}\cos nx\,dx$ 的积分,我们需要多次使用分部积分,计算过程可能比较繁琐.我们也可使用积分表法来计算这类积分.

例 8 求不定积分 $\int x^2 e^x\,dx$.

解 令 $f(x)=x^2$,$g(x)=e^x$;列表(表 4-1):

表 4-1

$f(x)$ 和 $f(x)$ 的导数	$g(x)$ 和 $g(x)$ 的积分
x^2	e^x
$2x$	e^x
2	e^x
0	e^x

如果 $f(x)$ 的 n 阶导数为 0 时就停止求导和求积分,按照箭头连接起来的函数乘积,正负交错连接得到

$$\int x^2 e^x \, dx = x^2 e^x - 2x e^x + 2 e^x + C.$$

例 9 求不定积分 $\int x^3 \sin x \, dx$.

解 令 $f(x) = x^3$,$g(x) = \sin x$;列表(表 4-2):

表 4-2

$f(x)$ 和 $f(x)$ 的导数	$g(x)$ 和 $g(x)$ 的积分
x^3	$\sin x$
$3x^2$	$-\cos x$
$6x$	$-\sin x$
6	$\cos x$
0	$\sin x$

如果 $f(x)$ 的 n 阶导数为 0 时就停止求导和求积分,按照箭头连接起来的函数乘积,正负交错连接得到

$$\int x^3 \sin x \, dx = -x^3 \cos x + 3x^2 \sin x + 6x \cos x - 6\sin x + C.$$

例 10 求不定积分 $\int e^{2x} \cos x \, dx$.

解 令 $f(x) = e^{2x}$,$g(x) = \cos x$;列表(表 4-3):

表 4-3

$f(x)$ 和 $f(x)$ 的导数	$g(x)$ 和 $g(x)$ 的积分
e^{2x}	$\cos x$
$2e^{2x}$	$\sin x$
$4e^{2x}$	$-\cos x$

如果某行和第一行除去常数系数外相同时就停止求导和求积分,按照箭头连接起

来的函数乘积,正负交错连接得到

$$\int e^{2x}\cos x\,dx = e^{2x}\sin x - 2e^{2x}(-\cos x) + \int 4e^{2x}(-\cos x)\,dx.$$

可以解得

$$\int e^{2x}\cos x\,dx = \frac{e^{2x}\sin x + 2e^{2x}\cos x}{5} + C.$$

习题 4-3

1. 计算下列不定积分:

(1) $\int \ln(x+1)\,dx$;

(2) $\int x\sin 3x\,dx$;

(3) $\int x^2\cos x\,dx$;

(4) $\int \dfrac{\ln(x+1)}{\sqrt{x+1}}\,dx$;

(5) $\int x\sin^2 x\,dx$;

(6) $\int x^3 e^{x^2}\,dx$;

(7) $\int x\tan^2 x\,dx$;

(8) $\int x\sin x\cos x\,dx$;

(9) $\int (\ln x)^2\,dx$;

(10) $\int \dfrac{\ln x}{(1-x)^2}\,dx$;

(11) $\int (x^2-1)\sin 2x\,dx$;

(12) $\int (\arcsin x)^2\,dx$;

(13) $\int e^{-2x}\sin 2x\,dx$;

(14) $\int \sec^3 x\,dx$;

(15) $\int e^{\sqrt{2x-1}}\,dx$;

(16) $\int x^2\sqrt{x^2+1}\,dx$;

(17) $\int \arctan\sqrt{x}\,dx$.

2. 已知函数 $f(x)$ 的一个原函数为 $\dfrac{\sin x}{x}$,求不定积分 $\int x f'(x)\,dx$.

3. 已知函数 $f(x)$ 的一个原函数为 e^{x^2},求不定积分 $\int x f'(2x)\,dx$.

4. 设 $f(\ln x) = \dfrac{\ln(1+x)}{x}$,求不定积分 $\int f(x)\,dx$.

复习题四

1. 求下列不定积分:

(1) $\int \sqrt{2x+1}\,dx$;

(2) $\int \sqrt{x}\,(x^2-5)\,dx$;

(3) $\int 3\left(x^{-0.6} - \dfrac{1}{\sqrt{x}} + \dfrac{1}{x}\right)\mathrm{d}x$;

(4) $\int \dfrac{(x-1)^3}{x^2}\mathrm{d}x$;

(5) $\int \dfrac{x^2}{4+x^6}\mathrm{d}x$;

(6) $\int x^2\sqrt{1+x^3}\,\mathrm{d}x$;

(7) $\int \dfrac{1+\cos^2 x}{1+\cos 2x}\mathrm{d}x$;

(8) $\int \dfrac{1}{\cos^2 3x}\mathrm{d}x$;

(9) $\int \dfrac{\sin x}{5+2\cos x}\mathrm{d}x$;

(10) $\int \dfrac{\sin x\cos x}{1+\cos^2 x}\mathrm{d}x$;

(11) $\int \dfrac{1+\sin x}{x-\cos x}\mathrm{d}x$;

(12) $\int \dfrac{1}{(\arccos x)^2\sqrt{1-x^2}}\mathrm{d}x$;

(13) $\int \dfrac{\mathrm{e}^{\sqrt{x}}}{\sqrt{x}}\mathrm{d}x$;

(14) $\int \dfrac{2^x}{\sqrt{1-4^x}}\mathrm{d}x$;

(15) $\int \dfrac{\mathrm{e}^x(1-\mathrm{e}^x)}{\sqrt{1+\mathrm{e}^{2x}}}\mathrm{d}x$;

(16) $\int\left(x\sqrt{x^2+1} - \dfrac{x}{\sqrt{x^2+1}}\right)\mathrm{d}x$;

(17) $\int \sin^3 x\cos^4 x\,\mathrm{d}x$;

(18) $\int[x\sin(x^2+2) - \tan^2 x]\mathrm{d}x$;

(19) $\int \dfrac{\ln\tan x}{\sin x\cos x}\mathrm{d}x$;

(20) $\int(\cos x - \sin x)\cos 2x\,\mathrm{d}x$;

(21) $\int \dfrac{x^2+\arctan x}{1+x^2}\mathrm{d}x$;

(22) $\int \dfrac{x\cos x+\sin x}{(x\sin x)^2}\mathrm{d}x$;

(23) $\int(x-2)\mathrm{e}^{x^2-4x+3}\mathrm{d}x$;

(24) $\int \dfrac{x^5}{\sqrt{1+x^3}}\mathrm{d}x$;

(25) $\int\sqrt{\dfrac{\ln(x+\sqrt{1+x^2})}{1+x^2}}\,\mathrm{d}x$;

(26) $\int \dfrac{1}{x\sqrt{1-\ln^2 x}}\mathrm{d}x$;

(27) $\int \dfrac{x+3}{x^2+2x+5}\mathrm{d}x$;

(28) $\int x^2\arctan x\,\mathrm{d}x$;

(29) $\int x\cos 3x\,\mathrm{d}x$;

(30) $\int x\,\mathrm{e}^{-2x}\mathrm{d}x$;

(31) $\int \arcsin x\,\mathrm{d}x$;

(32) $\int x\ln(x-1)\mathrm{d}x$.

➡ 自测题四

一、填空题

1. 函数 $f(x)=\sin 3x$ 的原函数为 _____.

2. 已知函数 $F(x)$ 是 $\sin 2x$ 的一个原函数，则 $\mathrm{d}F(x)=$ _____.

3. 不定积分 $\int \dfrac{2}{\sqrt{1-x^2}}\mathrm{d}x =$ _____.

4. 不定积分 $\int \dfrac{1}{1+x^2}\mathrm{d}x =$ _____.

5. 不定积分 $\int (x+\cot x)\mathrm{d}x =$ _____.

6. 若 $\int f(x)\,\mathrm{d}x = \mathrm{e}^{2x}+C$,则函数 $f(x) =$ _____.

7. $\mathrm{d}\left(\int \dfrac{\sin x}{x}\mathrm{d}x\right) =$ _____.

8. 设 $\int f(x)\mathrm{d}x = \mathrm{e}^x + x + C$,则不定积分 $\int \cos x\, f(\sin x)\mathrm{d}x =$ _____.

9. 已知 $f'(\mathrm{e}^x) = x\mathrm{e}^{-x}$,且 $f(1)=0$,则函数 $f(x) =$ _____.

10. 已知函数 $f(x)$ 的一个原函数是 e^{-x^2} ,则 $\int xf'(x)\mathrm{d}x =$ _____.

二、计算题

1. 求下列不定积分:

(1) $\int (1+x^2)^2\mathrm{d}x$.

(2) $\int x\ln x\,\mathrm{d}x$.

(3) $\int \dfrac{\mathrm{e}^{\arccos x}}{\sqrt{1-x^2}}\mathrm{d}x$.

(4) $\int \dfrac{1-\mathrm{e}^x}{1+\mathrm{e}^x}\mathrm{d}x$.

(5) $\int x^2\mathrm{e}^x\,\mathrm{d}x$.

(6) $\int \dfrac{1+\ln x}{x\ln x}\mathrm{d}x$.

(7) $\int \dfrac{\sin x\cos x}{2+\sin^4 x}\mathrm{d}x$.

(8) $\int \dfrac{x}{x^4+2x^2+5}\mathrm{d}x$.

(9) $\int \dfrac{x^2}{(x\sin x+\cos x)^2}\mathrm{d}x$.

2. 设函数 $F(x)$ 是函数 $f(x)$ 的一个原函数,且当 $x\geqslant 0$ 时, $f(x)\cdot F(x) = \dfrac{x\mathrm{e}^x}{2(1+x^2)}$,已知 $F(0)=1$, $F(x)>0$. 求函数 $f(x)$.

第五章

定 积 分

　　十七世纪之前,人们觉得求切线斜率和求曲边梯形面积这两种对几何图形的运算似乎没有任何联系,牛顿和莱布尼兹却提出异议,他们分别发现并证明了两者之间的联系.这个联系(人们称之为微积分基本定理)的发现使得微分和积分运算一起成为数学家们认识宇宙万物的最有力的工具,从而推动了微积分的进一步发展.

　　微积分核心理念的历史进程始于定积分,或更准确地说是"累积".定积分是用来研究具有随时变换的累积量的事物的工具:走过的距离、完成的工作、赚取的利润、生成的物资、环境恶化或改良的追踪等.定积分在几何学、物理学、经济学等领域有着广泛的实际背景.

　　本章从微积分研究的四大经典问题之一的求曲边梯形的面积开始,通过累积的方法引入定积分的概念,进而讨论定积分的性质、计算方法及相关应用;另外还将介绍微分学与积分学的基本定理,从而使微积分成为一个统一体.

第一节　定积分的概念与性质

一、定积分概念的引入举例

引例 1　曲边梯形的面积

　　由连续曲线 $y=f(x)$ $(f(x)\geqslant 0)$,直线 $x=a$,$x=b$ 及 x 轴所围成的平面图形(图 5-1)称为曲边梯形.

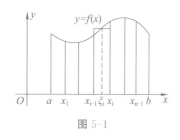

图 5-1

　　曲线 $y=f(x)$ 看作曲边梯形的高,它在闭区间 $[a,b]$ 上的值是变化的,因此不能直接利用矩形的面积公式或梯形面积公式来计算其面积.注意到:当区间的长度很小时,由于函数 $f(x)$ 是连续函数,其函数值的变化范围也很小,可以近似地视为不变.于是,我们通过"分割—近似—作和—取极限"这四个步骤来求曲边梯形的面积.

　　(1) **分割**　用 $n-1$ 个分点 $a=x_0<x_1<x_2<\cdots<x_{n-1}<x_n=b$ 把闭区间 $[a,b]$ 分成 n 个小区间 $[x_0,x_1]$,$[x_1,x_2]$,$\cdots$,$[x_{n-1},x_n]$,它们的长度分别记为 $\Delta x_i=x_i-x_{i-1}$ $(i=1,2,\cdots,n)$.过分点 x_i 作平行于 y 轴的直线,这些直线将原来的曲边梯形分成 n 个小曲边梯形,第 i 个小曲边梯形的面积记为 ΔA_i $(i=1,2,\cdots,n)$.显然原来曲边梯形的面积为

$$A = A_1 + A_2 + \cdots + A_n = \sum_{i=1}^{n} A_i.$$

（2）**近似**　当 Δx_i 很小时，函数 $f(x)$ 在小区间 $[x_{i-1}, x_i]$ 上的变化也很小，则第 i 个小曲边梯形就可以近似看作小矩形，该小矩形的高可取为函数 $f(x)$ 在 $[x_{i-1}, x_i]$ 上任意一点 ξ_i 处的函数值 $f(\xi_i)$，因而有

$$\Delta A_i \approx f(\xi_i) \Delta x_i \quad (i = 1, 2, \cdots, n).$$

（3）**作和**　将 n 个小矩形的面积加起来，即得曲边梯形面积 A 的近似值，即

$$A \approx \sum_{i=1}^{n} f(\xi_i) \Delta x_i.$$

（4）**取极限**　当分割越来越细，即每个小区间的长度越来越小时，上述近似值就越来越接近于面积值 A.记 $\lambda = \max_{1 \leqslant i \leqslant n} \{\Delta x_i\}$，则当 $\lambda \to 0$ 时，所有小区间的长度 Δx_i 都趋于零，于是

$$A = \lim_{\lambda \to 0} \sum_{i=1}^{n} f(\xi_i) \Delta x_i.$$

引例 2　收益问题

设某商品的价格是购买量 Q 的函数 $P = g(Q)$（其中 Q 为连续变量），求当购买量从 a 变动到 $b(a < b)$ 时的收益 R 是多少？

由于价格随着购买量的变化而变化，不能直接用价格乘以购买量计算收益.我们仍然采用"分割—近似—作和—取极限"这四个步骤来计算.

（1）**分割**　用 $n-1$ 个分点 $a = Q_0 < Q_1 < Q_2 < \cdots < Q_{n-1} < Q_n = b$ 把闭区间 $[a, b]$ 分成 n 个小区间 $[Q_0, Q_1], [Q_1, Q_2], \cdots, [Q_{n-1}, Q_n]$，每个购买量段 $[Q_{i-1}, Q_i]$ 上的购买量为 $\Delta Q_i = Q_i - Q_{i-1}$，相应的收益为 $\Delta R_i (i = 1, 2, \cdots, n)$，

显然收益 R 为

$$R = \Delta R_1 + \Delta R_2 + \cdots + \Delta R_n = \sum_{i=1}^{n} \Delta R_i.$$

（2）**近似**　当 ΔQ_i 很小时，$g(Q)$ 在小区间 $[Q_{i-1}, Q_i]$ 上变化也很小，可近似地看作价格不变，在 $[Q_{i-1}, Q_i]$ 上任取一点 ξ_i，把 $g(\xi_i)$ 作为该段的近似价格，因而该段的近似收益为

$$\Delta R_i \approx g(\xi_i) \Delta Q_i \quad (i = 1, 2, \cdots, n).$$

（3）**作和**　将 n 段的收益加起来，即得收益 R 的近似值，即

$$R \approx \sum_{i=1}^{n} g(\xi_i) \Delta Q_i.$$

（4）**取极限**　当分割越来越细，即每个小区间的长度越来越小时，上述近似值就越来越接近于收益值 R.记 $\lambda = \max_{1 \leqslant i \leqslant n} \{\Delta Q_i\}$，于是

$$R = \lim_{\lambda \to 0} \sum_{i=1}^{n} g(\xi_i) \Delta Q_i.$$

二、定积分的概念

曲边梯形面积和收益问题的计算,尽管属于不同的范畴,但解决的方法完全相同,都可以采取"分割—近似—求和—取极限"这些步骤,转为相同结构和式的极限 $\lim\limits_{\lambda \to 0}\sum\limits_{i=1}^{n}f(\xi_i)\Delta x_i$.类似的问题在几何学、物理学、经济学中还有很多,数学上把这一过程加以抽象,引入了定积分的概念.

定义 1 设函数 $f(x)$ 在闭区间 $[a,b]$ 上有界,用分点 $a=x_0<x_1<x_2<\cdots<x_{n-1}<x_n=b$ 将区间 $[a,b]$ 任意分成 n 个小区间 $[x_0,x_1]$,$[x_1,x_2]$,$\cdots$,$[x_{n-1},x_n]$,它们的长度分别记为 $\Delta x_i=x_i-x_{i-1}(i=1,2,\cdots,n)$.在每个小区间 $[x_{i-1},x_i]$ 上任取一点 ξ_i,作和 $\sum\limits_{i=1}^{n}f(\xi_i)\Delta x_i$,令 $\lambda=\max\limits_{1\leqslant i\leqslant n}\{\Delta x_i\}$,当 $\lambda \to 0$ 时,如果无论闭区间 $[a,b]$ 怎样分割,也无论 ξ_i 怎样选取,和式 $\sum\limits_{i=1}^{n}f(\xi_i)\Delta x_i$ 总是趋于一个确定的极限,则称函数 $f(x)$ 在闭区间 $[a,b]$ 上可积,并称上述极限值为函数 $f(x)$ 在闭区间 $[a,b]$ 上的定积分,记为 $\int_a^b f(x)\mathrm{d}x$,即

$$\int_a^b f(x)\mathrm{d}x=\lim_{\lambda \to 0}\sum_{i=1}^{n}f(\xi_i)\Delta x_i,$$

其中 $\int$ 称为积分号,$f(x)$ 称为被积函数,x 称为积分变量,$f(x)\mathrm{d}x$ 称为被积表达式,a 称为积分下限,b 称为积分上限,$[a,b]$ 称为积分区间.

注 (1) 定积分是一个"累积",是和式 $\sum\limits_{i=1}^{n}f(\xi_i)\Delta x_i$ 的极限,是一个确定的数,这个数仅仅与被积函数 $f(x)$ 和积分区间 $[a,b]$ 有关,而与积分变量 x 的记法无关,即

$$\int_a^b f(x)\mathrm{d}x=\int_a^b f(t)\mathrm{d}t=\int_a^b f(u)\mathrm{d}u.$$

(2) 定积分与不定积分虽然形式上相似,但两者是完全不同的,定积分是确定的数,不定积分是函数(函数簇).

(3) 定积分在运算结构上表示为无穷多个无穷小之和的极限,因此一些无穷多个无穷小之和的极限问题有可能表示为定积分.

根据定积分的定义,前面的两个引例中的问题可以重新表述为:

(1) 由连续曲线 $f(x)(f(x)>0)$,直线 $x=a$,$x=b$ 及 x 轴所围成的曲边梯形的面积 $A=\int_a^b f(x)\mathrm{d}x$.

(2) 价格为 $P=g(Q)(Q$ 为购买量) 的商品,当购买量从 a 变动到 $b(a<b)$ 时的收益 $R=\int_a^b g(Q)\mathrm{d}Q$.

对于定积分,一个首要的问题就是:函数 $f(x)$ 在闭区间 $[a,b]$ 上满足什么条件才

可积? 我们给出两个充分条件.

定理 1　如果函数 $f(x)$ 在闭区间 $[a,b]$ 上连续,则函数 $f(x)$ 在闭区间 $[a,b]$ 上可积.

定理 2　如果函数 $f(x)$ 在闭区间 $[a,b]$ 上有界,且只有有限多个间断点,则函数 $f(x)$ 在闭区间 $[a,b]$ 上可积.

三、定积分的性质

在定积分的定义中,函数 $f(x)$ 定义在闭区间 $[a,b]$ 上,因此实际上要求 $a < b$.为计算和应用方便,作以下两点补充规定:

(1) 当 $a = b$ 时,$\displaystyle\int_a^b f(x)\mathrm{d}x = 0$;

(2) 当 $a > b$ 时,$\displaystyle\int_a^b f(x)\mathrm{d}x = -\int_b^a f(x)\mathrm{d}x$.

下面介绍定积分的性质.

性质 1(线性性质)　设函数 $f(x)$ 和 $g(x)$ 在闭区间 $[a,b]$ 上可积,则有

$$\int_a^b \left[k_1 f(x) + k_2 g(x)\right]\mathrm{d}x = k_1\int_a^b f(x)\mathrm{d}x + k_2\int_a^b g(x)\mathrm{d}x \ (k_1,k_2 \text{ 为常数}).$$

性质 1 对有限多个函数都成立.

性质 2(区间可加性)　设函数 $f(x)$ 在闭区间 $[a,b]$ 可积,且 $a < c < b$,则有

$$\int_a^b f(x)\mathrm{d}x = \int_a^c f(x)\mathrm{d}x + \int_c^b f(x)\mathrm{d}x.$$

注　对于 $c < a$ 或 $c > b$,只要相应定积分存在,区间可加性都成立.该性质常用于分段函数的定积分的计算.

性质 3　如果在闭区间 $[a,b]$ 上,$f(x) \equiv 1$,则 $\displaystyle\int_a^b 1\mathrm{d}x = \int_a^b \mathrm{d}x = b - a$.

性质 4　如果函数 $f(x)$ 和 $g(x)$ 在闭区间 $[a,b]$ 上可积,且 $f(x) \leqslant g(x)$,则 $\displaystyle\int_a^b f(x)\mathrm{d}x \leqslant \int_a^b g(x)\mathrm{d}x$.

推论 1　如果函数 $f(x)$ 在闭区间 $[a,b]$ 上可积,且 $f(x) \geqslant 0$,则 $\displaystyle\int_a^b f(x)\mathrm{d}x \geqslant 0$.

推论 2　如果函数 $f(x)$ 在闭区间 $[a,b]$ 上连续,则 $\left|\displaystyle\int_a^b f(x)\mathrm{d}x\right| \leqslant \int_a^b \left|f(x)\right|\mathrm{d}x$.

由性质 4 和闭区间上连续函数的最值定理,可以得到以下性质.

性质 5(估值定理)　设函数 $f(x)$ 在闭区间 $[a,b]$ 上连续,且 m 和 M 分别为函数 $f(x)$ 在闭区间 $[a,b]$ 上的最小值和最大值,则

$$m(b - a) \leqslant \int_a^b f(x)\mathrm{d}x \leqslant M(b - a).$$

由性质 5 和闭区间上连续函数的介值定理,可以得到以下性质.

性质 6(积分中值定理)　设函数 $f(x)$ 在闭区间 $[a,b]$ 上连续,则在闭区间 $[a,b]$ 上至少存在一点 ξ,使得

$$\int_a^b f(x)\,\mathrm{d}x = f(\xi)(b-a).$$

我们把数 $\dfrac{1}{b-a}\displaystyle\int_a^b f(x)\,\mathrm{d}x$ 称为函数 $f(x)$ 在闭区间 $[a,b]$ 上的平均值.积分中值定理表明:闭区间上的连续函数在闭区间上可以取得平均值.这个平均值在经济等方面有着相当重要的作用.

例 1　比较定积分 $\displaystyle\int_1^2 x^2\,\mathrm{d}x$ 和定积分 $\displaystyle\int_1^2 x^3\,\mathrm{d}x$ 的大小.

解　当 $1\leqslant x\leqslant 2$ 时,$x^2\leqslant x^3$.根据性质 4 得

$$\int_1^2 x^2\,\mathrm{d}x \leqslant \int_1^2 x^3\,\mathrm{d}x.$$

例 2　估计积分 $\displaystyle\int_0^1 (1+\mathrm{e}^x)\,\mathrm{d}x$ 值的范围.

解　因为 $f(x)=1+\mathrm{e}^x$ 在 $[0,1]$ 上单调增加,所以 $f(0)\leqslant f(x)\leqslant f(1)$,即

$$2\leqslant f(x)\leqslant 1+\mathrm{e}.$$

由性质 5 知,

$$2(1-0)\leqslant \int_0^1 (1+\mathrm{e}^x)\,\mathrm{d}x \leqslant (1+\mathrm{e})(1-0),$$

从而

$$2\leqslant \int_0^1 (1+\mathrm{e}^x)\,\mathrm{d}x \leqslant 1+\mathrm{e}.$$

四、定积分的几何意义

由引例 1 可知,当函数 $f(x)\geqslant 0$ 时,定积分 $\displaystyle\int_a^b f(x)\,\mathrm{d}x$ 表示由曲线 $y=f(x)$,直线 $x=a$,$x=b$ 及 x 轴所围成的曲边梯形的面积,即

$$A=\int_a^b f(x)\,\mathrm{d}x.$$

当函数 $f(x)\leqslant 0$ 时,上述曲边梯形在 x 轴的下方,定积分 $\displaystyle\int_a^b f(x)\,\mathrm{d}x$ 表示曲边梯形面积的负值.

当函数 $f(x)$ 在 $[a,b]$ 上的取值有正有负时(图 5-2),定积分 $\displaystyle\int_a^b f(x)\,\mathrm{d}x$ 表示 x 轴上方部分的面积与 x 轴下方部分面积的差,即

$$\int_a^b f(x)\,\mathrm{d}x = A_1 - A_2 + A_3.$$

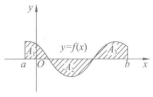

图 5-2

例 3　利用定积分的几何意义计算 $\displaystyle\int_0^3 f(x)\,\mathrm{d}t$,其中

$$f(x) = \begin{cases} \sqrt{1-x^2}, & x \in [0,1], \\ 1-x, & x \in [1,3]. \end{cases}$$

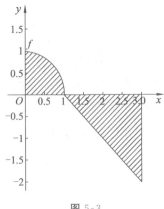

图 5-3

解 连续函数 $y=f(x)$ 在区间 $[0,1]$ 上的图形(图 5-3)是半径为 1 的四分之一圆周,在区间 $[1,3]$ 上的图形是于 x 轴下方形成的直角三角形.根据定积分的几何意义,$\int_0^3 f(x)\mathrm{d}x$ 的值等于 x 轴上方部分图形的面积与 x 轴下方部分图形面积的差,于是

$$\int_0^3 f(x)\mathrm{d}x = \frac{\pi}{4}(1)^2 - \frac{1}{2} \times 2 \times 2 = \frac{\pi}{4} - 2.$$

习题 5-1

1. 连续函数 $y=f(x)$ 在区间 $[0,2]$ 上的图形分别是直径为 2 的下半圆周,在区间 $[2,3]$ 上的图形分别是直径为 1 的上半圆周,求 $\int_0^3 f(x)\mathrm{d}x$ 的值.

2. 利用定积分的几何意义,说明下列等式:

(1) $\int_0^1 4x\,\mathrm{d}x = 2$;

(2) $\int_0^1 \sqrt{1-x^2}\,\mathrm{d}x = \frac{\pi}{4}$;

(3) $\int_{-\pi}^{\pi} \cos x\,\mathrm{d}x = 0$;

(4) $\int_{-\frac{\pi}{2}}^{\frac{\pi}{2}} \cos x\,\mathrm{d}x = 2\int_0^{\frac{\pi}{2}} \cos x\,\mathrm{d}x$.

3. 估计下列定积分值的范围:

(1) $\int_1^{\sqrt{3}} x\arctan x\,\mathrm{d}x$;

(2) $\int_0^3 (x^2+5)\,\mathrm{d}x$;

(3) $\int_0^3 \mathrm{e}^{x^2-4x}\,\mathrm{d}x$;

(4) $\int_{\frac{\pi}{4}}^{\frac{3\pi}{4}} (1+\sin^2 x)\,\mathrm{d}x$.

4. 根据定积分的性质,比较下列积分大小:

(1) $\int_0^1 x^2\,\mathrm{d}x$ 与 $\int_0^1 x^3\,\mathrm{d}x$;

(2) $\int_1^2 x^2\,\mathrm{d}x$ 与 $\int_1^3 x^2\,\mathrm{d}x$;

(3) $\int_1^2 \ln x\,\mathrm{d}x$ 与 $\int_1^2 (\ln x)^2\,\mathrm{d}x$;

(4) $\int_{-2}^{-1} \left(\frac{1}{3}\right)^x\,\mathrm{d}x$ 与 $\int_{-2}^{-1} 3^x\,\mathrm{d}x$.

5. 把下列定积分写成积分和式的极限:

(1) $\int_0^1 \frac{1}{1+x^2}\,\mathrm{d}x$;

(2) $\int_0^{\pi} \sin x\,\mathrm{d}x$.

6. 设函数 $f(x)$ 在区间 $[a,b]$ 上连续,在区间 (a,b) 内可导,且 $\int_a^b f(x)\mathrm{d}x = f(b)(b-a)$.

证明:在区间 (a,b) 内至少存在一点 ξ,使 $f'(\xi)=0$.

→ 第二节 微积分基本定理

运用定积分的概念来计算定积分通常较为复杂,那么如何更简便地计算定积分呢? 17 世纪牛顿和莱布尼兹各自独立地发现了微积分基本定理,开辟了计算定积分的新途径.这一定理不仅解决了定积分的计算,而且是联系微分学与积分学的桥梁.

一、积分上限函数及其导数

由上节的定义知,定积分 $\int_a^b f(x)\mathrm{d}x$ 是一个确定的数,这个数仅仅依赖于函数 $f(x)$ 和积分上下限 a 和 b.如果函数 $f(x)$ 给定且固定 a 时,$\int_a^b f(x)\mathrm{d}x$ 就只依赖于积分上限 b.如果函数 $f(x)$ 在闭区间 $[a,b]$ 上连续,则对闭区间 $[a,b]$ 上任意确定的点 x,定积分 $\int_a^x f(t)\mathrm{d}t$ 都存在且对应唯一确定的值,因此是 x 的函数,记为

$$\Phi(x)=\int_a^x f(t)\mathrm{d}t \quad (a\leqslant x\leqslant b),$$

称为积分上限函数(或变上限的定积分).

积分上限函数 $\Phi(x)$ 具有下列重要性质.

定理 1 如果函数 $f(x)$ 在闭区间 $[a,b]$ 上连续,则积分上限函数 $\Phi(x)=\int_a^x f(t)\mathrm{d}t$ 在 $[a,b]$ 上可导,且有

$$\Phi'(x)=\frac{\mathrm{d}}{\mathrm{d}x}\int_a^x f(t)\mathrm{d}t=f(x), \quad x\in[a,b].$$

证 设 $x\in(a,b)$,给 x 一个增量 Δx,使得 $x+\Delta x\in(a,b)$,则

$$\Delta\Phi=\Phi(x+\Delta x)-\Phi(x)=\int_a^{x+\Delta x}f(t)\mathrm{d}t-\int_a^x f(t)\mathrm{d}t$$

$$=\int_a^x f(t)\mathrm{d}t+\int_x^{x+\Delta x}f(t)\mathrm{d}t-\int_a^x f(t)\mathrm{d}t$$

$$=\int_x^{x+\Delta x}f(t)\mathrm{d}t.$$

根据积分中值定理,存在介于 x 与 $x+\Delta x$ 之间的点 ξ,使得

$$\int_x^{x+\Delta x}f(t)\mathrm{d}t=f(\xi)\Delta x,$$

于是有

$$\frac{\Delta\Phi}{\Delta x}=f(\xi),$$

当 $\Delta x\to 0$ 时,有 $\xi\to x$,故

$$\Phi'(x)=\lim_{\Delta x\to 0}\frac{\Delta\Phi}{\Delta x}=\lim_{\xi\to x}f(\xi)=f(x).$$

若 $x=a$ 时,取 $\Delta x>0$,同理可证 $\Phi'_+(a)=f(a)$;若 $x=b$ 时,取 $\Delta x<0$,同理可证 $\Phi'_-(b)=f(b)$.

定理 1 将表面上看起来毫不相干的微分与积分联系起来,并由此得出了后面将要阐述的另一个重要结论,即原函数存在定理.

例 1 求导数 $\dfrac{\mathrm{d}}{\mathrm{d}x}\displaystyle\int_0^x \dfrac{1}{1+t^2}\mathrm{d}t$.

解 由定理 1 得

$$\frac{\mathrm{d}}{\mathrm{d}x}\int_0^x \frac{1}{1+t^2}\mathrm{d}t=\frac{1}{1+x^2}.$$

例 2 求导数 $\dfrac{\mathrm{d}}{\mathrm{d}x}\displaystyle\int_x^1 t\sin t\,\mathrm{d}t$.

解 $\dfrac{\mathrm{d}}{\mathrm{d}x}\displaystyle\int_x^1 t\sin t\,\mathrm{d}t=\dfrac{\mathrm{d}}{\mathrm{d}x}\left(-\int_1^x t\sin t\,\mathrm{d}t\right)=-x\sin x.$

例 3 求导数 $\dfrac{\mathrm{d}}{\mathrm{d}x}\displaystyle\int_{\sin x}^{\cos x} \mathrm{e}^t\,\mathrm{d}t$.

解 由定积分的可加性得

$$\int_{\sin x}^{\cos x} \mathrm{e}^t\,\mathrm{d}t=\int_{\sin x}^0 \mathrm{e}^t\,\mathrm{d}t+\int_0^{\cos x} \mathrm{e}^t\,\mathrm{d}t,$$

其中 $\displaystyle\int_0^{\cos x} \mathrm{e}^t\,\mathrm{d}t$ 看作一个复合函数,它由 $g(u)=\displaystyle\int_0^u \mathrm{e}^t\,\mathrm{d}t$ 与 $u=\cos t$ 复合而成.根据复合函数的求导法则和定理 1,得

$$\frac{\mathrm{d}}{\mathrm{d}x}\int_0^{\cos x} \mathrm{e}^t\,\mathrm{d}t=\mathrm{e}^t\cdot(\cos x)'=-\mathrm{e}^{\cos x}\sin x,$$

$$\frac{\mathrm{d}}{\mathrm{d}x}\int_{\sin x}^0 \mathrm{e}^t\,\mathrm{d}t=-\frac{\mathrm{d}}{\mathrm{d}x}\int_0^{\sin x} \mathrm{e}^t\,\mathrm{d}t=-\mathrm{e}^t\cdot(\sin x)'=-\mathrm{e}^{\sin x}\cos x.$$

因此

$$\frac{\mathrm{d}}{\mathrm{d}x}\int_{\sin x}^{\cos x} \mathrm{e}^t\,\mathrm{d}t=\frac{\mathrm{d}}{\mathrm{d}x}\left(\int_{\sin x}^0 \mathrm{e}^t\,\mathrm{d}t+\int_0^{\cos x} \mathrm{e}^t\,\mathrm{d}t\right)$$

$$=\frac{\mathrm{d}}{\mathrm{d}x}\int_{\sin x}^0 \mathrm{e}^t\,\mathrm{d}t+\frac{\mathrm{d}}{\mathrm{d}x}\int_0^{\cos x} \mathrm{e}^t\,\mathrm{d}t$$

$$=-\mathrm{e}^{\sin x}\cos x-\mathrm{e}^{\cos x}\sin x.$$

例 4 求极限 $\lim\limits_{x\to 0+}\dfrac{\displaystyle\int_0^{x^2}(\mathrm{e}^t-1)\mathrm{d}t}{x^3}$.

解 这是 "$\dfrac{0}{0}$" 型未定型的极限,利用洛必达法则得

$$\lim_{x\to 0}\frac{\displaystyle\int_0^{x^2}(\mathrm{e}^t-1)\mathrm{d}t}{x^4}=\lim_{x\to 0}\frac{\left[\displaystyle\int_0^{x^2}(\mathrm{e}^t-1)\mathrm{d}t\right]'}{(x^4)'}=\lim_{x\to 0}\frac{(\mathrm{e}^{x^2}-1)\cdot 2x}{4x^3}$$

$$=\lim_{x\to 0}\frac{(\mathrm{e}^{x^2}-1)}{2x^2}=\lim_{x\to 0}\frac{x^2}{2x^2}=\frac{1}{2}.$$

我们再回到定积分的计算.根据积分上限函数的定义,显然有 $\Phi(b)=\int_a^b f(t)\mathrm{d}t$.这样,计算定积分的值便转化为寻求函数 $\Phi(x)$,而它的导数 $\Phi'(x)=f(x)$ 是已知的,这个问题实际上是已知函数的导数 $\Phi'(x)$,反过来求原来的函数 $\Phi(x)$.

二、原函数存在定理

由定理 1 知道,积分上限函数 $\Phi(x)=\int_a^x f(t)\mathrm{d}t$ 是闭区间 $[a,b]$ 上的连续函数 $f(x)$ 的一个原函数,因此得到下列定理.

定理 2(原函数存在定理)　如果函数 $f(x)$ 在闭区间 $[a,b]$ 上连续,则 $\Phi(x)=\int_a^x f(t)\mathrm{d}t$ 是 $f(x)$ 在闭区间 $[a,b]$ 上的一个原函数.

这个定理的重要意义是一方面说明连续函数的原函数存在并给出了原函数的具体表达式,另一方面说明了定积分与原函数之间的联系,也表明我们有可能通过原函数来计算定积分.

三、微积分基本定理

我们已经知道,定积分的计算可以转化为求原函数的问题,这一联系的建立,便引出了微积分基本定理(牛顿-莱布尼兹公式).

定理 4(微积分基本定理)　设函数 $f(x)$ 在闭区间 $[a,b]$ 上连续,函数 $F(x)$ 是 $f(x)$ 在闭区间 $[a,b]$ 上的一个原函数,则

$$\int_a^b f(x)\mathrm{d}x=F(b)-F(a).$$

为书写方便,常记 $F(b)-F(a)=F(x)\Big|_a^b$ 或 $[F(x)]_a^b$.

牛顿小传

证　因为 $F(x)$ 与 $\Phi(x)=\int_a^x f(t)\mathrm{d}t$ 都是函数 $f(x)$ 在闭区间 $[a,b]$ 上的原函数,因此它们之间相差一个常数 C_0 ,即

$$\int_a^x f(t)\mathrm{d}t=F(x)+C_0.$$

令 $x=a$,得 $C_0=-F(a)$,于是

$$\int_a^x f(t)\mathrm{d}t=F(x)-F(a).$$

再令 $x=b$,得

$$\int_a^b f(t)\mathrm{d}t=F(b)-F(a).$$

莱布尼兹小传

这个公式称为牛顿-莱布尼兹公式,也称为微积分基本公式.这个公式表明只需求出被函数 $f(x)$ 的一个原函数,其在积分上、下限的函数值差便是该定积分的值,而不需要计算一个繁琐甚至非常困难的逼近求和的极限.由第四章可知,函数 $f(x)$ 的不定积分包含 $f(x)$ 的全体原函数,因此可以通过不定积分找到被积函数的一个原函数.

注 函数 $f(x)$ 在闭区间 $[a,b]$ 上有界,且只有有限多个间断点,函数 $F(x)$ 在闭区间 $[a,b]$ 上连续,除了有限多个间断点外有 $F'(x)=f(x)$,牛顿-莱布尼兹公式 $\int_a^b f(x)\mathrm{d}x = F(x)\Big|_a^b$ 仍然成立.

例 5 计算定积分 $\int_{-1}^3 (x^3+1)\mathrm{d}x$.

解 因为 $\dfrac{x^4}{4}+x$ 是 x^3+1 的一个原函数,所以由定理 4 得

$$\int_{-1}^3 (x^3+1)\mathrm{d}x = \left[\frac{x^4}{4}+x\right]_{-1}^3 = \left(\frac{81}{4}+3\right) - \left(\frac{1}{4}-1\right) = 24.$$

例 6 计算定积分 $\int_0^1 \dfrac{\mathrm{d}x}{1+x}$.

解 因为 $\ln|1+x|$ 是 $\dfrac{1}{1+x}$ 的一个原函数,所以由定理 4 得

$$\int_0^1 \frac{\mathrm{d}x}{1+x} = \ln|1+x|\Big|_0^1 = \ln 2 - \ln 1 = \ln 2.$$

例 7 计算定积分 $\int_0^\pi \dfrac{1}{2}(\cos x + |\cos x|)\mathrm{d}x$.

解 被积函数 $\dfrac{1}{2}(\cos x+|\cos x|)$ 在积分区间 $[0,\pi]$ 上是分段函数,即

$$\frac{1}{2}(\cos x+|\cos x|) = \begin{cases} \cos x, & 0 \leqslant x \leqslant \dfrac{\pi}{2}, \\ 0, & \dfrac{\pi}{2} \leqslant x \leqslant \pi. \end{cases}$$

由于每一段上的函数表达式不相同,因此首先根据区间可加性分开后再计算之.

$$\int_0^\pi |\cos x|\,\mathrm{d}x = \int_0^{\frac{\pi}{2}} \cos x\,\mathrm{d}x + \int_{\frac{\pi}{2}}^\pi 0\mathrm{d}x$$

$$= \sin x\Big|_0^{\frac{\pi}{2}} = (1-0) = 1.$$

注 (1)被积函数是分段函数的定积分计算,首先应根据区间可加性分成几个定积分的和,然后再逐个计算.

(2)由牛顿-莱布尼兹公式,定积分的值等于被积函数的一个原函数在积分上下限的函数值之差,如果下限的函数值是负数,去括号时需注意要改变符号.

例 8 设函数 $f(x)$ 在闭区间 $[0,2]$ 上连续,且满足

$$f(x) = \mathrm{e}^x \int_0^2 f(x)\mathrm{d}x + 2,$$

求 $\int_0^2 f(x)\mathrm{d}x$ 及 $f(x)$.

解 积分 $\int_0^2 f(x)\mathrm{d}x$ 是一个常数,不妨设为 k,即有 $f(x) = k\mathrm{e}^x + 2$,

对等式 $f(x)=\mathrm{e}^x\int_0^2 f(x)\mathrm{d}x+2$ 两端从 0 到 2 作积分,得

$$\int_0^2 f(x)\mathrm{d}x=k\int_0^2 \mathrm{e}^x\mathrm{d}x+2\int_0^2\mathrm{d}x$$

$$=k\cdot\mathrm{e}^x\Big|_0^2+2(2-0),$$

即 $\qquad k=k(\mathrm{e}^2-1)+4,$

解得 $\qquad k=\dfrac{1}{2-\mathrm{e}^2},$

即 $\qquad \int_0^2 f(x)\mathrm{d}x=\dfrac{1}{2-\mathrm{e}^2},\quad f(x)=\dfrac{1}{2-\mathrm{e}^2}\mathrm{e}^x+2.$

在经济生活中经常会涉及有关平均值的问题.比如,设 $I(t)$ 为某个产品在日期 t 所存有的数目(我们称为库存函数),则 $I(t)$ 在时间段 $[0,T]$ 上的平均值称为该产品在该段时期的**平均日库存**,即

$$平均日库存=\dfrac{1}{T}\int_0^T I(t)\mathrm{d}t.$$

例 9 某食品厂在空调仓库内存放食品以便每 30 天发一次货.为保存 300 箱做储备以应付偶然需求,于是 30 天的库存函数是 $I(t)=300+60t(0\leqslant t\leqslant 30)$.若每箱食品的日保存费为 0.5 元,求该食品厂的平均日保存费.

解 平均日库存箱数为

$$\dfrac{1}{30}\int_0^{30} I(t)\mathrm{d}t=\dfrac{1}{30}\int_0^{30}(300+60t)\mathrm{d}t=\dfrac{1}{30}\big[300t+30t^2\big]_0^{30}=1\,200.$$

所求的平均日保存费等于平均日库存箱数与每箱日保存费的乘积,即

$$0.5\cdot\dfrac{1}{30}\int_0^{30} I(t)\mathrm{d}t=0.5\cdot 1\,200=600.$$

即该食品厂的平均日保存费为 600 元.

习题 5-2

1. 计算下列各导数:

(1) $\dfrac{\mathrm{d}}{\mathrm{d}x}\int_1^x \dfrac{\sin t}{t}\mathrm{d}t\,(x>0);$

(2) $\dfrac{\mathrm{d}}{\mathrm{d}x}\int_1^{\sqrt{\ln x}}\mathrm{e}^{t^2}\mathrm{d}t;$

(3) $\dfrac{\mathrm{d}}{\mathrm{d}y}\int_y^1 \sqrt{1+x^4}\,\mathrm{d}x;$

(4) $\dfrac{\mathrm{d}}{\mathrm{d}x}\int_x^{x^2}\mathrm{e}^{-t^2}\mathrm{d}t.$

2. 求下列极限:

(1) $\lim\limits_{x\to 0}\dfrac{1}{x}\int_{\sin x}^0 \cos t^2\mathrm{d}t;$

(2) $\lim\limits_{x\to+\infty}\dfrac{\int_0^{2x}(\arctan t)^2\mathrm{d}t}{\sqrt{x^2+1}}.$

3. 设函数 $y=y(x)$ 由 $\int_0^y \mathrm{e}^{-t^2}\mathrm{d}t+\int_0^x \sin(t^2)\mathrm{d}t=0$ 确定,求导数 $\dfrac{\mathrm{d}y}{\mathrm{d}x}.$

4. 设函数 $f(x) = \begin{cases} x^2, & 0 \leqslant x < 1, \\ x, & 1 \leqslant x \leqslant 2, \end{cases}$ 求 $\Phi(x) = \int_0^x f(t)\mathrm{d}t$ 在 $[0,2]$ 上的表达式,并讨论 $\Phi(x)$ 在 $(0,2)$ 内的连续性.

5. 计算下列定积分:

(1) $\int_1^3 x^3 \mathrm{d}x$;

(2) $\int_4^9 \sqrt{x}\,(1 + \sqrt{x})\mathrm{d}x$;

(3) $\int_{-\frac{1}{2}}^{\frac{1}{2}} \dfrac{1}{\sqrt{1-x^2}}\mathrm{d}x$;

(4) $\int_{\frac{1}{\sqrt{3}}}^{\sqrt{3}} \dfrac{1}{1+x^2}\mathrm{d}x$;

(5) $\int_0^1 \mathrm{e}^{-x}\mathrm{d}x$;

(6) $\int_0^{\frac{\pi}{4}} \tan^2 x\,\mathrm{d}x$;

(7) $\int_0^{2\pi} |\sin x|\,\mathrm{d}x$;

(8) 设函数 $f(x) = \begin{cases} 2x+1, & 0 \leqslant x \leqslant 1, \\ 3x^2, & 1 \leqslant x \leqslant 2, \end{cases}$ 求 $\int_0^2 f(x)\mathrm{d}x$.

6. 设函数 $f(x)$ 在 $[0,3]$ 上连续,且

$$f(x) = 2 + x\int_0^3 f(x)\mathrm{d}x,$$

求 $\int_0^3 f(x)\mathrm{d}x$.

7. 设函数 $f(x)$ 在 $(-\infty, +\infty)$ 上连续,且满足

$$f(x) = 1 + \int_0^1 f(x)\mathrm{d}x + x\int_0^2 f(x)\mathrm{d}x,$$

求 $f(x)$.

8. 已知 $\lim\limits_{x \to 0} \dfrac{1}{bx - \sin x}\int_0^x \dfrac{t^2}{\sqrt{a+t^2}}\mathrm{d}t = 1$,求正常数 a 和 b 的值.

9. 设生产和销售某产品的边际收益为

$$R'(x) = 2x - \dfrac{2}{(x+1)^2},$$

其中 R 的单位为万元,x 的单位为万件,则销售 3 万件该产品的收益是多少?

→ 第三节 定积分的换元积分法与分部积分法

由第二节牛顿-莱布尼兹公式可知,计算定积分 $\int_a^b f(x)\mathrm{d}x$ 的基本方法是把它转化为求被积函数 $f(x)$ 的原函数在上、下限处函数值的差. 我们可以通过不定积分求原函数,而求不定积分的基本方法有换元积分法与分部积分法,这些方法可以平行地移到定积分中来.

一、定积分的换元积分法

定理 1　设函数 $f(x)$ 在闭区间 $[a,b]$ 上连续,函数 $x=\varphi(t)$ 满足条件:

(1) $\varphi(\alpha)=a$,$\varphi(\beta)=b$;

(2) 函数 $\varphi(t)$ 在 α 和 β 之间具有连续的导数,且 $a\leqslant\varphi(t)\leqslant b$,

则有

$$\int_a^b f(x)\mathrm{d}x=\int_\alpha^\beta f[\varphi(t)]\varphi'(t)\mathrm{d}t.$$

上述公式称为定积分的**换元积分公式**.

注　(1) 由于定积分的计算涉及积分变量的取值范围(积分上、下限),所以换元时必须相应地改变定积分的上、下限(换元必换限);

(2) 定积分的换元积分公式也可以反过来使用.

例 1　计算定积分 $\displaystyle\int_0^1 (1-3x)^3\mathrm{d}x$.

解　设 $u=1-3x$,当 $x=0$ 时,$u=1$;当 $x=1$ 时,$u=-2$.

则 $x=\dfrac{1-u}{3}$,有 $\mathrm{d}x=-\dfrac{1}{3}\mathrm{d}u$,于是由定理 1 得

$$\int_0^1 (1-3x)^3\mathrm{d}x=-\frac{1}{3}\int_1^{-2} u^3\mathrm{d}u=-\frac{1}{12}u^4\Big|_1^{-2}=-\frac{5}{4}.$$

在例 1 的解题过程中,由于定积分的换元法在换元过程中同步变动了积分的上下限,因此省去了变量回代的步骤.

例 2　计算定积分 $\displaystyle\int_{-1}^1 3x^2\sqrt{x^3+1}\,\mathrm{d}x$.

解　设 $u=\sqrt{x^3+1}$,则 $\mathrm{d}u=3x^2\mathrm{d}x$.当 $x=-1$ 时,$u=0$;当 $x=1$ 时,$u=\sqrt{2}$.

于是由定理 1 得

$$\int_{-1}^1 3x^2\sqrt{x^3+1}\,\mathrm{d}x=\int_0^{\sqrt{2}}\sqrt{u}\,\mathrm{d}t=\frac{2}{3}u^{\frac{3}{2}}\Big|_0^{\sqrt{2}}=\frac{1}{3}2^{\frac{7}{4}}.$$

例 3　计算定积分 $\displaystyle\int_{\frac{\pi}{4}}^{\frac{\pi}{2}}\cot x\csc^2 x\,\mathrm{d}x$.

解　设 $u=\cot x$,则 $\mathrm{d}u=-\csc^2 x\,\mathrm{d}x$.当 $x=\dfrac{\pi}{4}$ 时,$u=1$;当 $x=\dfrac{\pi}{2}$ 时,$u=0$.

于是由定理 1 得

$$\int_{\frac{\pi}{4}}^{\frac{\pi}{2}}\cot x\csc^2 x\,\mathrm{d}x=-\int_1^0 u\,\mathrm{d}u=\frac{u^2}{2}\Big|_0^1=\frac{1}{2}.$$

例 4　计算定积分 $\displaystyle\int_0^{\ln 2}\sqrt{\mathrm{e}^x-1}\,\mathrm{d}x$.

解　设 $u=\sqrt{\mathrm{e}^x-1}$,则 $x=\ln(u^2+1)$,$\mathrm{d}x=\dfrac{2u\,\mathrm{d}u}{u^2+1}$.

当 $x=0$ 时,$u=0$;$x=\ln 2$ 时,$u=1$.于是由定理 1 得

$$\int_0^{\ln 2} \sqrt{e^x - 1}\, dx = \int_0^1 \frac{2u^2\, du}{u^2 + 1} = 2\int_0^1 \left(1 - \frac{1}{u^2 + 1}\right) du = 2\int_0^1 du - 2\int_0^1 \frac{du}{u^2 + 1}$$

$$= 2 - 2\arctan t \,\Big|_0^1 = 2 - 2(\arctan 1 - \arctan 0) = 2 - \frac{\pi}{2}.$$

例 5　计算定积分 $\displaystyle\int_0^\pi \frac{\sin x\, dx}{(3 + 2\cos x)^2}$.

解　设 $t = 3 + 2\cos x$，则 $dt = -2\sin x\, dx$. 当 $x = 0$ 时, $t = 5$；当 $x = \pi$ 时, $t = 1$. 于是,

$$\int_0^\pi \frac{\sin x\, dx}{(3 + 2\cos x)^2} = -\frac{1}{2}\int_5^1 \frac{dt}{t^2} = \frac{1}{2}\int_1^5 t^{-2}\, dt = -\frac{1}{2t}\,\Big|_1^5 = \frac{2}{5}.$$

例 6　计算定积分 $\displaystyle\int_{-\frac{\pi}{2}}^{\frac{\pi}{2}} \sqrt{\cos x - \cos^3 x}\, dx$.

解　$$\sqrt{\cos x - \cos^3 x} = \sqrt{\cos x(1 - \cos^2 x)} = \sqrt{\cos x} \cdot |\sin x|.$$

在 $\left[-\frac{\pi}{2}, 0\right]$ 上, $|\sin x| = -\sin x$；在 $\left[0, \frac{\pi}{2}\right]$ 上, $|\sin x| = \sin x$. 于是,

$$\int_{-\frac{\pi}{2}}^{\frac{\pi}{2}} \sqrt{\cos x - \cos^3 x}\, dx = -\int_{-\frac{\pi}{2}}^0 \sin x \sqrt{\cos x}\, dx + \int_0^{\frac{\pi}{2}} \sin x \sqrt{\cos x}\, dx.$$

令 $t = \cos x$，则 $dt = -\sin x\, dx$. 当 $x = -\frac{\pi}{2}$ 时, $t = 0$；当 $x = 0$ 时, $t = 1$；当 $x = \frac{\pi}{2}$ 时, $t = 0$. 则

$$\int_{-\frac{\pi}{2}}^{\frac{\pi}{2}} \sqrt{\cos x - \cos^3 x}\, dx = \int_0^1 \sqrt{t}\, dt - \int_1^0 \sqrt{t}\, dt = 2\int_0^1 \sqrt{t}\, dt$$

$$= \frac{4}{3} t^{\frac{3}{2}}\,\Big|_0^1 = \frac{4}{3}.$$

注　定积分中被积函数去根号时, 务必注意表达式的符号.

例 7　设函数 $f(x)$ 连续, 且 $\displaystyle\int_1^x f(2t - 1)\, dt = x^2$, 计算定积分 $\displaystyle\int_0^1 f(x)\, dx$.

解　令 $u = 2t - 1$, 则 $du = 2dt$. 当 $t = 1$ 时, $u = 1$；当 $t = x$ 时, $u = 2x - 1$.

$$\int_1^x f(2t - 1)\, dt = \int_1^{2x-1} f(u) \cdot \frac{1}{2}\, du = \frac{1}{2}\int_1^{2x-1} f(u)\, du,$$

因此　　　　　　　　　　　　　$$\frac{1}{2}\int_1^{2x-1} f(u)\, du = x^2.$$

等式两边对 x 求导, 得　　　　　$$f(2x - 1) = 2x,$$
即　　　　　　　　　　　　　　$$f(x) = x + 1.$$

于是　　　　　$$\int_0^1 f(x)\, dx = \int_0^1 (x + 1)\, dx = \left[\frac{1}{2}x^2 + x\right]_0^1 = \frac{3}{2}.$$

例 8　证明:

(1) 如果函数 $f(x)$ 在闭区间 $[-a, a]$ $(a > 0)$ 上连续, 且为奇函数, 则

$$\int_{-a}^{a} f(x)\mathrm{d}x = 0;$$

(2) 如果函数 $f(x)$ 在闭区间 $[-a,a]$($a>0$)上连续,且为偶函数,则

$$\int_{-a}^{a} f(x)\mathrm{d}x = 2\int_{0}^{a} f(x)\mathrm{d}x.$$

证 因为

$$\int_{-a}^{a} f(x)\mathrm{d}x = \int_{-a}^{0} f(x)\mathrm{d}x + \int_{0}^{a} f(x)\mathrm{d}x,$$

在积分 $\int_{-a}^{0} f(x)\mathrm{d}x$ 中令 $x = -t$,则有

$$\int_{-a}^{0} f(x)\mathrm{d}x = -\int_{a}^{0} f(-t)\mathrm{d}t = \int_{0}^{a} f(-x)\mathrm{d}x,$$

所以

$$\int_{-a}^{a} f(x)\mathrm{d}x = \int_{0}^{a} f(-x)\mathrm{d}x + \int_{0}^{a} f(x)\mathrm{d}x = \int_{0}^{a} [f(x) + f(-x)]\mathrm{d}x.$$

(1) 如果函数 $f(x)$ 为奇函数,则 $f(x) + f(-x) = 0$,于是,

$$\int_{-a}^{a} f(x)\mathrm{d}x = 0;$$

(2) 如果函数 $f(x)$ 为偶函数,则 $f(x) + f(-x) = 2f(x)$,于是,

$$\int_{-a}^{a} f(x)\mathrm{d}x = 2\int_{0}^{a} f(x)\mathrm{d}x.$$

注 本例的结论称为"偶倍奇零",常用来简化对称区间上奇、偶函数的定积分计算,但当函数 $f(x)$ 非奇非偶时,只有 $\int_{-a}^{a} f(x)\mathrm{d}x = \int_{0}^{a} [f(x) + f(-x)]\mathrm{d}x$ 成立.

例 9 计算定积分 $\int_{-4}^{4} \dfrac{x^3 + \sin x}{x^2 + 1}\mathrm{d}x$.

解 因为被积函数 $\dfrac{x^3 + \sin x}{x^2 + 1}$ 为奇函数,且积分区间为对称区间,因此由例 8 知

$$\int_{-4}^{4} \frac{x^3 + \sin x}{x^2 + 1}\mathrm{d}x = 0.$$

例 10 设函数 $f(x)$ 在 $[-a,a]$($a>0$)上连续,证明:$\int_{-a}^{a} f(x)\mathrm{d}x = \int_{-a}^{a} f(-x)\mathrm{d}x$,并利用此结论计算定积分 $\int_{-1}^{1} \dfrac{\mathrm{d}x}{1 + \mathrm{e}^x}$.

证 令 $t = -x$,则 $\mathrm{d}t = -\mathrm{d}x$.当 $x = -a$ 时,$t = a$;当 $x = a$ 时,$t = -a$.

于是,

$$\int_{-a}^{a} f(-x)\mathrm{d}x = -\int_{a}^{-a} f(t)\mathrm{d}t = \int_{-a}^{a} f(t)\mathrm{d}t = \int_{-a}^{a} f(x)\mathrm{d}x,$$

即

$$\int_{-a}^{a} f(x)\mathrm{d}x = \int_{-a}^{a} f(-x)\mathrm{d}x.$$

利用上式得

$$\int_{-1}^{1} \frac{\mathrm{d}x}{1+\mathrm{e}^x} = \frac{1}{2} \int_{-1}^{1} \left[\frac{1}{1+\mathrm{e}^x} + \frac{1}{1+\mathrm{e}^{-x}} \right] \mathrm{d}x$$

$$= \frac{1}{2} \int_{-1}^{1} \left[\frac{1}{1+\mathrm{e}^x} + \frac{\mathrm{e}^x}{1+\mathrm{e}^x} \right] \mathrm{d}x = \frac{1}{2} \int_{-1}^{1} \mathrm{d}x = 1.$$

例 11　证明：$\int_{0}^{\frac{\pi}{2}} \sin^n x \, \mathrm{d}x = \int_{0}^{\frac{\pi}{2}} \cos^n x \, \mathrm{d}x$（$n$ 是正整数），并求 $\int_{0}^{\frac{\pi}{2}} \sin^2 x \, \mathrm{d}x$.

证　令 $t = \frac{\pi}{2} - x$，则 $\mathrm{d}t = -\mathrm{d}x$. 当 $x = 0$ 时，$t = \frac{\pi}{2}$；当 $x = \frac{\pi}{2}$ 时，$t = 0$.

于是，

$$\int_{0}^{\frac{\pi}{2}} \sin^n x \, \mathrm{d}x = -\int_{\frac{\pi}{2}}^{0} \sin^n \left(\frac{\pi}{2} - t \right) \mathrm{d}t = \int_{0}^{\frac{\pi}{2}} \cos^n t \, \mathrm{d}t = \int_{0}^{\frac{\pi}{2}} \cos^n x \, \mathrm{d}x.$$

利用上述结果有 $\int_{0}^{\frac{\pi}{2}} \sin^2 x \, \mathrm{d}x = \int_{0}^{\frac{\pi}{2}} \cos^2 x \, \mathrm{d}x$，而

$$\int_{0}^{\frac{\pi}{2}} \sin^2 x \, \mathrm{d}x + \int_{0}^{\frac{\pi}{2}} \cos^2 x \, \mathrm{d}x = \int_{0}^{\frac{\pi}{2}} (\sin^2 x + \cos^2 x) \, \mathrm{d}x = \int_{0}^{\frac{\pi}{2}} 1 \, \mathrm{d}x = \frac{\pi}{2},$$

因此，

$$\int_{0}^{\frac{\pi}{2}} \sin^2 x \, \mathrm{d}x = \int_{0}^{\frac{\pi}{2}} \cos^2 x \, \mathrm{d}x = \frac{\pi}{4}.$$

二、定积分的分部积分法

定理 2　设函数 $u = u(x)$ 和 $v = v(x)$ 在闭区间 $[a, b]$ 上有连续的导数，则有**分部积分公式**

$$\int_{a}^{b} uv' \mathrm{d}x = [uv]_{a}^{b} - \int_{a}^{b} u'v \, \mathrm{d}x,$$

或

$$\int_{a}^{b} u \, \mathrm{d}v = [uv]_{a}^{b} - \int_{a}^{b} v \, \mathrm{d}u.$$

证明　因为函数 $u = u(x)$ 和 $v = v(x)$ 在闭区间 $[a, b]$ 上有连续的导数，则有

$$(uv)' = u'v + uv'.$$

等式两边在 $[a, b]$ 上求积分，得

$$\int_{a}^{b} (uv)' \mathrm{d}x = \int_{a}^{b} u'v \, \mathrm{d}x + \int_{a}^{b} uv' \mathrm{d}x.$$

移项得

$$\int_{a}^{b} uv' \mathrm{d}x = [uv]_{a}^{b} - \int_{a}^{b} u'v \, \mathrm{d}x$$

或

$$\int_{a}^{b} u \, \mathrm{d}v = [uv]_{a}^{b} - \int_{a}^{b} v \, \mathrm{d}u.$$

定积分的分部积分法的应用技巧与不定积分的分部积分法的基本一样.

例 12　计算定积分 $\int_{1}^{2} \frac{\ln x}{\sqrt{x}} \mathrm{d}x$.

解　由定理 2 得

$$\int_{1}^{2} \frac{\ln x}{\sqrt{x}} \mathrm{d}x = 2 \int_{1}^{2} \ln x \, \mathrm{d}(\sqrt{x}) = 2\sqrt{x} \ln x \Big|_{1}^{2} - 2 \int_{1}^{2} \sqrt{x} \, \mathrm{d}(\ln x)$$

$$= 2\sqrt{2}\ln2 - 2\int_1^2 \frac{1}{\sqrt{x}}dx = 2\sqrt{2}\ln2 - 4\sqrt{x}\Big|_1^2$$

$$= 2\sqrt{2}\ln2 - 4\sqrt{2} + 4.$$

例 13 计算定积分 $\int_0^1 \arctan x\, dx$.

解 由定理 2 得

$$\int_0^1 \arctan x\, dx = x\arctan x\Big|_0^1 - \int_0^1 x\, d(\arctan x)$$

$$= \arctan 1 - \int_0^1 x \cdot \frac{1}{1+x^2}dx = \frac{\pi}{4} - \frac{1}{2}\int_0^1 \frac{1}{1+x^2}d(1+x^2)$$

$$= \frac{\pi}{4} - \frac{1}{2}\ln(1+x^2)\Big|_0^1 = \frac{\pi}{4} - \frac{1}{2}\ln2.$$

例 14 计算定积分 $\int_0^1 e^{\sqrt{x}}\, dx$.

解 令 $u=\sqrt{x}$，则 $x=u^2$，$dx=2u\,du$. 当 $x=0$ 时，$u=0$；当 $x=1$ 时，$u=1$.
于是，

$$\int_0^1 e^{\sqrt{x}}\, dx = 2\int_0^1 u e^u\, du = 2\int_0^1 u\, de^u = 2ue^u\Big|_0^1 - 2\int_0^1 e^u\, du$$

$$= 2e - (2e - 2) = 2.$$

例 15 计算 $I_n = \int_0^{\frac{\pi}{2}} \sin^n x\, dx$ （n 是正整数）.

解 $I_n = \int_0^{\frac{\pi}{2}} \sin^n x\, dx = -\int_0^{\frac{\pi}{2}} \sin^{n-1}x\, d(\cos x)$

$$= (-\cos x\, \sin^{n-1}x)\Big|_0^{\frac{\pi}{2}} + \int_0^{\frac{\pi}{2}} \cos x\, d(\sin^{n-1}x)$$

$$= 0 + (n-1)\int_0^{\frac{\pi}{2}} \sin^{n-2}x\, \cos^2 x\, dx$$

$$= (n-1)\int_0^{\frac{\pi}{2}} \sin^{n-2}x\, (1-\sin^2 x)\, dx$$

$$= (n-1)I_{n-2} - (n-1)I_n,$$

由此得递推公式

$$I_n = \frac{n-1}{n}I_{n-2}.$$

又

$$I_0 = \int_0^{\frac{\pi}{2}} dx = \frac{\pi}{2}, \quad I_1 = \int_0^{\frac{\pi}{2}} \sin x\, dx = (-\cos x)\Big|_0^{\frac{\pi}{2}} = 1,$$

反复使用递推公式，得：

当 n 为偶数时，

$$I_n = \frac{n-1}{n} \cdot \frac{n-3}{n-2} \cdot \cdots \cdot \frac{3}{4} \cdot \frac{1}{2} \cdot I_0$$

$$= \frac{n-1}{n} \cdot \frac{n-3}{n-2} \cdot \cdots \cdot \frac{3}{4} \cdot \frac{1}{2} \cdot \frac{\pi}{2};$$

当 n 为奇数时,

$$I_n = \frac{n-1}{n} \cdot \frac{n-3}{n-2} \cdot \cdots \cdot \frac{4}{5} \cdot \frac{2}{3} \cdot I_1$$

$$= \frac{n-1}{n} \cdot \frac{n-3}{n-2} \cdot \cdots \cdot \frac{4}{5} \cdot \frac{2}{3} \cdot 1.$$

例 16　计算定积分 $\displaystyle\int_0^1 x^4 \sqrt{1-x^2} \, \mathrm{d}x$.

解　设 $x = \sin t$,则 $\mathrm{d}x = \cos t \, \mathrm{d}t$.当 $x=0$ 时,$t=0$;当 $x=1$ 时,$t = \frac{\pi}{2}$.

于是,

$$\int_0^1 x^4 \sqrt{1-x^2} \, \mathrm{d}x = \int_0^{\frac{\pi}{2}} \sin^4 t \cos^2 t \, \mathrm{d}t = \int_0^{\frac{\pi}{2}} \sin^4 t \, \mathrm{d}t - \int_0^{\frac{\pi}{2}} \sin^6 t \, \mathrm{d}t,$$

由例 15 结果可知 $\displaystyle\int_0^1 x^4 \sqrt{1-x^2} \, \mathrm{d}x = \frac{\pi}{32}$.

习题 5-3

1. 计算下列定积分:

(1) $\displaystyle\int_0^1 \frac{\mathrm{d}x}{(1+2x)^2}$;

(2) $\displaystyle\int_0^8 \frac{\mathrm{d}x}{1+\sqrt[3]{x}}$;

(3) $\displaystyle\int_0^{\frac{\pi}{4}} \tan x \cdot \ln\cos x \, \mathrm{d}x$;

(4) $\displaystyle\int_0^{\pi} \frac{\sin x}{1+\cos^2 x} \, \mathrm{d}x$;

(5) $\displaystyle\int_{e^{\frac{1}{2}}}^{e^{\frac{3}{4}}} \frac{\mathrm{d}x}{x \sqrt{\ln x (1-\ln x)}}$;

(6) $\displaystyle\int_0^1 x \sqrt{1-x} \, \mathrm{d}x$;

(7) $\displaystyle\int_{-\sqrt{2}}^{\sqrt{2}} \sqrt{4-x^2} \, \mathrm{d}x$;

(8) $\displaystyle\int_0^1 \frac{x}{\sqrt{4-x^2}} \, \mathrm{d}x$;

(9) $\displaystyle\int_{\frac{1}{\sqrt{2}}}^{2} \frac{\sqrt{1-x^2}}{x^2} \, \mathrm{d}x$;

(10) $\displaystyle\int_1^{\sqrt{3}} \frac{1}{x^2 \sqrt{1+x^2}} \, \mathrm{d}x$;

(11) $\displaystyle\int_0^1 \frac{\arcsin \sqrt{x}}{\sqrt{x(1-x)}} \, \mathrm{d}x$;

(12) $\displaystyle\int_0^{\frac{\pi}{4}} \frac{\mathrm{d}x}{\sin^2 x + 2\cos^2 x}$;

(13) $\displaystyle\int_0^{\frac{\pi}{2}} \frac{\cos x}{\sin x + \cos x} \, \mathrm{d}x$;

(14) $\displaystyle\int_{-\frac{\pi}{2}}^{\frac{\pi}{2}} \cos x \cos 2x \, \mathrm{d}x$;

(15) $\displaystyle\int_0^{\pi} \sqrt{1+\cos 2x} \, \mathrm{d}x$;

(16) $\displaystyle\int_1^{e^2} \frac{1}{x \sqrt{1+\ln x}} \, \mathrm{d}x$;

$(17) \int_0^1 \dfrac{1}{e^x+1}dx$;

$(18) \int_0^{\ln 3} \dfrac{e^{\frac{x}{2}}}{\sqrt{1+e^{-x}}}dx$;

$(19) \int_0^4 x^2\sqrt{16-x^2}\,dx$.

2. 设函数 $f(x)$ 在 $(0,+\infty)$ 上可导，且满足方程 $f(x)=1+\int_{\frac{1}{x}}^1 f(xt)dt$ ，求函数 $f(x)$.

3. 利用函数的奇偶性计算下列积分：

$(1) \int_{-\pi}^{\pi} x^4\sin x\,dx$;

$(2) \int_{-\frac{\pi}{2}}^{\frac{\pi}{2}} 4\cos^4 x\,dx$;

$(3) \int_{-\frac{1}{2}}^{\frac{1}{2}} \dfrac{(\arcsin x)^2}{\sqrt{1-x^2}}dx$;

$(4) \int_{-5}^5 \dfrac{x^3\cos x}{x^4+x^2+1}dx$.

4. 设 $f(x)$ 为连续函数，证明：
$$\int_0^a x^3 f(x^2)dx=\frac{1}{2}\int_0^{a^2} xf(x)dx \quad (a>0).$$

5. 对于任意常数 a ，证明：
$$\int_0^a f(x)dx=\int_0^a f(a-x)dx.$$

6. 证明：$\int_x^1 \dfrac{1}{1+x^2}dx=\int_1^{\frac{1}{x}} \dfrac{1}{1+x^2}dx \quad (x>0).$

7. 证明：$\int_0^1 x^m(1-x^n)dx=\int_0^1 x^n(1-x)^m dx.$

8. 证明：$\int_0^\pi \sin^n x\,dx=2\int_0^{\frac{\pi}{2}} \sin^n x\,dx.$

9. 设连续函数 $f(x)$ 满足 $\int_0^x tf(2x-t)dt=\frac{1}{2}\arctan x^2$ ，$f(1)=1$ ，计算定积分 $\int_0^2 f(x)dx$.

10. 计算下列定积分：

$(1) \int_1^e x\ln x\,dx$;

$(2) \int_{\frac{\pi}{4}}^{\frac{\pi}{3}} \dfrac{x}{\sin^2 x}dx$;

$(3) \int_0^\pi (x\sin x)^2 dx$;

$(4) \int_0^{\frac{\pi}{2}} e^{2x}\cos x\,dx$;

$(5) \int_1^2 \arctan\sqrt{x^2-1}\,dx$;

$(6) \int_0^1 \dfrac{\ln(1+x)}{(2-x)^2}dx$;

$(7) \int_1^e \sin(\ln x)dx$;

$(8) \int_{\frac{1}{e}}^e |\ln x|\,dx$.

11. 设函数 $f(x)=\begin{cases} x\arctan x, & x<1, \\ x, & x\geq 1, \end{cases}$ 计算定积分 $\int_2^4 f(x-2)dx$.

12. 已知函数 $f(x)$ 的一个原函数为 $\ln^2 x$,计算定积分 $\displaystyle\int_1^e x f'(x)\mathrm{d}x$.

→ 第四节　定积分的应用

本节主要讨论定积分在几何学、经济学中的应用.

首先,我们将积分区间由有限区间推广到无穷区间,被积函数由有界函数推广到无界函数,即讨论反常积分.

一、反常积分

定积分的定义中有两个基本条件:一个是积分区间的有限性,另一个是被积函数的有界性. 但在实际问题中经常需要突破这两个基本条件. 我们在本节考虑这两个条件无法满足的两种情况:一种是积分区间为无穷区间上的积分;另一种是被积函数为无界的积分.

1. 无穷区间上的反常积分

定义 1　设函数在区间 $[a,+\infty)$ 上连续,如果对任意的 $b>a$,极限

$$\lim_{b\to+\infty}\int_a^b f(x)\mathrm{d}x$$

存在,则称此极限为函数 $f(x)$ 在区间 $[a,+\infty)$ 上的**反常积分**,记为 $\displaystyle\int_a^{+\infty} f(x)\mathrm{d}x$,即

$$\int_a^{+\infty} f(x)\mathrm{d}x = \lim_{b\to+\infty}\int_a^b f(x)\mathrm{d}x.$$

这时也称反常积分 $\displaystyle\int_a^{+\infty} f(x)\mathrm{d}x$ **收敛**.如果上述极限不存在,则函数 $f(x)$ 在区间 $[a,+\infty)$ 上的反常积分 $\displaystyle\int_a^{+\infty} f(x)\mathrm{d}x$ 无意义,也称反常积分 $\displaystyle\int_a^{+\infty} f(x)\mathrm{d}x$ **发散**.

类似地,设函数 $f(x)$ 在区间 $(-\infty,b]$ 上连续,如果对任意的 $a<b$,极限

$$\lim_{a\to-\infty}\int_a^b f(x)\mathrm{d}x$$

存在,则称此极限为函数 $f(x)$ 在区间 $(-\infty,b]$ 上的反常积分,记为 $\displaystyle\int_{-\infty}^b f(x)\mathrm{d}x$,即

$$\int_{-\infty}^b f(x)\mathrm{d}x = \lim_{a\to-\infty}\int_a^b f(x)\mathrm{d}x,$$

这时也称反常积分 $\displaystyle\int_{-\infty}^b f(x)\mathrm{d}x$ **收敛**;如果上述极限不存在,则称反常积分 $\displaystyle\int_{-\infty}^b f(x)\mathrm{d}x$ **发散**.

定义 2　设函数 $f(x)$ 在区间 $(-\infty,+\infty)$ 上连续,如果反常积分

$$\int_{-\infty}^0 f(x)\mathrm{d}x \quad 和 \quad \int_0^{+\infty} f(x)\mathrm{d}x$$

都收敛,则称上述两个反常积分的和函数 $f(x)$ 为在区间 $(-\infty,+\infty)$ 上的 **反常积分**,记为 $\int_{-\infty}^{+\infty} f(x)\mathrm{d}x$,即

$$\int_{-\infty}^{+\infty} f(x)\mathrm{d}x = \int_{-\infty}^{0} f(x)\mathrm{d}x + \int_{0}^{+\infty} f(x)\mathrm{d}x$$

$$= \lim_{a\to-\infty}\int_{a}^{0} f(x)\mathrm{d}x + \lim_{b\to+\infty}\int_{0}^{b} f(x)\mathrm{d}x.$$

在计算无穷限的反常积分时,也可采用牛顿-莱布尼兹公式的写法,即:

设 $F(x)$ 为函数 $f(x)$ 在区间 $[a,+\infty)$ 上的一个原函数,则

$$\int_{a}^{+\infty} f(x)\mathrm{d}x = F(+\infty) - F(a) = F(x)\Big|_{a}^{+\infty},$$

类似地,

$$\int_{-\infty}^{b} f(x)\mathrm{d}x = F(b) - F(-\infty) = F(x)\Big|_{-\infty}^{b},$$

$$\int_{-\infty}^{+\infty} f(x)\mathrm{d}x = F(+\infty) - F(-\infty) = F(x)\Big|_{-\infty}^{+\infty},$$

其中 $F(-\infty)$ 和 $F(+\infty)$ 为极限的记号,即

$$F(-\infty) = \lim_{x\to-\infty} F(x), \quad F(+\infty) = \lim_{x\to+\infty} F(x).$$

例1　计算下列反常积分:

(1) $\int_{0}^{+\infty} \mathrm{e}^{-x}\mathrm{d}x$;　　　　　(2) $\int_{1}^{+\infty} \dfrac{\ln x}{x^2}\mathrm{d}x$;

(3) $\int_{-\infty}^{+\infty} \dfrac{x}{1+x^2}\mathrm{d}x$;　　　　　(4) $\int_{-\infty}^{+\infty} \dfrac{1}{x^2+1}\mathrm{d}x$.

解　(1) 由定义 1 得

$$\int_{0}^{+\infty} \mathrm{e}^{-x}\mathrm{d}x = \lim_{b\to+\infty}\int_{0}^{b} \mathrm{e}^{-x}\mathrm{d}x = -\lim_{b\to+\infty}\mathrm{e}^{-x}\Big|_{0}^{b} = -\lim_{b\to+\infty}(\mathrm{e}^{-b}-1) = 1.$$

(2) 因为

$$\int \frac{\ln x}{x^2}\mathrm{d}x = -\int \ln x\,\mathrm{d}\frac{1}{x} = -\frac{1}{x}\ln x + \int \frac{1}{x}\mathrm{d}\ln x = -\frac{1}{x}\ln x - \frac{1}{x} + C,$$

所以由定义 1 得

$$\int_{1}^{+\infty} \frac{\ln x}{x^2}\mathrm{d}x = \lim_{b\to+\infty}\int_{1}^{b} \frac{\ln x}{x^2}\mathrm{d}x = \lim_{b\to+\infty}\left[-\frac{1}{b}\ln b - \frac{1}{b} + 1\right]$$

$$= \lim_{b\to+\infty}\left[-\frac{\ln b + 1}{b} + 1\right] = 1.$$

(3) 对于 $\int_{-\infty}^{+\infty} \dfrac{x}{1+x^2}\mathrm{d}x$,需讨论 $\int_{-\infty}^{0} \dfrac{x}{1+x^2}\mathrm{d}x$ 和 $\int_{0}^{+\infty} \dfrac{x}{1+x^2}\mathrm{d}x$.

因为 $\int_{0}^{+\infty} \dfrac{x}{1+x^2}\mathrm{d}x = \lim\limits_{b\to+\infty}\int_{0}^{b} \dfrac{x}{1+x^2}\mathrm{d}x = \lim\limits_{b\to+\infty}\dfrac{1}{2}\ln(1+x^2)\Big|_{0}^{b} = \lim\limits_{b\to+\infty}\dfrac{1}{2}\ln(1+b^2) =$

$+\infty$ 不存在,

所以由定义 2 得反常积分 $\int_{-\infty}^{+\infty} \dfrac{x}{1+x^2}\mathrm{d}x$ 发散.

(4) $\int_{-\infty}^{+\infty} \dfrac{1}{x^2+1}\mathrm{d}x = \arctan x \Big|_{-\infty}^{+\infty} = \dfrac{\pi}{2} - \left(-\dfrac{\pi}{2}\right) = \pi.$

注 对反常积分,只有在收敛的条件下才能使用"偶倍奇零"的性质.

例 2 证明反常积分 $\int_{1}^{+\infty} \dfrac{\mathrm{d}x}{x^p}$ 当 $p>1$ 时收敛,当 $p \leqslant 1$ 时发散.

证 当 $p=1$ 时,

$$\int_{1}^{+\infty} \frac{\mathrm{d}x}{x^p} = \int_{1}^{+\infty} \frac{\mathrm{d}x}{x} = \ln x \Big|_{1}^{+\infty} = +\infty;$$

当 $p \neq 1$ 时,

$$\int_{1}^{+\infty} \frac{\mathrm{d}x}{x^p} = \frac{x^{1-p}}{1-p} \Big|_{1}^{+\infty} = \begin{cases} +\infty, & p<1, \\ \dfrac{1}{p-1}, & p>1. \end{cases}$$

于是,当 $p>1$ 时原反常积分收敛;当 $p \leqslant 1$ 时原反常积分发散.

二*、无界函数的反常积分

定义 3 如果函数 $f(x)$ 在点 x_0 的任一邻域(左邻域或右邻域)内无界,则称点 x_0 为函数 $f(x)$ 的**瑕点**.

例如,函数 $f(x) = \dfrac{1}{\sqrt{x}}$ 在点 $x=0$ 的任一邻域内无界,故点 $x=0$ 为该函数的瑕点.

特别地,若 $\lim\limits_{x \to x_0^-} f(x) = \infty$ 或 $\lim\limits_{x \to x_0^+} f(x) = \infty$,则点 x_0 必为函数 $f(x)$ 的瑕点.

下面我们考虑有瑕点的反常积分.

定义 4 设函数 $f(x)$ 在区间 $(a,b]$ 上连续,且点 $x=a$ 为 $f(x)$ 的瑕点,任取 $t>a$,极限

$$\lim_{t \to a^+} \int_{t}^{b} f(x)\mathrm{d}x$$

存在,则称此极限为无界函数 $f(x)$ 在 $(a,b]$ 上的反常积分,记为 $\int_{a}^{b} f(x)\mathrm{d}x$,即

$$\int_{a}^{b} f(x)\mathrm{d}x = \lim_{t \to a^+} \int_{t}^{b} f(x)\mathrm{d}x.$$

如果上式右端极限存在,则称反常积分 $\int_{a}^{b} f(x)\mathrm{d}x$ **收敛**;如果上式右端极限不存在,则称反常积分 $\int_{a}^{b} f(x)\mathrm{d}x$ **发散**.

类似地,设函数 $f(x)$ 在区间 $[a,b)$ 上连续,且点 $x=b$ 为 $f(x)$ 的瑕点,任取 $t<b$,极限

$$\lim_{t \to b^-} \int_{a}^{t} f(x)\mathrm{d}x$$

存在,则称此极限为无界函数 $f(x)$ 在 $[a,b)$ 上的**反常积分**,记作 $\int_a^b f(x)\mathrm{d}x$,即

$$\int_a^b f(x)\mathrm{d}x = \lim_{t \to b^-} \int_a^t f(x)\mathrm{d}x.$$

如果上式右端极限存在,则称反常积分 $\int_a^b f(x)\mathrm{d}x$ **收敛**;如果上式右端极限不存在,则称反常积分 $\int_a^b f(x)\mathrm{d}x$ **发散**.

设函数 $f(x)$ 在区间 $[a,b]$ 上除点 $c(a<c<b)$ 外都连续,且点 $x=c$ 为函数 $f(x)$ 的瑕点,则定义无界函数 $f(x)$ 在区间 $[a,b]$ 上的反常积分为

$$\int_a^b f(x)\mathrm{d}x = \int_a^c f(x)\mathrm{d}x + \int_c^b f(x)\mathrm{d}x = \lim_{t_1 \to c^-} \int_a^{t_1} f(x)\mathrm{d}x + \lim_{t_2 \to c^+} \int_{t_2}^b f(x)\mathrm{d}x.$$

如果上式中两个反常积分 $\int_a^c f(x)\mathrm{d}x$ 和 $\int_c^b f(x)\mathrm{d}x$ 都收敛,则称反常积分 $\int_a^b f(x)\mathrm{d}x$ **收敛**;如果上式中两个反常积分 $\int_a^c f(x)\mathrm{d}x$ 和 $\int_c^b f(x)\mathrm{d}x$ 中至少有一个发散,则称反常积分 $\int_a^b f(x)\mathrm{d}x$ **发散**.

上述反常积分统称无界函数的**反常积分**,通常又称为**瑕积分**.当有多个瑕点时,必须把瑕积分分成只在积分区间的一个端点为瑕点的瑕积分之和,仅当每个瑕积分都收敛时,原来的瑕积分收敛.

例 3 计算下列反常积分:

(1) $\int_{-1}^1 \dfrac{1}{\sqrt{1+x}}\mathrm{d}x$;(2) $\int_0^1 \ln x\,\mathrm{d}x$; (3) $\int_{-1}^{+\infty} \dfrac{1}{x^3}\mathrm{d}x$.

解 (1) 因为 $\lim\limits_{x \to -1^+} \dfrac{1}{\sqrt{1+x}} = \infty$,所以点 $x=-1$ 为被积函数的瑕点,于是由定义 3 得,

$$\int_{-1}^1 \frac{1}{\sqrt{1+x}}\mathrm{d}x = \lim_{t \to -1^+} \int_t^1 \frac{1}{\sqrt{1+x}}\mathrm{d}x = \lim_{t \to -1^+} \left(2\sqrt{1+x}\right)\Big|_t^1$$

$$= \lim_{t \to -1^+} \left[2\sqrt{2} - 2\sqrt{1+t}\right] = 2\sqrt{2}.$$

(2) 因为 $\lim\limits_{x \to 0^+} \ln x = \infty$,所以点 $x=0$ 为被积函数的瑕点,于是,

$$\int_0^1 \ln x\,\mathrm{d}x = \lim_{t \to 0^+} \int_t^1 \ln x\,\mathrm{d}x = \lim_{t \to 0^+} (x\ln x - x)\Big|_t^1 = \lim_{t \to 0^+} (-1 - t\ln t + t).$$

其中 $\lim\limits_{t \to 0^+} t\ln t$ 是 $0 \cdot \infty$ 型未定式,利用洛必达法则得

$$\lim_{t \to 0^+} t\ln t = \lim_{t \to 0^+} \frac{\ln t}{\dfrac{1}{t}} = \lim_{t \to 0^+} \frac{\dfrac{1}{t}}{-\dfrac{1}{t^2}} = -\lim_{t \to 0^+} t = 0,$$

所以 $\int_0^1 \ln x\,\mathrm{d}x = -1.$

（3）因为 $\lim\limits_{x\to 0}\dfrac{1}{x^3}=\infty$，所以 $x=0$ 为被积函数的瑕点，因此将积分 $\displaystyle\int_{-1}^{+\infty}\dfrac{1}{x^3}\mathrm{d}x$ 分解为

$\displaystyle\int_{-1}^{0}\dfrac{1}{x^3}\mathrm{d}x$ 和 $\displaystyle\int_{0}^{+\infty}\dfrac{1}{x^3}\mathrm{d}x$ 讨论.

$$\int_{-1}^{0}\frac{1}{x^3}\mathrm{d}x=\lim_{t\to 0^-}\int_{-1}^{t}\frac{1}{x^3}\mathrm{d}x=\lim_{t\to 0^-}\left(-\frac{1}{2x^2}\right)\Big|_{-1}^{t}=\lim_{t\to 0^-}\left[-\frac{1}{2t^2}+\frac{1}{2}\right]=-\infty,$$

即积分 $\displaystyle\int_{-1}^{0}\dfrac{1}{x^3}\mathrm{d}x$ 发散，从而 $\displaystyle\int_{-1}^{+\infty}\dfrac{1}{x^3}\mathrm{d}x$ 发散.

注 该题若疏忽了点 $x=0$ 是瑕点，不按无界反常积分计算，而按无穷区间上的反常积分去计算就会得到错误的结果. 因此，计算积分 $\displaystyle\int_{a}^{b}f(x)\mathrm{d}x$ 时，应特别注意被积函数在积分区间上是否存在瑕点，以确定其是定积分还是反常积分，否则容易出现错误.

下面主要讨论定积分在几何学、经济学中的应用.

三、定积分的几何应用

由定积分的几何意义知，当函数 $f(x)\geqslant 0$ 且在闭区间 $[a,b]$ 上连续时，曲线 $y=f(x)$，直线 $x=a$，$x=b$ 及 x 轴所围成的曲边梯形面积为

$$A=\int_{a}^{b}f(x)\mathrm{d}x.$$

下面我们分 3 种情形应用定积分的几何意义来计算平面图形的面积.

情形 1 由曲线 $y=f(x)$（其中函数 $f(x)$ 在闭区间 $[a,b]$ 上连续），直线 $x=a$，$x=b$ 及 x 轴所围成的平面图形面积，如图 5-4 所示.

由于 $f(x)$ 在闭区间 $[a,b]$ 上可能有正有负，根据定积分的几何意义知，所求面积不一定等于 $\displaystyle\int_{a}^{b}f(x)\mathrm{d}x$. 但是，如果把位于 x 轴下方的平面图形（图 5-4 中的 $[c,\mathrm{d}]$ 部分）以 x 轴为对称轴翻折到 x 轴上方，其面积保持不变，因此所求面积为

$$A=\int_{a}^{b}|f(x)|\mathrm{d}x.$$

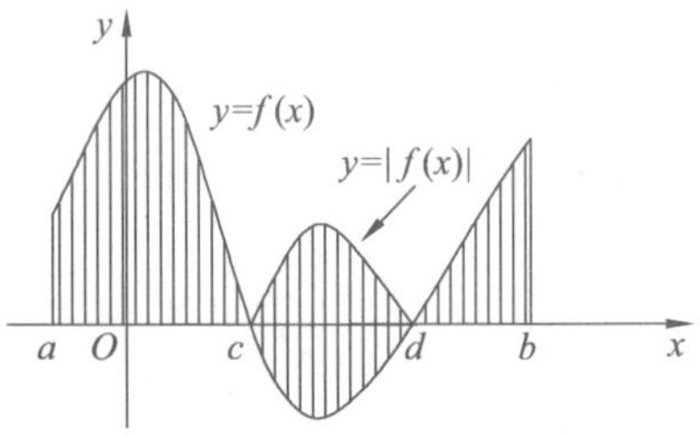

图 5-4

情形 2 由曲线 $y=f(x)$，$y=g(x)$（其中函数 $f(x)$，$g(x)$ 在闭区间 $[a,b]$ 上连续）及直线 $x=a$，$x=b$ 所围成的平面图形面积.

由情形 1 可得所求平面图形面积为

$$A=\int_{a}^{b}|f(x)-g(x)|\mathrm{d}x.$$

当曲线 $y=f(x)$ 和 $y=g(x)$ 如图 5-5 所示时，则有

$$A=\int_{a}^{b}[f(x)-g(x)]\mathrm{d}x.$$

当曲线 $y=f(x)$，$y=g(x)$ 如图 5-6 所示时，则有

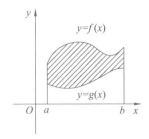 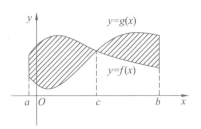

图 5-5　　　　　　　　　　　图 5-6

$$A = \int_a^c [f(x) - g(x)] \mathrm{d}x + \int_c^b [g(x) - f(x)] \mathrm{d}x.$$

情形 3　由曲线 $x = \varphi(y), x = \psi(y)$（其中 $\varphi(y), \psi(y)$ 在闭区间 $[c,d]$ 上连续）及直线 $y = c, y = d$ 所围成的平面图形面积.

由情形 2 易得所求平面图形的面积为

$$A = \int_c^d |\varphi(y) - \psi(y)| \mathrm{d}y.$$

当曲线 $x = \varphi(y)$ 和 $x = \psi(y)$ 如图 5-7 所示时,则有

$$A = \int_c^d [\varphi(y) - \psi(y)] \mathrm{d}y.$$

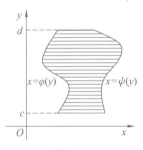 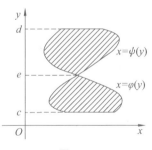

图 5-7　　　　　　　　　　　图 5-8

当曲线 $x = \varphi(y)$ 和 $x = \psi(y)$ 如图 5-8 所示时,则有

$$A = \int_c^e [\varphi(y) - \psi(y)] \mathrm{d}y + \int_e^d [\psi(y) - \varphi(y)] \mathrm{d}y.$$

例 4　求由曲线 $y = x^2$ 和 $y = 2x - x^2$ 所围的平面图形的面积.

解　平面图形如图 5-9 所示,由

$$\begin{cases} y = x^2, \\ y = 2x - x^2 \end{cases}$$

得 $(0,0)$ 和 $(1,1)$,从而 x 的范围为 0 到 1,于是,

$$A = \int_0^1 |x^2 - (2x - x^2)| \mathrm{d}x = \int_0^1 (2x - x^2 - x^2) \mathrm{d}x$$

$$= \left(x^2 - \frac{2}{3}x^3\right)\Big|_0^1 = \frac{1}{3}.$$

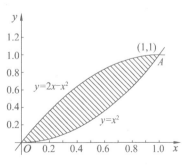

图 5-9

例 5　求椭圆 $\dfrac{x^2}{a^2} + \dfrac{y^2}{b^2} = 1 (a > 0, b > 0)$ 所围成图

形的面积.

解 记椭圆 $\dfrac{x^2}{a^2}+\dfrac{y^2}{b^2}=1$ 所围成图形的面积为 S，由椭圆的

对称性，只要求出椭圆位于第一象限中部分（图 5-10 中的阴影部分）的面积 S_1.

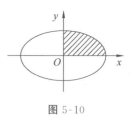

图 5-10

在第一象限中，椭圆的方程为

$$y=\frac{b}{a}\sqrt{a^2-x^2}.$$

因此椭圆位于第一象限中部分的面积为

$$S_1=\int_0^a\left|\frac{b}{a}\sqrt{a^2-x^2}\right|\mathrm{d}x$$

$$=\int_0^a\frac{b}{a}\sqrt{a^2-x^2}\,\mathrm{d}x=\frac{b}{a}\int_0^a\sqrt{a^2-x^2}\,\mathrm{d}x,$$

由定积分的几何意义可知

$$\int_0^a\sqrt{a^2-x^2}\,\mathrm{d}x=\frac{1}{4}\pi a^2,$$

于是

$$S_1=\int_0^a\frac{b}{a}\sqrt{a^2-x^2}\,\mathrm{d}x=\frac{b}{a}\cdot\frac{1}{4}\pi a^2=\frac{1}{4}\pi ab,$$

所以椭圆 $\dfrac{x^2}{a^2}+\dfrac{y^2}{b^2}=1$ 所围成图形的面积为 $S=4S_1=\pi ab$.

例 6 求曲线 $x=\dfrac{1}{2}y^2$ 和直线 $y=x-4$ 所围的平面

图形面积.

解 平面图形如图 5-11 所示，两曲线交点为以下方程组的解，

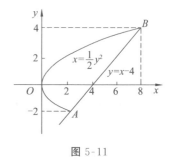

图 5-11

$$\begin{cases}x=\dfrac{1}{2}y^2,\\[2mm]y=x-4.\end{cases}$$

得交点 $(2,-2)$ 和 $(8,4)$，从而 y 的范围为 -2 到 4，故

$$A=\int_{-2}^4\left(y+4-\frac{1}{2}y^2\right)\mathrm{d}y=\left(\frac{y^2}{2}+4y-\frac{y^3}{6}\right)\Bigg|_{-2}^4=18.$$

四、定积分在经济方面的应用举例

前面我们介绍过定积分是用来研究具有随时变换的累积量的事物的工具：走过的距离、完成的工作、赚取的利润、生成的物资、环境恶化或改良的追踪等.下面主要介绍定积分在经济方面的应用.

1. 最大利润问题

若边际成本函数为 $C'(Q)$，则总成本函数可以表示为

$$C(Q) = \int_0^Q C'(Q)\mathrm{d}Q + C_0,$$

其中 C_0 为固定成本，Q 为产量；

若边际收益函数为 $R'(Q)$，总收益函数可表示为 $R(Q) = \int_0^Q R'(Q)\mathrm{d}Q$；

总利润函数可表示为 $L(Q) = R(Q) - C(Q) = \int_0^Q [R'(Q) - C'(Q)]\mathrm{d}Q - C_0.$

根据微分学的知识，当 $L'(Q) = 0$，即 $R'(Q) = C'(Q)$，且 $L''(Q) < 0$，即 $\dfrac{\mathrm{d}(R' - C')}{\mathrm{d}Q} < 0$

时，可获得最大利润，由此可以确定相应的产出水平 Q_0，进而求得最大利润.

例 7　设生产某产品的固定成本为 10 万元，边际成本与边际收益分别为

$$C'(Q) = 4 + \frac{Q}{4},$$

$$R'(Q) = 9 - Q,$$

试确定该产品的产量为多少时利润最大，并求利润函数.

解　由 $R'(Q) = C'(Q)$，得

$$4 + \frac{Q}{4} = 9 - Q,$$

解得 $Q = 4$.

又

$$\frac{\mathrm{d}(R' - C')}{\mathrm{d}Q}\bigg|_{Q=4} = -\frac{5}{4} < 0,$$

所以当 $Q = 4$ 时获得最大利润.

利润函数为

$$
\begin{aligned}
L(Q) &= \int_0^Q [R'(t) - C'(t)]\mathrm{d}t - C_0 \\
&= \int_0^Q \left[(9 - t) - (4 + \frac{t}{4})\right]\mathrm{d}t - 10 \\
&= \int_0^Q (5 - \frac{5}{4}t)\mathrm{d}Q - 40 = 5t - \frac{5}{8}t^2 - 10.
\end{aligned}
$$

2. 消费者剩余与生产者剩余

根据微观经济学理论，一种商品的需求量（或购买量）Q 由多种因素决定，比如该商品的可能价格、购买者的收入、购买者的偏好、与之密切相关的其他商品的价格等. 在其他条件不变的情况下，需求函数 $Q = f(P)$ 是价格 P 的减函数，即当价格上升时需求量下降，当价格下降时需求量上升. 而供给函数 $Q = g(P)$ 则是价格 P 的增函数，即当价格上升时供给量增加，当价格下降时供给量下降（图 5-12）.

需求函数与价格函数两曲线的交点 $E(P_0, Q_0)$ 称为**均衡点**. 在此点供需双方达到

平衡.均衡点的价格 P_0 即为均衡价格.

需求曲线与横轴交点的横坐标 P_U,叫作商品的最高限价.当商品价格从均衡价格 P_0 上涨到 P_U 时,需求量渐渐下降到零,此时商品基本没有销路了.供给曲线与横轴交点的横坐标 P_L,叫作商品的最低限价.当商品价格从均衡价格 P_0 下降到 P_L 时,供给量渐渐下降到零,此时生产者就不再愿意供给商品了.

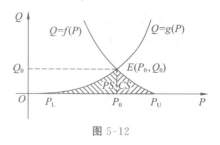

图 5-12

消费者剩余 CS,是指消费者愿意以超过均衡价格购买商品而实际上仅以均衡价格 P_0 购买,其中的差价是带给消费者的满足.它并不是真正的收益,只是消费者在心理上感觉有了收益.**生产者剩余** PS,是指生产者愿意以低于均衡价格供给商品而实际上仍以均衡价格 P_0 供给,由此获得的利益.

当商品价格为 P 时,消费者将购买 Q 单位的商品,其总费用为 PQ,此时生产者的收入也为 PQ.若需求函数与供给函数都是连续的函数,通过"分割—近似—作和—取极限"这四个步骤,可将消费者剩余 CS 及生产者剩余 PS 的计算化为定积分的计算,即

$$CS = \int_0^{Q_0} f^{-1}(Q)\mathrm{d}Q - P_0 Q_0 = \int_{P_0}^{P_U} f(P)\mathrm{d}P,$$

$$PS = P_0 Q_0 - \int_0^{Q_0} g^{-1}(Q)\mathrm{d}Q = \int_{P_L}^{P_0} g(P)\mathrm{d}P,$$

其中 $P = f^{-1}(Q)$ 和 $P = g^{-1}(Q)$ 分别是 $Q = f(P)$ 和 $Q = g(P)$ 的反函数.

例 8　设某商品的需求函数与供给函数分别为

$$f(P) = 15 - P, \quad g(P) = P - 3,$$

其中 P 为价格.求此商品的消费者剩余 CS 与生产者剩余 PS.

解　先确定均衡价格 P_0,由 $f(P) = g(P)$,即

$$15 - P = P - 3,$$

解得 $P_0 = 9$.

由 $f(P) = 0$ 及 $g(P) = 0$,得到商品的最低价 $P_L = 3$ 和商品的最高价 $P_U = 15$.

因此,商品的消费者剩余

$$CS = \int_{P_0}^{P_U} f(P)\mathrm{d}P = \int_9^{15} (15 - P)\mathrm{d}P = \left(15P - \frac{1}{2}P^2\right)\bigg|_9^{15} = 18;$$

生产者剩余

$$PS = \int_{P_L}^{P_0} g(P)\mathrm{d}P = \int_3^9 (P - 3)\mathrm{d}P = \left(\frac{P^2}{2} - 3P\right)\bigg|_3^9 = 18.$$

例 9　设某商品从时刻 0 到时刻 t 的销售量为 $y = kt$ ($t \in [0, T]$),欲在 T 时刻将数量为 A 的该商品售出,求:(1) t 时刻的商品剩余量,并确定常数 k;(2) 在时间段 $[0, T]$ 上的平均剩余量.

解　(1) 在 t 时刻的商品剩余量为

$$z(t) = A - kt, \quad t \in [0, T].$$

在 T 时刻将数量为 A 的该商品售出，得

$$A - kT = 0,$$

即 $k = \dfrac{A}{T}$.

（2）在时间段 $[0, T]$ 上的平均剩余量为

$$\frac{\displaystyle\int_0^T z(t)\,\mathrm{d}t}{T} = \frac{\displaystyle\int_0^T \left(A - \frac{A}{T}t\right)\mathrm{d}t}{T} = \frac{A}{2}.$$

3. 现金流的现值

现金流的现值是指将未来的现金流折算到当前时间的价值.应用定积分可以解决现金流的现值计算问题.若收益（或支出）不是单一数额，而是每单位时间内的收益（或支出），这称为**现金流**.现假设现金流是时间 t 的连续函数，而将现金流对时间的变化率称为**现金流量**.若 t 以年为单位，在时间点 t 每年的流量为 $R(t)$.若 $R(t) = C$ 为常数，则称该现金具有常数现金流量（或均匀流）.收益流的将来值定义为将其存入银行并加上利息之后的款值；而收益流的现值是这样一笔款项，若把它存入可获利息的银行，将来从收益流中获得的总收益.若以连续利率 r 计息，一笔 P 元人民币从现在起存入银行，t 年后的将来值 R 为 $R = Pe^{rt}$.若 t 年后想得到 R 元人民币，则现值 P（现在需要存入银行的金额）应为 $P = Re^{-rt}$.由将来值 R 求现在值 P 的问题一般称为贴现问题，此时的 r 叫作贴现率.

若有一笔现金的流量为 $R(t)$（元/年），那么，从现在（$t = 0$）起到 n 年末，收益流在 $t = 0$ 时的总现值（当前值）为

$$P = \int_0^n R(t)e^{-rt}\,\mathrm{d}t.$$

特别地，当 $R(t) = C$ 是常量（均匀现金流），则收益流的总现值（当前值）为

$$P = \int_0^n Ce^{-rt}\,\mathrm{d}t = \frac{C}{r}(1 - e^{-rn}).$$

例 10 购买一套房产需要贷款 500 万元，分 10 年付清，每年付款数额相同，贴现率为 4%，按连续贴现率计算，每年应还贷款多少万元？

解 设每年还贷款 C 万元，由题意知 $P = 500, n = 10, r = 0.04$，于是有

$$500 = C\int_0^{10} e^{-0.04t}\,\mathrm{d}t = \frac{C}{0.04}(1 - e^{-0.4}),$$

解得 $C = 60.661\,2$（万元）.

故每年应还贷款为 60.661 2 万元.

习题 5-4 ✏

1. 判断下列反常积分的敛散性，若收敛，则求出其值：

（1）$\displaystyle\int_1^{+\infty} \frac{\mathrm{d}x}{x^4}$；

（2）$\displaystyle\int_1^{+\infty} \frac{\mathrm{d}x}{\sqrt{x}}$；

(3) $\int_0^{+\infty} \dfrac{x}{(1+x^2)^2}\mathrm{d}x$;   (4) $\int_0^{+\infty} x\,\mathrm{e}^{-2x}\,\mathrm{d}x$;

(5) $\int_{-\infty}^{+\infty} \mathrm{e}^{-x}\sin x\,\mathrm{d}x$;   (6) $\int_{-\infty}^{+\infty} \dfrac{x+3}{x^2+4x+5}\mathrm{d}x$;

(7) $\int_{-\infty}^{+\infty} \dfrac{(\arctan x)^2}{1+x^2}\mathrm{d}x$;   (8) $\int_0^{+\infty} \dfrac{\mathrm{d}x}{(1+x)\sqrt{x}}$;

(9) $\int_0^4 \dfrac{x}{\sqrt{4-x}}\mathrm{d}x$;   (10) $\int_0^\pi \dfrac{\mathrm{e}^{-\sqrt{x}}}{\sqrt{x}}\mathrm{d}x$;

(11) $\int_1^e \dfrac{\mathrm{d}x}{x\sqrt{1-\ln^2 x}}$;   (12) $\int_0^3 \dfrac{1}{(x-1)^{\frac{2}{3}}}\mathrm{d}x$.

2. 已知 $\int_{-\infty}^0 \mathrm{e}^{ax}\mathrm{d}x=\dfrac{1}{3}$，求常数 a 的值.

3. 求由下列各曲线所围图形的面积：

(1) 曲线 $y=\ln x$，直线 $y=\mathrm{e}+1-x$ 及 $y=0$；

(2) 曲线 $y=\mathrm{e}^x$，$y=\mathrm{e}^{-x}$ 及直线 $x=1$；

(3) 曲线 $y=\ln x$，y 轴与直线 $y=\ln a$，$y=\ln b(0<a<b)$；

(4) 曲线 $y=x^2$ 与直线 $y=x$ 及 $y=2x$.

4. 求抛物线 $y=-x^2+4x-3$ 与在点 $(0,-3)$ 和点 $(3,0)$ 处的切线所围成的面积.

5. 已知边际成本为 $C'(x)=100-2x$，求产量从 $x=20$ 增加到 $x=30$ 时，应追加的成本.

6. 已知某产品的边际成本和边际收益函数分别为

$$C'(x)=x^2-4x+6, \quad R'(x)=105-2x,$$

其中 x 为产量(或销量)，固定成本为 100，求该产品的最大利润.

7. 出售某种商品，已知其边际收益和边际成本函数分别为

$$R'(x)=(10-x)\mathrm{e}^{-x}, \quad C'(x)=(x^2-4x+6)\mathrm{e}^{-x},$$

且固定成本为 3.

(1) 在产销平衡的情况下，求总利润函数；

(2) 求使这种商品的总利润达到最大值的产量和最大总利润.

8. 设某商品的供给函数和需求函数分别为

$$g(P)=P^2, f(P)=-2P+15,$$

其中 P 为价格.求：

(1) 均衡价格 P_0；

(2) 消费者剩余和生产者剩余.

9. 某套房产现售价 500 万元，首付 20%，剩下部分贷款分 10 年付清，每年付款数额相同，贴现率为 6%，按连续贴现率计算，每年应付款多少万元？

→ 复习题五

1. 求下列函数的导数：

(1) 设 $f(x) = \int_0^{x^2} \dfrac{\mathrm{d}t}{\sqrt{1+t^2}}$，求 $f'(x)$；

(2) 设 $f(x) = \int_{2x}^1 \ln(1+t^2)\mathrm{d}t$，求 $f'(1)$；

(3) 设 $f(x) = \int_x^{x^2} \mathrm{e}^{t^2}\mathrm{d}t$，求 $f'(x)$；

(4) 设 $f(x) = \int_0^x x\sin^2 t\,\mathrm{d}t$，求 $f''(x)$.

2. 求下列极限：

(1) $\lim\limits_{x \to 1} \dfrac{x\displaystyle\int_1^{x^2} \ln(1+\sqrt{t})\mathrm{d}t}{x-1}$；

(2) $\lim\limits_{x \to 0} \dfrac{\displaystyle\int_0^x [\sqrt{1+t} - \sqrt{1-t}]\mathrm{d}t}{x^2}$；

(3) $\lim\limits_{x \to 0} \dfrac{\displaystyle\int_0^x (\mathrm{e}^t + \mathrm{e}^{-t} - 2)\mathrm{d}t}{\cos x - 1}$；

(4) $\lim\limits_{x \to +\infty} \dfrac{\displaystyle\int_0^x f(t)\mathrm{d}t}{\sqrt{x^2 + x}}$，其中函数 $f(x)$ 连续，且 $\lim\limits_{x \to +\infty} f(x) = 2$.

3. 计算下列积分：

(1) $\displaystyle\int_{\frac{\pi}{6}}^{\frac{\pi}{2}} \cos^2 x\,\mathrm{d}x$；

(2) $\displaystyle\int_{-2}^0 \dfrac{1}{x^2 + 2x + 2}\mathrm{d}x$；

(3) $\displaystyle\int_1^4 \dfrac{1}{1+\sqrt{x}}\mathrm{d}x$；

(4) $\displaystyle\int_0^{\frac{\pi}{4}} \dfrac{1}{1+\sin^2 x}\mathrm{d}x$；

(5) $\displaystyle\int_1^4 \dfrac{\mathrm{d}x}{\sqrt{x}\,(1+\sqrt{x})^2}$；

(6) $\displaystyle\int_{-1}^0 \dfrac{(1+x)\mathrm{e}^x}{\sqrt{1+x\mathrm{e}^x}}\mathrm{d}x$；

(7) $\displaystyle\int_0^4 x^2\sqrt{4x - x^2}\,\mathrm{d}x$；

(8) $\displaystyle\int_{\frac{\pi}{6}}^{\frac{\pi}{3}} (1-\cos 3t)\sin 3t\,\mathrm{d}t$；

(9) $\displaystyle\int_0^{\pi} \dfrac{\cos x}{\sqrt{4+3\sin x}}\mathrm{d}x$；

(10) $\displaystyle\int_0^{\pi} 3\cos^2 x\sin x\,\mathrm{d}x$；

(11) $\displaystyle\int_0^{\frac{\pi}{2}} \sin^2 x\cos^4 x\,\mathrm{d}x$；

(12) $\displaystyle\int_{-\frac{\pi}{2}}^{\frac{\pi}{2}} \cos x\cos 2x\,\mathrm{d}x$；

(13) $\displaystyle\int_0^{\pi} \sqrt{1+\cos 2x}\,\mathrm{d}x$；

(14) $\displaystyle\int_0^{\frac{\pi}{2}} \dfrac{\cos x}{\sin x + \cos x}\mathrm{d}x$；

(15) $\displaystyle\int_{-1}^1 x\arccos x\,\mathrm{d}x$；

(16) $\displaystyle\int_0^{\pi} \sin\sqrt{x}\,\mathrm{d}x$；

(17) $\int_0^{\frac{\pi}{2}} (x^2+1)\sin x \, dx$;

(18) $\int_e^{+\infty} \dfrac{dx}{x \ln^2 x}$;

(19) $\int_1^{+\infty} \dfrac{\arctan x}{x^2} dx$;

(20) $\int_0^1 \dfrac{\arcsin \sqrt{x}}{\sqrt{x(1-x)}} dx$;

(21) $\int_0^1 \dfrac{\ln x}{\sqrt{x}} dx$;

(22) $\int_1^3 \dfrac{x}{2-x^2} dx$.

4. 利用函数的奇偶性计算下列定积分：

(1) $\int_{-\frac{\pi}{2}}^{\frac{\pi}{2}} (x^2+1)\sin^3 x \, dx$;

(2) $\int_{-2}^2 x^2 [1+\ln(x+\sqrt{1+x^2})] dx$;

(3) $\int_{-\frac{\pi}{4}}^{\frac{\pi}{4}} \dfrac{x+1}{1+\cos 2x} dx$.

5. 设函数 $y=y(x)$ 由方程 $2x-\tan(x-y)=\int_0^{x-y} \sec^2 t \, dt$ 确定，求导数 $\dfrac{dy}{dx}$.

6. 设函数 $f(x)=x$, $g(x)=\begin{cases} \sin x, & 0 \leqslant x \leqslant \dfrac{\pi}{2}, \\ 0, & \text{其他}, \end{cases}$ 当 $x \geqslant 0$ 时，求函数 $F(x)=\int_0^x f(t)g(x-t) dt$ 的表达式.

7. 设函数 $f(x)=\int_0^x (1-t^2) e^{-t} dt$ ，求 x 为何值时，函数 $f(x)$ 取得极大值和极小值.

8. 证明：(1) $\int_0^1 x^m (1-x)^n dx = \int_0^1 x^n (1-x)^m dx$;

(2) $\int_0^{\pi} \cos^8 x \, dx = 2\int_0^{\frac{\pi}{2}} \cos^8 x \, dx$;

(3) $\int_0^{\pi} x f(\sin x) dx = \dfrac{\pi}{2} \int_0^{\pi} f(\sin x) dx$.

9. 设函数 $f(x)$ 满足 $f\left(x+\dfrac{1}{x}\right) = \dfrac{x+x^3}{1+x^4}$ ，计算积分 $\int_0^1 f(x) dx$.

10. 已知函数 $f(x)=\int_1^x \dfrac{\ln t}{1+t} dt$ ，计算 $f(2)+f\left(\dfrac{1}{2}\right)$.

11. 设函数 $f(x)$ 和 $g(x)$ 在区间 $[a,b]$ 上连续，且满足：

$$\int_a^x f(t) dt \geqslant \int_a^x g(t) dt \, (x \in [a,b]), \quad \int_a^b f(t) dt = \int_a^b g(t) dt.$$

证明：

$$\int_a^b x f(x) dx \leqslant \int_a^b x g(x) dx.$$

12. 设函数 $f(x)=\lim_{t \to \infty} t^2 \sin \dfrac{x}{t} \cdot \left[g\left(2x+\dfrac{1}{t}\right) - g(2x) \right]$ ，函数 $g(x)$ 的一个原函数

为 $\ln(x+1)$，求积分 $\int_0^1 f(x)\mathrm{d}x$.

13. 设函数 $f(x)$ 为连续函数，证明：

$$\int_0^x \left[\int_0^u f(t)\mathrm{d}t\right]\mathrm{d}u = \int_0^x f(u)(x-u)\mathrm{d}u.$$

14. 设 $f''(x)$ 在 $[a,b]$ 上连续，证明：

$$\int_a^b x f''(x)\mathrm{d}x = b f'(b) - f(b) - a f'(a) + f(a).$$

15. 求下列各曲线所围成的平面图形面积：

(1) $y = 3 - x^2, y = 2x$；

(2) $y = x^3, y = 4x$；

(3) $y = x^2, y = 2x - x^2, y = 0$；

(4) $x = 0, x = \pi, y = \sin x, y = \cos x$.

16. 设曲线 $y = 1 - x^2$ 与 x 轴及 y 轴所围图形被 $y = ax^2$ 分成面积相等的两部分，求常数 a 的值.

17. 设函数 $f(x)$ 在区间 $[a,b]$ 上连续且非负，证明：存在直线 $x = c (a < c < b)$ 平分曲线 $y = f(x)$ 与直线 $x = a, x = b$ 及 x 轴所围图形的面积.

18. 设曲线 $y = x^2$ 与直线 $y = ax (0 < a < 1)$ 所围图形的面积为 S_1，它们与直线 $x = 1$ 所围图形的面积为 S_2. 试求常数 a 的值，使得 $S_1 + S_2$ 达到最小，并求出此最小值.

19. 试求常数 k 的值，使得 $\lim\limits_{x \to +\infty} \left(\dfrac{x+k}{x-k}\right)^x = \int_{-\infty}^k t \mathrm{e}^{2t}\mathrm{d}t$.

20. 汽车工厂制造新能源汽车的边际成本为

$$C'(x) = \frac{5}{\sqrt{x}} + 10 (万元).$$

若制造 100 台新能源汽车的成本为 2 000 万元，求制造 10 000 台新能源汽车的成本.

自测题五

一、填空题

1. 定积分 $\int_{-1}^1 \sqrt{1-x^2}\mathrm{d}x =$ _____.

2. 比较积分的大小：$\int_1^2 \ln x\,\mathrm{d}x$ _____（填 $=$、$\leqslant$ 或 $\geqslant$）$\int_1^2 (\ln x)^3\mathrm{d}x$.

3. 函数 $f(x) = \int_1^x \sqrt{1+t^2}\mathrm{d}t$ 的导数为 _____.

4. 设函数 $f(x)$ 在区间 $[a,b]$ 上连续，则 $\mathrm{d}\left(\int_a^b f(x)\mathrm{d}x\right) =$ _____.

5. 定积分 $\int_{-\frac{1}{2}}^{\frac{1}{2}} \ln\dfrac{1+x}{1-x}\mathrm{d}x =$ _____.

6. 积分 $\int_0^{+\infty} \dfrac{\mathrm{d}x}{x^2+1} = $ _____.

7. 设函数 $f(x)$ 的一个原函数为 $\dfrac{\sin x}{x}$，则 $\int_{\frac{\pi}{2}}^{\pi} x^3 f'(x)\mathrm{d}x$ _____.

8. 当积分 $\int_a^{2a} \dfrac{\mathrm{d}x}{\sqrt{1+x^3}}$ 的值最大时，常数 $a = $ _____.

9. 已知 $\int_0^{+\infty}\left(\dfrac{1}{\sqrt{x^2+4}} - \dfrac{c}{x+2}\right)\mathrm{d}x$ 收敛，则常数 $c = $ _____.

二、计算题

1. 计算积分 $\int_0^2 (x-1)\sqrt{2x-x^2}\,\mathrm{d}x$.

2. 计算积分 $\int_0^{\pi} \sqrt{\sin^3 x - \sin^5 x}\,\mathrm{d}x$.

3. 计算积分 $\int_0^{\frac{\pi^2}{4}} \dfrac{\sin\sqrt{x}}{2\sqrt{x}}\,\mathrm{d}x$.

4. 计算积分 $\int_4^{+\infty} \dfrac{1}{x^2-4x+3}\,\mathrm{d}x$.

5. 设函数 $f(x) = \int_0^x \mathrm{e}^{-t^2+2t}\,\mathrm{d}t$，计算积分 $\int_0^1 (x-1)^2 f(x)\,\mathrm{d}x$.

6. 求函数 $f(x) = \int_1^{x^2} (x^2-t)\mathrm{e}^{-t^2}\,\mathrm{d}t$ 的单调区间与极值.

7. 设曲线 $y=\ln x$ 和直线 $x=1, x=\mathrm{e}$ 及 $y=0$ 所围成的平面图形为 D，求该平面图形 D 的面积.

8. 设 $a>0, 0<b<1$，由曲线 $y=\mathrm{e}^x$，直线 $y=1$ 与直线 $x=ab$ 所围成平面区域的面积记为 S_1，由曲线 $y=\mathrm{e}^x$，直线 $y=\mathrm{e}^a$ 与直线 $x=ab$ 所围成平面区域的面积记为 S_2，若 $S_1 = S_2$，求 $\lim\limits_{a\to 0^+} b$.

9. 设函数 $f(x)$ 在 $(-\infty, +\infty)$ 上有二阶连续导数，若曲线 $y=f(x)$ 过点 $(0,0)$ 且与曲线 $y=2^x$ 在点 $(1,2)$ 处相切，求积分 $\int_0^1 x f''(x)\,\mathrm{d}x$.

10. 当生产某种商品到第 Q 件时，平均成本的边际值为 $-\dfrac{1}{16} - \dfrac{20}{Q^2}$，又已知每件销售价格为 $P = \dfrac{247}{8} - \dfrac{11}{16}Q + \dfrac{10}{Q^2}$（万元），而每销售 1 件商品需纳税 2 万元. 已知生产 2 件商品的平均成本为 6.25 万元，求生产水平为多少件时，税后利润最大？并求出此时的销售价格.

第六章 多元函数微积分

第一章到第五章,我们介绍了一个变量与另一个变量的关系,即一元函数关系,讨论了一元函数的微积分学及其在经济学中的应用.但在实际问题或理论问题中,我们经常遇到一个变量依赖多个变量的情形,数学上由此引入了多元函数.本章将在一元函数微积分学的基础上,讨论多元函数的微积分学及其在经济学中的应用.对于多元函数,我们主要讨论二元函数的极限和连续、偏导数、全微分及二重积分等.

第一节　二元函数的概念

笛卡尔小传

在实际问题或理论问题中,我们经常遇到一个变量由多个变量所决定的情形,数学上由此引入了多元函数.多元函数在诸多方面与一元函数有着本质的区别.

一、预备知识

1. 空间直角坐标系

在平面解析几何中,我们建立了笛卡尔平面直角坐标系Oxy,以此借助代数方法讨论平面几何问题.类似地为了借助代数方法讨论空间几何问题,我们需要建立空间直角坐标系.在平面直角坐标系Oxy上过坐标原点O建立一条数轴Oz,使之与平面直角坐标系Oxy所在的平面垂直,并用右手规则确定数轴Oz的正向:当右手四指从数轴Ox正向以直角转向数轴Oy正向时,大拇指所指的方向为数轴Oz的正向.如图6-1所示,由此

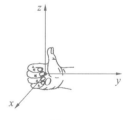

图 6-1

三条数轴Ox,Oy和Oz就构成了一个**空间直角坐标系**$Oxyz$.O称为空间直角坐标系$Oxyz$的**坐标原点**,Ox轴、Oy轴和Oz轴分别称为**横轴、纵轴、竖轴**.三条坐标轴两两所确定的平面称为**坐标面**,Ox轴和Oy轴确定的平面称为**xOy面**,Oy轴和Oz轴确定的平面称为**yOz面**,Oz轴和Ox轴确定的平面称为**zOx面**.三个坐标面把空间分成了八个部分,每一个部分称为一个**卦限**,共有八个卦限,其中Ox轴,Oy轴和Oz轴正向部分为第Ⅰ卦限;Ox轴负向,Oy轴和Oz轴正向部分为第Ⅱ卦限;以此类推,Ox轴正向,Oy轴和Oz轴负向部分为第Ⅷ卦限.

在空间直角坐标系$Oxyz$上,空间中任一点可以用一个三元有序数组(x,y,z)表示.如图6-2所示,过点M分别作平行于yOz面,zOx面和xOy面的平面,它们分别与

Ox 轴,Oy 轴,Oz 轴交于 P,Q 和 R 三点.P 点,Q 点和 R 点在 Ox 轴上,Oy 轴和 Oz 轴上的坐标分别为 x,y 和 z.由过一点且平行于固定平面的平面的唯一性可知,点 M 的位置完全由三元有序数组 (x,y,z) 确定,称此三元有序数组 (x,y,z) 为**点 M 的坐标**.并且分别称 x,y 和 z 为点 M 的**横坐标、纵坐标和竖坐标**.坐标为 x,y,z 的点 M 通常记为 $M(x,y,z)$.

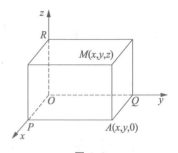

图 6-2

在空间直角坐标系 $Oxyz$ 中,位于不同位置点坐标的符号有不同的特征.例如,如果点 $M(x,y,z)$ 在 xOy 面的上方,则 $z>0$;如果它同时又在 yOz 面的前面,则 $x>0$;如果点 M 在 yOz 面上,则 $x=0$;如果点 M 在 Ox 轴上,则 $y=z=0$.坐标原点的坐标为 $(0,0,0)$.类似地,可以指出其他一些特殊位置上点的坐标.不同卦限中点的坐标的符号特征见表 6-1.

表 6-1

坐标	位置							
	I	II	III	IV	V	VI	VII	VIII
x	$+$	$-$	$-$	$+$	$+$	$-$	$-$	$+$
y	$+$	$+$	$-$	$-$	$+$	$+$	$-$	$-$
z	$+$	$+$	$+$	$+$	$-$	$-$	$-$	$-$

2. 空间两点间的距离

类似于平面解析几何中的距离公式,两点 $M_1(x_1,y_1,z_1)$ 和 $M_2(x_2,y_2,z_2)$ 之间的距离公式为

$$|M_1M_2|=\sqrt{(x_2-x_1)^2+(y_2-y_1)^2+(z_2-z_1)^2}.$$

特别地,点 $M(x,y,z)$ 到原点的距离为

$$|OM|=\sqrt{x^2+y^2+z^2}.$$

例 1 求到点 $M_0(x_0,y_0,z_0)$ 的距离等于常数 R 的点的轨迹方程.

解 设动点 $M(x,y,z)$ 到点 $M_0(x_0,y_0,z_0)$ 的距离为常数 R,即 $|M_0M|=R$,则根据空间两点间的距离公式,有

$$\sqrt{(x-x_0)^2+(y-y_0)^2+(z-z_0)^2}=R,$$

两边同时平方,得

$$(x-x_0)^2+(y-y_0)^2+(z-z_0)^2=R^2,$$

即为动点 M 的轨迹方程,其轨迹为球心在点 $M_0(x_0,y_0,z_0)$、半径为 R 的球面.

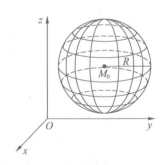

图 6-3

3. 曲面与方程

在平面解析几何中,我们曾建立了平面上曲线与二元方程 $F(x,y)=0$ 的对应关系.类似地,在空间解析几何中,我们可以建立空间曲面 S 与三元方程 $F(x,y,z)=0$ 间的对应关系.

定义 1 在空间直角坐标系中,对于曲面 S 和方程 $F(x,y,z)=0$ 来说,如果曲面 S 上任何一点的坐标都满足方程 $F(x,y,z)=0$,而不在曲面 S 上的点的坐标都不满足方程 $F(x,y,z)=0$,则称方程 $F(x,y,z)=0$ 为曲面 S 的**方程**,称曲面 S 为方程 $F(x,y,z)=0$ 的**图形**.

注 曲面也可以看作是具有某种性质的动点的轨迹.

例 1 中的方程 $(x-x_0)^2+(y-y_0)^2+(z-z_0)^2=R^2$ 为球心在点 $M_0(x_0,y_0,z_0)$、半径为 R 的球面 S 的方程,球面 S 为方程 $(x-x_0)^2+(y-y_0)^2+(z-z_0)^2=R^2$ 的图形(图 6-3).方程 $x^2+y^2=R^2$ 的图形为母线平行于 z 轴、与 xOy 面相交于圆心在原点且半径为 R 的圆的圆柱面(图 6-4).一般情形,平行定直线并沿定曲线 C 移动的直线 L(称为母线)形成的轨迹称为**柱面**(图 6-5).

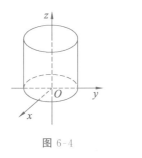

图 6-4

图 6-5

例 2 研究方程 $z-c=0$ 所表示的图形.

解 在空间直角坐标系中,方程 $z-c=0$ 的解 $z=c$ 对应的点为 $M(x,y,c)$(其中 x,y 为任意实数).过点 $M(x,y,c)$ 作一条垂直于 xOy 面的直线,该直线交 xOy 面于点 A,点 A 的坐标为 $(x,y,0)$,则点 A 到点 M 之间的距离为

$$|MA|=\sqrt{(x-x)^2+(y-y)^2+(0-c)^2}=|c|,$$

即点 M 到 xOy 面的距离为 $|c|$,也就是方程 $z-c=0$ 所表示的图形是由与 xOy 面的距离都为 $|c|$ 的点组成的,我们知道与 xOy 面等距离的点的图形是两个与 xOy 面平行的平面.因此,方程 $z-c=0$ 所表示的图形是与 xOy 面平行且距离为 $|c|$ 的平面,且当 $c>0$ 时,表示该平面位于 xOy 面的上方(图 6-6);当 $c<0$ 时,表示该平面位于 xOy 面的下方;当 $c=0$ 时,表示该平面就是 xOy 面.

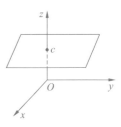

图 6-6

类似地,空间方程 $x-a=0(y-b=0)$ 分别表示与 yOz 面 $(zOx$ 面)平行且距离为 $|a|(|b|)$ 的平面.一般地,在空间解析几何中,三元一次方程

$Ax+By+Cz+D=0(A,B,C$ 不全为零)表示平面.

4. 平面区域的概念

设 $P_0(x_0,y_0)$ 为平面上的一点,δ 为一正数,称点集 $\{(x,y)\,|\,(x-x_0)^2+(y-y_0)^2<\delta\}$ 为以点 $P_0(x_0,y_0)$ 为中心、δ 为半径的**邻域**,记为 $U_\delta(P_0)$ [图 6-7(a)].称点集 $\{(x,y)\,|\,0<(x-x_0)^2+(y-y_0)^2<\delta\}$ 为以点 $P_0(x_0,y_0)$ 为中心、δ 为半径的**去心邻域**,记为 $\mathring{U}_\delta(P_0)$ [图 6-7(b)].

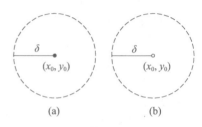

图 6-7

设 E 为平面上的一个点集,P_0 为平面上的一个点,如果存在 P_0 的一个邻域 $U_\delta(P_0)\subset E$,则称点 P_0 为 E 的**内点**(图 6-8 中的 P_1).如果 P_0 的任一去心邻域内都有 E 中的无限多个点,则称点 P_0 为 E 的**聚点**.如果点集 E 中的点都是内点,则称 E 为**开集**.如果点 P_0 的任一邻域既有属于 E 的点,也有不属于 E 的点,则称点 P_0 为 E 的**边界点**(图 6-8 中的 P_2).点集 E 的边界点的全体称为 E 的**边界**.

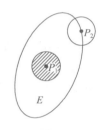

图 6-8

设点集 E 为平面上的一个开集,对于 E 中的任意两点 P_1 和 P_2,如果存在 E 内的一条折线将两点 P_1 和 P_2 连接起来,称点集 E 为**连通区域**,简称为**区域**.如果区域 E 中任意两点的距离有限,称该区域 E 为**有界区域**,否则称为**无界区域**.有界区域加上其边界称为**有界闭区域**.

如点集 $E=\{(x,y)\,|\,x^2+y^2<1\}$ 为一个区域;点集 $E_1=\{(x,y)\,|\,x^2+y^2\leqslant1\}$ 为一个有界闭区域;点集 $E_2=\{(x,y)\,|\,x+y\geqslant1\}$ 为一个无界闭区域.

二、二元函数的基本概念

1. 二元函数的概念

在日常生活中,我们经常会遇到一个量的变化与多个因素有关.例如,长方形的面积为

$$S=lh,$$

其中 l 和 h 分别表示长方形的长和高,S 表示长方形的面积,即变量 S 依赖于 l 和 h 两个变量,这就是一个关于 l 和 h 的二元函数.

例如,经济学中的柯布-道格拉斯(Cobb-Douglas)生产函数为

$$Q=cK^\alpha L^\beta,$$

其中 K 和 L 分别表示投入的资本数量和劳动力数量,Q 表示生产量,$c,\alpha,\beta(0<\alpha,\beta<1)$ 均为正的常数,生产量 Q 由资本数量 K 和劳动力数量 L 两个量所决定,这就是一个关于 K 和 L 的二元函数.

由此可见,二元函数是指一个变量依赖于两个变量的函数关系.

定义 2 设 D 是 $\mathbf{R}^2$ 中的一个非空子集,W 是 $\mathbf{R}$ 中的一个非空子集,如果对于 D 中的每一个元素 (x,y),按照某一给定的对应关系 f,在 W 中都有唯一确定的实数 z 与之对应,则称变量 z 为变量 x,y 的**二元函数**,记作 $z=f(x,y)$,其中称 x 和 y 为二元

函数 $z=f(x,y)$ 的**自变量**,称 z 为二元函数 $z=f(x,y)$ 的**因变量**.

该定义可以推广到三元及三元以上函数的情形.二元及二元以上的函数统称为**多元函数**.

与一元函数一样,自变量 x 和 y 的取值范围 D 称为二元函数的**定义域**,定义域和对应法则是决定二元函数的两个要素.当我们用具体解析表达式表示二元函数时,凡是使解析表达式有意义的自变量所组成的点集就是该二元函数的定义域.函数值的全体 $R(f)=\{z|z=f(x,y),(x,y)\in D\}$ 为二元函数的**值域**.

二元函数定义域的求法与一元函数类似.其定义域在几何上是平面上的一个点集.

例 3　求函数 $z=\dfrac{1}{\sqrt{x+y}}+xy^2$ 的定义域 D.

解　要使该函数有意义,须满足
$$x+y>0,$$
所以该函数的定义域为 $D=\{(x,y)|x+y>0\}$,它是平面上的一个无界区域.

例 4　求函数 $z=\arcsin(2-x-y)+\sqrt{1-x^2-y^2}$ 的定义域,并作出定义域 D 的示意图.

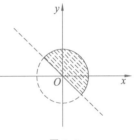

图 6-9

解　要使该函数有意义,须满足:
$$\begin{cases}|2-x-y|\leqslant 1,\\ 1-x^2-y^2\geqslant 0\end{cases}\quad\text{即}\quad\begin{cases}1\leqslant x+y\leqslant 3,\\ x^2+y^2\leqslant 1,\end{cases}$$
所以该函数的定义域为 $D=\{(x,y)|x+y\geqslant 1$ 且 $x^2+y^2\leqslant 1\}$,它是平面上的一个有界闭区域,所表示的平面点集如图 6-9 中阴影部分所示.

2.二元函数的图形

设函数 $z=f(x,y)$ 的定义域为 D,对于 D 中的任一点 (x,y),对应的函数值为 $z=f(x,y)$,以 x,y,z 为坐标可确定空间的一个点 $M(x,y,z)$.空间点集
$$S=\{(x,y,z)|z=f(x,y),(x,y)\in D\}$$
称为二元函数 $z=f(x,y)$ 的**图形**.通常情形下,二元函数的图形是空间的一个曲面(图 6-10).

例如,二元函数 $z=1-x-y$ 的图形是一个平面.$z=\sqrt{4-x^2-y^2}$ 的图形是球心在原点、半径为 1 的上半球面.二元函数 $z=\sin(xy)$ 的图形如图 6-11 所示.

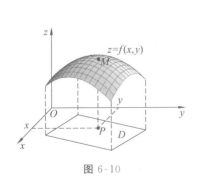

图 6-10

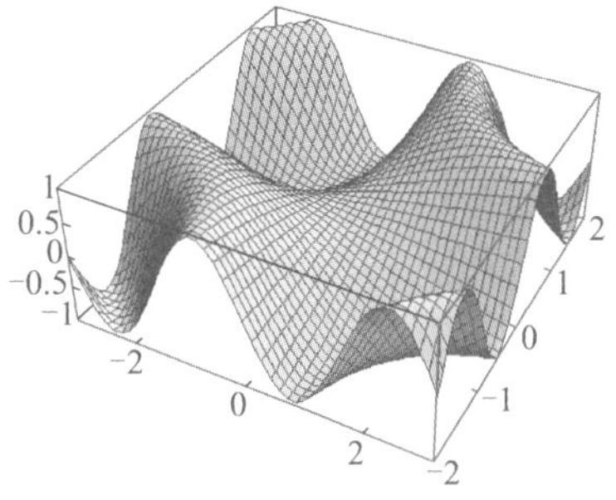

图 6-11

例 5 某电池厂为新能源汽车制造厂配套生产两种电池,设 Q_1 为甲电池的需求量,Q_2 为乙电池的需求量,它们的需求函数分别为 $Q_1 = 20 - 10P_1 + 4P_2$,$Q_2 = 16 + 4P_1 - 2P_2$(其中 P_1 和 P_2 为两种电池的价格,单位:万元),总成本函数为 $C(Q_1, Q_2) = 2Q_1 + 3Q_2$,求该电池厂的总收益函数 $R(P_1, P_2)$ 和总利润函数 $L(P_1, P_2)$.

解 按题意,总收益函数为

$$R(P_1, P_2) = P_1 Q_1 + P_2 Q_2 = P_1(20 - 10P_1 + 4P_2) + P_2(16 + 4P_1 - 2P_2)$$
$$= -10P_1^2 + 8P_1 P_2 - 2P_2^2 + 20P_1 + 16P_2.$$

总利润函数为

$$L(P_1, P_2) = R(P_1, P_2) - C(Q_1, Q_2) = -10P_1^2 + 8P_1 P_2 - 2P_2^2 + 28P_1 + 14P_2 - 88.$$

函数 $R(P_1, P_2)$ 和函数 $L(P_1, P_2)$ 都是变量 P_1 和 P_2 的二元函数.

习题 6-1

1. 在空间直角坐标系中,写出各坐标轴、坐标面上点的坐标.

2. 在空间直角坐标系中,指出下列各点所在的卦限.

$$M_1(4, 2, 1), M_2(-1, -3, 3), M_3(5, -1, -3), M_4(-5, -2, -1).$$

3. 求球心在原点且过点 $(2, 2, 2)$ 的球面方程.

4. 根据所给条件,写出相应的表达式:

(1) 已知 $f\left(x + y, \dfrac{x}{y}\right) = y^2 - x^2$,求 $f(x, y)$.

(2) 已知 $f(x, y) = \dfrac{2xy}{x^2 + y^2}$,求 $f\left(1, \dfrac{y}{x}\right)$.

5. 求下列函数的定义域:

(1) $f(x, y) = \dfrac{x \ln x}{\sqrt{4 - x^2 - y^2}}$;　　　　　(2) $f(x, y) = \sqrt{\sqrt{y} - x}$;

(3) $f(x, y) = \ln(x - y) + \dfrac{y}{\sqrt{x + y}}$;　　　(4) $f(x, y) = \arccos(x^2 + y)$.

6. 某酒业销售公司计划通过户外广告屏和电视媒体做酒类的促销广告.根据统计资料,销售收入 R 与户外广告屏费用 x(百万元)和电视媒体广告费用 y(百万元)之间有如下关系:

$$R(x, y) = 13 + 15x + 33y - 8xy - 2x^2 - 10y^2,$$

求该公司的销售利润函数.

第二节　二元函数的极限和连续性

本节讨论二元函数的极限和连续性,类似于一元函数的极限,二元函数的极限是反映函数值随自变量变化而变化的趋势.相应的结论均可以推广到三元及三元以上的函数.

一、二元函数的极限

定义 1 设点 (x_0, y_0) 为二元函数 $z = f(x, y)$ 定义域 D 的聚点,如果当点 (x, y) 在定义域 D 内无限趋近于点 (x_0, y_0) 时,函数 $z = f(x, y)$ 无限接近于常数 A,则称常数 A 为函数 $z = f(x, y)$ 当 $(x, y) \to (x_0, y_0)$ 时的**极限**,记作

$$\lim_{(x,y) \to (x_0, y_0)} f(x, y) = A \quad \text{或} \quad f(x, y) \to A\,((x, y) \to (x_0, y_0)).$$

虽然二元函数极限定义与一元函数极限定义相似,但是他们又有很大的区别.在一元函数极限中,$x \to x_0$ 只有两种方式,即 $x \to x_0^+$ 和 $x \to x_0^-$,当这两个极限都存在且相等时,一元函数的极限存在;而在二元函数极限中,由于点 (x, y) 和点 (x_0, y_0) 均是平面上的点,点 (x, y) 趋向于点 (x_0, y_0) 会有无数种方式,而只有点 (x, y) 以任意方式无限趋近于点 (x_0, y_0) 时,函数都无限接近于一定数,二元函数的极限才存在.可见二元函数极限比一元函数的极限要复杂得多.

注 如果当点 (x, y) 以两种不同方式趋近于点 (x_0, y_0) 时,$f(x, y)$ 趋于不同的值,则函数 $f(x, y)$ 当 $(x, y) \to (x_0, y_0)$ 时的极限不存在.

为区别一元函数的极限,我们称二元函数的极限为**二重极限**.二元函数的极限与一元函数的极限具有相同的性质和运算法则,具有相似的计算方法.

例 1 求极限 $\lim\limits_{(x,y) \to (0,0)} \sqrt{1 - x^2 - y^2}$.

解 当 $(x, y) \to (0, 0)$ 时,$x^2 + y^2 \to 0$,因此 $\sqrt{1 - x^2 - y^2} \to 1$,则有

$$\lim_{(x,y) \to (0,0)} \sqrt{1 - x^2 - y^2} = 1.$$

例 2 求极限 $\lim\limits_{(x,y) \to (0,1)} \dfrac{\sin(xy)}{x}$.

解 $\lim\limits_{(x,y) \to (0,1)} \dfrac{\sin(xy)}{x} = \lim\limits_{(x,y) \to (0,1)} \left[\dfrac{\sin(xy)}{xy} \cdot y \right] = \lim\limits_{(x,y) \to (0,1)} \dfrac{\sin(xy)}{xy} \cdot \lim\limits_{(x,y) \to (0,1)} y$.

由重要极限 1 得

$$\lim_{(x,y) \to (0,1)} \frac{\sin(xy)}{x} = 1 \cdot 1 = 1.$$

例 3 求极限 $\lim\limits_{(x,y) \to (0,0)} \dfrac{1 - \cos\sqrt{x^2 + y^2}}{\sin(x^2 + y^2)}$.

解 当 $(x, y) \to (0, 0)$ 时,$x^2 + y^2 \to 0$,则

$$\sin(x^2 + y^2) \sim x^2 + y^2, \quad 1 - \cos\sqrt{x^2 + y^2} \sim \frac{1}{2}(x^2 + y^2),$$

因此由等价无穷小替换定理得

$$\lim_{(x,y) \to (0,0)} \frac{1 - \cos\sqrt{x^2 + y^2}}{\sin(x^2 + y^2)} = \lim_{(x,y) \to (0,0)} \frac{\dfrac{1}{2}(x^2 + y^2)}{x^2 + y^2} = \frac{1}{2}.$$

例 4 说明极限 $\lim\limits_{(x,y) \to (0,0)} \dfrac{xy}{x^2 + y^2}$ 不存在.

解 当点(x,y)沿x轴无限趋近于点$(0,0)$时，$y=0$，且

$$\lim_{\substack{x \to 0 \\ y=0}} \frac{xy}{x^2+y^2} = \lim_{x \to 0} \frac{x \cdot 0}{x^2+0^2} = 0.$$

而当点(x,y)沿直线$y=x$无限趋近于点$(0,0)$时，有

$$\lim_{\substack{x \to 0 \\ y=x}} \frac{xy}{x^2+y^2} = \lim_{x \to 0} \frac{x \cdot x}{x^2+x^2} = \frac{1}{2}.$$

由于当点(x,y)以两种不同的方式无限趋近于点$(0,0)$时，函数$f(x,y)$趋于不同的值，因此$\lim\limits_{(x,y) \to (0,0)} \dfrac{xy}{x^2+y^2}$不存在.

二、二元函数的连续性

类似于一元函数，二元函数的连续性也是通过极限来定义的.

定义 2 设点(x_0,y_0)为二元函数$z=f(x,y)$定义域D的聚点，且点$(x_0,y_0) \in D$，如果$\lim\limits_{(x,y) \to (x_0,y_0)} f(x,y) = f(x_0,y_0)$，则称函数$z=f(x,y)$在点$(x_0,y_0)$处**连续**，否则称函数$z=f(x,y)$在点$(x_0,y_0)$处**不连续或间断**，称点$(x_0,y_0)$为函数$z=f(x,y)$的**间断点**.

如果二元函数$z=f(x,y)$在区域(闭区域)D上的每一个点处都连续，则称二元函数$f(x,y)$在区域(闭区域)D上**连续**.

例 5 讨论函数$f(x,y)=\sqrt{1-x^2-y^2}$在点$(0,0)$处的连续性.

解 由例1可知$\lim\limits_{(x,y) \to (0,0)} \sqrt{1-x^2-y^2}=1$，而$f(0,0)=1$，所以，$\lim\limits_{(x,y) \to (0,0)} f(x,y) = f(0,0)$，因此，函数$f(x,y)=\sqrt{1-x^2-y^2}$在点$(0,0)$处连续.

例 6 讨论函数$f(x,y)=\begin{cases} \dfrac{xy}{x^2+y^2}, & (x,y) \neq (0,0), \\ 0, & (x,y)=(0,0) \end{cases}$在点$(0,0)$处的连续性.

解 由例4知极限$\lim\limits_{(x,y) \to (0,0)} \dfrac{xy}{x^2+y^2}$不存在，即$\lim\limits_{(x,y) \to (0,0)} f(x,y)$不存在，所以函数$f(x,y)$在点$(0,0)$处不连续.

类似于一元初等函数，**二元初等函数**是指由常数和具有两个不同变量的一元基本初等函数经过有限次四则运算和有限次复合运算并能用一个式子表示的二元函数.同样类似于一元函数的连续性，二元连续函数经过四则运算和复合运算后仍为连续函数，因此二元初等函数在其定义域内的区域或闭区域上连续.利用该结论，可以计算二元函数的极限：如果要求某二元初等函数当$(x,y) \to (x_0,y_0)$时的极限，而该点在函数定义域内的某一区域内，则所求极限即为函数在点(x_0,y_0)处的函数值.

例 7 求极限$\lim\limits_{(x,y) \to (0,1)} \dfrac{xy}{\sqrt{x^2+y^2}}$.

解 函数$f(x,y)=\dfrac{xy}{\sqrt{x^2+y^2}}$为二元初等函数，其定义域为$D=\{(x,y) \mid x^2+$

$y^2\neq0\}$.区域 $U_{0.5}((0,1))\subset D$,因此 $\lim\limits_{(x,y)\to(0,1)}\dfrac{xy}{\sqrt{x^2+y^2}}=\dfrac{0\cdot1}{\sqrt{0^2+1^2}}=0.$

有界闭区域上的二元连续函数也有类似于闭区间上一元连续函数的最值定理和介值定理.

定理 1　如果二元函数 $f(x,y)$ 在有界闭区域 D 上连续,则函数 $f(x,y)$ 在闭区域 D 一定有最小值和最大值,因此在闭区域 D 上一定有界.

定理 2　如果二元函数 $f(x,y)$ 在有界闭区域 D 上连续,则函数 $f(x,y)$ 在闭区域 D 上能取得介于最小值和最大值之间的任何值.

习题 6-2

1. 求下列函数的极限:

(1) $\lim\limits_{(x,y)\to(2,0)}\dfrac{x^2y^2}{x^2+y^2}$;

(2) $\lim\limits_{(x,y)\to(0,1)}\dfrac{\arcsin(xy)}{xy}$;

(3) $\lim\limits_{(x,y)\to(0,0)}\dfrac{\sin2(x^2+y^2)}{x^2+y^2}$;

(4) $\lim\limits_{(x,y)\to(2,2)}\dfrac{x+y}{x-y}$;

(5) $\lim\limits_{(x,y)\to(0,0)}\dfrac{\sqrt{4+xy}-2}{xy}$;

(6) $\lim\limits_{\substack{x\to-1\\y\to\infty}}\left(1+\dfrac{1}{x-y}\right)^y$.

2. 讨论函数 $f(x,y)=\begin{cases}\dfrac{\sin2(x^2+y^2)}{x^2+y^2}, & x^2+y^2\neq0,\\ 2, & x^2+y^2=0\end{cases}$ 在点 $(0,0)$ 处的连续性.

3. 说明极限 $\lim\limits_{(x,y)\to(0,0)}\dfrac{x}{x+y}$ 不存在.

4. 说明函数 $z=\dfrac{x+y^2}{x^2-y}$ 在何处是间断的?

第三节　二元函数的偏导数和全微分

在一元函数微分学中,我们由函数的变化率引入了导数的概念,一元函数变化率是函数的改变量与自变量的改变量之比在自变量的改变量趋于零时的极限.二元函数有两个自变量,因此我们分别考虑函数的改变量与其中一个自变量的改变量之比在该自变量的改变量趋于零时的极限.二元函数对于其中一个自变量的变化率引出了二元函数的偏导数概念.

一、偏导数

1. 偏增量与全增量

设二元函数 $z=f(x,y)$ 在点 (x_0,y_0) 的某一邻域内有定义,当 $y=y_0$ 保持不变时,$z=f(x,y_0)$ 可看作自变量 x 的一元函数.当自变量 x 在点 x_0 取改变量 Δx 时,则相应的函数 z 的改变量 $f(x_0+\Delta x,y_0)-f(x_0,y_0)$ 称为二元函数 $z=f(x,y)$ 在点 (x_0,y_0) 关于自变量 x 的**偏增量**,记作 $\Delta_x z$,即

$$\Delta_x z=f(x_0+\Delta x,y_0)-f(x_0,y_0).$$

同理,可以定义函数 $z=f(x,y)$ 关于自变量 y 的**偏增量**

$$\Delta_y z=f(x_0,y_0+\Delta y)-f(x_0,y_0).$$

当函数的两个自变量同时变化时,得到函数 $z=f(x,y)$ 在点 (x_0,y_0) 的**全增量**,记作 Δz,即

$$\Delta z=f(x_0+\Delta x,y_0+\Delta y)-f(x_0,y_0).$$

2. 偏导数的定义

定义1 设二元函数 $z=f(x,y)$ 在点 (x_0,y_0) 的某一邻域内有定义,如果极限

$$\lim_{\Delta x\to 0}\frac{\Delta_x z}{\Delta x}=\lim_{\Delta x\to 0}\frac{f(x_0+\Delta x,y_0)-f(x_0,y_0)}{\Delta x}$$

存在,则称该极限值为函数 $z=f(x,y)$ 在点 (x_0,y_0) 处对**自变量 x 的偏导数**,记作

$$f_x(x_0,y_0),z_x\Big|_{(x_0,y_0)},\frac{\partial z}{\partial x}\Big|_{(x_0,y_0)} \text{ 或 } \frac{\partial f(x,y)}{\partial x}\Big|_{(x_0,y_0)}.$$

类似地,如果极限

$$\lim_{\Delta y\to 0}\frac{\Delta_y z}{\Delta y}=\lim_{\Delta y\to 0}\frac{f(x_0,y_0+\Delta y)-f(x_0,y_0)}{\Delta y}$$

存在,则称该极限值为函数 $z=f(x,y)$ 在点 (x_0,y_0) 处对**自变量 y 的偏导数**,记作

$$f_y(x_0,y_0),z_y\Big|_{(x_0,y_0)},\frac{\partial z}{\partial y}\Big|_{(x_0,y_0)} \text{ 或 } \frac{\partial f(x,y)}{\partial y}\Big|_{(x_0,y_0)}.$$

注 由定义可以看出,$\dfrac{\partial z}{\partial x}\Big|_{(x_0,y_0)}$ 是一元函数 $z=f(x,y_0)$ 在点 x_0 处的导数;$\dfrac{\partial z}{\partial y}\Big|_{(x_0,y_0)}$ 是一元函数 $z=f(x_0,y)$ 在点 y_0 处的导数.

如果函数 $z=f(x,y)$ 在区域 D 内的每一个点 (x,y) 处的偏导数都存在,则称函数 $f(x,y)$ 在区域 D 内的偏导数存在,其任意一点 (x,y) 处的偏导数称为**偏导函数**,简称为**偏导数**,记作 $f_x(x,y),z_x,\dfrac{\partial z}{\partial x},\dfrac{\partial f}{\partial x}$ 和 $f_y(x,y),z_y,\dfrac{\partial z}{\partial y},\dfrac{\partial f}{\partial y}$.

类似于点 (x_0,y_0) 处的偏导数,$\dfrac{\partial z}{\partial x}$ 是将二元函数 $z=f(x,y)$ 中的变量 y 看成常数,对 x 求导数;$\dfrac{\partial z}{\partial y}$ 是将二元函数 $z=f(x,y)$ 中的变量 x 看成常数,对 y 求导数.因此,二元函数的求导公式、四则运算法则等都与一元函数类似.

例1 求函数 $f(x,y)=2x^2+xy$ 在点 $(0,1)$ 处的偏导数.

解 将 y 取值1,对 x 求导数,$f_x(0,1)=\dfrac{\mathrm{d}}{\mathrm{d}x}(2x^2+x\times 1)\Big|_{x=0}=(4x+1)\Big|_{x=0}=1$,

将 x 取值 0，对 y 求导数，$f_y(0,1)=\dfrac{\mathrm{d}}{\mathrm{d}y}(2\times0^2+0\times y)\Big|_{y=1}=0$.

例 2　求函数 $f(x,y)=x^3-2xy^2+y^4$ 的偏导数.

解　将 y 视为常数，对 x 求导数，$f_x(x,y)=3x^2-2y^2$.

将 x 视为常数，对 y 求导数，$f_y(x,y)=0-4xy+4y^3=-4xy+4y^3$.

例 3　设函数 $z=y\cos\dfrac{y}{x}$，求偏导数 $\dfrac{\partial z}{\partial x}$ 和 $\dfrac{\partial z}{\partial y}$.

解　将 y 视为常数，对 x 求偏导数，$\dfrac{\partial z}{\partial x}=-y\sin\dfrac{y}{x}\cdot\left(-\dfrac{y}{x^2}\right)=\dfrac{y^2}{x^2}\sin\dfrac{y}{x}$.

将 x 视为常数，对 y 求偏导数，$\dfrac{\partial z}{\partial y}=\cos\dfrac{y}{x}-y\sin\dfrac{y}{x}\cdot\dfrac{1}{x}=\cos\dfrac{y}{x}-\dfrac{y}{x}\sin\dfrac{y}{x}$.

注　二元函数有两个偏导数，多元函数有几个自变量就有几个偏导数.

在第二章第一节中，我们知道，如果一元函数在某点处可导，则函数在该点处一定连续.但二元函数中两个偏导数在某点处都存在而函数在该点处未必连续.

例 4　设函数 $f(x,y)=\begin{cases}\dfrac{xy}{x^2+y^2}, & (x,y)\ne(0,0),\\[2mm] 0, & (x,y)=(0,0),\end{cases}$ 讨论函数 $f(x,y)$ 在点 $(0,0)$ 处的连续性和偏导数的存在性.

解　由第二节的例 6 知函数 $f(x,y)$ 在点 $(0,0)$ 处不连续.

按偏导数的定义，得

$$\frac{\partial f}{\partial x}\Big|_{(0,0)}=\lim_{\Delta x\to0}\frac{f(0+\Delta x,0)-f(0,0)}{\Delta x}=\lim_{\Delta x\to0}\frac{\dfrac{\Delta x\cdot0}{(\Delta x)^2+0^2}-0}{\Delta x}=0,$$

$$\frac{\partial f}{\partial y}\Big|_{(0,0)}=\lim_{\Delta y\to0}\frac{f(0,0+\Delta y)-f(0,0)}{\Delta y}=\lim_{\Delta y\to0}\frac{\dfrac{0\cdot\Delta y}{0^2+(\Delta y)^2}-0}{\Delta y}=0.$$

因此，函数 $f(x,y)$ 在点 $(0,0)$ 处的偏导数存在.

由上可知，函数 $f(x,y)$ 在点 $(0,0)$ 处不连续而两个偏导数都存在.

3. 偏导数在经济学中的应用

设某企业只生产一种产品，这种产品的生产数量取决于投资的资本数量及可获得的劳动力数量.通常假定满足柯布-道格拉斯(Cobb-Douglas)生产函数

$$Q=cK^{\alpha}L^{\beta},$$

其中 c,α,β 为常数，且 $0<\alpha,\beta<1$，则

资本的边际产量函数为

$$\frac{\partial Q}{\partial K}=c\alpha K^{\alpha-1}L^{\beta}=\alpha\frac{Q}{K},$$

劳动力的边际产量函数为

$$\frac{\partial Q}{\partial L}=c\beta K^{\alpha}L^{\beta-1}=\beta\frac{Q}{L}.$$

例5 某工厂的生产函数是 $Q(K,L)=240K^{\frac{3}{5}}L^{\frac{2}{5}}$,其中 Q 是产量,K 是资本投入,L 是劳动力投入.

(1) 求资本的边际产量函数和劳动力的边际产量函数;

(2) 求当 $K=1\,024$ 和 $L=32$ 时的边际产量.

解 (1) 资本的边际产量函数为

$$\frac{\partial Q}{\partial K}=240 \cdot \frac{3}{5}K^{-\frac{2}{5}}L^{\frac{2}{5}}=144K^{-\frac{2}{5}}L^{\frac{2}{5}}.$$

劳动力的边际产量函数为

$$\frac{\partial Q}{\partial L}=240 \cdot \frac{2}{5}K^{\frac{3}{5}}L^{-\frac{3}{5}}=96K^{\frac{3}{5}}L^{-\frac{3}{5}}.$$

(2) 当 $K=1\,024$ 和 $L=32$ 时,资本的边际产量为

$$\frac{\partial Q}{\partial K}\bigg|_{(1\,024,32)}=144 \cdot 1\,024^{-\frac{2}{5}} \cdot 32^{\frac{2}{5}}=36.$$

劳动力的边际产量为

$$\frac{\partial Q}{\partial L}\bigg|_{(1\,024,32)}=96 \cdot 1\,024^{\frac{3}{5}} \cdot 32^{-\frac{3}{5}}=768.$$

当工厂生产甲、乙两种不同的产品时,总成本、总收入和总利润均为两种产品产量 Q_1 和 Q_2 的二元函数,总成本函数为 $C(Q_1,Q_2)$,总收入函数为 $R(Q_1,Q_2)$,总利润函数为 $L(Q_1,Q_2)$,则相对于甲、乙两种产品的**边际成本**分别为 $\frac{\partial C(Q_1,Q_2)}{\partial Q_1}$ 和 $\frac{\partial C(Q_1,Q_2)}{\partial Q_2}$,**边际收益**分别为 $\frac{\partial R(Q_1,Q_2)}{\partial Q_1}$ 和 $\frac{\partial R(Q_1,Q_2)}{\partial Q_2}$,**边际利润**分别为 $\frac{\partial L(Q_1,Q_2)}{\partial Q_1}$ 和 $\frac{\partial L(Q_1,Q_2)}{\partial Q_2}$.

例6 某工厂生产甲、乙两种产品,产量分别为 Q_1 和 Q_2,总成本为

$$C(Q_1,Q_2)=2Q_1^2+\frac{3}{2}Q_1Q_2+3Q_2^2+6Q_1+7Q_2.$$

(1) 求甲、乙两种产品的边际成本;

(2) 当 $Q_1=3$ 和 $Q_2=5$ 时,求甲、乙两种产品的边际成本;

(3) 当甲、乙两种产品的销售单价分别为 20 元和 30 元时,求甲、乙两种产品的边际利润.

解 (1) 甲产品的边际成本为

$$\frac{\partial C}{\partial Q_1}=4Q_1+\frac{3}{2}Q_2+6.$$

乙产品的边际成本为

$$\frac{\partial C}{\partial Q_2}=\frac{3}{2}Q_1+6Q_2+7.$$

(2) 当 $Q_1=3$ 和 $Q_2=5$ 时,甲产品的边际成本为

$$\frac{\partial C}{\partial Q_1}\bigg|_{(3,5)}=\left[4Q_1+\frac{3}{2}Q_2+6\right]_{(3,5)}=25.5.$$

乙产品的边际成本为

$$\frac{\partial C}{\partial Q_2}\bigg|_{(3,5)}=\left[\frac{3}{2}Q_1+6Q_2+7\right]_{(3,5)}=41.5.$$

（3）当甲、乙两种产品的销售单价分别为 20 元和 30 元时,利润函数为

$$L(Q_1,Q_2)=20Q_1+30Q_2-C(Q_1,Q_2)=14Q_1+23Q_2-2Q_1^2-\frac{3}{2}Q_1Q_2-3Q_2^2.$$

甲产品的边际利润为

$$\frac{\partial L}{\partial Q_1}=14-4Q_1-\frac{3}{2}Q_2.$$

乙产品的边际利润为

$$\frac{\partial L}{\partial Q_2}=23-\frac{3}{2}Q_1-6Q_2.$$

二、高阶偏导数

一般地,二元函数 $z=f(x,y)$ 的偏导数 $f_x(x,y)$ 和 $f_y(x,y)$ 仍然是 x 和 y 的函数.如果 $f_x(x,y)$ 和 $f_y(x,y)$ 对 x 和 y 的偏导数都存在,则称 $f_x(x,y)$ 和 $f_y(x,y)$ 的偏导数为函数 $z=f(x,y)$ 的**二阶偏导数**,记作

$$f_{xx}(x,y)=z_{xx}=\frac{\partial^2 z}{\partial x^2}=\frac{\partial}{\partial x}\left(\frac{\partial z}{\partial x}\right),\quad f_{xy}(x,y)=z_{xy}=\frac{\partial^2 z}{\partial x\partial y}=\frac{\partial}{\partial y}\left(\frac{\partial z}{\partial x}\right),$$

$$f_{yx}(x,y)=z_{yx}=\frac{\partial^2 z}{\partial y\partial x}=\frac{\partial}{\partial x}\left(\frac{\partial z}{\partial y}\right),\quad f_{yy}(x,y)=z_{yy}=\frac{\partial^2 z}{\partial y^2}=\frac{\partial}{\partial y}\left(\frac{\partial z}{\partial y}\right).$$

称其中 $\dfrac{\partial^2 z}{\partial x^2}$ 和 $\dfrac{\partial^2 z}{\partial y^2}$ 为函数 $z=f(x,y)$ 的**二阶纯偏导数**, $\dfrac{\partial^2 z}{\partial x\partial y}$ 和 $\dfrac{\partial^2 z}{\partial y\partial x}$ 为函数 $z=f(x,y)$ 的**二阶混合偏导数**.

类似地,可以定义三阶、四阶及更高阶的偏导数.二阶及二阶以上的偏导数统称为**高阶偏导数**.

例 7 设函数 $z=x^4+y^4-4x^2y^2$,求函数 z 的二阶偏导数.

解 因为 $z_x=4x^3-8xy^2$, $z_y=4y^3-8x^2y$,所以

$$z_{xx}=(z_x)_x=(4x^3-8xy^2)_x=12x^2-8y^2,$$
$$z_{xy}=(z_x)_y=(4x^3-8xy^2)_y=-16xy,$$
$$z_{yx}=(z_y)_x=(4y^3-8x^2y)_x=-16xy,$$
$$z_{yy}=(z_y)_y=(4y^3-8x^2y)_y=12y^2-8x^2.$$

例 8 设函数 $z=x\sin(x+y)$,求函数 z 的二阶偏导数.

解 因为 $\dfrac{\partial z}{\partial x}=\sin(x+y)+x\cos(x+y)$, $\dfrac{\partial z}{\partial y}=x\cos(x+y)$,所以

$$\frac{\partial^2 z}{\partial x^2}=\frac{\partial}{\partial x}[\sin(x+y)+x\cos(x+y)]=2\cos(x+y)-x\sin(x+y),$$

$$\frac{\partial^2 z}{\partial x \partial y} = \frac{\partial}{\partial y}[\sin(x+y) + x\cos(x+y)] = \cos(x+y) - x\sin(x+y),$$

$$\frac{\partial^2 z}{\partial y^2} = \frac{\partial}{\partial y}[x\cos(x+y)] = -x\sin(x+y),$$

$$\frac{\partial^2 z}{\partial y \partial x} = \frac{\partial}{\partial x}[x\cos(x+y)] = \cos(x+y) - x\sin(x+y).$$

在上述两个例中,我们发现函数 $z = f(x, y)$ 的两个二阶混合偏导数 $\dfrac{\partial^2 z}{\partial x \partial y}$ 和 $\dfrac{\partial^2 z}{\partial y \partial x}$ 相等.关于二阶混合偏导数有如下定理.

定理 1 如果二元函数 $z = f(x, y)$ 的两个二阶混合偏导数 $\dfrac{\partial^2 z}{\partial x \partial y}$ 和 $\dfrac{\partial^2 z}{\partial y \partial x}$ 在区域 D 内连续,则在区域 D 内,必有 $\dfrac{\partial^2 z}{\partial x \partial y} = \dfrac{\partial^2 z}{\partial y \partial x}$.

注 函数 $z = f(x, y)$ 的两个二阶混合偏导数 $\dfrac{\partial^2 z}{\partial x \partial y}$ 和 $\dfrac{\partial^2 z}{\partial y \partial x}$ 并不总是相等的.

习题 6-3

1. 求偏导数:

(1) 设 $f(x, y) = x^2 + 4xy + 2y^2$,求 $f_x(1, 1), f_y(1, 1)$;

(2) 设 $f(x, y) = e^{x^2 + y^2}$,求 $f_x(1, 1), f_y(1, 1)$;

(3) 设 $f(x, y) = xy + \dfrac{x}{x^2 + y^2}$,求 $f_x(0, 1), f_y(0, 1)$;

(4) 设 $f(x, y) = \arctan\dfrac{x}{y}$,求 $f_x(1, -1), f_y(-1, 1)$.

2. 设函数 $f(x, y) = x + (y - 1)\arcsin\sqrt{\dfrac{x}{y}}$,求 $f_x(x, 1)$.

3. 求下列函数的偏导数:

(1) $z = \sqrt{x+y}$;   (2) $z = x^2\sin y - y^2\sin x$;

(3) $z = (1+y)^x$;   (4) $z = x\sin y + \cos(x+y)$.

4. 求下列函数的二阶偏导数:

(1) $z = e^{xy}$;   (2) $z = x^y (x > 0)$;

(3) $z = \sin(x^2 + y^2)$.

5. 设函数 $z = e^{-\frac{1}{x} - \frac{1}{y}}$,证明:$x^2\dfrac{\partial z}{\partial x} + y^2\dfrac{\partial z}{\partial y} = 2z$.

6. 设函数 $z = \ln\sqrt{x^2 + y^2}$,证明:$\dfrac{\partial^2 z}{\partial x^2} + \dfrac{\partial^2 z}{\partial y^2} = 0$.

7. 某企业的生产函数是

$$Q = 400K^{\frac{1}{4}}L^{\frac{2}{3}},$$

其中 Q 是产量(单位：件)，K 是资本投入(单位：千元)，L 是劳力投入(单位：千工时)，求当 $K=16$ 和 $L=8$ 时的边际产量.

第四节　全微分及其应用

由第三节偏导数的定义知道，二元函数对某个自变量的偏导数表示当另一个自变量固定时，该自变量的偏增量与其自身增量比值的极限.在实际问题中，经常需要研究二元函数中两个自变量都取得增量时因变量所获得的增量及其变化情况，即函数全增量的变化问题.这就是二元函数的全微分问题.

一、全微分的概念

定义 1　如果函数 $z=f(x,y)$ 在点 (x,y) 的某邻域内有定义，全增量

$$\Delta z=f(x+\Delta x,y+\Delta y)-f(x,y)$$

可以表示为

$$\Delta z=A\Delta x+B\Delta y+o(\rho)$$

其中 A 和 B 与 Δx 和 Δy 无关，仅与 x 和 y 有关，$\rho=\sqrt{(\Delta x)^2+(\Delta y)^2}$，则称二元函数 $z=f(x,y)$ 在点 (x,y) 处**可微**，并称 $A\Delta x+B\Delta y$ 为函数 $f(x,y)$ 在点 (x,y) 处的**全微分**，记作 $\mathrm{d}z$ 或 $\mathrm{d}f(x,y)$，即 $\mathrm{d}z=A\Delta x+B\Delta y$.

如果函数 $z=f(x,y)$ 在区域 D 内的任一点处都可微，则称函数 $z=f(x,y)$ **在区域 D 内可微**.

第三节中指出二元函数在某点处的偏导数存在，并不能保证二元函数在该点处连续，但二元函数可微能保证二元函数在该点处连续.二元函数可微性与连续性及偏导数的存在性有如下关系.

定理 1　如果函数 $z=f(x,y)$ 在点 (x,y) 处可微，则函数 $f(x,y)$ 在点 (x,y) 处连续.

注　函数 $f(x,y)$ 在点 (x,y) 处连续，函数不一定可微.例如，函数 $f(x,y)=\sqrt{x^2+y^2}$ 在点 $(0,0)$ 处连续但不可微.

定理 2　如果函数 $z=f(x,y)$ 在点 (x,y) 处可微，则函数 $f(x,y)$ 在点 (x,y) 处的偏导数 $\dfrac{\partial z}{\partial x}$ 和 $\dfrac{\partial z}{\partial y}$ 存在，且函数 $f(x,y)$ 在点 (x,y) 处的全微分为

$$\mathrm{d}z=\frac{\partial z}{\partial x}\mathrm{d}x+\frac{\partial z}{\partial y}\mathrm{d}y.$$

例 1　求函数 $z=\ln\sqrt{1+x^2+y^2}$ 在点 $(1,1)$ 处的全微分 $\mathrm{d}z$.

解　因为 $z_x=\dfrac{x}{1+x^2+y^2}$，$z_y=\dfrac{y}{1+x^2+y^2}$，且在点 $(1,1)$ 处，$z_x\big|_{(1,1)}=\dfrac{1}{3}$，$z_y\big|_{(1,1)}=\dfrac{1}{3}$，

所以

$$dz\Big|_{(1,1)} = \frac{\partial z}{\partial x}\Big|_{(1,1)} dx + \frac{\partial z}{\partial y}\Big|_{(1,1)} dy = \frac{1}{3}dx + \frac{1}{3}dy.$$

例 2　求函数 $z = \arctan \dfrac{x}{y}$ 的全微分 dz.

解　因为 $\dfrac{\partial z}{\partial x} = \dfrac{1}{1+\left(\dfrac{x}{y}\right)^2} \cdot \dfrac{1}{y} = \dfrac{y}{x^2+y^2}, \dfrac{\partial z}{\partial y} = \dfrac{1}{1+\left(\dfrac{x}{y}\right)^2} \cdot \left(-\dfrac{x}{y^2}\right) = -\dfrac{x}{x^2+y^2}$，所以

$$dz = \frac{y}{x^2+y^2}dx - \frac{x}{x^2+y^2}dy.$$

在一元函数中，"可微必可导，可导必可微"．但在二元函数中，函数 $z = f(x,y)$ 在点 (x,y) 处的两个偏导数 $\dfrac{\partial z}{\partial x}$ 和 $\dfrac{\partial z}{\partial y}$ 存在，而函数 $z = f(x,y)$ 在点 (x,y) 处不一定可微．但当偏导数 $\dfrac{\partial z}{\partial x}$ 和 $\dfrac{\partial z}{\partial y}$ 都连续时，函数 $z = f(x,y)$ 在点 (x,y) 处一定可微．

定理 3　如果函数 $z = f(x,y)$ 的偏导数 $\dfrac{\partial z}{\partial x}$ 和 $\dfrac{\partial z}{\partial y}$ 在点 (x,y) 处连续，则函数 $z = f(x,y)$ 在点 (x,y) 处可微．

定理 4（全微分的四则运算法则）　设函数 $f(x,y)$ 和 $g(x,y)$ 都可微，则

(1) $d[f(x,y) \pm g(x,y)] = df(x,y) \pm dg(x,y)$;

(2) $d[f(x,y) \cdot g(x,y)] = g(x,y)df(x,y) + f(x,y)dg(x,y)$;

(3) $d\left[\dfrac{f(x,y)}{g(x,y)}\right] = \dfrac{g(x,y)df(x,y) - f(x,y)dg(x,y)}{[g(x,y)]^2}$ 　$[g(x,y) \neq 0]$.

例 3　求函数 $z = x^2 \sin y$ 的全微分 dz.

解　由全微分的四则运算法则，

$$dz = d(x^2\sin y) = \sin y dx^2 + x^2 d\sin y = \sin y \cdot 2x dx + x^2 \cdot \cos y dy$$
$$= 2x\sin y dx + x^2\cos y dy.$$

二、全微分的应用

对于具有连续偏导数的函数 $z = f(x,y)$，由全微分的定义知，

$$\Delta z = dz + o(\rho).$$

当 Δx 和 Δy 都很小时，有全微分近似计算的公式

$$dz \approx \Delta z.$$

于是，

$$f(x+\Delta x, y+\Delta y) - f(x,y) \approx f_x(x,y)\Delta x + f_y(x,y)\Delta y.$$

令 $x = x_0, y = y_0$，得近似计算的公式

$$f(x_0+\Delta x, y_0+\Delta y) \approx f(x_0,y_0) + f_x(x_0,y_0)\Delta x + f_y(x_0,y_0)\Delta y.$$

$f(x_0,y_0) + f_x(x_0,y_0)\Delta x + f_y(x_0,y_0)\Delta y$ 也称为函数 $z = f(x,y)$ 在点 (x_0,y_0) 处的**标准线性化**.

例 4 求 $1.97^{1.05}$ 的近似值.

解 设 $f(x,y)=x^y (x>0)$,则

$$f(x+\Delta x,y+\Delta y)=(x+\Delta x)^{y+\Delta y}\approx x^y+yx^{y-1}\Delta x+x^y\ln x \cdot \Delta y.$$

取 $x=2,y=1,\Delta x=-0.03,\Delta y=0.05$,可得

$$1.97^{1.05}\approx 2-0.03+2\ln 2 \cdot 0.05\approx 2.039.$$

例 5 设有一个铁质圆柱体,受热后发生形变,它的半径由 20 cm 变为 20.05 cm,高度由 100 cm 变为 100.1 cm,求该圆柱体体积变化的近似值.

解 设圆柱体的半径为 r cm,高为 h cm,则圆柱体的体积为

$$V(r,h)=\pi r^2 h,$$

因此该圆柱体体积变化的值为

$$\Delta V=V(r+\Delta r,h+\Delta h)-V(r,h)\approx dV=\frac{\partial V}{\partial r}\Delta r+\frac{\partial V}{\partial h}\Delta h=2\pi rh\Delta r+\pi r^2\Delta h.$$

当 $r=20,h=100,\Delta r=0.05,\Delta h=0.10$ 时,

$$\Delta V\approx dV=2\pi\times 20\times 100\times 0.05+\pi\times 20^2\times 0.10=240\pi,$$

即此圆柱体受热后体积增加了 240π cm³.

例 6 求第三节例 6 中总成本函数

$$C(Q_1,Q_2)=2Q_1^2+\frac{3}{2}Q_1Q_2+3Q_2^2+6Q_1+7Q_2$$

在 $Q_1=3$ 和 $Q_2=5$ 处的标准线性化.

解 在 $Q_1=3$ 和 $Q_2=5$ 处,$C(3,5)=168.5$,

$$\frac{\partial C}{\partial Q_1}\Big|_{(3,5)}=\left[4Q_1+\frac{3}{2}Q_2+6\right]_{(3,5)}=25.5,$$

$$\frac{\partial C}{\partial Q_2}\Big|_{(3,5)}=\left[\frac{3}{2}Q_1+6Q_2+7\right]_{(3,5)}=41.5.$$

因此,总成本函数 $C(Q_1,Q_2)$ 在 $Q_1=3$ 和 $Q_2=5$ 处的标准线性化为

$$C[(Q_1)_0,(Q_2)_0]+f_{Q_1}[(Q_1)_0,(Q_2)_0]\Delta Q_1+f_{Q_2}[(Q_1)_0,(Q_2)_0]\Delta Q_2$$
$$=168.5+25.5(Q_1-3)+41.5(Q_2-5)=-115.5+25.5Q_1+41.5Q_2.$$

习题 6-4

1. 求函数 $z=x^2-y^2$ 当 $x=1,y=1,\Delta x=0.01,\Delta y=0.01$ 时的全增量和全微分.

2. 求函数 $z=e^{x^2+y^2}$ 在点 $(1,1)$ 处的全微分.

3. 求下列函数的全微分:

(1) $z=x^y$; 　　　　　　　　(2) $z=\sin(x^2+y^2)$;

(3) $z=e^{\frac{y}{x}}$; 　　　　　　　　(4) $z=x^2\sin y+\sin x \cdot y^2$.

4. 求下列近似值:

(1) $1.04^{2.02}$; 　　　　　　　　(2) $\sqrt{1.02^3+1.97^3}$.

5. 设一长方形铁板的长为 6m,宽为 8m,受热膨胀,长增加 1cm,宽增加 1cm,求长

方形铁板对角线长度变化的近似值.

→ 第五节　复合函数与隐函数的偏导数

在一元函数微分学中,我们介绍了复合函数求导法则——链式法则,其在求函数导数中起着至关重要的作用;同时我们借助复合函数求导法则介绍了由方程 $F(x,y)=0$ 所确定的一元隐函数的求导方法,但没有给出隐函数的一般求导公式.本节我们介绍二元复合函数的求导法则及二元方程和三元方程所确定的隐函数的偏导数公式.

一、复合函数的求导法则

如果变量 z 是变量 u 和 v 的函数: $z=f(u,v)$;而 u 和 v 又是 x 和 y 的函数: $u=\varphi(x,y)$, $v=\psi(x,y)$,则称函数 $z=f[\varphi(x,y),\psi(x,y)]$ 为由函数 $z=f(u,v)$ 和 $u=\varphi(x,y)$, $v=\psi(x,y)$ 复合而成的**复合函数**,其中 u, v 称为中间变量.例如,三个函数 $z=u^{v}$, $u=x+y$, $v=xy$ 复合得二元函数 $z=(x+y)^{xy}$.

上述复合函数中变量之间的关系可用图 6-12 表示.

定理 1　如果函数 $u=\varphi(x,y)$ 和 $v=\psi(x,y)$ 在点 (x,y) 处的偏导数都存在,函数 $z=f(u,v)$ 在对应点 (u,v) 处具有连续的偏导数,则复合函数 $z=f[\varphi(x,y),\psi(x,y)]$ 在对应点 (x,y) 处的偏导数存在,且其偏导数为

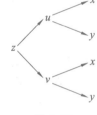

图 6-12

$$\frac{\partial z}{\partial x}=\frac{\partial z}{\partial u}\cdot\frac{\partial u}{\partial x}+\frac{\partial z}{\partial v}\cdot\frac{\partial v}{\partial x}, \quad \frac{\partial z}{\partial y}=\frac{\partial z}{\partial u}\cdot\frac{\partial u}{\partial y}+\frac{\partial z}{\partial v}\cdot\frac{\partial v}{\partial y}.$$

上述公式称为复合函数的**链式法则**.

二元复合函数求偏导数时,可以通过变量关系图 6-12,理清各变量之间的路径关系: z 到最后变量 x 或 y 有几条路径,则上述求偏导数公式中就有几项叠加,每条路径相当于一元复合函数的求导.

例 1　设函数 $z=\mathrm{e}^{u}\sin v$,其中 $u=2x-y$, $v=xy$,求偏导数 $\dfrac{\partial z}{\partial x}$ 和 $\dfrac{\partial z}{\partial y}$.

解　变量 x,y,u,v,z 之间的关系图如图 6-12 所示.

$$\frac{\partial z}{\partial u}=\mathrm{e}^{u}\sin v, \quad \frac{\partial z}{\partial v}=\mathrm{e}^{u}\cos v,$$

$$\frac{\partial u}{\partial x}=2, \quad \frac{\partial u}{\partial y}=-1, \quad \frac{\partial v}{\partial x}=y, \quad \frac{\partial v}{\partial y}=x,$$

由定理 1 得,

$$\frac{\partial z}{\partial x}=\frac{\partial z}{\partial u}\cdot\frac{\partial u}{\partial x}+\frac{\partial z}{\partial v}\cdot\frac{\partial v}{\partial x}=\mathrm{e}^{u}\sin v\cdot 2+\mathrm{e}^{u}\cos v\cdot y$$

$$=\mathrm{e}^{2x-y}(2\sin xy+y\cos xy),$$

$$\frac{\partial z}{\partial y}=\frac{\partial z}{\partial u}\cdot\frac{\partial u}{\partial y}+\frac{\partial z}{\partial v}\cdot\frac{\partial v}{\partial y}=e^{u}\sin v\cdot(-1)-e^{u}\cos v\cdot x$$

$$=-e^{2x-y}(\sin xy+x\cos xy).$$

例 2　设函数 $z=\dfrac{x^{2}}{y^{2}}\ln(3x-2y)$，求偏导数 $\dfrac{\partial z}{\partial x}$ 和 $\dfrac{\partial z}{\partial y}$.

解　设 $u=\dfrac{x}{y}$，$v=3x-2y$，则 $z=u^{2}\ln v$，z 是以 u 和 v 为中间变量的复合函数.变量 x，y，u，v，z 之间的关系图如图 6-12 所示.

$$\frac{\partial z}{\partial u}=2u\ln v,\qquad\frac{\partial z}{\partial v}=\frac{u^{2}}{v},$$

$$\frac{\partial u}{\partial x}=\frac{1}{y},\qquad\frac{\partial u}{\partial y}=-\frac{x}{y^{2}},\qquad\frac{\partial v}{\partial x}=3,\qquad\frac{\partial v}{\partial y}=-2,$$

由定理 1 得

$$\frac{\partial z}{\partial x}=\frac{\partial z}{\partial u}\cdot\frac{\partial u}{\partial x}+\frac{\partial z}{\partial v}\cdot\frac{\partial v}{\partial x}=2u\ln v\cdot\frac{1}{y}+\frac{u^{2}}{v}\cdot3$$

$$=\frac{2x}{y^{2}}\ln(3x-2y)+\frac{3x^{2}}{(3x-2y)y^{2}},$$

$$\frac{\partial z}{\partial y}=\frac{\partial z}{\partial u}\cdot\frac{\partial u}{\partial y}+\frac{\partial z}{\partial v}\cdot\frac{\partial v}{\partial y}=2u\ln v\cdot\left(-\frac{x}{y^{2}}\right)+\frac{u^{2}}{v}\cdot(-2)$$

$$=-\frac{2x^{2}}{y^{3}}\ln(3x-2y)-\frac{2x^{2}}{(3x-2y)y^{2}}.$$

推论 1　如果函数 $u=\varphi(x)$ 和 $v=\psi(x)$ 在点 x 处的导数都存在，函数 $z=f(u,v)$ 在对应点 (u,v) 处具有连续的偏导数，则复合函数 $z=f[\varphi(x),\psi(x)]$ 在对应点 x 处的导数存在，且其导数为

$$\frac{\mathrm{d}z}{\mathrm{d}x}=\frac{\partial z}{\partial u}\cdot\frac{\mathrm{d}u}{\mathrm{d}x}+\frac{\partial z}{\partial v}\cdot\frac{\mathrm{d}v}{\mathrm{d}x}.$$

推论 1 中函数的复合关系如图 6-13 所示，称这种复合函数的导数为**全导数**.

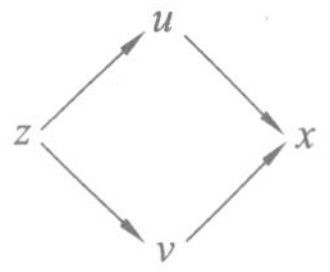

例 3　设函数 $z=u^{2}\ln\sqrt{v}$，其中 $u=e^{x}$，$v=\sin x$，求全导数 $\dfrac{\mathrm{d}z}{\mathrm{d}x}$.

解　$z=\dfrac{1}{2}u^{2}\ln v$，变量 x，u，v，z 之间的关系图如图 6-13 所示.

图 6-13

由推论 1 得

$$\frac{\mathrm{d}z}{\mathrm{d}x}=\frac{\partial z}{\partial u}\cdot\frac{\mathrm{d}u}{\mathrm{d}x}+\frac{\partial z}{\partial v}\cdot\frac{\mathrm{d}v}{\mathrm{d}x}=u\ln v\cdot e^{x}+\frac{u^{2}}{2v}\cdot\cos x=e^{2x}\left[\ln(\sin x)+\frac{1}{2}\cot x\right].$$

推论 2　如果函数 $u=\varphi(x,y)$ 在点 (x,y) 处的偏导数都存在，函数 $z=f(u)$ 在对应点 u 处具有连续的导数，则复合函数 $z=f[\varphi(x,y)]$ 在对应点 (x,y) 处的偏导数都存在，且其偏导数为

$$\frac{\partial z}{\partial x}=\frac{\mathrm{d}f}{\mathrm{d}u}\cdot\frac{\partial u}{\partial x},\frac{\partial z}{\partial y}=\frac{\mathrm{d}f}{\mathrm{d}u}\cdot\frac{\partial u}{\partial y}.$$

推论 2 中函数的复合关系如图 6-14 所示.

例 4 设函数 $z=f(x^2-y^2)$,且函数 $f(u)$ 可导,证明 $y\dfrac{\partial z}{\partial x}+$

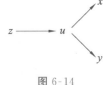

图 6-14

$x\dfrac{\partial z}{\partial y}=0.$

证 设 $u=x^2-y^2$,则 $z=f(u)$,z 是以 u 为中间变量的二元复合函数,变量 $x,y,$ u,z 之间的关系图如图 6-14 所示.由推论 2 得

$$\frac{\partial z}{\partial x}=\frac{\mathrm{d}f}{\mathrm{d}u}\cdot\frac{\partial u}{\partial x}=\frac{\mathrm{d}f}{\mathrm{d}u}\cdot 2x=2x\frac{\mathrm{d}f}{\mathrm{d}u},$$

$$\frac{\partial z}{\partial y}=\frac{\mathrm{d}f}{\mathrm{d}u}\cdot\frac{\partial u}{\partial y}=\frac{\mathrm{d}f}{\mathrm{d}u}\cdot(-2y)=-2y\frac{\mathrm{d}f}{\mathrm{d}u},$$

因此,

$$y\frac{\partial z}{\partial x}+x\frac{\partial z}{\partial y}=2xy\frac{\mathrm{d}f}{\mathrm{d}u}-2xy\frac{\mathrm{d}f}{\mathrm{d}u}=0.$$

例 5 设函数 $z=\cos u^2-x^2$,其中 $u=xy$,求偏导数 $\dfrac{\partial z}{\partial x}$ 和 $\dfrac{\partial z}{\partial y}$.

解 设 $z=f(u,x)=\cos u^2-x^2$,变量 x,y,u,z 之间的关系图如图 6-15 所示.

由复合函数求导法则得

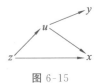

图 6-15

$$\frac{\partial z}{\partial x}=\frac{\partial f}{\partial u}\cdot\frac{\partial u}{\partial x}+\frac{\partial f}{\partial x}=-2u\sin u^2\cdot y-2x=-2x-2xy^2\sin(xy)^2,$$

$$\frac{\partial z}{\partial y}=\frac{\partial f}{\partial u}\cdot\frac{\partial u}{\partial y}=-2u\sin u^2\cdot x=-2x^2y\sin(xy)^2.$$

例 6 设函数 $z=(x^2+y^2)^{2x-3y}$,求偏导数 $\dfrac{\partial z}{\partial x}$ 和 $\dfrac{\partial z}{\partial y}$.

解 设 $u=x^2+y^2$,$v=2x-3y$,则 $z=u^v$,z 是以 u 和 v 为中间变量的复合函数. 变量 x,y,u,v,z 之间的关系图如图 6-12 所示,由定理 1 得

$$\frac{\partial z}{\partial x}=\frac{\partial z}{\partial u}\cdot\frac{\partial u}{\partial x}+\frac{\partial z}{\partial v}\cdot\frac{\partial v}{\partial x}=vu^{v-1}\cdot 2x+u^v\ln|u|\cdot 2$$

$$=2[x(2x-3y)+(x^2+y^2)\ln(x^2+y^2)](x^2+y^2)^{2x-3y-1},$$

$$\frac{\partial z}{\partial y}=\frac{\partial z}{\partial u}\cdot\frac{\partial u}{\partial y}+\frac{\partial z}{\partial v}\cdot\frac{\partial v}{\partial y}=vu^{v-1}\cdot 2y+u^v\ln|u|\cdot(-3)$$

$$=[2y(2x-3y)-3(x^2+y^2)\ln(x^2+y^2)](x^2+y^2)^{2x-3y-1}.$$

注 函数 $z=(x^2+y^2)^{2x-3y}$ 是 x 和 y 的幂指函数,如果对 x 和 y 直接求偏导数, 则需要利用对数求导法,而借助于复合函数求导法则可以直接求其偏导数.

二、全微分形式不变性

设函数 $z=f(u,v)$ 具有连续的偏导数,则有全微分

$$dz=\frac{\partial z}{\partial u}du+\frac{\partial z}{\partial v}dv,$$

如果 u 和 v 是复合函数的中间变量,且 $u=\varphi(x,y),v=\psi(x,y)$ 也具有连续偏导数,则复合函数 $z=f[\varphi(x,y),\psi(x,y)]$ 的全微分为

$$\begin{aligned}dz&=\frac{\partial z}{\partial x}dx+\frac{\partial z}{\partial y}dy=\left(\frac{\partial z}{\partial u}\cdot\frac{\partial u}{\partial x}+\frac{\partial z}{\partial v}\cdot\frac{\partial v}{\partial x}\right)dx+\left(\frac{\partial z}{\partial u}\cdot\frac{\partial u}{\partial y}+\frac{\partial z}{\partial v}\cdot\frac{\partial v}{\partial y}\right)dy\\&=\frac{\partial z}{\partial u}\left(\frac{\partial u}{\partial x}dx+\frac{\partial u}{\partial y}dy\right)+\frac{\partial z}{\partial v}\left(\frac{\partial v}{\partial x}dx+\frac{\partial v}{\partial y}dy\right)=\frac{\partial z}{\partial u}du+\frac{\partial z}{\partial v}dv.\end{aligned}$$

由此可见,无论 z 是自变量 u 和 v 的函数或是中间变量 u 和 v 的函数,它的全微分形式是一样的.这个性质叫作**全微分形式不变性**.可以利用全微分形式不变性求二元函数的偏导数.

例 7　设函数 $z=e^u\cos v$,其中 $u=x+2y$,$v=xy$,求偏导数 $\frac{\partial z}{\partial x}$ 和 $\frac{\partial z}{\partial y}$.

解　由全微分形式不变性求全微分

$$dz=d(e^u\cos v),\quad du=d(x+2y),\quad dv=d(xy),$$

即 $dz=e^u\cos vdu-e^u\sin vdv$,$du=dx+2dy$,$dv=ydx+xdy$,因此

$$\begin{aligned}dz&=e^u\cos v(dx+2dy)-e^u\sin v(ydx+xdy)\\&=e^{x+2y}(\cos xy-y\sin xy)dx+e^{x+2y}(2\cos xy-x\sin xy)dy.\end{aligned}$$

由全微分形式不变性得

$$\frac{\partial z}{\partial x}=e^{x+2y}(\cos xy-y\sin xy),\quad\frac{\partial z}{\partial y}=e^{x+2y}(2\cos xy-x\sin xy).$$

三、隐函数的求导法则

在第二章中,我们引入了隐函数的概念,即方程 $F(x,y)=0$ 确定一个函数 $y=y(x)$,并介绍了利用复合函数求其导数的方法.下面我们通过二元复合函数求导法则来给出求其导数的公式.类似地,给出方程 $F(x,y,z)=0$ 确定函数 $z=f(x,y)$ 的偏导数公式.

情形 1:方程 $F(x,y)=0$ 决定一个函数 $y=f(x)$.在第二章第三节中将方程 $F(x,y)=0$ 两边同时对 x 求导数,得

$$\frac{\partial F}{\partial x}+\frac{\partial F}{\partial y}\cdot\frac{dy}{dx}=0.$$

当 $\frac{\partial F}{\partial y}\neq 0$ 时,解之得一元隐函数 $y=f(x)$ 的导数公式

$$\frac{dy}{dx}=-\frac{\dfrac{\partial F}{\partial x}}{\dfrac{\partial F}{\partial y}}.$$

定理 2(隐函数存在定理 1)　设二元函数 $F(x,y)$ 在点 (x_0,y_0) 的某一邻域内有连续偏导数,且满足 $F(x_0,y_0)=0$,$F_y(x_0,y_0)\neq0$,则方程 $F(x,y)=0$ 在点 (x_0,y_0) 的某一邻域内恒能唯一确定具有连续导数的函数 $y=f(x)$,它满足条件 $y_0=f(x_0)$,使得 $F[x,f(x)]\equiv0$,且有

$$\frac{\mathrm{d}y}{\mathrm{d}x}=-\frac{\dfrac{\partial F}{\partial x}}{\dfrac{\partial F}{\partial y}}.$$

例 8　设函数 $y=y(x)$ 由方程 $y=x\ln y$ 确定,求导数 $\dfrac{\mathrm{d}y}{\mathrm{d}x}$.

解　设 $F(x,y)=x\ln y-y$,其偏导数为

$$\frac{\partial F}{\partial x}=\ln y,\frac{\partial F}{\partial y}=\frac{x}{y}-1,$$

因此由定理 2 得

$$\frac{\mathrm{d}y}{\mathrm{d}x}=-\frac{\dfrac{\partial F}{\partial x}}{\dfrac{\partial F}{\partial y}}=-\frac{\ln y}{\dfrac{x}{y}-1}=\frac{y\ln y}{y-x}.$$

情形 2:由方程 $F(x,y,z)=0$ 所确定的隐函数 $z=f(x,y)$.类似于情形 1,将方程 $F(x,y,z)=0$ 两边分别对 x 和 y 求偏导数(注:将变量 z 看作 x 和 y 的函数),得

$$\frac{\partial F}{\partial x}+\frac{\partial F}{\partial z}\cdot\frac{\partial z}{\partial x}=0,\quad\frac{\partial F}{\partial y}+\frac{\partial F}{\partial z}\cdot\frac{\partial z}{\partial y}=0,$$

解得

$$\frac{\partial z}{\partial x}=-\frac{\dfrac{\partial F}{\partial x}}{\dfrac{\partial F}{\partial z}},\quad\frac{\partial z}{\partial y}=-\frac{\dfrac{\partial F}{\partial y}}{\dfrac{\partial F}{\partial z}}.$$

定理 3(隐函数存在定理 2)　设函数 $F(x,y,z)$ 在点 (x_0,y_0,z_0) 的某一邻域内有连续偏导数,且满足 $F(x_0,y_0,z_0)=0$,$F_z(x_0,y_0,z_0)\neq0$,则方程 $F(x,y,z)=0$ 在点 (x_0,y_0,z_0) 的某一邻域内恒能唯一确定具有连续偏导数的二元函数 $z=f(x,y)$,满足条件 $z_0=f(x_0,y_0)$,使得 $F[x,y,f(x,y)]\equiv0$,且有

$$\frac{\partial z}{\partial x}=-\frac{\dfrac{\partial F}{\partial x}}{\dfrac{\partial F}{\partial z}},\quad\frac{\partial z}{\partial y}=-\frac{\dfrac{\partial F}{\partial y}}{\dfrac{\partial F}{\partial z}}.$$

例 9　设函数 $z=z(x,y)$ 是由方程 $\sin z=xyz$ 所确定的二元函数,求函数 $z=z(x,y)$ 的偏导数.

解　设 $F(x,y,z)=\sin z-xyz$,则

$$\frac{\partial F}{\partial x}=-yz,\quad\frac{\partial F}{\partial y}=-xz,\quad\frac{\partial F}{\partial z}=\cos z-xy.$$

由定理 3 得

$$\frac{\partial z}{\partial x} = -\frac{\dfrac{\partial F}{\partial x}}{\dfrac{\partial F}{\partial z}} = \frac{yz}{\cos z - xy}, \quad \frac{\partial z}{\partial y} = -\frac{\dfrac{\partial F}{\partial y}}{\dfrac{\partial F}{\partial z}} = \frac{xz}{\cos z - xy}.$$

例 10 设函数 $z = z(x,y)$ 是由方程 $x^2 + y^3 e^z - xyz = 0$ 所确定的二元函数, 求函数 $z = z(x,y)$ 的全微分.

解 设 $F(x,y,z) = x^2 + y^3 e^z - xyz$, 则

$$\frac{\partial F}{\partial x} = 2x - yz, \quad \frac{\partial F}{\partial y} = 3y^2 e^z - xz, \quad \frac{\partial F}{\partial z} = y^3 e^z - xy.$$

由定理 3 有

$$\frac{\partial z}{\partial x} = -\frac{\dfrac{\partial F}{\partial x}}{\dfrac{\partial F}{\partial z}} = -\frac{2x - yz}{y^3 e^z - xy} = \frac{yz - 2x}{y^3 e^z - xy},$$

$$\frac{\partial z}{\partial y} = -\frac{\dfrac{\partial F}{\partial y}}{\dfrac{\partial F}{\partial z}} = -\frac{3y^2 e^z - xz}{y^3 e^z - xy} = \frac{xz - 3y^2 e^z}{y^3 e^z - xy}.$$

因此 $dz = \dfrac{yz - 2x}{y^3 e^z - xy} dx + \dfrac{xz - 3y^2 e^z}{y^3 e^z - xy} dy.$

我们也可以利用全微分形式不变性求上述隐函数的全微分.

例 10 另解 对题中的方程 $x^2 + y^3 e^z - xyz = 0$ 两边求全微分, 得

$$d(x^2 + y^3 e^z - xyz) = d0,$$
$$2x dx + 3y^2 e^z dy + y^3 e^z dz - yz dx - xz dy - xy dz = 0,$$
$$(2x - yz) dx + (3y^2 e^z - xz) dy + (y^3 e^z - xy) dz = 0,$$

解得 $dz = \dfrac{yz - 2x}{y^3 e^z - xy} dx + \dfrac{xz - 3y^2 e^z}{y^3 e^z - xy} dy.$

习题 6-5

1. 设函数 $z = u^2 + v^2$, 而 $u = x + y, v = 2x - 3y$, 求偏导数 $\dfrac{\partial z}{\partial x}$ 和 $\dfrac{\partial z}{\partial y}$.

2. 设函数 $z = u \sin(1 - v)$, 而 $u = e^x, v = x^2$, 求全导数 $\dfrac{dz}{dx}$.

3. 设函数 $z = u^v$, 而 $u = x^2 + y^2, v = xy$, 求偏导数 $\dfrac{\partial z}{\partial x}$ 和 $\dfrac{\partial z}{\partial y}$.

4. 设函数 $z = e^{x^2} + \sin t$, 而 $x = 3t$, 求全导数 $\dfrac{dz}{dt}$.

5. 设函数 $z = \arctan \dfrac{x}{y}$, 而 $x = u + v, y = u - v$, 证明 $\dfrac{\partial z}{\partial u} + \dfrac{\partial z}{\partial v} = \dfrac{u - v}{u^2 + v^2}$.

6. 求函数 $z=(x^2+y^2)^{x+y}$ 的偏导数.

7. 设函数 $y=y(x)$ 由方程 $\sin(x+y)=x^2-e^y$ 决定,求导数 $\dfrac{\mathrm{d}y}{\mathrm{d}x}$.

8. 设函数 $z=z(x,y)$ 由方程 $\dfrac{x}{z}=\ln\dfrac{z}{y}$ 决定,求偏导数 $\dfrac{\partial z}{\partial x}$ 和 $\dfrac{\partial z}{\partial y}$.

9. 设函数 $z=z(x,y)$ 由方程 $x^3+y^3-3xz+\sin z=0$ 决定,求全微分 $\mathrm{d}z$.

10. 设函数 $z=z(x,y)$ 由方程 $2x+y-3z-2\sin(2x+y-3z)=0$ 决定,证明 $\dfrac{\partial z}{\partial x}+\dfrac{\partial z}{\partial y}=1$.

11. 设 $x=x(y,z)$,$y=y(z,x)$,$z=z(x,y)$ 由方程 $F(x,y,z)=0$ 确定的具有连续偏导数的函数,证明 $\dfrac{\partial x}{\partial y}\cdot\dfrac{\partial y}{\partial z}\cdot\dfrac{\partial z}{\partial x}=-1$.

→ 第六节   二元函数的极值

在许多实际问题中,我们常常需要讨论二元函数的极大(小)值和最大(小)值.本节主要利用二元函数的微分法讨论二元函数的极大(小)值和最大(小)值.

一、二元函数的极值

1. 二元函数极值的概念

定义 1   设二元函数 $z=f(x,y)$ 在点 (x_0,y_0) 的某一邻域 $U_\delta((x_0,y_0))$ 内有定义,如果对于任意 $(x,y)\in\mathring{U}_\delta((x_0,y_0))$,都有 $f(x,y)>f(x_0,y_0)$ 成立,则称 $f(x_0,y_0)$ 为函数 $z=f(x,y)$ 的**极小值**.如果对于任意 $(x,y)\in\mathring{U}_\delta((x_0,y_0))$,都有 $f(x,y)<f(x_0,y_0)$ 成立,则称 $f(x_0,y_0)$ 为函数 $z=f(x,y)$ 的**极大值**.

函数的极大值与极小值统称为函数的**极值**,使函数取得极值的点统称为函数的**极值点**.

例如,函数 $z=2x^2+5y^2$(图 6-16),对给定的 $\delta_0>0$,任意 $(x,y)\in\mathring{U}_{\delta_0}((0,0))$,有 $z=2x^2+5y^2>0=z(0,0)$,所以函数 $z=2x^2+5y^2$ 在点 $(0,0)$ 处有极小值 0,$(0,0)$ 为该函数的极小值点.函数 $z=2-\sqrt{x^2+y^2}$(图 6-17),对给定的 $\delta_0>0$,对任意 $(x,y)\in\mathring{U}_{\delta_0}((0,0))$,有 $z=2-\sqrt{x^2+y^2}<2$,所以函数 $z=2-\sqrt{x^2+y^2}$ 在 $(0,0)$ 点有极大值 2,$(0,0)$ 为该函数的极大值点.而函数 $z=xy$(图 6-18)在点 $(0,0)$ 处的值为 0,而在点 $(0,0)$ 处的任意邻域总能取到正值和负值,所以 $(0,0)$ 不是函数的极值点.

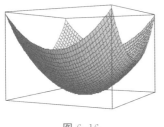 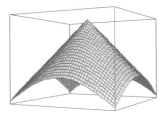 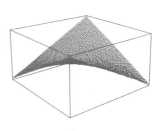

图 6-16　　　　　　　　图 6-17　　　　　　　　图 6-18

2. 极值的必要条件

类似于一元函数取极值的必要条件,对于二元函数极值有如下的必要条件.

定理 1(极值的必要条件)　如果函数 $z=f(x,y)$ 在点 (x_0,y_0) 处有偏导数,且在点 (x_0,y_0) 取得极值,则必有 $f_x(x_0,y_0)=0,f_y(x_0,y_0)=0$.

我们称使得 $f_x(x_0,y_0)=0,f_y(x_0,y_0)=0$ 的点 (x_0,y_0) 为函数 $z=f(x,y)$ 的**驻点**.

定理 1 说明,可偏导的二元函数的极值点一定是函数的驻点.但定理 1 仅是取得极值的必要条件,并非充分条件,即驻点不一定都是极值点.例如,$(0,0)$ 是函数 $z=xy$ 的驻点,但不是函数的极值点.如何判定二元函数的驻点是极值点? 我们有如下的定理.

3. 极值的充分条件

定理 2　设二元函数 $z=f(x,y)$ 在点 (x_0,y_0) 的某一邻域内有连续的二阶偏导数,且点 (x_0,y_0) 为函数 $f(x,y)$ 的驻点.设 $f_{xx}(x_0,y_0)=A,f_{xy}(x_0,y_0)=B,f_{yy}(x_0,y_0)=C$,

(1) 如果 $AC-B^2>0$,则函数 $f(x,y)$ 在点 (x_0,y_0) 处取得极值,且当 $A>0$ 时取得极小值;当 $A<0$ 时取得极大值.

(2) 如果 $AC-B^2<0$,则函数 $f(x,y)$ 在点 (x_0,y_0) 处没有极值.

(3) 如果 $AC-B^2=0$,则函数 $f(x,y)$ 在点 (x_0,y_0) 处可能有极值,也可能没有极值,需另行判定.

根据定理 1 和定理 2,如果二元函数 $z=f(x,y)$ 有连续的二阶偏导数,则可以通过下列步骤求二元函数的极值:

(1) 求二元函数的偏导数,令两个偏导数为零,求出函数的驻点;

(2) 求出二元函数的二阶偏导数;

(3) 在驻点处讨论 $AC-B^2$ 的符号,并根据定理 2 判断出该点是否是极值点.然后根据 A 的符号确定其是极大值点还是极小值点;

(4) 求出极值点的函数值,即为函数的极值.

例 1　求二元函数 $f(x,y)=xy-xy^2-x^2y$ 的极值.

解　函数 $f(x,y)$ 的定义域为 $D=\mathbf{R}^2$,其偏导数为
$$f_x=y-y^2-2xy,\quad f_y=x-2xy-x^2,$$
令两个偏导数为零

$$\begin{cases} f_x = y - y^2 - 2xy = 0, \\ f_y = x - 2xy - x^2 = 0, \end{cases}$$

解得 $\begin{cases} x = 0, 0, 1, \dfrac{1}{3}, \\ y = 0, 1, 0, \dfrac{1}{3}, \end{cases}$ 即函数 $f(x, y)$ 的驻点为 $(0, 0), (0, 1), (1, 0), \left(\dfrac{1}{3}, \dfrac{1}{3}\right)$.

又 $A = f_{xx} = -2y, B = f_{xy} = 1 - 2y - 2x, C = f_{yy} = -2x$.

在 $(0, 0)$ 处, $A = 0, B = 1, C = 0, AC - B^2 = -1 < 0$, 因此函数 $f(x, y)$ 在该点处没有极值;

在 $(0, 1)$ 处, $A = -2, B = -1, C = 0, AC - B^2 = -1 < 0$, 因此函数 $f(x, y)$ 在该点处没有极值;

在 $(1, 0)$ 处, $A = 0, B = -1, C = -2, AC - B^2 = -1 < 0$, 因此函数 $f(x, y)$ 在该点处没有极值;

在 $\left(\dfrac{1}{3}, \dfrac{1}{3}\right)$ 处, $A = -\dfrac{2}{3}, B = -\dfrac{1}{3}, C = -\dfrac{2}{3}, AC - B^2 = \dfrac{1}{3} > 0$, 因此函数 $f(x, y)$ 在该点处有极值. 又因为 $A < 0$, 所以函数在该点处有极大值, 极大值为 $f\left(\dfrac{1}{3}, \dfrac{1}{3}\right) = \dfrac{1}{27}$, $\left(\dfrac{1}{3}, \dfrac{1}{3}\right)$ 是函数的极大值点. 函数 $f(x, y)$ 无极小值.

二、函数的最值

与一元函数类似, 我们可以利用二元函数微分法来讨论二元函数的最值.

由第二节定理 1 可知, 如果二元函数在有界闭区域 D 上连续, 则该函数在 D 上至少取得它的最大值和最小值各一次. 类似于闭区间上一元连续函数的最小值和最大值求法, 我们可以通过下述过程求二元函数的最大值和最小值.

将函数在有界闭区域 D 内部的所有驻点处及偏导数不存在点处的函数值和在闭区域 D 的边界上的最大值和最小值进行比较, 其中最大者即为函数的最大值, 最小者即为函数的最小值.

例 2　求二元函数 $f(x, y) = x^2 y (4 - x - y)$ 在直线 $x + y = 6$, x 轴和 y 轴所围成的闭区域 D 上的最大值与最小值.

解　先求函数 $f(x, y)$ 在闭区域 D 内部的驻点. 函数 $f(x, y)$ 的偏导数为

$$f_x(x, y) = 2xy(4 - x - y) - x^2 y,$$
$$f_y(x, y) = x^2(4 - x - y) - x^2 y.$$

令两个偏导数为零

$$\begin{cases} 2xy(4 - x - y) - x^2 y = 0, \\ x^2(4 - x - y) - x^2 y = 0, \end{cases}$$

解得 $x = 2, y = 1$, 即函数 $f(x, y)$ 的驻点为 $(2, 1)$, 对应的函数值为 $f(2, 1) = 4$.

再求函数 $f(x,y)$ 在闭区域 D 边界上的最大值和最小值,闭区域 D 的边界由以下三部分组成(图 6-19):

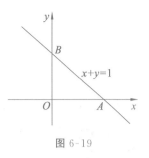

图 6-19

直线段 $\overline{OA}$:$y=0(0\leqslant x\leqslant 6)$,$f(x,y)=0$;

直线段 $\overline{OB}$:$x=0(0\leqslant y\leqslant 6)$,$f(x,y)=0$;

直线段 $\overline{AB}$:$y=6-x(0\leqslant x\leqslant 6)$,$f(x,y)=-2x^2(6-x)$,

解 $\dfrac{\mathrm{d}}{\mathrm{d}x}[-2x^2(6-x)]=4x(x-6)+2x^2=0$,得 $x_1=0$,$x_2=4$,对应的函数值为 $f(0,6)=0$,$f(4,2)=-64$.

因此,函数 $f(x,y)$ 在闭区域 D 上的最大值为 $M=\max\{0,4,-64\}=4$,最小值为 $m=\min\{0,4,-64\}=-64$.

例 3 做一个体积为 $8\,\mathrm{m}^3$ 的有盖长方体水箱,问当长、宽、高各取怎样的尺寸时,才能使用料最省?

解 设水箱的长为 x m$(x>0)$,宽为 y m$(y>0)$,则其高为 $\dfrac{8}{xy}$ m.此水箱所用材料的面积为

$$S=2\left(xy+y\cdot\frac{8}{xy}+x\cdot\frac{8}{xy}\right)=2\left(xy+\frac{8}{x}+\frac{8}{y}\right),$$

其偏导数为

$$S_x=2\left(y-\frac{8}{x^2}\right),\quad S_y=2\left(x-\frac{8}{y^2}\right).$$

令两个偏导数为零 $\begin{cases}2\left(y-\dfrac{8}{x^2}\right)=0,\\[2mm]2\left(x-\dfrac{8}{y^2}\right)=0,\end{cases}$ 解得 $x=2,y=2$,即函数 S 的驻点为 $(2,2)$.

根据实际问题可知水箱所用材料面积的最小值一定存在,而函数 S 在 $x>0$ 和 $y>0$ 时只有唯一一个驻点,因此 $x=2$,$y=2$ 时,此时高也为 2,S 取得最小值,即当水箱长、宽、高都为 $2\mathrm{m}$ 时所用材料最省.

例 4 (第一节例 7)某电池厂为新能源汽车制造厂配套生产两种电池,设 Q_1 为甲电池的需求量,Q_2 为乙电池的需求量,他们的需求函数分别为

$$Q_1=20-10P_1+4P_2,\quad Q_2=16+4P_1-2P_2,$$

其中 P_1 和 P_2 为两种电池的价格,单位为万元;总成本函数为 $C(Q_1,Q_2)=2Q_1+3Q_2$.试问两种电池分别定什么价格时总利润最大?

解 由第一节例 7 知,总利润函数为

$$L(P_1,P_2)=-10P_1^2+8P_1P_2-2P_2^2+28P_1+14P_2\quad(P_1>0,P_2>0),$$

因此,求总利润最大即为求函数 $L(P_1,P_2)$ 的最大值.

令 $L(P_1,P_2)$ 的两个偏导数都为零,解方程组

$$
\begin{cases}
\dfrac{\partial L}{\partial P_1} = -20P_1 + 8P_2 + 28 = 0, \\[3mm]
\dfrac{\partial L}{\partial P_2} = 8P_1 - 4P_2 + 14 = 0,
\end{cases}
$$

得 $P_1 = 14$，$P_2 = \dfrac{63}{2}$，即函数 $L(P_1, P_2)$ 有唯一的驻点 $\left(14, \dfrac{63}{2}\right)$.

根据实际问题且驻点唯一，当两种电池的价格分别定在 14 万元和 31.5 万元时总利润最大.

三、条件极值

1. 条件极值的概念

我们在第三章及本节第一部分讨论的极值问题中，自变量在讨论的范围内不受限制，可以自由取值，这类极值问题称为**无条件极值**.但在实际问题中经常遇到这类情况，如表面积一定的情况下求长方体体积的最大值；再如，求二元函数在有界闭区域边界上的最小值和最大值.这一类极值问题可归纳为

$$求函数 \ z = f(x, y) \ 在条件 \ \varphi(x, y) = 0 \ 下的极值, \tag{6-1}$$

这种带有约束条件的函数极值称为**条件极值**.称 $z = f(x, y)$ 为**目标函数**，称 $\varphi(x, y) = 0$ 为约束条件.

2. 拉格朗日乘数法

在条件极值(6-1)中，有时可以从约束条件 $\varphi(x, y) = 0$ 中解出 $y = y(x)$（或 $x = x(y)$），代入目标函数 $z = f(x, y)$，将目标函数转化为 x（或 y）的一元函数 $z = f(x, y(x))$ [或 $z = f(x(y), y)$]，从而利用一元函数的极值方法解决问题.但一般情况下往往很难从**约束条件** $\varphi(x, y) = 0$ 中解出 $y = y(x)$ [或 $x = x(y)$]，从而无法用无条件极值的方法解决问题.

下面介绍一种直接求条件极值的方法——**拉格朗日乘数法**.拉格朗日乘数法是一种求约束最优化问题的方法，在经济学、统计学和最优化理论中有广泛应用，条件极值是一种最简单的约束最优化问题.

设函数 $f(x, y)$ 和 $\varphi(x, y)$ 有连续的一阶偏导数，则条件极值(6-1)可以转化为求拉格朗日函数

$$F(x, y, \lambda) = f(x, y) + \lambda\varphi(x, y) \quad （其中 \ \lambda \ 为非零参数）$$

的无条件极值.因此条件极值问题(6-1)可按下述步骤进行求解.

（1）构造拉格朗日函数

$$F(x, y, \lambda) = f(x, y) + \lambda\varphi(x, y) \quad （其中 \ \lambda \ 为非零参数）.$$

（2）分别求 $F(x, y, \lambda)$ 对 x, y 的偏导数，并令其为零，加上约束条件 $\varphi(x, y) = 0$，即

$$
\begin{cases}
F_x = f_x(x, y) + \lambda\varphi_x(x, y) = 0, \\
F_y = f_y(x, y) + \lambda\varphi_y(x, y) = 0, \\
\varphi(x, y) = 0,
\end{cases}
$$

解得 $x = x_0, y = y_0$.

（3）一般根据实际问题的具体情况判定，即如果实际问题中有极值，而 (x_0, y_0) 是拉格朗日函数的唯一驻点，则 $f(x_0, y_0)$ 就是条件极值（6-1）的极值.

例 5 求函数 $z = xy$ 在条件 $x + 2y = 1$ 下的极大值.

解 构造拉格朗日函数 $F(x, y, \lambda) = xy + \lambda(x + 2y - 1)$（$\lambda$ 为非零参数），求其偏导数并令偏导数为零，加上条件方程得

$$\begin{cases} F_x = y + \lambda = 0, \\ F_y = x + 2\lambda = 0, \\ x + 2y = 1, \end{cases}$$

解得 $x = \dfrac{1}{2}, y = \dfrac{1}{4}$，即拉格朗日函数 $F(x, y, \lambda)$ 只有唯一驻点 $\left(\dfrac{1}{2}, \dfrac{1}{4} \right)$，故函数 $z = xy$ 在条件 $x + 2y = 1$ 下的极大值为 $z\left(\dfrac{1}{2}, \dfrac{1}{4} \right) = \dfrac{1}{8}$.

例 6 求二元函数 $f(x, y) = x^2 + 2y^2 - x^2 y^2$ 在闭区域 $D = \{(x, y) \mid x^2 + y^2 \leqslant 4, y \geqslant 0\}$ 上的最大值与最小值.

解 先求函数 $f(x, y)$ 在闭区域 D 内部的驻点，函数 $f(x, y)$ 的偏导数为

$$f_x(x, y) = 2x - 2xy^2, \quad f_y(x, y) = 4y - 2x^2 y,$$

令两个偏导数为零

$$\begin{cases} 2x - 2xy^2 = 0, \\ 4y - 2x^2 y = 0, \end{cases}$$

解得 $x = \pm\sqrt{2}, y = 1$，即函数的驻点为 $(\sqrt{2}, 1)$ 和 $(-\sqrt{2}, 1)$，其对应的函数值为 $f(\pm\sqrt{2}, 1) = 2$.

再求函数 $f(x, y)$ 在闭区域 D 边界上的最值，闭区域 D 的边界由两部分组成（图 6-20）：

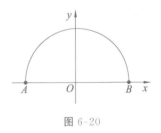

图 6-20

（1）直线段 AB：$y = 0 (-2 \leqslant x \leqslant 2)$，$f(x, y) = x^2$ 在 $-2 \leqslant x \leqslant 2$ 上的最大值为 4，最小值为 0；

（2）圆弧 $\overset{\frown}{AB}$：$x^2 + y^2 = 4 (-2 < x < 2, y > 0)$，构造拉格朗日函数

$$F(x, y, \lambda) = x^2 + 2y^2 - x^2 y^2 + \lambda(x^2 + y^2 - 4) \quad (\lambda \text{ 为非零参数}),$$

解方程组

$$\begin{cases} F_x = 2x - 2xy^2 + 2\lambda x = 0, \\ F_y = 4y - 2x^2 y + 2\lambda y = 0, \\ x^2 + y^2 = 4, \end{cases}$$

得 $x = 0, y = 2$；$x = \pm\sqrt{\dfrac{5}{2}}, y = \sqrt{\dfrac{3}{2}}$. 其对应的函数值为 $f(0, 2) = 8$，$f\left(\pm\sqrt{\dfrac{5}{2}}, \sqrt{\dfrac{3}{2}} \right) = \dfrac{7}{4}$.

因此,函数 $f(x,y)$ 在 D 上的最大值为 $M=\max\left\{2,0,4,8,\dfrac{7}{4}\right\}=8$,最小值为 $m=\min\left\{2,0,4,8,\dfrac{7}{4}\right\}=0$.

注 例 2 和例 6 都是讨论二元函数在有界闭区域上的最大值和最小值,但在闭区域边界上的处理方法不一样,例 2 处理方法具有特殊性,例 6 处理方法具有普遍性.我们可以利用条件极值的方法,推导解析几何中的一些公式,参考下例.

例 7* 在平面上求定点 (x_0,y_0) 到直线 $ax+by+c=0(a^2+b^2\neq0)$ 的最短距离.

解 设 (x,y) 为直线 $ax+by+c=0$ 上任意一点,则定点 (x_0,y_0) 到点 (x,y) 的距离为

$$d=\sqrt{(x-x_0)^2+(y-y_0)^2}.$$

因此,定点 (x_0,y_0) 到直线 $ax+by+c=0$ 的最短距离问题就转化为求 d 在条件 $ax+by+c=0$ 下的最小值.因为 $d\geqslant0$,所以求 d 的最小值等价于求 d^2 的最小值.设拉格朗日函数为

$$F(x,y,\lambda)=(x-x_0)^2+(y-y_0)^2+\lambda(ax+by+c) \quad (\text{其中}\lambda\text{为非零参数}),$$

解方程组

$$\begin{cases}F'_x=2(x-x_0)+a\lambda=0,\\ F'_y=2(y-y_0)+b\lambda=0,\\ F'_\lambda=ax+bx+c=0,\end{cases} \quad\text{得}\quad \begin{cases}x=x_0-a\cdot\dfrac{ax_0+by_0+c}{a^2+b^2},\\ y=y_0-b\cdot\dfrac{ax_0+by_0+c}{a^2+b^2},\\ \lambda=\dfrac{2(ax_0+by_0+c)}{a^2+b^2}.\end{cases}$$

由于点到直线的最小值存在且拉格朗日函数只有一个驻点,所以 d^2 的最小值为 $\dfrac{(ax_0+by_0+c)^2}{a^2+b^2}$,即定点 (x_0,y_0) 到直线 $ax+by+c=0$ 的最短距离为 $\dfrac{|ax_0+by_0+c|}{\sqrt{a^2+b^2}}$.

例 8 某企业在两个相互分割的市场上出售同一种产品,两个市场的需求函数分别为 $P_1=18-2Q_1,P_2=12-Q_2$,其中 $P_i,Q_i(i=1,2)$ 分别为该产品在两个市场的售价(元)和销售量(万件),且该企业生产这种产品的总成本函数为 $C=2(Q_1+Q_2)+5$.如果该企业实行价格无差别政策,试确定两个市场上该产品的销售量和统一的价格,使该企业的总利润最大.

解 该企业的总利润函数为

$$L(Q_1,Q_2)=R(Q_1,Q_2)-C(Q_1,Q_2)=P_1Q_1+P_2Q_2-(2Q_1+2Q_2+5)$$
$$=-2Q_1^2-Q_2^2+16Q_1+10Q_2-5,$$

所求问题为求函数 $L(Q_1,Q_2)=-2Q_1^2-Q_2^2+16Q_1+10Q_2-5$ 在条件 $P_1=P_2$,即 $2Q_1-Q_2-6=0$ 下的最大值.

构造拉格朗日函数

$$F(Q_1,Q_2,\lambda)=-2Q_1^2-Q_2^2+16Q_1+10Q_2-5+\lambda(2Q_1-Q_2-6)(\lambda\text{为非零参数}),$$

解方程组 $\begin{cases} F_{Q_1} = -4Q_1 + 16 + 2\lambda = 0, \\ F_{Q_2} = -2Q_2 + 10 - \lambda = 0, \\ 2Q_1 - Q_2 - 6 = 0, \end{cases}$ 得 $Q_1 = 5, Q_2 = 4,$ 从而 $P_1 = P_2 = 8.$

即两个市场上该产品的统一价格为 8 元,销售量分别为 5 万件和 4 万件时,该企业的总利润最大,最大利润为 $L = -2 \times 5^2 - 4^2 + 16 \times 5 + 10 \times 4 - 5 = 49$ 万元.

例 9　某酒业销售公司计划通过户外广告屏和电视媒体做酒类的促销广告.根据统计资料,销售收入 R 与户外广告屏费用 x(百万元)和电视媒体广告费用 y(百万元)之间有如下关系:

$$R(x, y) = 13 + 15x + 33y - 8xy - 2x^2 - 10y^2.$$

(1) 在广告费不限制下,求最佳广告策略和最大纯销售收入.

(2) 已知广告费用总额预算金为 200 万元,试问如何分配两种广告费用可使纯销售收入最大?

解　根据"纯销售收入=销售收入-广告费支出",因此该公司的纯销售收入函数为

$$\begin{aligned} L(x, y) &= 13 + 15x + 33y - 8xy - 2x^2 - 10y^2 - (x + y) \\ &= 13 + 14x + 32y - 8xy - 2x^2 - 10y^2 \quad (x \geqslant 0, y \geqslant 0), \end{aligned}$$

(1) 在广告费不限制下,最佳广告策略问题转化当为 x 和 y 取何值时 $L(x, y)$ 达到最大值.

解方程组 $\begin{cases} L_x = 14 - 8y - 4x = 0, \\ L_y = 32 - 8x - 20y = 0, \end{cases}$ 得 $x = 1.5, y = 1,$ 即函数 $L(x, y)$ 有唯一驻点 $(1.5, 1).$

由实际问题可知,纯销售收入一定有最大值,所以驻点 $(1.5, 1)$ 是函数 $L(x, y)$ 最大值点,即户外广告屏广告费投入 150 万元,电视媒体广告费投入 100 万元时为最佳广告策略.此时该公司纯销售收入最大,其值为 $L(1.5, 1) = 3\,950$ 万元.

(2) 广告费用总额预算为 200 万元时,纯销售收入最大问题转化为求函数 $L(x, y)$ 在条件 $x + y = 2$ 限制下的条件极值问题.

构造拉格朗日函数

$$F(x, y) = 13 + 14x + 32y - 8xy - 2x^2 - 10y^2 + \lambda(x + y - 2) \quad (\lambda \text{ 为非零参数}),$$

解方程组 $\begin{cases} F_x = 14 - 8y - 4x + \lambda = 0, \\ F_y = 32 - 8x - 20y + \lambda = 0, \\ x + y - 2 = 0, \end{cases}$ 得 $x = 0.75, y = 1.25.$

根据该问题的实际意义知,此时将 75 万元投入户外广告屏,125 万元投入电视媒体为最佳广告策略,该公司纯销售收入最大.

习 题 **6-6**

1. 求函数 $f(x,y)=3xy+x^3-y^3$ 的极值.

2. 求函数 $f(x,y)=x^3-y^3+3x^2+3y^2-9x$ 的极值.

3. 求函数 $f(x,y)=xy+\dfrac{1}{x}+\dfrac{1}{y}-3$ 的极值.

4. 求函数 $f(x,y)=(x^2+2x+y)\mathrm{e}^{2y}$ 的极值.

5. 求函数 $z=xy$ 在条件 $x+2y=1$ 下的极大值.

6. 求函数 $z=xy^2$ 在 $x^2+y^2=1(x>0,y>0)$ 下的极大值.

7. 设函数 $f(x,y)=y-x^2-y^2$，求函数 $f(x,y)$ 在闭区域 $D=\{(x,y)x^2+y^2\leqslant 1\}$ 上的最大值与最小值.

8. 求两曲线 $y=x^2$ 与 $x-y-2=0$ 之间的最短距离.

9. 将周长为 6m 的长方形绕它的一边旋转，构成一个圆柱体，问长方形的边长各为多少时，才可使圆柱体的体积最大？

10. 设某工厂生产甲、乙两种产品，产量分别为 Q_1 和 Q_2（单位：千件），利润函数为
$$L(Q_1,Q_2)=-Q_1^2-4Q_2^2+6Q_1+16Q_2-2（单位：万元）.$$
已知生产这两种产品时，每吨产品均需消耗原料 2 000 kg，现有该原料 12 000 kg，试问两种产品各生产多少千件时，总利润最大？

11. 设某工厂生产甲、乙两种产品，已知其总成本 C（万元）与甲、乙两种产品的产量 Q_1（百件）与 Q_2（百件）之间具有如下关系
$$C(Q_1,Q_2)=Q_1^2+Q_1Q_2+\dfrac{3}{2}Q_2^2-4Q_1-7Q_2+17,$$
试问甲、乙两种产品的产量分别为多少时可以使得总成本最低？

12. 设某销售公司销售收入 R（百万元）与花费在两种广告宣传上的费用 x（百万元）和 y（百万元）之间的关系为
$$R(x,y)=\dfrac{100x}{10+x}+\dfrac{200x}{5+y},$$
利润额相当于五分之一的销售收入，并要扣除广告费用.已知广告费用总额预算为 2 500 万元，试问如何分配两种广告费用可使利润最大？

第七节　二重积分

二重积分是定积分的推广,是二元函数在平面有界闭区域上的积分,也是一种"和式的极限".本节介绍二重积分的概念、性质及在直角坐标系下的计算方法.

一、二重积分的概念与性质

1. 二重积分的概念

引例　曲顶柱体的体积

设有一个立体,它以 xOy 面上有界闭区域 D 为底面,曲面 $z=f(x,y)((x,y)\in D)$ 为顶,过 D 的边界曲线、母线平行于 z 轴的柱面为侧面,称这样的立体为曲顶柱体(图 6-21).下面我们来计算该曲顶柱体的体积 V.

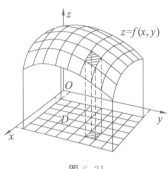

图 6-21

设函数 $z=f(x,y)$ 在有界闭区域 D 上连续,且在 D 上恒有 $f(x,y)\geqslant 0$.仿照求曲边梯形面积的方法,将求曲顶柱体体积的过程分为四个步骤:分割—近似—作和—取极限.

(1)分割.

用一些连续的曲线将闭区域 D 任意分割成 n 个小闭区域 $\Delta\sigma_1,\Delta\sigma_2,\cdots,\Delta\sigma_n$,同时记小闭区域的面积为 $\Delta\sigma_1,\Delta\sigma_2,\cdots,\Delta\sigma_n$.然后用平行于 z 轴的直线沿分割线平行移动,将曲顶柱体分割成 n 个小曲顶柱体,小曲顶柱体的体积分别记为 $\Delta V_1,\Delta V_2,\cdots,\Delta V_n$,则曲顶柱体的体积为 $V=\sum\limits_{i=1}^{n}\Delta V_i$.

(2)近似.

由于小曲顶柱体的底面很小,所以小的曲顶面起伏不会很大,因而可以近似地将其看作平面,即用小平顶柱体的体积来近似代替小曲顶柱体的体积.在第 i 个小闭区域 $\Delta\sigma_i$ 内任取一点 (ξ_i,η_i),以 $f(\xi_i,\eta_i)$ 为高,以小闭区域 $\Delta\sigma_i$ 为其底面的小平顶柱体的体积为 $f(\xi_i,\eta_i)\Delta\sigma_i$,则有 $\Delta V_i\approx f(\xi_i,\eta_i)\Delta\sigma_i(i=1,2,\cdots,n)$.

(3)作和.

将这 n 个小曲顶柱体体积的近似值相加,就得到曲顶柱体体积的近似值:

$$V=\sum\limits_{i=1}^{n}\Delta V_i\approx\sum\limits_{i=1}^{n}f(\xi_i,\eta_i)\Delta\sigma_i.$$

(4)取极限.

让闭区域 D 的分割越来越细,其近似程度就越来越高.记小闭区域 $\Delta\sigma_i(i=1,2,\cdots,n)$ 内任意两点距离的最大值为 λ_i(称 λ_i 为该小闭区域 $\Delta\sigma_i$ 的直径),令 $\lambda=\max\limits_{1\leqslant i\leqslant n}\{\lambda_i\}\rightarrow 0$

便得到曲顶柱体的体积

$$V = \lim_{\lambda \to 0} \sum_{i=1}^{n} f(\xi_i, \eta_i) \Delta \sigma_i.$$

定义 1　设函数 $z = f(x, y)$ 是有界闭区域 D 上的有界函数,将闭区域 D 任意分割成 n 个小闭区域 $\Delta \sigma_1, \Delta \sigma_2, \cdots, \Delta \sigma_n$,同时用 $\Delta \sigma_i (i = 1, 2, \cdots, n)$ 表示第 i 个小闭区域的面积,在第 i 个小闭区域 $\Delta \sigma_i$ 上任取一点 (ξ_i, η_i),作乘积 $f(\xi_i, \eta_i) \Delta \sigma_i$,并求和 $\sum_{i=1}^{n} f(\xi_i, \eta_i) \Delta \sigma_i$,如果当 n 个小闭区域直径的最大值 λ 趋于零时,和式的极限 $\lim_{\lambda \to 0} \sum_{i=1}^{n} f(\xi_i, \eta_i) \Delta \sigma_i$ 存在,且此极限值与闭区域 D 的分割法及点 (ξ_i, η_i) 的取法无关,则称二元函数 $f(x, y)$ 在闭区域 D 上**可积**,并称该极限值为函数 $f(x, y)$ 在闭区域 D 上的**二重积分**,记作 $\iint\limits_{D} f(x, y) \mathrm{d}\sigma$,即

$$\iint\limits_{D} f(x, y) \mathrm{d}\sigma = \lim_{\lambda \to 0} \sum_{i=1}^{n} f(\xi_i, \eta_i) \Delta \sigma_i,$$

其中 $\iint$ 称为**二重积分号**,$f(x, y)$ 称为**被积函数**,$f(x, y) \mathrm{d}\sigma$ 称为**积分表达式**,$\mathrm{d}\sigma$ 称为**面积元素**,x 和 y 称为**积分变量**,D 称为**积分区域**,$\sum_{i=1}^{n} f(\xi_i, \eta_i) \Delta \sigma_i$ 称为**积分和**.

根据二重积分的定义,引例中曲顶柱体的体积可表示为

$$V = \iint\limits_{D} f(x, y) \mathrm{d}\sigma.$$

类似于定积分,我们有

定理 1　如果二元函数 $f(x, y)$ 在有界闭区域 D 上连续,则二重积分 $\iint\limits_{D} f(x, y) \mathrm{d}\sigma$ 存在.

在直角坐标系中,我们用平行于 x 轴和 y 轴的一组直线网将闭区域 D 进行分割,除了包含边界点的一些小闭区域外,其余小闭区域都是矩形闭区域.设矩形闭区域的边长分别为 $\mathrm{d}x$ 和 $\mathrm{d}y$,其面积为 $\mathrm{d}x\mathrm{d}y$.于是如果二重积分 $\iint\limits_{D} f(x, y) \mathrm{d}\sigma$ 存在,则有

$$\iint\limits_{D} f(x, y) \mathrm{d}\sigma = \iint\limits_{D} f(x, y) \mathrm{d}x \mathrm{d}y.$$

2. 二重积分的几何意义

引例中曲顶柱体的体积 V 就是函数 $z = f(x, y)$ 在闭区域 D 上的二重积分,即

$$V = \iint\limits_{D} f(x, y) \mathrm{d}\sigma.$$

一般地,如果在有界闭区域 D 上二元函数 $f(x, y) \geqslant 0$,则二重积分 $\iint\limits_{D} f(x, y) \mathrm{d}\sigma$ 表示以曲面 $z = f(x, y)$ 为顶,以闭区域 D 为底面,以母线平行于 z 轴的柱面为侧面的曲

顶柱体的体积.如果在闭区域 D 上二元函数 $f(x,y)\leqslant0$,则二重积分 $\iint\limits_{D}f(x,y)\mathrm{d}\sigma$ 等于曲顶柱体的体积相反数.如果在闭区域 D 上二元函数 $f(x,y)$ 有正有负,则二重积分 $\iint\limits_{D}f(x,y)\mathrm{d}\sigma$ 等于曲顶柱体在 xOy 面上方部分的体积减去在 xOy 面下方部分的体积.

3.二重积分的性质

比较二重积分与定积分的概念,二重积分有许多类似于定积分的性质.

性质 1　如果函数 $f(x,y)$ 在有界闭区域 D 上可积,k 为常数,则

$$\iint\limits_{D}kf(x,y)\mathrm{d}\sigma=k\iint\limits_{D}f(x,y)\mathrm{d}\sigma.$$

性质 2　如果函数 $f(x,y)$ 和 $g(x,y)$ 在有界闭区域 D 上都可积,则

$$\iint\limits_{D}[f(x,y)\pm g(x,y)]\mathrm{d}\sigma=\iint\limits_{D}f(x,y)\mathrm{d}\sigma\pm\iint\limits_{D}g(x,y)\mathrm{d}\sigma.$$

性质 3　如果函数 $f(x,y)$ 在有界闭区域 D 上可积,用曲线将 D 分割成两个闭区域 D_1 和 D_2,则函数 $f(x,y)$ 在 D_1 和 D_2 都上可积,且

$$\iint\limits_{D}f(x,y)\mathrm{d}\sigma=\iint\limits_{D_1}f(x,y)\mathrm{d}\sigma+\iint\limits_{D_2}f(x,y)\mathrm{d}\sigma.$$

性质 3 表示二重积分对于闭区域具有可加性.

性质 4　如果在有界闭区域 D 上恒有 $f(x,y)\equiv1$,σ 为闭区域 D 的面积,则

$$\iint\limits_{D}1\cdot\mathrm{d}\sigma=\iint\limits_{D}\mathrm{d}\sigma=\sigma.$$

性质 4 表示可以利用二重积分求平面图形的面积.

性质 5　如果函数 $f(x,y)$ 和 $g(x,y)$ 在有界闭区域 D 上可积,且在闭区域 D 上有 $f(x,y)\geqslant g(x,y)$ 成立,则

$$\iint\limits_{D}f(x,y)\mathrm{d}\sigma\geqslant\iint\limits_{D}g(x,y)\mathrm{d}\sigma.$$

性质 6　如果函数 $f(x,y)$ 在有界闭区域 D 上可积且最小值为 m,最大值为 M,闭区域 D 的面积为 σ,则

$$m\sigma\leqslant\iint\limits_{D}f(x,y)\mathrm{d}\sigma\leqslant M\sigma.$$

性质 7(积分中值定理)　如果函数 $f(x,y)$ 在有界闭区域 D 上连续,闭区域 D 的面积为 σ,则在闭区域 D 内至少存在一点 (ξ,η),使得

$$\iint\limits_{D}f(x,y)\mathrm{d}\sigma=f(\xi,\eta)\sigma.$$

注　类似于定积分,通常称 $\dfrac{\iint\limits_{D}f(x,y)\mathrm{d}\sigma}{\sigma}$ 为函数 $f(x,y)$ 在有界闭区域 D 内的平均值.

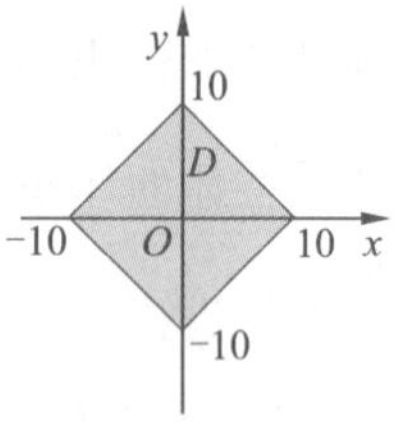

例 1　计算二重积分 $\iint\limits_{D} 4\mathrm{d}x\,\mathrm{d}y$,其中 $D = \{(x,y)\,|\,|\,x\,|+|\,y\,|\leqslant 10\}$.

解　因为积分区域 D 的面积为 $\sigma = (10\sqrt{2})^2 = 200$,由性质 1 和 4 得,

$$\iint\limits_{D} 4\mathrm{d}x\,\mathrm{d}y = 4\iint\limits_{D} \mathrm{d}x\,\mathrm{d}y = 4\sigma = 800.$$

图 6-22

例 2　利用二重积分的性质比较二重积分 $\iint\limits_{D}(x+y)^2\mathrm{d}x\,\mathrm{d}y$ 和 $\iint\limits_{D}(x+y)^3\mathrm{d}x\,\mathrm{d}y$ 的大小,其中 D 是由直线 $x = 0, y = 0$ 和 $x+y-1 = 0$ 所围成的闭区域.

解　因为任意 $(x,y)\in D$ 时,$0\leqslant x+y\leqslant 1$,所以 $(x+y)^2\geqslant(x+y)^3$.

由性质 5 得 $\iint\limits_{D}(x+y)^2\mathrm{d}x\,\mathrm{d}y \geqslant \iint\limits_{D}(x+y)^3\mathrm{d}x\,\mathrm{d}y$.

例 3　利用二重积分的性质估计二重积分 $\iint\limits_{D}\dfrac{1}{100+\sin^2 x+\sin^2 y}\mathrm{d}x\,\mathrm{d}y$ 的值,其中 $D = \{(x,y)\,|\,|\,x\,|+|\,y\,|\leqslant 10\}$.

解　当 $(x,y)\in D$ 时,

$$\frac{1}{102}\leqslant\frac{1}{100+\sin^2 x+\sin^2 y}\leqslant\frac{1}{100},$$

而 D 的面积为

$$\sigma = (10\sqrt{2})^2 = 200,$$

故由性质 6 得,

$$\frac{200}{102}\leqslant\iint\limits_{D}\frac{1}{100+\sin^2 x+\sin^2 y}\mathrm{d}x\,\mathrm{d}y\leqslant\frac{200}{100},$$

即

$$1.96\leqslant\iint\limits_{D}\frac{1}{100+\sin^2 x+\sin^2 y}\mathrm{d}x\,\mathrm{d}y\leqslant 2.$$

二、二重积分的计算

本节讨论在直角坐标系中二重积分的计算,其基本思想是将二重积分转化为二次积分来计算.

1.利用直角坐标计算二重积分

设积分区域 D 是由直线 $x = a$ 和 $x = b(a < b)$ 及曲线 $y = \varphi_1(x)$ 和 $y = \varphi_2(x)$($\varphi_1(x)$ 和 $\varphi_2(x)$ 都是连续函数)围成(图 6-23),可用集合表示为

$$D = \{(x,y)\,|\,a\leqslant x\leqslant b, \varphi_1(x)\leqslant y\leqslant\varphi_2(x)\},$$

称 D 为 X 型区域.

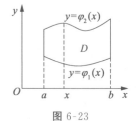

图 6-23

类似地,设积分区域 D 是由直线 $y = c$ 和 $y = d(c < d)$ 及曲线 $x = \psi_1(y)$ 和 $x = \psi_2(y)$[$\psi_1(y)$ 和 $\psi_2(y)$ 都是连续函数]围成(图 6-24),可用集合表示为

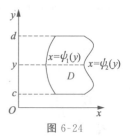

图 6-24

$$D = \{(x,y) \mid c \leqslant y \leqslant d, \psi_1(y) \leqslant x \leqslant \psi_2(y)\},$$

称 D 为 Y 型区域.

例 4 将由曲线 $y = x^2$ 和 $x = y^2$ 所围成的闭区域 D 分别用 X 型区域和 Y 型区域表示.

解 先画出闭区域 D 的图形(图 6-25),

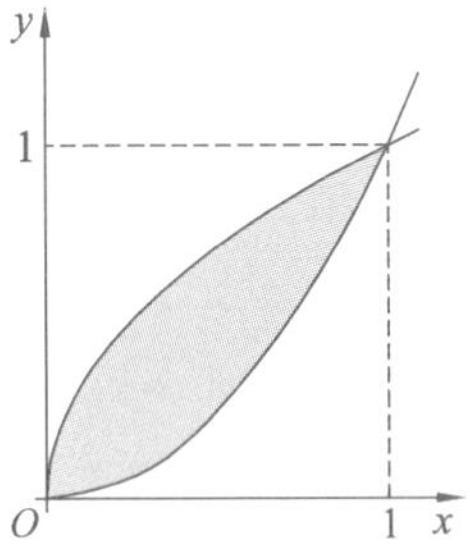

X 型区域：$D = \{(x,y) \mid 0 \leqslant x \leqslant 1, x^2 \leqslant y \leqslant \sqrt{x}\}$,

Y 型区域：$D = \{(x,y) \mid 0 \leqslant y \leqslant 1, y^2 \leqslant x \leqslant \sqrt{y}\}$.

设函数 $f(x,y) \geqslant 0$ 在有界闭区域 D 上连续, D 可表示为

$$D = \{(x,y) \mid a \leqslant x \leqslant b, \varphi_1(x) \leqslant y \leqslant \varphi_2(x)\}.$$

由二重积分的几何意义可知, $\iint\limits_{D} f(x,y)\mathrm{d}\sigma$ 表示以闭区域 D

为底, 曲面 $z = f(x,y)$ 为顶的曲顶柱体(图 6-26)的体积 V, 我们通过定积分方法计算该曲顶柱体的体积为

$$V = \int_a^b \left[\int_{\varphi_1(x)}^{\varphi_2(x)} f(x,y)\mathrm{d}y\right]\mathrm{d}x.$$

根据二重积分的几何意义, 对于 $f(x,y) \leqslant 0$ 或 $f(x,y)$ 变号的情形上式同样成立.

定理 2 如果二重积分 $\iint\limits_{D} f(x,y)\mathrm{d}\sigma$ 存在, 且积分区域 D 是 X 型区域：$\{(x,y) \mid a \leqslant x \leqslant b, \varphi_1(x) \leqslant y \leqslant \varphi_2(x)\}$, 则有

$$\iint\limits_{D} f(x,y)\mathrm{d}\sigma = \int_a^b \left[\int_{\varphi_1(x)}^{\varphi_2(x)} f(x,y)\mathrm{d}y\right]\mathrm{d}x,$$

或 $\quad \iint\limits_{D} f(x,y)\mathrm{d}\sigma = \int_a^b \mathrm{d}x \int_{\varphi_1(x)}^{\varphi_2(x)} f(x,y)\mathrm{d}y.$

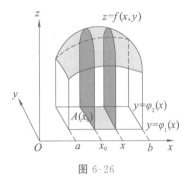

图 6-25

图 6-26

上面将二重积分的计算化为先 y 后 x 的二次积分的计算, 称之为**化二重积分为二次积分**.

注 二次积分 $\int_a^b \mathrm{d}x \int_{\varphi_1(x)}^{\varphi_2(x)} f(x,y)\mathrm{d}y$ 的计算应从后往前推进, 首先将变量 x 看作常量, 计算对变量 y 的积分 $\int_{\varphi_1(x)}^{\varphi_2(x)} f(x,y)\mathrm{d}y$, 再将该积分的计算结果 $A(x) = \int_{\varphi_1(x)}^{\varphi_2(x)} f(x,y)\mathrm{d}y$ 看作前面积分的被积函数, 计算第二个定积分 $\int_a^b A(x)\mathrm{d}x$, 即可得结果.

类似地,

定理 3 如果二重积分 $\iint\limits_{D} f(x,y)\mathrm{d}\sigma$ 存在, 且积分区域 D 是 Y 型区域：$\{(x,y) \mid c \leqslant y \leqslant d, \psi_1(y) \leqslant x \leqslant \psi_2(y)\}$, 则有

$$\iint\limits_{D} f(x,y)\mathrm{d}\sigma = \int_c^d \left[\int_{\psi_1(y)}^{\psi_2(y)} f(x,y)\mathrm{d}x\right]\mathrm{d}y$$

或
$$\iint\limits_{D} f(x,y)\mathrm{d}\sigma = \int_{c}^{d}\mathrm{d}y\int_{\psi_1(y)}^{\psi_2(y)} f(x,y)\mathrm{d}x.$$

称上式右端的积分为先 x 后 y 的二次积分.

例 5 计算二重积分 $\iint\limits_{D} xy\mathrm{d}\sigma$,其中积分区域 D 是由曲线 $y = x^2$ 和直线 $x = y^2$ 所围成的平面闭区域.

解 先画出闭区域 D 的图形(图 6-25),闭区域 D 是 X 型区域,可表示为
$$D = \{(x,y)\,|\,0 \leqslant x \leqslant 1, x^2 \leqslant y \leqslant \sqrt{x}\},$$

于是由定理 2 得
$$\iint\limits_{D} xy\mathrm{d}\sigma = \int_0^1\mathrm{d}x\int_{x^2}^{\sqrt{x}} xy\mathrm{d}y = \int_0^1\left[\frac{1}{2}xy^2\right]_{x^2}^{\sqrt{x}}\mathrm{d}x = \frac{1}{2}\int_0^1(x^2 - x^5)\mathrm{d}x = \frac{1}{12}.$$

例 6 计算二重积分 $\iint\limits_{D}(1+x)\mathrm{d}x\mathrm{d}y$,其中积分区域 $D = \{(x,y)\,|\,4 \leqslant x+y \leqslant 10, x \geqslant 0, y \geqslant 0\}$.

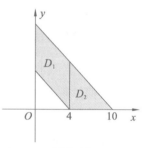

图 6-27

解 将积分区域 D 分成如图 6-27 所示的两个闭区域 D_1 和 D_2,闭区域 D_1 和 D_2 都是 X 型区域.
$$D_1 = \{(x,y)\,|\,0 \leqslant x \leqslant 4, 4-x \leqslant y \leqslant 10-x\},$$
$$D_2 = \{(x,y)\,|\,4 \leqslant x \leqslant 10, 0 \leqslant y \leqslant 10-x\},$$

由二重积分的区域可加性得
$$\iint\limits_{D}(x^2+y^2)\mathrm{d}x\mathrm{d}y = \iint\limits_{D_1}(x^2+y^2)\mathrm{d}x\mathrm{d}y + \iint\limits_{D_2}(x^2+y^2)\mathrm{d}x\mathrm{d}y$$
$$= \int_0^4\mathrm{d}x\int_{4-x}^{10-x}(1+x)\mathrm{d}y + \int_4^{10}\mathrm{d}x\int_0^{10-x}(1+x)\mathrm{d}y$$
$$= \int_0^4(1+x)y\,|_{4-x}^{10-x}\mathrm{d}x + \int_4^{10}(1+x)y\,|_0^{10-x}\mathrm{d}x$$
$$= 6\int_0^4(1+x)\mathrm{d}x + \int_4^{10}(1+x)(10-x)\mathrm{d}x = 198.$$

注 如果将例 6 中的二重积分化为先 x 后 y 的二次积分,则计算过程较上述过程繁琐.

例 7 计算二重积分 $\iint\limits_{D} x^2\mathrm{e}^{-y^2}\mathrm{d}x\mathrm{d}y$,其中积分区域 D 是以 $(0,0),(1,1),(0,1)$ 为顶点的三角形闭区域.

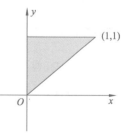

图 6-28

解 从二重积分 $\iint\limits_{D} x^2\mathrm{e}^{-y^2}\mathrm{d}x\mathrm{d}y$ 的被积函数 $x^2\mathrm{e}^{-y^2}$ 看,如果先对 y 积分,则会遇到积分 $\int \mathrm{e}^{-y^2}\mathrm{d}y$,从不定积分理论可知,它的原函数不能用初等函数表示,因此我们要将二重积分化为先 x 后 y 的二次积分.

积分区域 D 如图 6-28 所示,可表示为 Y 型区域:$D = \{(x,y)\,|\,0 \leqslant y \leqslant 1, 0 \leqslant x \leqslant y\}$.

因此由定理 3 得

$$\iint_D x^2 \mathrm{e}^{-y^2} \mathrm{d}x\,\mathrm{d}y = \int_0^1 \mathrm{d}y \int_0^y x^2 \mathrm{e}^{-y^2} \mathrm{d}x = \frac{1}{3}\int_0^1 y^3 \mathrm{e}^{-y^2}\mathrm{d}y = -\frac{1}{6}\int_0^1 y^2 \mathrm{d}\mathrm{e}^{-y^2}$$

$$= -\frac{1}{6}\left(y^2 \mathrm{e}^{-y^2} \Big|_0^1 - \int_0^1 \mathrm{e}^{-y^2}\mathrm{d}y^2\right) = \frac{1}{6}\left(1-\frac{2}{\mathrm{e}}\right).$$

由上述例题可见,如果计算二重积分时既可将积分区域表示为 X 型区域来计算,又可将积分区域表示为 Y 型区域来计算,但有时其中一种计算较繁琐(如例 6)或无法计算(如例 7),则应注意积分区域类型的选择.

二*、利用极坐标计算二重积分

有些二重积分,积分区域 D 的边界曲线用极坐标方程来表示比较方便,如圆形或扇形闭区域的边界等.有些被积函数用极坐标变量表达比较简单,如含有 x^2+y^2 或 $\frac{y}{x}$ 等,这时我们就可以考虑利用极坐标来计算二重积分 $\iint_D f(x,y)\mathrm{d}\sigma$. 在极坐标系 (r,θ) 下,我们可以将二重积分表示为

$$\iint_D f(x,y)\mathrm{d}\sigma = \iint_D f(r\cos\theta, r\sin\theta) r\,\mathrm{d}r\,\mathrm{d}\theta.$$

在极坐标系下计算二重积分,同样采用将二重积分化为二次积分的方法.我们将积分区域分三种情况来讨论.

(1) 极点在积分区域 D 外,如图 6-29 所示,此时积分区域 D 表示为

$$\{(r,\theta)\,|\,\alpha \leqslant \theta \leqslant \beta, \varphi_1(\theta) \leqslant r \leqslant \varphi_2(\theta)\},$$

从而,

$$\iint_D f(r\cos\theta, r\sin\theta) r\,\mathrm{d}r\,\mathrm{d}\theta = \int_\alpha^\beta \mathrm{d}\theta \int_{\varphi_1(\theta)}^{\varphi_2(\theta)} f(r\cos\theta, r\sin\theta) r\,\mathrm{d}r.$$

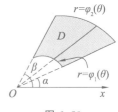

图 6-29

(2) 极点在积分区域 D 的边界上,如图 6-30 所示,此时积分区域 D 表示为

$$\{(r,\theta)\,|\,\alpha \leqslant \theta \leqslant \beta, 0 \leqslant r \leqslant \varphi(\theta)\},$$

从而,

$$\iint_D f(r\cos\theta, r\sin\theta) r\,\mathrm{d}r\,\mathrm{d}\theta = \int_\alpha^\beta \mathrm{d}\theta \int_0^{\varphi(\theta)} f(r\cos\theta, r\sin\theta) r\,\mathrm{d}r.$$

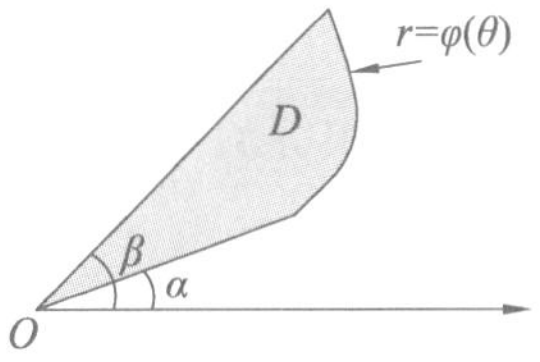

图 6-30

(3) 极点在积分区域 D 的内部,如图 6-31 所示,此时积分区域 D 表示为

$$\{(r,\theta)\,|\,0 \leqslant \theta \leqslant 2\pi, 0 \leqslant r \leqslant \varphi(\theta)\},$$

从而,

$$\iint_D f(r\cos\theta, r\sin\theta) r\,\mathrm{d}r\,\mathrm{d}\theta = \int_0^{2\pi} \mathrm{d}\theta \int_0^{\varphi(\theta)} f(r\cos\theta, r\sin\theta) r\,\mathrm{d}r.$$

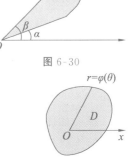

图 6-31

例 8 计算二重积分 $\iint\limits_{D} e^{-x^2-y^2}\,dx\,dy$,其中积分区域 D 是由中心在原点、半径为 $a(a>0)$ 的圆周所围成的闭区域.

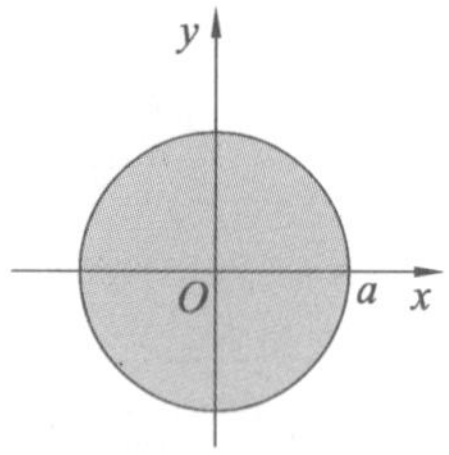

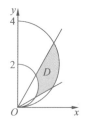

解 在极坐标系中,极点在积分区域 D 的内部,积分区域 D(图 6-32)可表示为

$$\{(r,\theta)\,|\,0\leqslant\theta\leqslant 2\pi,0\leqslant r\leqslant a\}.$$

于是,

图 6-32

$$\iint\limits_{D} e^{-x^2-y^2}\,dx\,dy=\int_0^{2\pi}d\theta\int_0^a e^{-r^2}r\,dr=\int_0^{2\pi}\left[-\frac{1}{2}e^{-r^2}\right]_0^a d\theta=\pi(1-e^{-a^2}).$$

例 9 计算二重积分 $\iint\limits_{D}(x^2+y^2)\,dx\,dy$,其中积分区域 D 是由圆 $x^2+y^2=2y$,$x^2+y^2=4y$ 及直线 $x-\sqrt{3}\,y=0$,$y-\sqrt{3}\,x=0$ 所围成的闭区域.

解 在极坐标系下,直线 $y-\sqrt{3}\,x=0$ 的方程为 $\theta=\dfrac{\pi}{3}$;

直线 $x-\sqrt{3}\,y=0$ 的方程为 $\theta=\dfrac{\pi}{6}$;

圆 $x^2+y^2=4y$ 的方程为 $r=4\sin\theta$;

圆 $x^2+y^2=2y$ 的方程为 $r=2\sin\theta$.

因此,积分区域 D(图 6-33)可表示为

$$\left\{(r,\theta)\,\Big|\,\frac{\pi}{6}\leqslant\theta\leqslant\frac{\pi}{3},2\sin\theta\leqslant r\leqslant 4\sin\theta\right\},$$

于是,

$$\iint\limits_{D}(x^2+y^2)\,dx\,dy=\int_{\frac{\pi}{6}}^{\frac{\pi}{3}}d\theta\int_{2\sin\theta}^{4\sin\theta}r^2\cdot r\,dr=60\int_{\frac{\pi}{6}}^{\frac{\pi}{3}}\sin^4\theta\,d\theta=\frac{15}{8}(2\pi-\sqrt{3}).$$

图 6-33

例 10 利用二重积分求由曲线 $y=x^2$ 和 $x=y^2$ 所围成的平面图形的面积.

解 平面图形如图 6-25 所示,可表示为

$$D=\{(x,y)\,|\,0\leqslant x\leqslant 1,x^2\leqslant y\leqslant\sqrt{x}\,\},$$

由二重积分的性质 4 知,所求的面积为

$$A=\iint\limits_{D}d\sigma=\int_0^1 dx\int_{x^2}^{\sqrt{x}}dy=\int_0^1(\sqrt{x}-x^2)\,dx=\frac{1}{3}.$$

例 11 求两个底圆半径相等的直交圆柱面 $x^2+y^2=R^2$ 与 $x^2+z^2=R^2$ 所围成的立体的体积.

解 如图 6-34 所示,根据立体的对称性,立体的体积 V 是该立体位于第一卦限部分的体积的 8 倍.立体位于第一卦限的部分是一个以曲

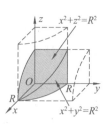

图 6-34

面 $z=\sqrt{R^2-x^2}$ 为顶,以 xOy 面上 $D=\{(x,y)\mid x^2+y^2\leqslant R^2,x\geqslant0,y\geqslant0\}$ 为底的曲顶柱体,其体积为

$$V_1=\iint\limits_{D}\sqrt{R^2-x^2}\,\mathrm{d}x\,\mathrm{d}y=\int_0^R\mathrm{d}x\int_0^{\sqrt{R^2-x^2}}\sqrt{R^2-x^2}\,\mathrm{d}y=\frac{2}{3}R^3.$$

因此所求立体的体积为 $8V_1=\dfrac{16}{3}R^3$.

题中的立体称为"牟合方盖",是由我国古代数学家刘徽首先发现并采用的一种用于计算球体体积的立体.刘徽对"牟合方盖"有以下的描述:取立方棋八枚,皆令立方一寸,积之为立方二寸.规之为圆囷,径二寸,高二寸.又复横规之,则其形有似牟合方盖矣.八棋皆似阳马,圆然也.按合盖者,方率也.丸居其中,即圆率也.

例 12 设某电商公司线上直播销售甲商品 x 件,乙商品 y 件的利润函数为

$$R(x,y)=5\,000-(x-100)^2-(y-200)^2,$$

已知该电商公司直播一天销售甲商品的件数在 $80\sim100$ 之间,销售乙商品的件数在 $150\sim200$ 之间,试求该电商公司一天销售这两种产品的平均利润.

解 由题意知 x 和 y 的变化范围分别为:$80\leqslant x\leqslant100,150\leqslant y\leqslant200$,记

$$D=\{(x,y)\mid80\leqslant x\leqslant100,150\leqslant y\leqslant200\},$$

其面积为 $\sigma=(100-80)\times(200-150)=1\,000$.

因此,该电商公司一天销售这两种产品的平均利润为

$$\frac{1}{\sigma}\iint\limits_{D}R(x,y)\mathrm{d}x\,\mathrm{d}y=\frac{1}{1\,000}\int_{80}^{100}\mathrm{d}x\int_{150}^{200}[5\,000-(x-100)^2-(y-200)^2]\mathrm{d}y=4\,033.$$

习题 6-7 ✐

1. 利用二重积分的几何意义计算 $\iint\limits_{D}\sqrt{4-x^2-y^2}\,\mathrm{d}\sigma$,其中积分区域 D 是由 $x^2+y^2=4$ 所围成的闭区域.

2. 利用二重积分的性质比较二重积分 $\iint\limits_{D}(x+y)\mathrm{d}x\,\mathrm{d}y$ 和 $\iint\limits_{D}(x+y)^3\mathrm{d}x\,\mathrm{d}y$ 的大小,其中积分区域 D 是由圆周 $(x-2)^2+(y-1)^2=2$ 所围成的闭区域.

3. 利用二重积分的性质估计二重积分 $\iint\limits_{D}\cos^2 x\cos^2 y\mathrm{d}x\,\mathrm{d}y$ 的范围,其中积分区域 $D=\left\{(x,y)\mid0\leqslant x\leqslant\dfrac{\pi}{4},0\leqslant y\leqslant\pi\right\}$.

4. 计算下列二重积分:

(1) $\iint\limits_{D}(x^2+xy+y^2)\mathrm{d}x\,\mathrm{d}y$,其中积分区域 D 是由直线 $x=0,x=1,y=0$ 和 $y=1$ 所围成的闭区域;

(2) $\iint\limits_{D}x\cos(x+y)\mathrm{d}x\,\mathrm{d}y$,其中积分区域 D 是由直线 $x=\pi,y=0$ 和 $y=x$ 所围成的

闭区域；

(3) $\iint\limits_{D} e^{x+y} dx dy$，其中积分区域 D 是由直线 $x=1,y=0$ 和 $y=x$ 所围成的闭区域；

(4) $\iint\limits_{D} x^{2}\sin(xy) dx dy$，其中积分区域 D 是由直线 $y=0,x=\sqrt{\dfrac{\pi}{2}}$ 和 $y=x$ 所围成的闭区域.

5. 选用适当的坐标系计算下列二重积分：

(1) $\iint\limits_{D} y e^{xy} dx dy$，其中积分区域 D 是由 $xy=1,x=2$ 和 $y=1$ 所围成的闭区域；

(2) $\iint\limits_{D} (x+y^{2}+y\sin x^{2}) dx dy$，其中积分区域 $D=\{(x,y)\mid |x|+|y|\leqslant 1\}$；

(3) $\iint\limits_{D} (x^{2}+y^{2}-x) dx dy$，其中积分区域 D 是由直线 $y=2,y=x$ 和 $y=2x$ 所围成的闭区域；

(4) $\iint\limits_{D} x^{2} e^{-y^{2}} dx dy$，其中积分区域 D 是以 $(0,0),(1,1),(0,1)$ 为顶点的三角形闭区域；

(5) $\iint\limits_{D} (x^{2}+y^{2}) dx dy$，其中积分区域 D 是由曲线 $x^{2}+y^{2}=4$ 和 $x^{2}+y^{2}=1$ 所围成的在第一象限的闭区域；

(6) $\iint\limits_{D} (x+y) dx dy$，其中积分区域 D 是由曲线 $x^{2}+y^{2}=4x$ 所围成的闭区域；

(7) $\iint\limits_{D} \sin\sqrt{x^{2}+y^{2}} dx dy$，其中积分区域 D 是由曲线 $x^{2}+y^{2}=\pi^{2},x^{2}+y^{2}=4\pi^{2}$，$y=x$ 和 $y=2x$ 所围成的在第一象限内的闭区域.

6. 计算积分 $\displaystyle\int_{0}^{1} dy\int_{y}^{1} \sqrt{x^{2}-y^{2}} dx$.

7. 利用二重积分求由曲线 $y=x^{2}$，直线 $y=1$ 和 y 轴所围成的平面图形的面积.

8. 计算由平面 $z=0,z=1-x-y$ 和圆柱面 $x^{2}+y^{2}=1$ 所围立体的体积.

▶ 复习题六

1. 设函数 $f(x,y)$ 满足 $f(x+y,\dfrac{y}{x})=x^{2}-y^{2}$，求 $f(x,y)$.

2. 求函数 $z=\ln(y-x)+\dfrac{x}{\sqrt{1-x^{2}-y^{2}}}$ 的定义域.

3. 求极限 $\lim\limits_{\substack{x\to 0 \\ y\to 0}} xy\sin\dfrac{1}{x+y}$.

4. 讨论函数 $f(x,y)=\begin{cases} \dfrac{\sin(xy^2)}{y^2}, & y\neq0, \\ 1, & y=0 \end{cases}$ 在点 $(2,0)$ 处的连续性.

5. 设函数 $z=e^{u^2+v}$，其中 $u=\sin t,v=t^2$，求全导数 $\dfrac{\mathrm{d}z}{\mathrm{d}t}$.

6. 设函数 $z=(x^2+y^2)^{x+4y}$，求偏导数 $\dfrac{\partial z}{\partial x}$ 和 $\dfrac{\partial z}{\partial y}$.

7. 设函数 $z=\arctan\dfrac{x}{y}$，其中 $x=u+v,y=u-v$，证明 $\dfrac{\partial z}{\partial u}+\dfrac{\partial z}{\partial v}=\dfrac{u-v}{u^2+v^2}$.

8. 设函数 $z=z(x,y)$ 由 $z^3-2yz+x=2$ 确定，求偏导数 $\dfrac{\partial z}{\partial x}$ 和 $\dfrac{\partial z}{\partial y}$.

9. 设函数 $z=z(x,y)$ 由 $e^z+xyz+x+\cos x=2$ 确定，求全微分 $\mathrm{d}z\Big|_{(0,1)}$.

10. 求函数 $z=e^{-\arctan\frac{y}{x}}$ 的全微分.

11. 求函数 $f(x,y)=4x-4y-x^2-y^2$ 的极值.

12. 求函数 $z=xy$ 在条件 $2x+y=2$ 下的极大值.

13. 设函数 $z=x-x^2-y^2$，求函数 z 在闭区域 $D=\{(x,y)\,|\,x^2+y^2\leqslant1\}$ 上的最大值与最小值.

14. 计算二重积分 $\iint\limits_{D}xy\,\mathrm{d}x\mathrm{d}y$，其中积分区域 D 是由直线 $y=1,x=2$ 和 $y=x$ 所围成的闭区域.

15. 计算二重积分 $\iint\limits_{D}(x^2+2\sin x+3y+4)\,\mathrm{d}x\mathrm{d}y$，其中积分区域 D 是由圆 $x^2+y^2=1$ 所围成的闭区域.

16. 计算二重积分 $\iint\limits_{D}\dfrac{\cos y}{y}\,\mathrm{d}x\mathrm{d}y$，其中积分区域 D 是由直线 $y=x,x=0$ 和 $y=\dfrac{\pi}{4}$ 所围成的闭区域.

17. 计算二重积分 $\iint\limits_{D}\dfrac{x+y}{x^2+y^2}\,\mathrm{d}x\mathrm{d}y$，其中积分区域 $D=\{(x,y)\,|\,x^2+y^2\leqslant1,x+y\geqslant1\}$.

18. 计算二重积分 $\iint\limits_{D}y\left[1+x\,e^{\frac{1}{2}(x^2+y^2)}\right]\mathrm{d}x\mathrm{d}y$，其中积分区域 D 是由直线 $y=x$，$y=-1$ 和 $x=1$ 所围成的闭区域.

19. 计算积分 $\int_0^1 x\left[\int_1^{x^2}e^{-y^2}\,\mathrm{d}y\right]\mathrm{d}x$.

20. 设函数 $f(x)$ 可导，且 $f(0)=0$，闭区域 $D=\{(x,y)\,|\,x^2+y^2\leqslant t^2\}$，求极限 $\lim\limits_{t\to0^+}\dfrac{1}{\pi t^3}\iint\limits_{D}f(\sqrt{x^2+y^2})\,\mathrm{d}x\mathrm{d}y$.

21. 设函数 $f(x,y)=\begin{cases} x^2y, & 1\leqslant x\leqslant2,0\leqslant y\leqslant x, \\ 0, & 其他, \end{cases}$ 求二重积分 $\iint\limits_{D}f(x,$

$y)\mathrm{d}x\,\mathrm{d}y$,其中积分区域 $D=\{(x,y)\mid x^2+y^2\geqslant 2x\}$.

22. 设函数 $f(x)$ 在闭区间 $[0,1]$ 上连续,利用 $\displaystyle\iint\limits_{D}[f(x)-f(y)]^2\mathrm{d}x\,\mathrm{d}y\geqslant 0$,其中 $D=\{(x,y)\mid 0\leqslant x\leqslant 1,0\leqslant y\leqslant 1\}$,证明 $\displaystyle\left[\int_0^1 f(x)\mathrm{d}x\right)^2\leqslant\int_0^1 f^2(x)\right]\mathrm{d}x$.

23. 设某工厂一产品的产量 Q 由资本投入量 x 和劳动投入量 y 所决定,生产函数为

$$Q(x,y)=12x^{\frac{1}{2}}y^{\frac{1}{6}},$$

该产品的销售单价 P 与产量 Q 的关系为 $P=1\,160-1.5Q$,假设单位资本投入和单位劳动投入的价格分别为 6 和 8,求利润最大时该产品的产量.

自测题六

一、填空题

1. 设 $f(x,y)=\dfrac{2xy}{x^2+y^2}$,则 $f\left(1,\dfrac{y}{x}\right)=$ _____.

2. 函数 $z=\dfrac{x}{\sqrt{x-y}}+\ln(x+y)$ 的定义域为 _____.

3. 极限 $\displaystyle\lim_{\substack{x\to 0\\y\to 0}}\dfrac{x+3y+7}{1+x^2+y^2}=$ _____.

4. 设函数 $f(x,y)=xy+(y+1)\arctan\dfrac{x-y}{x+y}$,则 $f_x(x,-1)=$ _____.

5. 函数 $f(x,y)=\dfrac{x^2+y^2}{x-y}$ 的间断点为 _____.

6. 设函数 $z=\sqrt{x^2+y^2}$,则 $\dfrac{\partial z}{\partial y}=$ _____.

7. 设函数 $z=\sin(x-y)$,则该函数在点 $(1,1)$ 处的全微分为 _____.

8. 设点 $(2,-3)$ 为函数 $f(x,y)=x^2+3xy+y^2+ax+3$ 的一个驻点,则常数 $a=$ _____.

9. 二重积分 $\displaystyle\iint\limits_{x^2+y^2\leqslant 9}(2+x+y)\mathrm{d}x\,\mathrm{d}y=$ _____.

10. 二重积分 $\displaystyle\iint\limits_{D}(x^2+y^2)\mathrm{d}\sigma$ _____ (填 $\leqslant$ 或 $\geqslant$) $\displaystyle\iint\limits_{D}(x^3+y^3)\mathrm{d}\sigma$,其中积分区域 D 是由直线 $x=0,x=1,y=0$ 和 $y=1$ 所围成的闭区域.

二、计算题

1. 求极限 $\displaystyle\lim_{\substack{x\to 0\\y\to 0}}\dfrac{1-\sqrt{1+xy}}{xy}$.

2. 讨论函数 $f(x,y)=\begin{cases}(x+y)\cos\dfrac{1}{y}, & y\neq 0, \\ 0, & y=0\end{cases}$ 在点 $(0,0)$ 处的连续性.

3. 设函数 $z=u^2+v^2$,其中 $u=x+y,z=2x-3y$,求全微分 $\mathrm{d}z$.

4. 设函数 $z=z(x,y)$ 由方程 $\mathrm{e}^{x+2y+3z}+xyz=1$ 决定,求偏导数 $\dfrac{\partial z}{\partial x}$ 和 $\dfrac{\partial z}{\partial y}$.

5. 设函数 $z=x^3y^2-3xy^3-xy+2$,求二阶偏导数 $\dfrac{\partial^2 z}{\partial x^2}$ 和 $\dfrac{\partial^2 z}{\partial y\partial x}$.

6. 求函数 $z=x^2y$ 在 $x^2+y^2=1(x>0,y>0)$ 下的极大值.

7. 计算二重积分 $\displaystyle\iint_D\dfrac{\cos x}{x-2}\mathrm{d}\sigma$,其中积分区域 D 是曲线 $y=x$,$y=2$ 和 $x=1$ 所围成的闭区域.

8. 计算积分 $\displaystyle\int_0^1\mathrm{d}x\int_x^1\sqrt{y^2-x^2}\,\mathrm{d}y$.

9. 某养殖场饲养两种鱼,若甲种鱼放养 x(万尾),乙种鱼放养 y(万尾),收获时两种鱼的收获量分别为 $(3-x-y)x$ 和 $(4-x-2y)y$,求使产鱼总量最大的放养数.

三、证明题

设函数 $z=xy+xf(u)$,其中 $u=\dfrac{y}{x}$,$f(u)$ 为可微函数,证明 $x\dfrac{\partial z}{\partial x}+y\dfrac{\partial z}{\partial y}=xy+z$.

第七章 微分方程简介

在自然科学、工程技术和经济管理中,有大量的问题不能直接列出函数关系式来研究客观事物之间的规律性和内在关联.但经过分析、推理、计算、判断等,有时可以寻找出未知函数及其导数之间的联系.这种联系,用数学语言表达出来,其结果往往形成一个**微分方程**.运用一定的数学方法得到该方程的解,即找出满足方程的未知函数,该过程称之为**解微分方程**.

本章主要介绍微分方程的基本概念、几种常见的一阶微分方程和二阶常系数线性微分方程及其各自的求解方法,以及微分方程在经济学中的一些简单应用.

第一节 微分方程的基本概念

一、微分方程的定义

定义 1 含有自变量、未知函数及未知函数的导数(或微分)的函数方程,称为**微分方程**.

未知函数为一元函数的**微分方程**,称为常微分方程;未知函数为多元函数的微分方程,称为**偏微分方程**.

如方程

$$y' + \frac{y}{x} = \frac{1}{x^2}, \tag{7-1}$$

$$y\,\mathrm{d}x + x\,\mathrm{d}y = 0, \tag{7-2}$$

$$y'' - y = 0, \tag{7-3}$$

$$y^3 y'' + 1 = 0 \tag{7-4}$$

均为常微分方程;

而方程

$$z_x + z_y = 2xy \tag{7-5}$$

为偏微分方程.

微分方程中所出现的未知函数的最高阶导数的阶数,称为**微分方程的阶**.如方程(7-1)和(7-2)为一阶常微分方程;方程(7-3)和(7-4)为二阶常微分方程;方程(7-5)为一阶偏微分方程.

一般地,n 阶常微分方程的形式为

$$F(x, y, y', \cdots, y^{(n)}) = 0, \qquad (7\text{-}6)$$

其中 x 为自变量，y 为未知函数.

注意，在 n 阶微分方程中，$y^{(n)}$ 必须出现，而 $x, y, y', \cdots, y^{(n-1)}$ 等变量不一定出现. 如微分方程 $y^{(n)} = 1$ 中，除 $y^{(n)}$ 外，$x, y, y', \cdots, y^{(n-1)}$ 等变量都没有出现.

若方程(7-6)的左端函数 F 是 $y, y', \cdots, y^{(n)}$ 的线性函数，则称方程(7-6)为 n 阶**线性微分方程**，其一般形式为

$$y^{(n)} + a_1(x) y^{(n-1)} + \cdots + a_{n-1}(x) y' + a_n(x) y = f(x), \qquad (7\text{-}7)$$

其中 $a_1(x), \cdots, a_n(x)$ 和 $f(x)$ 均为 x 的已知函数.

不是线性微分方程的微分方程统称为**非线性微分方程**.

如方程(7-1)和(7-2)为一阶线性常微分方程；方程(7-3)为二阶线性常微分方程；方程(7-4)为二阶非线性常微分方程.

微分方程在经济学和管理科学等领域都有着广泛的应用，本章仅介绍在经济管理问题中经常涉及的常微分方程的一些基本知识.

例 1 设某商品在 t 时刻的售价为 $p(t)$，社会对该商品的需求量和供给量分别是 p 的函数 $Q(p)$ 和 $S(p)$，则在 t 时刻的商品价格 $p(t)$ 对于时刻 t 的变化率可认为与该商品在同一时刻的超额需求量 $Q(p) - S(p)$ 成正比，即有商品的价格调整模型

$$\frac{\mathrm{d}p(t)}{\mathrm{d}t} = k[Q(p) - S(p)],$$

其中 k 为大于 0 的常数.

例 2 设某地区在 t 时刻的人口数量为 $p(t)$，在没有人员迁入或迁出的情况下，人口增长率与 t 时刻人口数 $p(t)$ 成正比，于是有群体增长的马尔萨斯(Malthus)方程

$$\frac{\mathrm{d}p(t)}{\mathrm{d}t} = rp(t),$$

其中 r 为常数.

二、微分方程的解

定义 2 代入微分方程使该方程成为恒等式的函数，称为**微分方程的解**.

对于方程(7-6)而言，设函数 $y = \varphi(x)$ 在区间 I 上有 n 阶连续导数，如果在区间 I 上有

$$F[x, \varphi(x), \varphi'(x), \cdots, \varphi^{(n)}(x)] \equiv 0,$$

则称函数 $y = \varphi(x)$ 是微分方程(7-6)在区间 I 上的**解**.

例如，函数 $y = \dfrac{\ln x}{x}$ 是方程(7-1)的一个解，函数 $y = \dfrac{1}{x}$ 是方程(7-2)的一个解.

定义 3 如果微分方程的解中含有相互独立的任意常数(不能合并而使任意常数的个数减少)，且个数与微分方程的阶数相同，则称这样的解为**微分方程的通解**. 确定了通解中全部任意常数的值的解，称为**微分方程的特解**.

例如，函数 $y = \dfrac{1}{x}(\ln|x| + C)$(其中 C 为任意常数)是方程(7-1)的通解，函数 $y =$

$C_1e^x+C_2e^{-x}$(其中 C_1 和 C_2 为任意常数)是方程(7-3)的通解,函数 $y=\dfrac{1}{x}$ 是方程(7-2)的一个特解.

　　通常,用于确定任意常数的值的条件称为**初值条件**;求微分方程满足初值条件的特解这样的问题,称为**微分方程的初值问题**.

　　一般地,一阶常微分方程 $y'=f(x,y)$ 的初值条件为

$$y\Big|_{x=x_0}=y_0,$$

其中 x_0 和 y_0 都是已知常数.

　　二阶常微分方程 $y''=f(x,y,y')$ 的初值条件为

$$y\Big|_{x=x_0}=y_0,\quad y'\Big|_{x=x_0}=y_0',$$

其中 x_0,y_0 和 y_0' 都是已知常数.

　　例 3　验证函数 $y=\sin x-\cos x$ 是二阶初值问题

$$\begin{cases} y''+y=0,\\ y\Big|_{x=0}=-1,\\ y'\Big|_{x=0}=1 \end{cases} \tag{7-8}$$

的解.

　　解　函数 $y=\sin x-\cos x$ 的导数为

$$y'=\cos x+\sin x,$$
$$y''=-\sin x+\cos x.$$

代入方程(7-8),对一切 x 有

$$-\sin x+\cos x+\sin x-\cos x\equiv0.$$

　　因此 $y=\sin x-\cos x$ 是微分方程 $y''+y=0$ 的解.

　　又因为 $y=\sin x-\cos x$ 满足初值条件

$$y\Big|_{x=0}=-1\quad 和\quad y'\Big|_{x=0}=1,$$

说明函数 $y=\sin x-\cos x$ 是初值问题(7-8)的解.

习题 7-1 ✏

1. 指出下列微分方程的阶数:

(1) $xy''-2yy'+x=0$;

(2) $x^2y'^2-xy'+y=0$;

(3) $(x+y)\mathrm{d}x+(7y-6x)\mathrm{d}y=0$;

(4) $\dfrac{\mathrm{d}^2S}{\mathrm{d}t^2}+p\dfrac{\mathrm{d}S}{\mathrm{d}t}+qS=0$;

(5) $xy'''+2x^2y'^2+x^3y=x^4+1$;

(6) $\dfrac{\mathrm{d}\rho}{\mathrm{d}\theta}+\rho+\sin^2\theta=0$.

2. 指出下列各题中的函数是否为所给微分方程的解:

(1) $y''=4y$,$y=\mathrm{e}^{-2x}$;　　　　　　　　(2) $y''-y=0$,$y=3\sin x-4\cos x$;

(3) $x^2\dfrac{\mathrm{d}^2y}{\mathrm{d}x^2}+2x\dfrac{\mathrm{d}y}{\mathrm{d}x}-2y=0$,$y=\dfrac{1}{x^2}$;　　　　(4) $y''-2y'+y=0$,$y=x^2\mathrm{e}^x$.

3. 确定 C 和 k 的取值,使函数 $y=C\mathrm{e}^{kx}$ 满足微分方程 $\dfrac{\mathrm{d}y}{\mathrm{d}x}=-0.05y$.

4. 验证函数 $y=(C_1+C_2x)\mathrm{e}^{2x}$($C_1,C_2$ 为任意常数)是微分方程 $y''-4y'+4y=0$ 的通解,并求满足初值条件 $y\Big|_{x=\pi}=1$,$y'\Big|_{x=\pi}=0$ 的特解.

5. 若已知曲线在点(x,y)处的切线斜率等于该点纵坐标的平方,试建立该曲线所满足的微分方程.

→ 第二节　一阶微分方程

常微分方程的类型多种多样,它们的解法也各不相同.最基本的微分方程是一阶常微分方程,其一般形式为

$$F(x,y,y')=0,\tag{7-9}$$

其中 x 为自变量,y 为未知函数.若能从上述方程中解出 y',则可得微分方程

$$y'=f(x,y).\tag{7-10}$$

有时也把它写成微分的形式

$$\mathrm{d}y=f(x,y)\mathrm{d}x\quad 或\quad g(x,y)\mathrm{d}y=f(x,y)\mathrm{d}x.\tag{7-11}$$

本节将介绍三种常见的一阶常微分方程及其求解方法.

一、可分离变量的微分方程

如果能把一个一阶常微分方程写成等号一端只含有 y 的函数和 $\mathrm{d}y$,另一端只含有 x 的函数和 $\mathrm{d}x$,即

$$g(y)\mathrm{d}y=f(x)\mathrm{d}x\tag{7-12}$$

的形式,则该一阶微分方程称为可分离变量的微分方程.

设微分方程(7-11)中的函数 $g(y)$ 和 $f(x)$ 都是连续的,将上式两端积分,

$$\int g(y)\mathrm{d}y=\int f(x)\mathrm{d}x.$$

设 $G(y)$ 和 $F(x)$ 分别是 $g(y)$ 和 $f(x)$ 的一个原函数,于是有

$$G(y)=F(x)+C,\tag{7-13}$$

其中 C 为任意常数.注意,两边积分只需一个积分常数.

令 $H(x,y)=G(y)-F(x)-C$,利用隐函数求导法则可知,当 $g(y)\neq0$ 时,由方程 $H(x,y)=0$ 确定的隐函数 $y=\varphi(x)$ 的导数为

$$\frac{\mathrm{d}y}{\mathrm{d}x} = -\frac{H'(x)}{H'(y)} = -\frac{-F'(x)}{G'(y)} = \frac{f(x)}{g(y)}.$$

可见,隐函数 $y = \varphi(x)$ 满足微分方程(7-12).同理,当 $f(x) \neq 0$ 时,由方程 $H(x, y) = 0$ 确定的隐函数 $x = \psi(y)$ 也满足微分方程(7-12).

这样,(7-13)式就用隐式的形式给出了微分方程(7-12)的解,因此称(7-13)式为原微分方程的**隐式解**.又(7-13)式中含有一个任意常数,个数与微分方程(7-12)的阶数相同,因此(7-13)式即为微分方程(7-12)的**隐式通解**.

该求解微分方程的方法称为**分离变量法**.

注 在微分方程中,可分离变量的微分方程是最基本的方程形式.

例 1 求微分方程 $xy' - y = 0$ 的通解.

解 所给微分方程是可分离变量的.分离变量得

$$\frac{1}{y}\mathrm{d}y = \frac{1}{x}\mathrm{d}x,$$

两边积分

$$\int \frac{1}{y}\mathrm{d}y = \int \frac{1}{x}\mathrm{d}x,$$

得

$$\ln|y| = \ln|x| + \ln|C|,$$

即

$$y = Cx,$$

上式即为所给方程的通解.

注 为了对微分方程的通解进行进一步的化简,有时需要先将任意常数以适当的形式给出.如例 1 中,考虑到两边的不定积分结果都含有对数符号,用 $\ln|C|$ 表示任意常数,化简结果往往显得比较简洁.

例 2 求解初值问题 $\begin{cases} (1+x^2)y' = \arctan x, \\ y\big|_{x=0} = 0. \end{cases}$

解 先求微分方程 $(1+x^2)y' = \arctan x$ 的通解.所给微分方程是可分离变量的,分离变量得

$$\mathrm{d}y = \frac{\arctan x}{1+x^2}\mathrm{d}x,$$

两边积分

$$\int \mathrm{d}y = \int \frac{\arctan x}{1+x^2}\mathrm{d}x,$$

得

$$y = \frac{1}{2}(\arctan x)^2 + C,$$

即为微分方程 $(1+x^2)y' = \arctan x$ 的通解.

再代入初值条件 $y\Big|_{x=0}=0$,解得 $C=0$.

因此所给初值问题的解为

$$y=\frac{1}{2}(\arctan x)^2.$$

导数的几何意义表示曲线在某一点处切线的斜率,因此可以利用微分方程解决一些与切线斜率相关的几何问题.

例 3　已知一曲线过点 $(0,1)$,且该曲线上任一点处切线的斜率与切点纵坐标的和为 0.求该曲线方程.

解　设该曲线方程为 $y=f(x)$.由题意有

$$\frac{\mathrm{d}y}{\mathrm{d}x}+y=0. \qquad (7\text{-}14)$$

分离变量得

$$\frac{\mathrm{d}y}{y}=-\mathrm{d}x,$$

两边积分

$$\int\frac{1}{y}\mathrm{d}y=-\int\mathrm{d}x,$$

得

$$\ln|y|=-x+\ln|C|,$$

即

$$y=C\mathrm{e}^{-x}.$$

代入已知点的坐标 $(0,1)$,解得 $C=1$.

因此曲线方程为 $y=\mathrm{e}^{-x}$.

二、齐次方程

形如

$$\frac{\mathrm{d}y}{\mathrm{d}x}=\varphi\left(\frac{y}{x}\right) \qquad (7\text{-}15)$$

的微分方程称为**齐次微分方程**,简称为**齐次方程**.

例如

$$(x^2+y^2)\mathrm{d}x-xy\mathrm{d}y=0,$$

可以把它化为

$$\frac{\mathrm{d}y}{\mathrm{d}x}=\frac{x}{y}+\frac{y}{x},$$

即 $\dfrac{\mathrm{d}y}{\mathrm{d}x}$ 是一个关于 $\dfrac{y}{x}$ 的函数,因此该微分方程为齐次方程.

求解齐次方程的方法称为**变量代换法**,即通过引入新的未知函数将齐次方程化为

可分离变量的微分方程,再通过分离变量法求出原微分方程的通解.具体来说,在齐次方程(7-15)中引入一个新的变量

$$u = \frac{y}{x},$$

就有

$$y = ux,$$

两边同时对 x 求导,得

$$\frac{\mathrm{d}y}{\mathrm{d}x} = x\,\frac{\mathrm{d}u}{\mathrm{d}x} + u,$$

将 y 和 $\dfrac{\mathrm{d}y}{\mathrm{d}x}$ 同时代入齐次方程(7-15)中,得可分离变量的微分方程

$$x\,\frac{\mathrm{d}u}{\mathrm{d}x} + u = \varphi(u),$$

分离变量得

$$\frac{\mathrm{d}u}{\varphi(u) - u} = \frac{\mathrm{d}x}{x},$$

两边积分

$$\int \frac{\mathrm{d}u}{\varphi(u) - u} = \int \frac{\mathrm{d}x}{x}.$$

记 $\dfrac{1}{\varphi(u) - u}$ 的一个原函数为 $\Phi(u)$,则有

$$\Phi(u) = \ln|x| + C,$$

再以 $\dfrac{y}{x}$ 代替 u,便得齐次方程(7-15)的通解为

$$\Phi\left(\frac{y}{x}\right) = \ln|x| + C.$$

例 4 求微分方程 $xy\,\mathrm{d}y = x^2\,\mathrm{d}x + y^2\,\mathrm{d}x$ 的通解.

解 原方程可写成

$$\frac{\mathrm{d}y}{\mathrm{d}x} = \frac{y}{x} + \frac{x}{y},$$

因此是齐次方程.令 $u = \dfrac{y}{x}$,则

$$y = ux, \quad \frac{\mathrm{d}y}{\mathrm{d}x} = x\,\frac{\mathrm{d}u}{\mathrm{d}x} + u,$$

代入原方程,有

$$u\,\mathrm{d}u = \frac{1}{x}\,\mathrm{d}x,$$

因此该方程是可分离变量的.两边积分

$$\int u\,\mathrm{d}u = \int \frac{1}{x}\,\mathrm{d}x,$$

得

$$u^2 = 2\ln|x| + \ln|C|, \quad \text{即} \quad e^{u^2} = Cx^2.$$

再以 $\dfrac{y}{x}$ 代替 u，便得原方程的通解为

$$e^{\frac{y^2}{x^2}} = Cx^2.$$

例 5 求微分方程 $(y^2 - 3x^2)\mathrm{d}y + 2xy\mathrm{d}x = 0$ 满足初值条件 $y\big|_{x=0} = 1$ 的特解.

解 先求微分方程的通解.所给微分方程可写成

$$\frac{\mathrm{d}y}{\mathrm{d}x} = \frac{2\dfrac{y}{x}}{3 - \left(\dfrac{y}{x}\right)^2},$$

因此是齐次方程.令 $u = \dfrac{y}{x}$，则

$$y = ux, \quad \frac{\mathrm{d}y}{\mathrm{d}x} = x\,\frac{\mathrm{d}u}{\mathrm{d}x} + u,$$

代入原方程,有

$$x\,\frac{\mathrm{d}u}{\mathrm{d}x} + u = \frac{2u}{3 - u^2},$$

即

$$x\,\frac{\mathrm{d}u}{\mathrm{d}x} = \frac{u^3 - u}{3 - u^2}.$$

该方程是可分离变量的.分离变量得

$$\frac{3 - u^2}{u^3 - u}\mathrm{d}u = \frac{1}{x}\mathrm{d}x,$$

两边积分

$$\int \frac{3 - u^2}{u^3 - u}\mathrm{d}u = \int \frac{1}{x}\mathrm{d}x,$$

即

$$\int \left(-\frac{3}{u} + \frac{1}{u+1} + \frac{1}{u-1}\right)\mathrm{d}u = \int \frac{1}{x}\mathrm{d}x,$$

得

$$-3\ln|u| + \ln|u+1| + \ln|u-1| = \ln|x| + \ln|C|,$$

即

$$u^{-3}(u+1)(u-1) = Cx, \quad u^2 - 1 = Cxu^3.$$

再以 $\dfrac{y}{x}$ 代替 u，便得原微分方程的通解

$$\left(\frac{y}{x}\right)^2 - 1 = Cx\left(\frac{y}{x}\right)^3,$$

即

$$y^2 - x^2 = Cy^3.$$

代入初值条件 $y\big|_{x=0}=1$，解得 $C=1$.

因此，所给微分方程满足初值条件 $y\big|_{x=0}=1$ 的特解为

$$y^2 - x^2 = y^3.$$

三、一阶线性微分方程

形如

$$\frac{\mathrm{d}y}{\mathrm{d}x} + P(x)y = Q(x) \tag{7-16}$$

的方程称为**一阶线性微分方程**，其中 $P(x)$ 和 $Q(x)$ 为已知函数.当 $Q(x)\equiv 0$ 时，称微分方程(7-16)为**齐次**的；当 $Q(x)$ 不恒为 0 时，称微分方程(7-16)为**非齐次**的.

对于一阶齐次线性微分方程

$$\frac{\mathrm{d}y}{\mathrm{d}x} + P(x)y = 0, \tag{7-17}$$

求解的方法为分离变量法.首先分离变量得

$$\frac{\mathrm{d}y}{y} = -P(x)\mathrm{d}x,$$

两边积分

$$\int \frac{1}{y}\mathrm{d}y = -\int P(x)\mathrm{d}x,$$

得

$$\ln|y| = -\int P(x)\mathrm{d}x + \ln|C|,$$

即

$$y = C\mathrm{e}^{-\int P(x)\mathrm{d}x}. \tag{7-18}$$

(7-18)式即为齐次线性微分方程(7-17)的通解.

对于一阶非齐次线性微分方程(7-16)，求解的方法为**常数变易法**.该方法是把对应的齐次线性方程的通解(7-18)中的 C 换成未知函数 $u(x)$，将非齐次线性方程化为可分离变量的微分方程，再通过分离变量法求出原微分方程的通解.具体来说，设

$$y = u(x)\mathrm{e}^{-\int P(x)\mathrm{d}x} \tag{7-19}$$

为微分方程(7-16)的解，两边同时求导数，得

$$\frac{\mathrm{d}y}{\mathrm{d}x} = \mathrm{e}^{-\int P(x)\mathrm{d}x}\frac{\mathrm{d}u}{\mathrm{d}x} + u(x)(-P(x))\mathrm{e}^{-\int P(x)\mathrm{d}x}.$$

将 y 和 $\dfrac{\mathrm{d}y}{\mathrm{d}x}$ 同时代入非齐次线性方程(7-16)，有

$$e^{-\int P(x)dx}\frac{du}{dx} + u(x)(-P(x))e^{-\int P(x)dx} + P(x)u(x)e^{-\int P(x)dx} = Q(x),$$

即

$$e^{-\int P(x)dx}\frac{du}{dx} = Q(x),$$

$$\frac{du}{dx} = Q(x)e^{\int P(x)dx},$$

分离变量得

$$du = Q(x)e^{\int P(x)dx}dx,$$

两边积分得

$$u(x) = \int Q(x)e^{\int P(x)dx}dx + C.$$

把上式代入(7-19)中，便得一阶非齐次线性微分方程的通解

$$y = e^{-\int P(x)dx}\left(\int Q(x)e^{\int P(x)dx}dx + C\right) \tag{7-20}$$

注 上述求解过程中的 $\int P(x)dx$ 和 $\int Q(x)e^{\int P(x)dx}dx$ 分别代表 $P(x)$ 和 $Q(x)e^{\int P(x)dx}$ 的一个原函数.

非齐次线性方程的通解公式(7-20)式可改写为两项之和

$$y = Ce^{-\int P(x)dx} + e^{-\int P(x)dx}\int Q(x)e^{\int P(x)dx}dx,$$

其中第一项为对应的齐次线性方程(7-17)的通解，第二项为非齐次线性方程(7-16)的一个特解.

因此有如下重要结论：一阶非齐次线性微分方程的通解由两部分相加组成，第一部分是对应的齐次线性方程的通解，第二部分是该非齐次线性方程的一个特解.

例 6 求微分方程 $y' + \dfrac{y}{x} = e^x$ 的通解.

解 这是一阶非齐次线性微分方程，其中 $P(x) = \dfrac{1}{x}, Q(x) = e^x$，则有

$$y = e^{-\int \frac{1}{x}dx}\left(\int e^x e^{\int \frac{1}{x}dx}dx + C_1\right) = e^{-\ln|x|}\left(\int e^x \cdot e^{\ln|x|}dx + C_1\right)$$

$$= \frac{C}{|x|} + \frac{1}{|x|}\int e^x \cdot |x| dx$$

$$= \frac{C}{x} + \frac{x-1}{x}e^x (\text{其中 } C = \pm C_1).$$

该微分方程的通解为

$$y = \frac{C}{x} + \frac{x-1}{x}e^x.$$

例 7 求微分方程 $y' + \dfrac{y}{x} = \dfrac{\sin x}{x}$ 满足初值条件 $y\Big|_{x=\pi} = 1$ 的特解.

解 先求微分方程的通解. 所给微分方程是一阶非齐次线性微分方程, 其中 $P(x) = \dfrac{1}{x}, Q(x) = \dfrac{\sin x}{x}$, 则通解为

$$y = e^{-\int \frac{1}{x}dx}\left(\int \frac{\sin x}{x} \cdot e^{\int \frac{1}{x}dx}dx + C\right) = \frac{1}{x}(-\cos x + C).$$

代入初值条件 $y\big|_{x=\pi} = 1$, 解得 $C = \pi - 1$.

因此, 所给微分方程满足初值条件 $y\big|_{x=\pi} = 1$ 的特解为

$$y = \frac{1}{x}(\pi - 1 - \cos x).$$

例 8 求微分方程 $\dfrac{dy}{dx} = \dfrac{y}{x + y^3 e^y}$ 的通解.

分析 所给方程不是形如 $\dfrac{dy}{dx} + P(x)y = Q(x)$ 的一阶非齐次线性微分方程, 但可将所给方程改写成

$$\frac{dx}{dy} = \frac{x + y^3 e^y}{y},$$

即

$$\frac{dx}{dy} - \frac{1}{y}x = y^2 e^y. \tag{7-21}$$

若把 y 看作自变量, x 看作未知函数, 则微分方程 (7-21) 是形如

$$\frac{dx}{dy} + P(y)x = Q(y)$$

的一阶非齐次线性微分方程, 其通解形式为

$$x = e^{-\int P(y)dy}\left(\int Q(y)e^{\int P(y)dy}dy + C\right).$$

解 所给微分方程可改写成

$$\frac{dx}{dy} - \frac{1}{y}x = y^2 e^y,$$

其中 $P(y) = -\dfrac{1}{y}, Q(y) = y^2 e^y$, 则有

$$x = e^{-\int(-\frac{1}{y})dy}\left(\int y^2 e^y e^{\int(-\frac{1}{y})dy}dy + C\right) = Cy + y(y-1)e^y,$$

即该微分方程的通解为

$$x = Cy + y(y-1)e^y.$$

不难发现, 解齐次方程的变量代换法和解一阶非齐次线性微分方程的常数变易法, 本质上都是换元法, 这也是解微分方程最常用的方法. 下面举一个稍复杂一些的微分方程例子.

例 9 求解初值问题 $\begin{cases} y'\cos y + \sin y = x, \\ y\Big|_{x=0} = \dfrac{\pi}{4}. \end{cases}$

分析 所给微分方程不可分离变量,且既不是齐次方程也不是一阶非齐次线性微分方程,因此考虑利用换元法将原方程进行变形、化简.

考虑到 $y'\cos y$ 恰为 $\sin y$ 的导数,令 $z = \sin y$ 或许有一定的可操作性.

解 令 $z = \sin y$,则

$$\frac{dz}{dx} = y'\cos y,$$

代入微分方程 $y'\cos y + \sin y = x$ 中,有

$$\frac{dz}{dx} + z = x, \tag{7-22}$$

这是一阶非齐次线性微分方程,且 $P(x)=1, Q(x)=x$,则微分方程(7-21)的通解为

$$z = e^{-\int 1 dx}\left(\int x\, e^{\int 1 dx}\, dx + C\right) = e^{-x}\left(\int x\, e^x\, dx + C\right) = x + 1 + Ce^{-x}.$$

再以 $\sin y$ 代替 z,便得原微分方程的通解为

$$\sin y = x + 1 + Ce^{-x}.$$

代入初值条件 $y\Big|_{x=0} = \dfrac{\pi}{4}$,解得 $C = \dfrac{\sqrt 2}{2} + 1$.

因此,初值问题的解为

$$\sin y = x + 1 + \left(\frac{\sqrt 2}{2} + 1\right)e^{-x}.$$

习题 7-2

1. 求下列微分方程的通解:

(1) $3x^2 + 5x - 7y' = 0$;

(2) $\dfrac{dy}{dx} = e^{2x+y}$;

(3) $\cos x \sin y\, dy + \sin x \cos y\, dx = 0$;

(4) $(1+x^2)y' = \sqrt{1-y^2}$;

(5) $(x^2 - 3x)dy + y\, dx = 0$;

(6) $y\ln x\, dx = x\ln y\, dy$.

2. 求下列齐次方程的通解:

(1) $y' = \dfrac{x}{y} + \dfrac{y}{x}$;

(2) $xy' = y(\ln y - \ln x)$;

(3) $(x^2 + y^2)dx - 2xy\, dy = 0$;

(4) $x\, dy = (y + \sqrt{x^2 - y^2})dx$;

(5) $(1 + 2e^{\frac{y}{x}})dy + 2e^{\frac{y}{x}}\left(1 - \dfrac{y}{x}\right)dx = 0$.

3. 求下列一阶线性微分方程的通解:

(1) $y' + \dfrac{y}{x} = e^x$;

(2) $\dfrac{dy}{dx} + y\cot x = 5e^{\cos x}$;

(3) $\dfrac{\mathrm{d}y}{\mathrm{d}x} - \dfrac{y}{x-2} = 2(x-2)^2$;　　　　　　(4) $\dfrac{\mathrm{d}y}{\mathrm{d}x} + \dfrac{2-3x^2}{x^3}y = 1$.

4. 求微分方程的通解:

(1) $\dfrac{\mathrm{d}y}{\mathrm{d}x} = \dfrac{y\ln y}{\ln y - x}$;　　　　　　(2) $2yy' + 2xy^2 = x\mathrm{e}^{-x^2}$.

5. 求下列微分方程满足所给初值条件的特解:

(1) $y' = \mathrm{e}^{x-2y}$, $y\big|_{x=0} = 0$;　　　　　(2) $xy\mathrm{d}y = (x^2+y^2)\mathrm{d}x$, $y\big|_{x=\mathrm{e}} = 2\mathrm{e}$;

(3) $x^2\mathrm{d}y = (y^2 - xy)\mathrm{d}x$, $y\big|_{x=1} = 1$;　　　(4) $y' + \dfrac{y}{x} = \dfrac{\cos x}{x}$, $y\big|_{x=\pi} = 1$;

(5) $\dfrac{\mathrm{d}y}{\mathrm{d}x} = \dfrac{2y}{6x - y^2}$, $y\big|_{x=0} = -\dfrac{1}{2}$;　　　(6) $xy' + y = y\ln(xy)$, $y\big|_{x=1} = \mathrm{e}$.

第三节　二阶常系数线性微分方程

二阶及二阶以上的微分方程统称为**高阶微分方程**.其中,在解决实际问题中应用较多的是**二阶线性微分方程**,其一般形式为
$$y'' + P(x)y' + Q(x)y = f(x), \tag{7-23}$$
其中 $P(x)$,$Q(x)$ 和 $f(x)$ 为已知函数.若 y'' 与 y' 的系数 $P(x)$,$Q(x)$ 均为常数,则称方程(7-23)为**二阶常系数线性微分方程**;若 $P(x)$,$Q(x)$ 不全为常数,则称方程(7-23)为**二阶变常数线性微分方程**.本节只讨论二阶常系数线性微分方程
$$y'' + py' + qy = f(x), \tag{7-24}$$
其中 p,q 是常数.若 $f(x) \equiv 0$,则称方程(7-24)为**齐次**的;若 $f(x)$ 不恒为 0,则称方程(7-24)为**非齐次**的.

一、二阶常系数齐次线性微分方程

二阶常系数齐次线性微分方程的一般形式为
$$y'' + py' + qy = 0, \tag{7-25}$$
其中 p,q 为常数.

定理 1　如果函数 $y_1(x)$ 和 $y_2(x)$ 是微分方程(7-25)的两个解,则
$$y = C_1 y_1(x) + C_2 y_2(x) \tag{7-26}$$
也是微分方程(7-25)的解,其中 C_1,C_2 为任意常数.

证　由条件可知
$$y''_1 + py'_1 + qy_1 \equiv 0,$$
$$y''_2 + py'_2 + qy_2 \equiv 0.$$
将 $y = C_1 y_1(x) + C_2 y_2(x)$ 代入微分方程(7-25)的左端,有
$$(C_1 y''_1 + C_2 y''_2) + p(C_1 y'_1 + C_2 y'_2) + q(C_1 y_1 + C_2 y_2) = 0,$$

$$C_1(y''_1+py'_1+qy_1)+C_2(y''_2+py'_2+qy_2)\equiv 0,$$

因此, $y=C_1y_1(x)+C_2y_2(x)$ 也是微分方程(7-25)的解.

从解(7-25)的形式上来看有两个任意常数 C_1 和 C_2, 但不一定相互独立, 即可能可以合并而使常数个数减少, 因此解(7-25)不一定是微分方程(7-25)的通解.

例如, 设函数 $y_1(x)$ 是微分方程(7-25)的解, 那么 $y_2(x)=2y_1(x)$ 自然也是微分方程(7-25)的解. 此时解(7-25)为 $y=(C_1+2C_2)y_1(x)$. 令 $C=C_1+2C_2$, 解(7-25)可写成 $y=Cy_1(x)$, 其中只有一个任意常数, 个数不等于微分方程的阶数, 显然不是微分方程(7-25)的通解.

那么在什么情况下解(7-26)才是微分方程(7-25)的通解呢? 通过上面例子的讨论, 可得到如下结论: 在 $y_1(x)$, $y_2(x)$ 是微分方程(7-25)非零解的前提下, 当对任意不全为零的实数 C_1 和 C_2, 有 $C_1y_1(x)+C_2y_2(x)\neq 0$, 即 $y_1(x)$ 与 $y_2(x)$ **线性无关**时, 解(7-26)是微分方程(7-25)的通解; 否则解(7-26)不是微分方程(7-25)的通解. 因此有如下定理:

定理 2　如果 $y_1(x)$ 和 $y_2(x)$ 是二阶常系数齐次线性微分方程(7-25)的两个线性无关的特解, 则

$$y=C_1y_1(x)+C_2y_2(x)（其中 C_1 和 C_2 为任意常数）$$

是微分方程(7-25)的通解.

例如, $y_1(x)=\mathrm{e}^{2x}$ 和 $y_2(x)=\mathrm{e}^{-2x}$ 是二阶常系数齐次线性微分方程 $y''-4y=0$ 的两个特解, 因为 $\dfrac{y_2(x)}{y_1(x)}=\mathrm{e}^{-4x}\neq$ 常数, 即 $y_1(x)$ 和 $y_2(x)$ 线性无关. 因此, 方程 $y''-4y=0$ 的通解为

$$y=C_1y_1(x)+C_2y_2(x)=C_1\mathrm{e}^{2x}+C_2\mathrm{e}^{-2x}.$$

可见, 要求微分方程(7-25)的通解, 关键在于寻找其两个线性无关的特解. 观察到微分方程(7-25)的左端中 y' 和 y 前面的系数均为常数, 且右端恒为 0, 这说明该方程的解应具有如下性质: y'' 与 y' 均为 y 的常数倍. 而在所熟悉的函数中, 指数函数 $y=\mathrm{e}^{rx}$ (其中 r 为常数)恰好具有这样的性质. 因此, 可用 $y=\mathrm{e}^{rx}$ 来尝试, 看能否通过选取适当的常数 r 使其满足微分方程(7-25), 即成为微分方程(7-25)的解.

对 $y=\mathrm{e}^{rx}$ 求导, 有

$$y=\mathrm{e}^{rx},\quad y'=r\mathrm{e}^{rx},\quad y''=r^2\mathrm{e}^{rx},$$

并同时代入微分方程(7-25)中, 有

$$r^2\mathrm{e}^{rx}+pr\mathrm{e}^{rx}+q\mathrm{e}^{rx}=0,$$

即

$$\mathrm{e}^{rx}(r^2+pr+q)=0.$$

由于 $\mathrm{e}^{rx}\neq 0$, 则必有

$$r^2+pr+q=0. \tag{7-27}$$

称代数方程(7-27)为微分方程(7-25)的**特征方程**, 其根为微分方程(7-25)的**特征根**.

由此可见,函数 $y=e^{rx}$ 是微分方程(7-25)的解当且仅当 r 是特征方程(7-27)的根.

注意到特征方程(7-27)是一个二次代数方程,且其中 r^2 和 r 前面的系数及常数项恰好依次为二阶常系数齐次线性微分方程(7-25)中 y'',y' 和 y 前面的系数.

例如,微分方程 $y''+5y'+4y=0$ 的特征方程为

$$r^2+5r+4=0.$$

设特征方程(7-27)的两个根分别为 r_1 和 r_2.由判别式

$$\Delta=p^2-4q$$

大于 0、等于 0 和小于 0 三种不同结果,知这两个根有三种不同情形.

相应地,微分方程(7-25)的通解也有三种不同形式.

(1) 当 $\Delta>0$ 时,特征根 r_1 和 r_2 是两个不等实根,且

$$r_1=\frac{-p+\sqrt{p^2-4q}}{2},\quad r_2=\frac{-p-\sqrt{p^2-4q}}{2}.$$

此时微分方程(7-25)的两个特解为

$$y_1(x)=e^{r_1x},\quad y_2(x)=e^{r_2x},$$

且满足

$$\frac{y_2(x)}{y_1(x)}=e^{(r_2-r_1)x}=e^{\sqrt{\Delta}x}\neq 常数,$$

即函数 $y_1(x)$ 和 $y_2(x)$ 线性无关.因此,由定理 2 得微分方程(7-25)的通解为

$$y=C_1e^{r_1x}+C_2e^{r_2x}(其中 C_1 和 C_2 为任意常数).$$

(2) 当 $\Delta=0$ 时,特征根 r_1 和 r_2 是两个相等实根,且

$$r=r_1=r_2=-\frac{p}{2},$$

此时只得到方程(3)的一个特解为

$$y_1(x)=e^{rx}.$$

为了得到方程(7-25)的通解,还需找到另一个特解 $y_2(x)$,且满足函数 $y_1(x)$ 和 $y_2(x)$ 线性无关,即 $\frac{y_2(x)}{y_1(x)}$ 不是常数.

设 $\frac{y_2(x)}{y_1(x)}=u(x)$,其中 $u(x)$ 为待定函数,则

$$y_2(x)=u(x)y_1(x)=u(x)e^{rx}.$$

下面利用函数 $y_2(x)$ 是方程(7-25)的解,即有

$$y''_2+py'_2+qy_2=0, \tag{7-28}$$

求出待定函数 $u(x)$.

对函数 $y_2(x)$ 分别求一阶导数和二阶导数,得

$$y'_2=u'e^{rx}+ure^{rx}=(u'+ur)e^{rx},$$

$$y''_2=(u''+u'r)e^{rx}+(u'+ur)re^{rx}=(u''+2ru'+r^2u)e^{rx},$$

并同时代入(7-28)式中,整理得

$$[(u''+2ru'+r^2u)+p(u'+ur)+qu]e^{rx}=0.$$

约去 e^{rx}，并按 u''，u'，u 合并同类项，得

$$u''+(2r+p)u'+(r^2+pr+q)u=0.$$

由于 r 是特征方程(7-27)的二重根，即满足 $r^2+pr+q=0$，且 $r=-\dfrac{p}{2}$，因此有

$$u''=0.$$

而满足不为常数且 $u''=0$ 的最简单的 $u(x)$ 的形式为 $u(x)=x$.

因此微分方程(7-25)的另一个特解为

$$y_2(x)=xe^{rx},$$

该微分方程(7-25)的通解为

$$y=C_1e^{rx}+C_2xe^{rx},$$

即

$$y=(C_1+C_2x)e^{rx}（其中 C_1 和 C_2 为任意常数）.$$

（3）当 $\Delta<0$ 时，特征根 r_1 和 r_2 是一对共轭复根，且

$$r_1=\alpha+\beta i,\quad r_2=\alpha-\beta i,$$

其中 $\alpha=-\dfrac{p}{2}$，$\beta=\dfrac{\sqrt{-\Delta}}{2}$.

此时微分方程(7-25)的两个特解为

$$y_1(x)=e^{\alpha x}\cos\beta x,\quad y_2(x)=e^{\alpha x}\sin\beta x,$$

且满足

$$\frac{y_2(x)}{y_1(x)}=\tan\beta x\neq 常数,$$

即函数 $y_1(x)$ 和 $y_2(x)$ 线性无关. 因此，由定理 2 得微分方程(7-25)的通解为

$$y=e^{\alpha x}(C_1\cos\beta x+C_2\sin\beta x)（其中 C_1 和 C_2 为任意常数）.$$

综上所述，求解二阶常系数齐次线性微分方程

$$y''+py'+qy=0$$

的通解的一般步骤为：

第一步，写出特征方程 $r^2+pr+q=0$；

第二步，求出特征方程的根 r_1，r_2；

第三步，根据特征根的不同情形，按表 7-1 写出微分方程的通解，其中 C_1 和 C_2 为任意常数.

表 7-1

特征根 r_1，r_2	微分方程 $y''+py'+qy=0$ 的通解
两个不等实根 r_1，r_2	$y=C_1e^{r_1x}+C_2e^{r_2x}$
两个相等实根 $r=r_1=r_2$	$y=(C_1+C_2x)e^{rx}$
一对共轭复根 $r_{1,2}=\alpha\pm\beta i$	$y=e^{\alpha x}(C_1\cos\beta x+C_2\sin\beta x)$

例 1   求微分方程 $y''-5y'+6y=0$ 的通解.

解   所给微分方程的特征方程为

$$r^2-5r+6=0,$$

解得特征根为

$$r_1=2,\quad r_2=3,$$

这是两个不等实根,因此所给微分方程的通解为

$$y=C_1\mathrm{e}^{2x}+C_2\mathrm{e}^{3x}.$$

例 2   求微分方程 $4y''+4y'+y=0$ 满足初值条件 $y\Big|_{x=0}=2,y'\Big|_{x=0}=0$ 的特解.

解   先求微分方程的通解.所给微分方程的特征方程为

$$4r^2+4r+1=0,$$

解得特征根为

$$r=r_1=r_2=-\frac{1}{2},$$

这是两个相等实根,因此所求微分方程的通解为

$$y=(C_1+C_2x)\mathrm{e}^{-\frac{1}{2}x}.$$

对 y 求导,得

$$y'=C_2\mathrm{e}^{-\frac{1}{2}x}-\frac{1}{2}(2+C_2x)\mathrm{e}^{-\frac{1}{2}x}=\left(C_2-1-\frac{C_2}{2}x\right)\mathrm{e}^{-\frac{1}{2}x},$$

代入初值条件 $y\Big|_{x=0}=2,y'\Big|_{x=0}=0$,解得 $C_1=2,C_2=1.$

于是所给微分方程满足初值条件 $y\Big|_{x=0}=2,y'\Big|_{x=0}=0$ 的特解为

$$y=(2+x)\mathrm{e}^{-\frac{1}{2}x}.$$

例 3   求微分方程 $y''-4y'+20y=0$ 的通解.

解   所给微分方程的特征方程为

$$r^2-4r+20=0,$$

即

$$(r-2)^2+16=0,$$

解得特征根为

$$r_{1,2}=2\pm4\mathrm{i},$$

这是一对共轭复根,因此所求微分方程的通解为

$$y=\mathrm{e}^{2x}(C_1\cos4x+C_2\sin4x).$$

二、二阶常系数非齐次线性微分方程

二阶常系数非齐次线性微分方程的一般形式为

$$y''+py'+qy=f(x),\tag{7-29}$$

其中 p,q 为常数.

在第二节介绍一阶线性微分方程时有如下结论：一阶非齐次线性微分方程的通解是对应的齐次线性方程的通解与该非齐次线性方程的一个特解之和.事实上,这种通解结构不仅对一阶非齐次线性微分方程成立,对二阶及二阶以上的高阶非齐次线性微分方程同样成立,即有如下定理：

定理 3　如果函数 $y^*(x)$ 是二阶常系数非齐次线性微分方程(7-29)的一个特解. 函数 $Y(x)$ 是与(7-29)对应的二阶常系数齐次线性微分方程(7-25)的通解,则函数

$$y = Y(x) + y^*(x) \tag{7-30}$$

是二阶常系数非齐次线性微分方程(7-29)的通解.

证　将 y 和 $y' = Y' + y^{*'}, y'' = Y'' + y^{*''}$ 同时代入微分方程(7-29)的左端,有

$$(Y'' + y^{*''}) + p(Y' + y^{*'}) + q(Y + y^*) = (Y'' + pY' + qY) + (y^{*''} + py^{*'} + qy^*).$$

因为 $Y(x)$ 是微分方程(7-25)的通解, $y^*(x)$ 是微分方程(7-29)的一个特解,即

$$Y'' + pY' + qY = f(x) \quad 且 \quad y^{*''} + py^{*'} + qy^* = 0,$$

因此把(7-28)式代入微分方程(7-27)能使之恒成立,即(7-30)式是微分方程(7-29)的解.

对应的齐次方程(7-25)的通解 $Y(x) = C_1 y_1(x) + C_2 y_2(x)$ 中有两个相互独立的任意常数,意味着非齐次方程(7-29)的通解 $y = Y(x) + y^*(x)$ 中也含有两个相互独立的任意常数,从而它就是二阶常系数非齐次线性微分方程(7-29)的通解.

由定理 3 可知,求解二阶常系数非齐次线性微分方程的通解的一般步骤为：

第一步,求出对应的齐次方程 $y'' + py' + qy = 0$ 的通解 $Y(x)$；

第二步,求出非齐次方程 $y'' + py' + qy = f(x)$ 的一个特解 $y^*(x)$；

第三步,所求非齐次方程(7-29)的通解即为

$$y = Y(x) + y^*(x).$$

求解二阶常系数齐次线性微分方程的通解的问题已经在之前得到解决,这里只需讨论非齐次方程的一个特解的求解方法.常用的有效方法为**"待定系数法"**,其基本思想是：用与微分方程(7-29)右端 $f(x)$ 形式相同但含有待定系数的函数作为微分方程(7-29)的一个特解,然后将该函数与其一阶、二阶导数同时代入微分方程(7-29)中,确定其中待定系数的值使方程恒成立,从而得到微分方程(7-29)的一个特解.

这里仅不加证明地介绍函数 $f(x)$ 取两种常见形式时,用待定系数法求二阶常系数非齐次线性微分方程的一个特解的方法.

1. $f(x) = e^{\lambda x} P_m(x)$ 型

其中 λ 为常数, $P_m(x)$ 为一个已知 m 次多项式：

$$P_m(x) = a_0 x^m + a_1 x^{m-1} + a_2 x^{m-2} + \cdots + a_{m-1} x + a_m.$$

此时,微分方程(7-29)具有如下形式的特解

$$y^*(x) = x^k R_m(x) e^{\lambda x},$$

其中 $R_m(x)$ 是与 $P_m(x)$ 同次的一个待定多项式：

$$R_m(x) = b_0 x^m + b_1 x^{m-1} + b_2 x^{m-2} + \cdots + b_{m-1} x + b_m.$$

而常数 k 的取值与 λ 是否为对应的齐次方程(7-25)的特征方程 $r^2 + pr + q = 0$ 的

根有关,具体来说:

(1) 若 λ 不是特征方程 $r^2+pr+q=0$ 的根,取 $k=0$.此时非齐次方程(7-29)的特解形式为

$$y^*(x)=R_m(x)\mathrm{e}^{\lambda x}.$$

(2) 若 λ 是特征方程 $r^2+pr+q=0$ 的单根,取 $k=1$.此时非齐次方程(7-29)的特解形式为

$$y^*(x)=xR_m(x)\mathrm{e}^{\lambda x}.$$

(3) 若 λ 是特征方程 $r^2+pr+q=0$ 的重根,取 $k=2$.此时非齐次方程(7-29)的特解形式为

$$y^*(x)=x^2R_m(x)\mathrm{e}^{\lambda x}.$$

例4　求微分方程 $y''-7y'+10y=2x+1$ 的一个特解.

解　所给微分方程为二阶常系数非齐次线性微分方程,且函数 $f(x)$ 为 $\mathrm{e}^{\lambda x}P_m(x)$ 型,其中 $\lambda=0,P_m(x)=2x+1,m=1$.

所给方程对应的二阶常系数齐次线性微分方程为

$$y''-7y'+10y=0,$$

其特征方程为

$$r^2-7r+10=0,$$

解得特征根为 $r_1=2,r_2=5$.由于 $\lambda=0$ 不是特征方程的根,则非齐次方程的特解形式为

$$y^*(x)=b_1x+b_0,$$

其中 b_1,b_0 为待定常数.

将 y^* 分别求一阶导数和二阶导数,有

$$y^{*'}=b_1,\quad y^{*''}=0,$$

并同时代入所给非齐次方程中,有

$$-7b_1+10(b_1x+b_0)=2x+1,$$

即

$$10b_1x+10b_0-7b_1=2x+1.$$

比较上式两端 x 的同次幂的系数,有

$$\begin{cases}10b_1=2,\\10b_0-7b_1=1,\end{cases}$$

解得

$$b_1=\frac{1}{5},\quad b_0=\frac{6}{25}.$$

因此,所给非齐次方程的一个特解为

$$y^*(x)=\frac{1}{5}x+\frac{6}{25}.$$

例5　求微分方程 $y''-2y'+y=x\mathrm{e}^x$ 的通解.

解　所给微分方程为二阶常系数非齐次线性微分方程,且函数 $f(x)$ 为 $\mathrm{e}^{\lambda x}P_m(x)$

型,其中 $\lambda=1,P_m(x)=x,m=1.$

先求对应的齐次方程 $y''-2y'+y=0$ 的通解,其特征方程为
$$r^2-2r+1=0,$$
解得特征根为 $r=r_1=r_2=1$,这是两个相等实根,因此对应的齐次方程的通解为
$$Y(x)=(C_1+C_2x)\mathrm{e}^x.$$

再求所给非齐次方程的一个特解.由于 $\lambda=1$ 恰为特征方程的重根,则非齐次方程的特解形式为
$$y^*(x)=x^2(b_1x+b_0)\mathrm{e}^x,$$
即
$$y^*(x)=(b_1x^3+b_0x^2)\mathrm{e}^x.$$
其中 b_1,b_0 为待定常数.

将 y^* 分别求一阶导数和二阶导数,有
$$y^{*'}=[b_1x^3+(3b_1+b_0)x^2+2b_0x]\mathrm{e}^x,$$
$$y^{*''}=[b_1x^3+(6b_1+b_0)x^2+(6b_1+4b_0)x+2b_0]\mathrm{e}^x,$$
并同时代入所给非齐次方程中,整理有
$$6b_1x+2b_0=x,$$
比较上式两端 x 的同次幂的系数,得
$$\begin{cases}6b_1=1,\\2b_0=0,\end{cases}$$
解得
$$b_1=\frac{1}{6},b_0=0.$$

因此,所给非齐次方程的一个特解为
$$y^*(x)=\frac{1}{6}x^3\mathrm{e}^x,$$
通解为
$$y=Y(x)+y^*(x)=(C_1+C_2x)\mathrm{e}^x+\frac{1}{6}x^3\mathrm{e}^x.$$

例 6　求微分方程 $2y''+y'-y=2\mathrm{e}^{-x}$ 满足初值条件 $y\big|_{x=0}=1,y'\big|_{x=0}=0$ 的特解.

解　所给微分方程为二阶常系数非齐次线性微分方程,且函数 $f(x)$ 为 $\mathrm{e}^{\lambda x}P_m(x)$ 型,其中 $\lambda=-1,P_m(x)=2,m=0.$

先求对应的齐次方程 $2y''+y'-y=0$ 的通解,其特征方程为
$$2r^2+r-1=0,$$
解得特征根为 $r_1=\frac{1}{2},r_2=-1$,这是两个不等实根,因此对应的齐次方程的通解为
$$Y(x)=C_1\mathrm{e}^{\frac{1}{2}x}+C_2\mathrm{e}^{-x}.$$

再求所给非齐次方程的一个特解.由于 $\lambda=-1$ 是特征方程的单根,则非齐次方程

的特解形式为

$$y^*(x)=b_0 x \mathrm{e}^{-x},$$

其中 b_0 为待定常数.

将 y^* 分别求一阶导数和二阶导数,有

$$y^{*\prime}=b_0(1-x)\mathrm{e}^{-x}, \quad y^{*\prime\prime}=b_0(x-2)\mathrm{e}^{-x},$$

并同时代入所给非齐次方程中,整理有

$$-3b_0=2,$$

解得 $b_0=-\dfrac{2}{3}$.

因此所给非齐次方程的一个特解为

$$y^*(x)=-\frac{2}{3}x\mathrm{e}^{-x},$$

通解为

$$y=Y(x)+y^*(x)=C_1\mathrm{e}^{\frac{1}{2}x}+C_2\mathrm{e}^{-x}-\frac{2}{3}x\mathrm{e}^{-x}.$$

对 y 求导,有

$$y'=\frac{C_1}{2}\mathrm{e}^{\frac{1}{2}x}-C_2\mathrm{e}^{-x}-\frac{2}{3}\mathrm{e}^{-x}+\frac{2}{3}x\mathrm{e}^{-x},$$

代入初值条件 $y\big|_{x=0}=1, y'\big|_{x=0}=0$,得

$$\begin{cases}C_1+C_2=1,\\[2mm]\dfrac{C_1}{2}-C_2-\dfrac{2}{3}=0,\end{cases}$$

解得

$$C_1=\frac{10}{9}, \quad C_2=-\frac{1}{9}.$$

于是所给微分方程满足初值条件 $y\big|_{x=0}=1, y'\big|_{x=0}=0$ 的特解为

$$y==\frac{10}{9}\mathrm{e}^{\frac{1}{2}x}-\frac{1}{9}\mathrm{e}^{-x}-\frac{2}{3}x\mathrm{e}^{-x}.$$

2. $f(x)=\mathrm{e}^{\lambda x}[P_l(x)\cos\omega x+Q_n(x)\sin\omega x]$型

其中 λ,ω 为常数,$P_l(x),Q_n(x)$ 分别为 l 次和 n 次多项式,此时二阶常系数非齐次线性微分方程(7-29)具有如下形式的特解

$$y^*(x)=x^k\mathrm{e}^{\lambda x}[R_m^{(1)}(x)\cos\omega x+R_m^{(2)}(x)\sin\omega x],$$

其中 $R_m^{(1)}(x),R_m^{(2)}(x)$ 均为待定 m 次多项式,且 $m=\max\{l,n\}$.

常数 k 的取值与 $\lambda+\omega\mathrm{i}$(或 $\lambda-\omega\mathrm{i}$)是否为对应的齐次方程(7-25)的特征方程 $r^2+pr+q=0$ 的根有关,具体来说:

(1) 若 $\lambda+\omega\mathrm{i}$(或 $\lambda-\omega\mathrm{i}$)不是特征方程 $r^2+pr+q=0$ 的根,取 $k=0$.此时非齐次方程(7-29)的特解形式为

$$y^*(x) = e^{\lambda x}\left[R_m^{(1)}(x)\cos\omega x + R_m^{(2)}(x)\sin\omega x\right].$$

（2）若 $\lambda + \omega i$（或 $\lambda - \omega i$）是特征方程 $r^2 + pr + q = 0$ 的单根，取 $k=1$. 此时非齐次方程(7-29)的特解形式为

$$y^*(x) = x e^{\lambda x}\left[R_m^{(1)}(x)\cos\omega x + R_m^{(2)}(x)\sin\omega x\right].$$

例 7 求微分方程 $y'' - 4y' + 13y = x\cos x$ 的一个特解.

解 所给微分方程为二阶常系数非齐次线性微分方程，且函数 $f(x)$ 为 $e^{\lambda x}[P_l(x) \cdot \cos\omega x + Q_n(x)\sin\omega x]$ 型，其中 $\lambda=0, \omega=1, P_l(x)=x, Q_n(x)=0, l=1, n=0$.

所给方程对应的二阶常系数齐次线性微分方程为

$$y'' - 4y' + 13y = 0,$$

其特征方程为

$$r^2 - 4r + 13 = 0,$$

解得特征根为 $r_{1,2} = 2 \pm 3i$，是一对共轭复根.

由于 $m = \max\{l, n\} = 1$，且 $\lambda + \omega i = i$（或 $\lambda - \omega i = -i$）不是特征方程的根，则所给非齐次方程的特解形式为

$$y^*(x) = (ax + b)\cos x + (cx + d)\sin x,$$

其中 a, b, c, d 为待定常数.

对 y^* 分别求一阶导数和二阶导数，有

$$y^{*\prime} = (a + d + cx)\cos x + (c - b - ax)\sin x,$$
$$y^{*\prime\prime} = (2c - b - ax)\cos x - (2a + d + cx)\sin x,$$

同时代入所给非齐次方程中，整理有

$$[(12a - 4c)x + 2c - 4a - 4d + 12b]\cos x +$$
$$[(12c + 4a)x - 2a - 4c + 4b + 12d]\sin x = x\cos x.$$

比较上式两端同类项的系数，得

$$\begin{cases} 3a - c = 1, \\ c - 2a - 2d + 6b = 0, \\ 3c + a = 0, \\ a + 2c - 2b - 6d = 0, \end{cases}$$

解得

$$a = \frac{3}{10}, \quad b = \frac{11}{100}, \quad c = -\frac{1}{10}, \quad d = -\frac{1}{50}.$$

因此，所给非齐次方程的一个特解为

$$y^*(x) = \left(\frac{3}{10}x + \frac{11}{100}\right)\cos x - \left(\frac{1}{10}x + \frac{1}{50}\right)\sin x.$$

例 8 求微分方程 $y'' - 2y' + 5y = e^x\sin 2x$ 的通解.

解 所给微分方程为二阶常系数非齐次线性微分方程，且函数 $f(x)$ 为 $e^{\lambda x}[P_l(x) \cdot \cos\omega x + Q_n(x)\sin\omega x]$ 型，其中 $\lambda=1, \omega=2, P_l(x)=0, Q_n(x)=1, l=n=0$.

先求对应的齐次方程的通解. 所给方程对应的二阶常系数齐次线性微分方程为

$$y'' - 2y' + 5y = 0,$$

其特征方程为

$$r^2 - 2r + 5 = 0,$$

解得特征根为 $r_{1,2} = 1 \pm 2\mathrm{i}$,是一对共轭复根,因此对应的齐次方程的通解为

$$Y(x) = \mathrm{e}^x(C_1\cos2x + C_2\sin2x).$$

再求所给非齐次方程的一个特解. $m = \max\{l,n\} = 0$,且由于 $\lambda + \omega\mathrm{i} = 1 + 2\mathrm{i}$(或 $\lambda - \omega\mathrm{i} = 1 - 2\mathrm{i}$)是特征方程的单根,则非齐次方程的特解形式为

$$y^*(x) = x\mathrm{e}^x(a\cos2x + b\sin2x),$$

其中 $a,b = 0$ 为待定常数.

对 y^* 分别求一阶导数和二阶导数,有

$$y^{*\prime} = \mathrm{e}^x\{[a + (a+2b)x]\cos2x + [b + (b-2a)x]\sin2x\},$$

$$y^{*\prime\prime} = \mathrm{e}^x\{[2a + 4b + (4b-3a)x]\cos2x + [2b - 4a - (4a+3b)x]\sin2x\},$$

并同时代入所给非齐次方程中,整理有

$$4b\cos2x - 4a\sin2x = \sin2x.$$

比较上式两端同类项的系数,得

$$\begin{cases} -4a = 1, \\ 4b = 0, \end{cases}$$

解得

$$a = -\frac{1}{4}, \quad b = 0.$$

因此,所给非齐次方程的一个特解为

$$y^*(x) = -\frac{1}{4}x\mathrm{e}^x\cos2x,$$

通解为

$$y = Y(x) + y^*(x) = \mathrm{e}^x(C_1\cos2x + C_2\sin2x) - \frac{1}{4}x\mathrm{e}^x\cos2x.$$

习题 7-3 ✏

1. 求下列微分方程的特解:

(1) $y'' + 2y' - 3 = x$;

(2) $y'' + 2y = x + 1$;

(3) $y'' - 2y' + y = 2\mathrm{e}^x$;

(4) $y'' + y = x\mathrm{e}^x$;

(5) $y'' + y' = x\sin2x$;

(6) $y'' + 4y' + 13y = \mathrm{e}^{-2x}\sin3x$.

2. 求下列微分方程的通解:

(1) $y'' - 6y' + 10y = 0$;

(2) $\dfrac{\mathrm{d}^2y}{\mathrm{d}x^2} - 4\dfrac{\mathrm{d}y}{\mathrm{d}x} - 5y = 0$;

(3) $9y'' - 6y' + y = (x+1)\mathrm{e}^{3x}$;

(4) $2y'' - 3y' = 3x^2 - 2x + 1$;

(5) $y'' - 9y = 3x\cos x$;

(6) $y'' + 4y = \mathrm{e}^x\cos x$.

3. 求下列微分方程满足所给初值条件的特解：

（1）$y'' + 4y' + 29y = 0$，$y\big|_{x=0} = 0$，$y'\big|_{x=0} = 15$；

（2）$y'' + 2y' + y = 0$，$y\big|_{x=0} = 4$，$y'\big|_{x=0} = -2$；

（3）$y'' - 2y' - 8y = 0$，$y\big|_{x=0} = 0$，$y'\big|_{x=0} = 3$；

（4）$y'' - 3y' + 2y = 5$，$y\big|_{x=0} = 1$，$y'\big|_{x=0} = 1$；

（5）$y'' + y = -\sin 2x$，$y\big|_{x=\pi} = 1$，$y'\big|_{x=\pi} = 1$；

（6）$y'' - y - 4x e^x = 0$，$y\big|_{x=0} = 0$，$y'\big|_{x=0} = 1$.

4. 已知 $y = e^{2x} + (1+x)e^x$ 是二阶常系数线性微分方程 $y'' + ay' + by = c e^x$ 的一个特解，试确定常数 a, b, c 的值，并求该微分方程的通解.

第四节　微分方程在经济学中的应用

微分方程在实际生活中的应用模型很多，本节将通过举例介绍一阶微分方程在经济学中的几个简单应用.

一、分析商品的市场价格与需求量（供给量）之间的函数关系

在经济学中，需求的价格弹性表示在一定时期内一种商品的需求量变动对于该商品的价格变动的反应程度.或者说，表示在一定时期内当一种商品的价格变化一定的百分比时所引起的该商品的需求量变化的百分比，因此需求的价格弹性系数的计算公式如下

$$E_d = \frac{P}{Q} \cdot \frac{dQ}{dP},$$

其中 Q 表示一种商品的需求量，P 表示该商品的价格，dQ 表示需求量变动值，dP 表示价格变动值.

例 1　假设某种商品的需求量 Q（单位：kg）对价格 P（单位：元）的弹性系数为 $-1.5P$.已知该商品的最大需求量为 800（$P=0$ 时 $Q=800$）.试求需求量 Q 关于价格 P 的函数关系，并求当价格为 1 元时市场上对该商品的需求量.

解　由题意，有

$$E_d = \frac{P}{Q} \cdot \frac{dQ}{dP} = -1.5P,$$

即

$$\frac{dQ}{dP} = -1.5Q,$$

这是可分离变量的微分方程.分离变量得

$$\frac{\mathrm{d}Q}{Q} = -1.5\mathrm{d}P,$$

两边积分

$$\int \frac{\mathrm{d}Q}{Q} = -\int 1.5\mathrm{d}P,$$

得

$$\ln|Q| = -1.5P + \ln|C|,$$

即

$$Q = Ce^{-1.5P}.$$

由 $P=0$ 时 $Q=800$,知 $C=800$.

因此,需求量 Q 关于价格 P 的函数关系为 $Q=800e^{-1.5P}$,且当价格为 1 元时,市场上对该商品的需求量为 $800e^{-1.5}$ kg.

在经济学理论中,供求关系决定商品价格.一般来说,当供大于求时,商品就会出现过剩,价格就会下降;当供不应求时,商品就会出现稀缺,价格就会上涨.而当供给量等于需求量时,市场就达到了平衡状态.在这种情况下,价格也会达到一个平衡点,称为均衡价格,如图 7-1 所示.

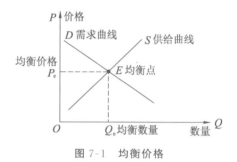

图 7-1 均衡价格

例 2 假设某种商品的供给函数和需求函数分别为 $Q_s=-a+bP$,$Q_D=c-dP$,其中 a,b,c,d 均为正常数,P(单位:元)表示该商品价格,它是关于时间 t(单位:月)的函数,且当 $t=0$ 时,初始价格为 P_0.已知在任一时刻,价格函数 $P(t)$ 的变化率总与这一时刻的超额需求 Q_D-Q_s 成正比,且比例常数为 $k>0$.

(1)求供需相等时的均衡价格 P_e;

(2)求价格函数 $P(t)$ 的表达式;

(3)求 $\lim\limits_{t \to +\infty} P(t)$.

解 (1)当供需相等,即 $Q_s=Q_D$ 时,可得均衡价格为

$$P_e = \frac{a+c}{b+d}.$$

(2)由题意,有 $\frac{\mathrm{d}P}{\mathrm{d}t}=k(Q_D-Q_s)$,$k>0$.

又 $Q_s=-a+bP$,$Q_D=c-dP$,因此

$$\frac{\mathrm{d}P}{\mathrm{d}t} = k(c-dP+a-bP) = -k(b+d)P + k(a+c),$$

即

$$\frac{\mathrm{d}P}{\mathrm{d}t} + k(b+d)P = k(a+c).$$

上式是一阶非齐次线性微分方程,其通解为

$$P(t) = \mathrm{e}^{-\int k(b+d)\mathrm{d}t}\left(\int k(a+c)\mathrm{e}^{\int k(b+d)\mathrm{d}t}\mathrm{d}t + C\right)$$

$$= \mathrm{e}^{-k(b+d)t}\left(\int k(a+c)\mathrm{e}^{k(b+d)t}\mathrm{d}t + C\right) = \mathrm{e}^{-k(b+d)t}\left(\frac{a+c}{b+d}\mathrm{e}^{k(b+d)t} + C\right)$$

$$= C\mathrm{e}^{-k(b+d)t} + \frac{a+c}{b+d} = C\mathrm{e}^{-k(b+d)t} + P_{\mathrm{e}}.$$

代入初值条件 $P\big|_{t=0} = P_0$,解得 $C = P_0 - \dfrac{a+c}{b+d} = P_0 - P_{\mathrm{e}}$.

因此,满足初值条件的价格函数的特解为

$$P(t) = (P_0 - P_{\mathrm{e}})\mathrm{e}^{-k(b+d)t} + P_{\mathrm{e}}.$$

(3) $\lim\limits_{t\to+\infty} P(t) = \lim\limits_{t\to+\infty}(P_0 - P_{\mathrm{e}})\mathrm{e}^{-k(b+d)t} + P_{\mathrm{e}} = P_{\mathrm{e}}.$

这一结果表明:从长远来看,由于供给和需求力量的相互作用,市场价格最终会趋向于均衡价格,达到长期稳定.而 $(P_0 - P_{\mathrm{e}})\mathrm{e}^{-k(b+d)t}$ 可理解为均衡偏差.

二、预测商品的销售量或可再生资源的产量

通常某种新产品在开始销售时,由于消费者对它的产品特点及功能了解不多,销售量也就很小.但伴随着该产品的大量信息通过媒体等相关渠道传播出去后,其销售量会逐渐增加.在市场快接近饱和时,其销售量的增长速度又变得比较缓慢.这样的数量特征与**逻辑斯谛方程**(Logistic Equation)所描述的数量特征相吻合,其所对应的是**逻辑斯谛曲线**(图7-2).因此,在销量增加的过

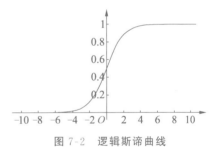

图 7-2 逻辑斯谛曲线

程中,可根据逻辑斯谛方程来预测每一时间段该产品生产数量的多少,以便于厂家结合预测数据组织生产.

例 3 假设在某商品销售预测中,销售量 $x(t)$(单位:个)是关于时间 t(单位:月)的可导函数,且有 $x\big|_{t=0} = \dfrac{1}{4}N$,其中 N 为饱和水平.若商品销售的增长速率 $\dfrac{\mathrm{d}x}{\mathrm{d}t}$ 与销售量 $x(t)$ 及销售量接近饱和水平的程度 $N-x(t)$ 的乘积成正比,且比例常数为 $k>0$.

(1) 求销售量 $x(t)$ 的表达式;

(2) 求销售量 $x(t)$ 增长速率最快的时刻 T.

解 (1) 由题意,有

$$\frac{\mathrm{d}x}{\mathrm{d}t} = kx(N-x), \quad k>0.$$

上式即为逻辑斯谛方程,它是可分离变量的微分方程.分离变量得

$$\frac{1}{x(N-x)}\mathrm{d}x = k\,\mathrm{d}t,$$

两边积分

$$\int \frac{1}{x(N-x)}\mathrm{d}x = \int k\,\mathrm{d}t,$$

解得

$$\ln\left|\frac{x}{N-x}\right| = Nkt + \ln|C|,$$

即逻辑斯谛方程的通解为

$$\frac{x}{N-x} = C\mathrm{e}^{Nkt}.$$

代入初值条件 $x\Big|_{t=0} = \dfrac{1}{4}N$,解得 $C = \dfrac{1}{3}$,因此满足初值条件的逻辑斯谛方程的特解为

$$\frac{x}{N-x} = \frac{1}{3}\mathrm{e}^{Nkt}.$$

从上式中解出 x,得销售量函数 $x(t)$ 的表达式为

$$x(t) = \frac{N}{3\mathrm{e}^{-Nkt}+1}.$$

(2) 对(1)中求得的销售量函数 $x(t)$ 求导,得销售量增长速率为

$$\frac{\mathrm{d}x}{\mathrm{d}t} = \frac{3kN^2\mathrm{e}^{-Nkt}}{(3\mathrm{e}^{-Nkt}+1)^2}.$$

要求增长速率最快的时刻,即求 $\dfrac{\mathrm{d}x}{\mathrm{d}t}$ 取最大值的时刻,因此还需对 $\dfrac{\mathrm{d}x}{\mathrm{d}t}$ 再求导,得

$$\frac{\mathrm{d}^2 x}{\mathrm{d}t^2} = \frac{3k^2 N^3 \mathrm{e}^{-Nkt}(3\mathrm{e}^{-Nkt}-1)}{(3\mathrm{e}^{-Nkt}+1)^3}.$$

令 $\dfrac{\mathrm{d}^2 x}{\mathrm{d}t^2} = 0$,解得 $t = \dfrac{\ln 3}{Nk}$,且当 $0 < t < \dfrac{\ln 3}{Nk}$ 时,$\dfrac{\mathrm{d}^2 x}{\mathrm{d}t^2} > 0$;当 $t > \dfrac{\ln 3}{Nk}$ 时,$\dfrac{\mathrm{d}^2 x}{\mathrm{d}t^2} < 0$.因此,在 $t = \dfrac{\ln 3}{Nk}$ 时,$\dfrac{\mathrm{d}x}{\mathrm{d}t}$ 取得最大值,即销售量增长速率的时刻 T 为

$$T = \frac{\ln 3}{Nk}.$$

逻辑斯谛方程还可应用于生物学领域,是描述在资源有限的条件下种群增长规律的一个最佳数学模型.具体来说,当一个物种刚迁入到一个新的生态系统中时,若其起始数量小于环境的最大容纳量,则数量会增加.但由于该物种在此生态系统中有天敌,食物和空间等资源也逐渐不足,其增长速度又会变得缓慢.因此,该物种的增长函数满足逻辑斯谛方程,其图像呈 S 形,即逻辑斯谛曲线.

例 4 假设某池塘由于条件限制可容纳的最大鱼量是 1 000 条.鱼量 $y(t)$(单位:条)是时间 t(单位:月)的函数,其变化率与鱼量 $y(t)$ 和 1 000$-y(t)$ 的乘积成正比.若

该池塘现有鱼量 100 条,3 个月后可达到 250 条.

（1）求鱼量 $y(t)$ 的表达式;

（2）若规定池塘中鱼量达到 500 条时才可开捕,问至少几个月后才能达到.

解 （1）由题意,设比例常数为 k,则有

$$\frac{\mathrm{d}y}{\mathrm{d}t}=ky(1\,000-y).$$

上式是一个逻辑斯谛方程,用分离变量法可得其通解为

$$\frac{y}{1\,000-y}=C\mathrm{e}^{1\,000kt},$$

代入初值条件 $y\big|_{t=0}=100,y\big|_{t=3}=250$,有

$$\begin{cases}\dfrac{100}{900}=C,\\[2mm]\dfrac{250}{750}=C\mathrm{e}^{3\,000k},\end{cases}$$

解得 $C=\dfrac{1}{9},k=\dfrac{\ln 3}{3\,000}$.

因此,鱼量 $y(t)$ 的表达式为

$$\frac{y}{1\,000-y}=\frac{1}{9}\cdot 3^{\frac{t}{3}},$$

即

$$y(t)=\frac{1\,000\cdot 3^{\frac{t}{3}}}{9+3^{\frac{t}{3}}}.$$

（2）令 $\dfrac{1\,000\cdot 3^{\frac{t}{3}}}{9+3^{\frac{t}{3}}}=500$,解得 $t=6$.

因此,至少 6 个月后池塘中鱼量达到 500 条,才可以开捕.

三、成本分析

例 5 假设某商品的销售成本 C（单位：万元）和储存成本 S（单位：万元）均是关于时间 t（单位：月）的函数,且销售成本的变化率等于常数 5 与储存成本的倒数的和,而储存成本的变化率等于储存成本的 $-\dfrac{1}{3}$ 倍.若当 $t=0$ 时,销售成本 $C=0$,储存成本 $S=10$ 万元.试分别求销售成本 C 与时间 t 的函数关系和储存成本 S 与时间 t 的函数关系.

解 （1）由题意,有

$$\frac{\mathrm{d}C}{\mathrm{d}t}=5+\frac{1}{S},\tag{7-31}$$

$$\frac{\mathrm{d}S}{\mathrm{d}t}=-\frac{1}{3}S.\tag{7-32}$$

方程(7-32)是可分离变量的微分方程.分离变量得

$$\frac{\mathrm{d}S}{S} = -\frac{1}{3}\mathrm{d}t,$$

两边积分

$$\int \frac{\mathrm{d}S}{S} = -\int \frac{1}{3}\mathrm{d}t,$$

得

$$\ln|S| = -\frac{1}{3}t + \ln|C_1|,$$

即

$$S(t) = C_1 \mathrm{e}^{-\frac{t}{3}}.$$

又 $t=0$ 时,储存成本 $S=10$,计算可得 $C_1=10$,因此储存成本 S 与时间 t 的函数关系为

$$S(t) = 10\mathrm{e}^{-\frac{t}{3}}.$$

将上述结果代入方程(7-31)中有

$$\frac{\mathrm{d}C}{\mathrm{d}t} = 5 + \frac{1}{10}\mathrm{e}^{\frac{t}{3}}.$$

上式也是可分离变量的微分方程.分离变量得

$$\mathrm{d}C = \left(5 + \frac{1}{10}\mathrm{e}^{\frac{t}{3}}\right)\mathrm{d}t,$$

两边积分

$$\int \mathrm{d}C = \int \left(5 + \frac{1}{10}\mathrm{e}^{\frac{t}{3}}\right)\mathrm{d}t,$$

得

$$C(t) = 5t + \frac{3}{10}\mathrm{e}^{\frac{t}{3}} + C_2.$$

又 $t=0$ 时,销售成本 $C=0$,计算可得 $C_2 = -\frac{3}{10}$,因此销售成本 C 与时间 t 的函数关系为

$$C(t) = 5t + \frac{3}{10}\mathrm{e}^{\frac{t}{3}} - \frac{3}{10}.$$

四、公司的净资产分析

在会计学中,公司的**净资产**是公司的总资产减掉总债务之后的净收益.在简化情形下,一个公司的资产运营状况可视为由两方面因素决定:一方面,净资产可以像银行存款一样,以某一速度连续增长产生利息,从而使总资产增长;另一方面,公司还需拨出一部分资产用于支付职工工资.因此,在假设净资产产生的利息是连续盈取且职工工资也是连续支付的前提下,通过比较盈取利息和支付工资的大小,公司可以判定自身的经营

状况.具体来说,当盈取利息大于支付工资时,公司经营状况良好;当盈取利息小于支付工资时,公司经营状况逐渐变糟,直至破产.

利用**平衡法**,可得到计算净资产增长速度的关系式:

净资产增长速度＝利息盈取速度－工资支付速度.

例 6 假设某公司的净资产 W(单位:百万元)是关于时间 t(单位:年)的函数,且可以像银行存款一样,本身以每年 5% 的速度连续增长产生利息.同时,该公司每年还要以 300 百万元的数额连续支付职工工资.

(1) 试建立净资产函数 $W(t)$ 满足的微分方程;

(2) 假设初始净资产为 W_0,求此时净资产函数 $W(t)$ 的表达式;

(3) 分别讨论当 $W_0 = 5\,000, 6\,000, 7\,000$ 时,$W(t)$ 的变化特点.

解 (1) 由题意,有

$$\frac{\mathrm{d}W}{\mathrm{d}t} = 0.05W - 300,$$

即

$$\frac{\mathrm{d}W}{\mathrm{d}t} = 0.05(W - 6\,000).$$

(2) 上式是可分离变量的微分方程.当 $W \neq 6\,000$ 时,可分离变量得

$$\frac{\mathrm{d}W}{W - 6\,000} = 0.05\mathrm{d}t,$$

两边积分

$$\int \frac{\mathrm{d}W}{W - 6\,000} = \int 0.05\mathrm{d}t,$$

得

$$\ln|W - 6\,000| = 0.05t + \ln|C|,$$

即

$$W - 6\,000 = C\mathrm{e}^{0.05t}.$$

代入初始净资产 W_0,即 $W\big|_{t=0} = W_0$,有 $C = W_0 - 6\,000$.此时,净资产函数表达式为

$$W = 6\,000 + (W_0 - 6\,000)\mathrm{e}^{0.05t}.$$

当 $W = 6\,000$ 时,$\frac{\mathrm{d}W}{\mathrm{d}t} = 0$,此时 $W = W_0 = 6\,000$.该解通常称为**平衡解**,仍包含在上述净资产函数表达式中.

综上,当初始净资产为 W_0 时,净资产函数 $W(t)$ 的表达式为

$$W = 6\,000 + (W_0 - 6\,000)\mathrm{e}^{0.05t}.$$

(3) 当 $W_0 = 5\,000$ 时,$W = 6\,000 - 1\,000\mathrm{e}^{0.05t}$,此时公司净资产额单调递减,且当 $t \approx 36$ 时,$W = 0$,意味着该公司预计将在第 36 年破产;

当 $W_0 = 6\,000$ 时,$W = 6\,000$,此时公司收支平衡,且净资产将保持在 6 000(百万)元不变;

当 $W_0 = 7\,000$ 时,$W = 6\,000 + 1\,000 e^{0.05t}$,此时公司净资产将按指数不断增长.

习题 7-4

1. 某商品的价格由供求关系决定,若供给量 S 与需求量 D 均是关于价格 P 的线性函数:$S = -1 + 3P$,$D = 4 - P$.若价格 P(单位:元)是关于时间 t(单位:年)的函数,且已知在时刻 t 时,价格 P 的变化率与过剩需求 $D-S$ 成正比,且比例系数为 2.假设初始价格为 $P_0 = 2$ 元,试求出价格 P 与时间 t 的函数关系式,并问,当 $t = 0.3$ 时价格应为多少?

2. 某汽车公司的汽车运营成本 y(单位:万元/辆)及汽车的转卖价 S(单位:万元/辆)均是关于时间 t(单位:年)的函数.假设随着时间的增长,汽车的运营成本的变化率及转卖价的变化率分别为 $\dfrac{dy}{dt} = \dfrac{2}{S}$ 和 $\dfrac{dS}{dt} = -\dfrac{1}{3} S$.若已知 $t = 0$ 时,$y = 0$,$S = 4.5$.试求汽车的运营成本和转卖价各自与时间的函数关系.

3. 在宏观经济研究中,发现某城市的国民收入 y(单位:亿元)、国民储蓄 S(单位:亿元)和投资额 I(亿元)均是关于时间 t(单位:年)的函数.假设在时刻 t,国民收入 y 是储蓄额 S 的 10 倍,国民收入 y 的变化率是投资额 I 的 3 倍,且在该时刻,储蓄额全部用于投资.若当 $t = 0$ 时,国民收入为 5 亿元,试分别求出国民收入函数 $y(t)$、国民储蓄函数 $S(t)$ 和投资额函数 $I(t)$.

4. 某林区现有木材 10 万 m^3,若在每一瞬时木材的变化率与当时木材数成正比.假设 10 年后该林区能有木材 20 万 m^3.试求出木材数 p 与时间 t 的函数关系式.

5. 假设某商品的需求量 x(单位:万件)对价格 p(单位:元)的弹性为 $\eta = -3p^3$,且市场对该产品的最大需求量为 1 万件.试求出需求函数 $x(p)$.

6. 某汽车公司在长期运营中发现,每辆汽车的总维修成本 y(单位:千元)随汽车大修的时间间隔 x(单位:年)的变化率等于总维修成本的 2 倍与大修时间间隔之比减去常数 81 与大修时间间隔的平方之比.已知当大修时间间隔为 1 年时,总维修成本为 27 500 元.试求出每辆汽车的总维修成本 y 与大修时间间隔 x 之间的函数关系式.并问,每辆汽车多少年大修一次,可使每辆汽车的总维修成本最低?

复习题七

1. 求下列微分方程的通解:

(1) $\dfrac{dy}{y^2 - 2xy} = \dfrac{dx}{2x^2 - 3xy + y^2}$;

(2) $\sin x \cos^2 y \, dx + \cos^2 x \, dy = 0$;

(3) $y' = 4e^x - 3y$;

(4) $xy' = y\left(1 + \ln \dfrac{y}{x}\right)$;

(5) $\dfrac{x \, dy}{2 + y} = \dfrac{y \, dx}{2 + x}$;

(6) $y' = \dfrac{1}{x - y^2}$;

(7) $y'=(x+y)^2$;

(8) $y''-4y'+29y=0$;

(9) $2y''+5y'=0$;

(10) $y''-y=5x^2-2x-1$;

(11) $y''-2y'+5y=e^x\cos 2x$.

2. 求下列微分方程满足所给初值条件的特解:

(1) $\dfrac{3\mathrm{d}x}{xy}+\dfrac{2e^{y^2}\mathrm{d}y}{x^3-1}=0,y\Big|_{x=1}=0$;

(2) $(x^3+y^3)\mathrm{d}x-xy^2\mathrm{d}y=0,y\Big|_{x=1}=0$;

(3) $y'+2xy=e^{-x^2}x\sin x,y\Big|_{x=0}=1$;

(4) $y''-2y'=e^{2x},y\Big|_{x=0}=1,y'\Big|_{x=0}=1$;

(5) $y''+2y'+y=\cos x,y\Big|_{x=0}=0,y'\Big|_{x=0}=\dfrac{3}{2}$.

3. 已知一曲线过点 $(1,1)$,且在曲线上任一点 (x,y) 处的切线在纵轴上的截距等于切点的横坐标,求曲线方程.

4. 若以曲线 $y=f(x)(f(x)\geqslant 0)$ 为顶,$[0,x]$ 为底的曲边梯形的面积与纵坐标 y 的 4 次方成正比,且已知 $f(0)=0,f(1)=1$,求此曲线方程.

5. 求满足方程 $f(x)=\displaystyle\int_0^x f(t)\sin t\,\mathrm{d}t+\cos 2x$ 的可微函数 $f(x)$.

6. 已知某商品的净利润 L 与广告支出 x 满足如下关系式:$L'=a-b(x+L)$,其中 a,b 为正常数,且 $L(0)=L_0(L_0>0)$.求净利润函数 $L(x)$ 的表达式.

7. 已知商品的需求量 $D(p)$ 和供给量 $S(p)$ 都是关于价格 p 的函数,且

$$D(p)=\frac{a}{p^2},S(p)=bp,$$

其中 a,b 为正常数.价格 p 又是关于时间 t 的函数且满足方程 $\dfrac{\mathrm{d}p}{\mathrm{d}t}=k[D(p)-S(p)]$,其中 k 也为正常数.若已知当 $t=0$ 时,$p=1$,试求:

(1) 需求量等于供给量时的均衡价格;

(2) 价格函数 $p(t)$;

(3) $\displaystyle\lim_{t\to+\infty}p(t)$.

8. 设某公司办公用品的月平均成本 C 是关于公司雇员人数 x 的函数,且满足 $C(0)=1$.若月平均成本的变化率满足如下关系式:

$$C'=e^{-x}C^2-2C,$$

试求月平均成本函数 $C(x)$.

自测题七

一、填空题

1. $x^3 y''' + x^2 y''^2 + xy'^3 + y^4 = 0$ 是_____阶微分方程.

2. 一阶线性微分方程 $y' + P(x)y = Q(x)$ 的通解为_____.

3. 微分方程 $yy' = xe^x$ 的通解为_____.

4. 曲线族 $y = C_1 e^x + C_2 e^{-3x}$ 中满足 $y(0) = 1$, $y'(0) = -2$ 的曲线方程为_____.

5. 微分方程 $y'' - 6y' + 9y = 0$ 的通解为_____.

6. 微分方程 $y'' - 2y' + 10y = 0$ 满足初值条件 $y\big|_{x=0} = 1$, $y'\big|_{x=0} = 0$ 的特解为_____.

7. 已知二阶齐次线性微分方程的通解为 $y = e^{2x}(C_1 + C_2 x)$,则其特征方程的特征根为_____.

8. 已知二阶常系数齐次线性微分方程的特征方程的特征根为 $r_1 = -1, r_2 = 2$,则对应的微分方程为_____.

9. 微分方程 $y'' - 5y' + 6y = x\sin 2x$ 的特解形式为_____.

10. 已知 $y = 1, y = x, y = x^2$ 是某二阶非齐次线性微分方程的三个解,则该方程的通解为_____.

二、计算题

1. 求微分方程 $\dfrac{dy}{dx} = \dfrac{1}{x-y} + 1$ 的通解.

2. 求微分方程 $y'' + 3y' - 10y = 144xe^{-2x}$ 的通解.

3. 求微分方程 $xy' = y + xe^{\frac{y}{x}}$ 满足初值条件 $y\big|_{x=1} = 0$ 的特解.

4. 求微分方程 $y'' + y = \cos 3x$ 满足初值条件 $y\big|_{x=\frac{\pi}{2}} = 4, y'\big|_{x=\frac{\pi}{2}} = -1$ 的特解.

5. 已知曲线经过点 $(e, 1)$,且在点 (x, y) 处的切线斜率等于 $\dfrac{x + y\ln x}{x\ln x}$,求曲线方程.

6. 设连续函数 $y = f(x)$ 满足 $f(x) = \displaystyle\int_0^x f(t)\,dt + e^{2x}$,求函数 y 的表达式.

7. 已知函数 $y = e^x$ 是微分方程 $xy' + P(x)y = x$ 的一个解,求此微分方程满足初值条件 $y\big|_{x=\ln 2} = 0$ 的特解.

8. 假设某商品的销售收益函数 $R(x)$ 满足如下关系式:

$$\frac{dR}{dx} = \frac{a(R^3 - x^3)}{xR^2},$$

其中 x 为销售量(需求量),a 为比例常数,且 $0 < a < 1$.若已知 $R(10) = 0$,求函数 $R(x)$ 表达式.

9. 通常商家在某地区推销一种新款耐用品时,最初会采取各种宣传和促销活动以打开销路,因此在这一阶段该商品的销售量会随着购买人数增加而逐渐增大.但由于潜在购买能力有限,当购买者占到潜在消费者总量一定比例时,该商品销售增长率会逐渐降低.假设潜在消费者总量为 N,任一时刻 t 已经出售的新商品总量为 $x(t)$.若商品销售的增长速率 $\dfrac{\mathrm{d}x}{\mathrm{d}t}$ 与新商品总量 $x(t)$ 及销售量接近饱和水平的程度 $N - x(t)$ 的乘积成正比,且比例常数为 $k > 0$.

(1) 试建立 $x(t)$ 所满足的微分方程;

(2) 试求(1)中微分方程满足初值条件 $x(0) = x_0$ 的特解.

10. 假设某城市 t 时刻的人均小麦产量和人均国民收入分别为 $w = w(t)$ 和 $y = y(t)$,且满足如下关系式:

$$w' = \frac{1}{ay} + k\mathrm{e}^{bt}, \quad w(0) = w_0 > 0,$$
$$y' = by, \quad y(0) = y_0 > 0,$$

其中 a, b 和 k 均常数,且 $b > 0, aby_0 > k$.试求:

(1) 函数 $w(t)$ 和 $y(t)$ 的表达式;

(2) 极限 $\lim\limits_{t \to +\infty} \dfrac{w(t)}{y(t)}$.

习题参考答案

第一章

习题 1-1

1. (1) $[0,2]$；(2) $\left\{x \mid x \neq \dfrac{k}{2}\pi, k \in \mathbf{Z}\right\}$；(3) $(-\infty,1] \cup \{2\}$；(4) $(0,1) \cup (1,+\infty)$.

2. (1) 偶函数；(2) 奇函数；(3) 偶函数.

3. $f(x) = \begin{cases} -x^2+x-1, & -1 \leqslant x < 0, \\ 0, & x=0, \\ x^2+x+1, & 0 < x \leqslant 1. \end{cases}$

4. 提示：$f(x) = \dfrac{f(x)+f(-x)}{2} + \dfrac{f(x)-f(-x)}{2}$.

5. $f(x-1) = 2(x-2)^2$；$f[f(x)] = 2(2x^2-4x+1)^2$.

6. $\varphi(x) = 2\mathrm{e}^{x^2}$.

7. (1) $y = \ln u, u = \sqrt{v}, v = 1+\sin x$；(2) $y = (2\mathrm{e})^u, u = x^2$；

(3) $y = u^2, u = \arcsin v, v = \dfrac{1}{x}$；(4) $y = \mathrm{e}^u, u = v^2, v = \sin w, w = \sqrt{x}$.

8. (1) $y = \dfrac{1}{3}(x^2-1)$；(2) $y = \dfrac{1}{2}(\ln x - 5)$；(3) $y = \dfrac{\ln(x-1)}{1+\ln 2}$；(4) $y = \sin x$.

9. 均衡价格 $\bar{P} = 27$，均衡数量 $\bar{Q} = 14$.

习题 1-2

1. (1) $a_n = \left(-\dfrac{1}{2}\right)^{n-1}$；(2) $a_n = \dfrac{n+2}{n}$；(3) $a_n = \begin{cases} 1, n=3k-2, \\ -1, n=3k-1,(k \in \mathbf{Z}^+). \\ 3k, n=3k \end{cases}$

2. (1) 收敛，0；(2) 收敛，0；(3) 收敛，1.

3. $\lim\limits_{x \to -\infty} f(x) = 0$，$\lim\limits_{x \to +\infty} f(x) = 0$. $\lim\limits_{x \to \infty} f(x)$ 存在且 $\lim\limits_{x \to \infty} f(x) = 0$.

4. (1) $\lim\limits_{x \to 1} f(x)$ 存在且 $\lim\limits_{x \to 1} f(x) = 1$；(2) $\lim\limits_{x \to 0} f(x)$ 不存在.

5. (1) $\lim\limits_{x \to 0} f(x) = 0$；(2) $\lim\limits_{x \to -1^+} f(x) = 1$；(3) $\lim\limits_{x \to 1^-} f(x) = 2$.

习题 1-3

1. (1) $x \to 0$；(2) $x \to \infty$ 或 $x \to 1$；(3) $x \to +\infty$.

2. (1) $x \to -1$；(2) $x \to \infty$ 或 $x \to 1$；(3) $x \to 4$.

3. (1) 当 $x \to -1$ 或 $x \to \infty$ 时为无穷小，当 $x \to 0$ 时为无穷大；

（2）当 $x \to -1$ 或 $x \to 0$ 时为无穷小，当 $x \to 2$ 或 $x \to \infty$ 时为无穷大；

（3）当 $x \to 1$ 时为无穷小，当 $x \to 0^+$ 时为负无穷大，当 $x \to +\infty$ 时为正无穷大.

4.（1）∞；（2）0；（3）0；（4）0；（5）0；（6）0.

习题 1-4

1.（1）1；（2）0；（3）$\dfrac{1}{2}$；（4）0.

2.（1）4；（2）-1；（3）$\dfrac{1}{4}$；（4）6；（5）2；（6）1.

3. $\lim\limits_{x \to -\infty} f(x) = 2$，$\lim\limits_{x \to +\infty} f(x) = 3$，因为 $\lim\limits_{x \to -\infty} f(x) \neq \lim\limits_{x \to +\infty} f(x)$，所以 $\lim\limits_{x \to \infty} f(x)$ 不存在.

4.（1）$a = -4, b = -4$；（2）$a = -4, b = -2$；（3）$a \neq -4, b$ 为任意实数.

5. $k = -3, a = 4$.

习题 1-5

1.（1）$\dfrac{5}{4}$；（2）π；（3）$-\dfrac{1}{2}$；（4）3；（5）1；（6）8；

（7）e^{-1}；（8）$\mathrm{e}^{\frac{1}{2}}$；（9）$\dfrac{2}{3}$；（10）e^2；（11）e^{-1}.

2. $\ln 3$.　3. 29 604.89 元.

习题 1-6

1. 当 $x \to 0$ 时，$x^2 - x^3$ 是 $x - x^2$ 的高阶无穷小.

2.（1）同阶；（2）等价；（3）同阶；（2）等价.

3.（1）$\dfrac{3}{2}$；（2）$\dfrac{2}{3}$；（3）$\dfrac{1}{2}$；（4）3；（5）1；（6）$\dfrac{1}{2}$.

4. $m = \dfrac{1}{2}, n = 2$.　5. $n = 2$.

习题 1-7

1.（1）$u_n = \dfrac{1}{2n}$；（2）$u_n = \dfrac{n+1}{n^2+1}$；（3）$u_n = (-1)^{n-1}\dfrac{n+1}{n}$；

（4）$u_n = (-1)^{n-1}\dfrac{a^{n+1}}{2n+1}$.

2.（1）发散；（2）收敛.

3.（1）收敛；（2）收敛；（3）发散；（4）发散.

4.（1）收敛；（2）收敛；（3）发散；（4）发散；（5）绝对收敛；（6）绝对收敛.

习题 1-8

1.（1）$(-\infty, 0), (0, 1), (1, +\infty)$；（2）$(-\infty, +\infty)$；

（3）$(-\infty, -2), (2, +\infty)$；（4）$(-\infty, 1), (2, +\infty)$.

2.（1）连续；（2）间断；（3）连续.

3.（1）在 $(-\infty, 1), (1, 2), (2, +\infty)$ 上连续，其中 $x = 1$ 为可去间断点，$x = 2$ 为无

穷间断点.

(2) 在$(-\infty,0),(0,1)$上连续,其中$x=0$为可去间断点,$x=1$为无穷间断点.

4. 证:设$f(x)=x^5-3x^3-1$,且$f(x)$在闭区间$[1,2]$上连续,$f(1)=-3<0$,$f(2)=7>0$,由零点定理得,至少存在一点$\xi\in(1,2)$,使得$f(\xi)=0$.即方程$x^5-3x^3-1=0$至少有一个介于1与2之间的实根.

5. 证:设$g(x)=f(x)-x=e^x-x-2$,且$g(x)$在闭区间$[0,2]$上连续,$g(0)=-1<0,g(2)=e^2-4>0$,由零点定理得,至少存在一点$\xi\in(0,2)$,使得$g(\xi)=0$.即在区间$(0,2)$内有一点ξ,使得$f(\xi)=\xi$.

6. $a=0$. 7. (1) $a=1,b=\dfrac{1}{2}$;(2) $a=1,b\neq\dfrac{1}{2}$;(3) $a\neq1,b$ 为任意实数.

复习题一

1. (1) $(-\infty,-1)\bigcup(10,+\infty)$;(2) $\{x\mid x\in\mathbf{Z}\}$;(3) $(1,e)\bigcup(e,+\infty)$.

2. (1) 是,定义域和对应法则都相同;(2) 是,符号不会影响定义域和对应法则.

3. (1) 奇;(2) 非奇非偶;(3) 偶.

4. $L(x)=125x-200\,000,1\,600$ 单位.

5. (1) $\lim\limits_{x\to-1+}f(x)=-2$;(2) $\lim\limits_{x\to0}f(x)=0$;(3) $\lim\limits_{x\to1-}f(x)=-2,\lim\limits_{x\to1+}f(x)=2$,因为$\lim\limits_{x\to1-}f(x)\neq\lim\limits_{x\to1+}f(x)$,所以$\lim\limits_{x\to1}f(x)$不存在;(4) $\lim\limits_{x\to2}f(x)=3$.

6. (1) 当$x\to0$时为负无穷大;(2) 当$x\to-1$时为负无穷大;(3) 当$x\to-\infty$时为无穷小,当$x\to+\infty$时为正无穷大;(4) 当$x\to\infty$时$\sin x$既不是无穷小也不是无穷大.

7. (1) $-\dfrac{3}{5}$;(2) 2;(3) $-\dfrac{2}{3}$;(4) -1;(5) $-\dfrac{1}{4}$;(6) 0.

8. (1) 因为$\lim\limits_{x\to1-}f(x)=\lim\limits_{x\to1+}f(x)=3$,所以$\lim\limits_{x\to1}f(x)$存在,$\lim\limits_{x\to1}f(x)=3$;(2) $\lim\limits_{x\to2-}f(x)=+\infty,\lim\limits_{x\to2+}f(x)=3$,因为$\lim\limits_{x\to2-}f(x)\neq\lim\limits_{x\to2+}f(x)$,所以$\lim\limits_{x\to2}f(x)$不存在.

9. (1) $\dfrac{2}{3}$;(2) -1;(3) $\dfrac{1}{3}$;(4) e^3;(5) e;(6) e^{-1}.

10. $a=1,n=2$. 11. (1) e;(2) $-\dfrac{1}{2}$;(3) 4.

12. (1) 发散;(2) 收敛. 13. $f(x)$在$x=0$处连续.

14. 连续区间$(-\infty,-3),(-3,2),(2,+\infty),\lim\limits_{x\to2}f(x)=\sqrt{\dfrac{3}{5}}$.

15. $x=-1,x=1$为可去间断点.

16. 证:设$g(x)=f(x)-x,g(x)$在闭区间$[0,1]$上连续,且$g(0)=f(0)-0\geqslant0$,$g(1)=f(1)-1\leqslant0$. (1) 若$g(0)=0$,则取$x_0=0$;(2) 若$g(1)=0$,则取$x_0=1$;(3) 若$g(0)>0,g(1)<0$,由零点定理得,至少存在一点$x\in[0,1]$,使得$g(x_0)=0$,即至少存在一点$x\in[0,1]$,使得$f(x_0)=x_0$.

17. 因为函数 $f(x)$ 在闭区间 $[a,b]$ 上连续，又 $[x_1,x_n] \subset [a,b]$，所以 $f(x)$ 在 $[x_1,x_n]$ 上连续，从而 $f(x)$ 在 $[x_1,x_n]$ 上必有最大值和最小值，分别设为 M,m，故存在 $m \leqslant f(x_i) \leqslant M, i=1,2,3,\cdots,n$. 将以上 n 个式子相加，可以得到 $nm \leqslant f(x_1)+f(x_2)+\cdots+f(x_n) \leqslant nM$，所以 $m \leqslant \dfrac{f(x_1)+f(x_2)+\cdots+f(x_n)}{n} \leqslant M$. 若该不等式为严格不等式号，则由介值定理知，至少存在一点 $\xi \in (x_1,x_n)$，使得 $f(\xi) = \dfrac{f(x_1)+f(x_2)+\cdots+f(x_0)}{n}$. 若上述不等式出现等号，如 $m = \dfrac{f(x_1)+f(x_2)+\cdots+f(x_n)}{n}$，则有 $m=f(x_1)=f(x_2)=\cdots=f(x_n)$，任取 $x_1,x_2,\cdots x_n$ 作为 ξ，即满足存在一点 $\xi \in [x_1,x_n]$，使得 $f(\xi)=\dfrac{f(x_1)+f(x_2)+\cdots+f(x_n)}{n}$；若 $M=\dfrac{f(x_1)+f(x_2)+\cdots+f(x_n)}{n}$，同理可证. 综上得证.

自测题一

一、填空题

1. $[0,1)$. 2. 奇. 3. $1+\dfrac{1}{\sqrt{1-x^2}}$. 4. 0. 5. $\dfrac{2}{5}$.

6. $\dfrac{3}{2}$. 7. e^{-5}. 8. $x=1,x=2$. 9. 5. 10. 3.

二、计算题

1. $g(x)=\begin{cases} -\sqrt{\dfrac{1-x}{2}}, & x<-1, \\ \sqrt[3]{x}, & x\geqslant-1. \end{cases}$ 2. $\dfrac{1}{2}$. 3. -1. 4. 1. 5. e^{-6}.

6. $f(x)$ 在 $(-\infty,0)\bigcup(0,+\infty)$ 上连续，其中 $x=0$ 为可去间断点.

7. 级数 $\sum\limits_{n=1}^{\infty}\left(\dfrac{1}{2n}-\dfrac{1}{2^n}\right)$ 发散.

8. $a=-3$. 9. $a=-2,b=8$.

三、证明题

证：设 $f(x)=x-a\sin x-b, x\in[0,a+b]$，且 $f(x)$ 在闭区间 $[0,a+b]$ 上连续，$f(0)=-b<0, f(a+b)=a+b-a\sin(a+b)-b=a[1-\sin(a+b)]\geqslant 0$. (1) 若 $f(a+b)=0$，则取 $x_0=a+b>0$ 就是原方程的根；(2) 若 $f(a+b)>0$，由零点定理得，至少存在一点 $x_0\in(0,a+b)$，使得 $f(x_0)=0$，综上所述，方程 $x=a\sin x+b$ 在 $(0,a+b]$ 上至少有一个不超过 $a+b$ 的正根.

第二章

习题 2-1

1. (1) $\dfrac{11}{2}$ m/s；(2) 6 m/s.　2. 3.　3. (1) $-A$；(2) $-A$；(3) $(\alpha-\beta)A$.

4. $f'_+(0)=0$，$f'_-(0)=1$，故 $f(x)$ 在 $x=0$ 处的导数不存在；

$$f'(x)=\begin{cases}\cos x, & x<0 \\ \text{不存在}, & x=0. \\ 2x, & x>0\end{cases}$$

5. 2.　6. 切线方程 $x-y+1=0$；法线方程 $x+y-1=0$.

7. $f'_+(0)=1$，$f'_-(0)=1$，$f(x)$ 在 $x=0$ 处导数存在且 $f'(0)=1$.

8. $f(x)$ 在 $x=0$ 处连续且可导，$f'(0)=0$.　9. $a=2,b=-1$.

10. $\displaystyle\lim_{x\to0}\frac{f(x)-f(0)}{x-0}=\lim_{x\to0}\frac{\varphi(x)(1+|\tan x|)-\varphi(0)}{x}=\lim_{x\to0}\frac{\varphi(x)-\varphi(0)}{x}+$

$\displaystyle\lim_{x\to0}\frac{\varphi(x)|\tan x|}{x}$，而 $\displaystyle\lim_{x\to0^+}\frac{|\tan x|}{x}=1$，$\displaystyle\lim_{x\to0^-}\frac{|\tan x|}{x}=-1$，因此 $\displaystyle\lim_{x\to0}\frac{\varphi(x)|\tan x|}{x}$ 的极限存在

等价于 $\displaystyle\lim_{x\to0}\varphi(x)=\varphi(0)=0$.

习题 2-2

1. (1) $6x-5$；(2) $3x^2-\dfrac{6}{x^3}+\dfrac{1}{x^2}$；(3) $3x^2-2^x\ln2+5\mathrm{e}^x$；(4) $2\sec^2 x-\sec x\tan x$；

(5) $-\dfrac{1}{x^2}-\dfrac{1}{2\sqrt{x^3}}-\dfrac{1}{3\sqrt[3]{x^4}}$；(6) $\cos^2 x-\sin^2 x=\cos 2x$；(7) $2\mathrm{e}^x\cos x$；(8) $2x\ln x\sin x+$

$x\sin x+x^2\ln x\cos x$；(9) $\dfrac{1-\ln x}{x^2}$；(10) $\dfrac{2\cos x}{(1-\sin x)^2}$.

2. 切线方程 $y=2x$；法线方程 $y=-\dfrac{1}{2}x$.

3. (1) $5\sin(3-5x)$；(2) $2x\sec^2 x^2$；(3) $\dfrac{x\cos\sqrt{1+x^2}}{\sqrt{1+x^2}}$；(4) $\dfrac{1}{\sin x}$；

(5) $\dfrac{1}{x\ln x\ln(\ln x)}$；(6) $\dfrac{\cos x+\sec^2 x}{\sin x+\tan x}$；(7) $(-2x+3)\mathrm{e}^{-x^2+3x-1}$；

(8) $n\sin^{n-1}x\cos(n+1)x$；(9) $\mathrm{e}^{-x}(-x^2+4x-5)$；

(10) $\mathrm{e}^{\sin x^2}\left(\dfrac{1}{2\sqrt{x}}+2x\sqrt{x}\cos x^2\right)$；(11) $\dfrac{1}{2x}+\dfrac{1}{2x\sqrt{\ln x}}$；(12) $2\mathrm{e}^x\sqrt{1-\mathrm{e}^{2x}}$.

4. (1) $3x^2 f'(x^3)$；(2) $-\dfrac{f'\left(\arcsin\dfrac{1}{x}\right)}{\sqrt{x^4-x^2}}$；

(3) $\mathrm{e}^x f'(\mathrm{e}^x)+\mathrm{e}^{f(x)}f'(x)$；(4) $2xf(\ln x)+xf'(\ln x)$.

5. (1) $30x-\cos x$；(2) e^{x+5}；(3) $2\cos x-x\sin x$；

(4) $2\sec^2 x\tan x$；(5) $\dfrac{6x^2-2}{(1+x^2)^3}$；(6) $-2\cos 2x\ln x-\dfrac{2\sin 2x}{x}-\dfrac{\cos^2 x}{x^2}$.

6. (1) $-4\cos x\,\mathrm{e}^x$；(2) $2^{n-1}\cos\left(2x+\dfrac{n\pi}{2}\right)$.

习题 2-3

1. (1) $\dfrac{y}{y-x}$；(2) $\dfrac{3x^2-2y}{2x-3y^2}$；(3) $\dfrac{\mathrm{e}^{x+y}-y}{x-\mathrm{e}^{x+y}}$；(4) $\dfrac{\cos(x-y)-y\sin x}{\cos(x-y)-\cos x}$；

(5) $\dfrac{y\mathrm{e}^{xy}-2x}{2y-x\mathrm{e}^{xy}}$；(6) $\dfrac{x+y}{x-y}$.

2. 切线方程 $x+y-\dfrac{3}{2}=0$；法线方程 $x-y+\dfrac{1}{2}=0$.

3. (1) $y'=\dfrac{\mathrm{e}^y}{1-x\mathrm{e}^y}$，$y''=\dfrac{\mathrm{e}^{2y}(2-x\mathrm{e}^y)}{(1-x\mathrm{e}^y)^3}$；

(2) $y'=-\csc^2(x+y)$，$y''=-2\cot^3(x+y)\csc^2(x+y)$.

4. (1) $x^x(\ln x+1)$；(2) $(1+x^2)^{\sin x}\left[\cos x\ln(1+x^2)+\dfrac{2x\sin x}{1+x^2}\right]$；

(3) $3\left(\dfrac{x}{1-x}\right)^{3x}\left(\ln\dfrac{x}{1-x}+\dfrac{x}{1-x}\right)$；

(4) $\dfrac{\sqrt{x+2}\,(3-x)^4}{(x+1)^5}\left[\dfrac{1}{2(x+2)}-\dfrac{4}{3-x}-\dfrac{5}{x+1}\right]$；

(5) $\dfrac{1}{2}\sqrt{\dfrac{3x-2}{(5-2x)(x-1)}}\left(\dfrac{3}{3x-2}+\dfrac{2}{5-2x}-\dfrac{1}{x-1}\right)$.

习题 2-4

1. $\Delta y=0.1608$；$\mathrm{d}y=0.16$.

2. (1) $\mathrm{d}y=3\cos 3x\,\mathrm{d}x$；(2) $\mathrm{d}y=2x\mathrm{e}^{2x}(1+x)\mathrm{d}x$；(3) $\mathrm{d}y=\dfrac{x}{x^2-1}\mathrm{d}x$；

(4) $\mathrm{d}y=-\dfrac{1}{x^2+1}\mathrm{d}x$；(5) $\mathrm{d}y=\dfrac{1}{\sqrt{(1+x^2)^3}}\mathrm{d}x$；

(6) $\mathrm{d}y=-(2\sin x+x\cos x)\mathrm{d}x$；(7) $-\mathrm{e}^{-x}(\cos x+\sin x)\mathrm{d}x$.

3. $\mathrm{d}y=-\dfrac{y+\mathrm{e}^{x+y}}{x+\mathrm{e}^{x+y}}\mathrm{d}x$.   4. (1) 1.001；(2) 0.875.

5. $43.63\ \mathrm{cm}^2$，$104.72\ \mathrm{cm}^2$.   6. 1.157 g.

习题 2-5

1. $C(10)=225$，$C'(Q)=\dfrac{Q}{2}$，$C'(10)=5$.

2. 总收益 $R(15)=255$，边际收益 $R'(15)=14$.

3. (1) 边际成本 $C'(Q)=5+\dfrac{Q}{5}$，边际收益 $R'(Q)=200+\dfrac{Q}{10}$，边际利润 $L'(Q)=$

$195-\dfrac{Q}{10}$；(2) $L'(120)=183$.

4. (1) 供给弹性函数 $E=\dfrac{8P}{-20+8P}$；(2) 当 $P=6$ 时，$E=\dfrac{12}{7}$，即 $|E|>1$，需求是

富有弹性的,故降低价格会使得总收益增加.

5. $\dfrac{ER}{EP}=P\dfrac{R'(P)}{R(P)}=P\dfrac{f(P)+P\cdot f'(P)}{P\cdot f(P)}=1+P\dfrac{f'(P)}{f(P)}=1+\dfrac{EQ}{EP}.$

复习题二

1. $f'(\pi)=0$. 2. $f'(0)=0$. 3. (1) 连续且可导,$f'(0)=1$；(2) 连续不可导.

4. $a=1,b=1$. 5. 切线方程 $3x-y-1=0$；法线方程 $x+3y-7=0$.

6. (1) $30(3x-1)^9$；(2) $\dfrac{2x+1}{x^2+x+1}$；(3) $2\sin4x\,\mathrm{e}^{\sin^2 2x}$；

(4) $\dfrac{-x^3+3x^2-2x+2}{\mathrm{e}^x}$；(5) $\left[2\ln(3-5x)-\dfrac{5}{3-5x}\right]\mathrm{e}^{2x}$；(6) $\dfrac{-2\ln5\cdot 5^x}{(1+5^x)^2}$；

(7) $\dfrac{\sec^2\dfrac{x}{2}}{4\sqrt{\tan\dfrac{x}{2}}}$；(8) $\tan^2 x+2x\tan x\sec^2 x$；(9) $\dfrac{1}{x\ln 3x}$；

(10) $(\ln x)^x\left[\ln(\ln x)+\dfrac{1}{\ln x}\right]$；(11) $(1+x)^{\sqrt{x}}\left[\dfrac{\ln(1+x)}{2\sqrt{x}}+\dfrac{\sqrt{x}}{1+x}\right]$；

(12) $\dfrac{(x+2)^2(3-x)^5}{(x-1)^4}\left(\dfrac{2}{x+2}-\dfrac{5}{3-x}-\dfrac{4}{x-1}\right)$；

(13) $\dfrac{\sqrt{x+1}\sin x}{(x^3+1)(x+2)}\left[\dfrac{1}{2(x+1)}+\cot x-\dfrac{3x^2}{x^3+1}-\dfrac{1}{x+2}\right]$；

(14) $\dfrac{1}{2}\sqrt{x}\cos x\ln(1+x^2)\left[\dfrac{1}{x}-\tan x+\dfrac{2x}{(1+x^2)\ln(1+x^2)}\right]$.

7. (1) $-\dfrac{1}{x\sin(xy)}-\dfrac{y}{x}$；(2) $\dfrac{\mathrm{e}^y}{1-x\mathrm{e}^y}$；

(3) $\dfrac{1+(xy)^2-y}{3+3(xy)^2+x}$；(4) $-\dfrac{\sin(x+y^2)+y^2}{2xy+\mathrm{e}^y+2y\sin(x+y^2)}$.

8. (1) $y'=\dfrac{2x^3y}{1+y^2}$，$y''=\dfrac{6x^2y+12x^2y^3+6x^2y^5+4x^6y-4x^6y^3}{(1+y^2)^3}$；

(2) $y'=\dfrac{\cos(x+y)}{1-\cos(x+y)}$，$y''=-\dfrac{\sin(x+y)}{[1-\cos(x+y)]^3}$.

9. $\dfrac{\mathrm{d}y}{\mathrm{d}x}\bigg|_{x=0}=1$.

10. (1) $\mathrm{d}y=(-\sin x+3\mathrm{e}^{3x})\mathrm{d}x$；(2) $\mathrm{d}y=\dfrac{5}{2x}\mathrm{d}x$；

(3) $(\sin 4x + 4\cos 4x)\mathrm{e}^x\mathrm{d}x$; (4) $(1+2x^2)\mathrm{e}^{x^2}\mathrm{d}x$;

(5) $-\dfrac{1}{\sin x+1}\mathrm{d}x$; (6) $\left[\dfrac{1}{2(1+x^2)\sqrt{\arctan x}}+\dfrac{2\arcsin x}{\sqrt{1-x^2}}\right]\mathrm{d}x$.

11. $\Delta S=1.002\,5\pi\ \mathrm{cm}^2$；$\Delta S\approx\pi\ \mathrm{cm}^2$.

12. $y=\dfrac{a^2}{x}$，$y'=-\dfrac{a^2}{x^2}$，设切点坐标为(x_0,y_0)，切线方程为$y-\dfrac{a^2}{x_0}=-\dfrac{a^2}{x_0^2}(x-x_0)$，当$x=0$时，$y=\dfrac{2a^2}{x_0}$，当$y=0$时，$y=2x_0$，$S=\dfrac{1}{2}\left|\dfrac{2a^2}{x_0}\cdot 2x_0\right|=2a^2$.

13. (1) 成本函数$C(Q)=1\,000+0.01Q^2+10Q$，边际成本$C'(Q)=0.02Q+10$；(2) 利润函数$L(Q)=-0.01Q^2+20Q-1\,000$，边际利润$L'(Q)=-0.02Q+20$；(3) $Q=1\,000$.

14. (1) 需求弹性函数$E=-0.003P$；(2) 当$P=20$时，$E=-0.06$，即$|E|<1$，需求是缺乏弹性的，故提高价格会使得总收益增加.

自测题二

一、填空题

1. $\cos 2$. 2. 4. 3. $\dfrac{\cos 1}{3}$. 4. $-2\mathrm{e}^{-2x}\mathrm{d}x$. 5. $\sin x+C$. 6. $6!$.

7. $-2^n(n-1)!$. 8. 可导. 9. 3. 10. $2\,022!$.

二、计算题

1. $\dfrac{1}{\sqrt{x^2+1}}$. 2. $x(x^2-6x+6)\mathrm{e}^{-x}$. 3. $2x-y+1=0$.

4. $\dfrac{\sqrt{x-1}(x-2)^3}{(2x+1)^4}\left[\dfrac{1}{2(x-1)}+\dfrac{3}{x-2}-\dfrac{8}{2x+1}\right]$. 5. $\mathrm{d}y=\dfrac{x+y}{x-y}\mathrm{d}x$.

6. $\varphi(a)$. 7. $t\mathrm{e}^{2t}$. 8. $2^7+\dfrac{\sqrt{2}}{2^8}$.

9. $a=3,b=-2,f'(x)=\begin{cases}3x^2, & x<1,\\ 3, & x\geqslant 1.\end{cases}$ 10. 证略. $f'(x)=\cos x$.

第三章

习题 3-1

1. $\xi=\dfrac{\pi}{2}$. 2. $\xi=\dfrac{3\pm\sqrt{3}}{6}$. 3*. $\xi=\dfrac{14}{9}$.

4. 证：令$F(x)=\mathrm{e}^{-2x}f(x)$，则$F(x)$在$[a,b]$上连续，在$(a,b)$内可导，且$F(a)=\mathrm{e}^{-2a}f(a)$，$F(b)=\mathrm{e}^{-2b}f(b)$；又$f(a)=f(b)=0$，则$F(a)=F(b)=0$，因此，由罗尔定理知：至少存在一点$\xi\in(a,b)$，使得$F'(\xi)=0$.又$F'(\xi)=\mathrm{e}^{-2\xi}[f'(\xi)-2f(\xi)]$，所以$2f(\xi)-f'(\xi)=0$.

5. 证：由题意知，$f(x)$ 在 $[x_1,x_2]$ 上连续，在 (x_1,x_2) 内可导，又 $f(x_1)=f(x_2)$，由罗尔定理知，$\exists \xi_1 \in (x_1,x_2) \subseteq (a,b)$，使得 $f'(\xi_1)=0$．同理可得，$\exists \xi_2 \in (x_2,x_3) \subseteq (a,b)$，使得 $f'(\xi_2)=0$．又 $f'(x)$ 在 $[\xi_1,\xi_2]$ 上连续，在 (ξ_1,ξ_2) 内可导，且 $f'(\xi_1)=f'(\xi_2)=0$，再次由罗尔定理知，$\exists \xi \in (\xi_1,\xi_2) \subseteq (a,b)$，使得 $f''(\xi)=0$．

6. 证：令 $F(x)=e^x f(x)$，则 $F'(x)=e^x[f(x)+f'(x)]$，又 $f(x)=-f'(x)$，因此 $F'(x)=0$．由拉格朗日中值定理的推论知：$F(x)=C$，C 为常数，又 $f(0)=1$，所以 $F(0)=e^0 f(0)=1 \Rightarrow F(x)=1$，则 $f(x)=e^{-x}$．

7. 证：先证根的存在性：设 $f(x)=x^5+x-1$，则 $f(x)$ 在 $[0,1]$ 上连续，且 $f(0)=-1<0$，$f(1)=1>0$．由根的存在性定理知，存在点 $x_0 \in (0,1)$，使 $f(x_0)=0$．再证根的唯一性：(反证法)假设方程 $x^5+x-1=0$ 有两个或以上不同的根，$\exists x_1,x_2>0$ 且 $x_1 \neq x_2$，使得 $f(x_1)=f(x_2)=0$．不妨设 $x_1<x_2$，显然，$f(x)$ 在 $[x_1,x_2]$ 上连续，在 (x_1,x_2) 内可导，且 $f(x_1)=f(x_2)$，由罗尔定理知：$\exists \xi \in (x_1,x_2)$，使得 $f'(\xi)=0$，即 $f'(\xi)=5\xi^4+1=0$．由于 $\xi>0$，则 $f'(\xi)>0$，矛盾，所以假设不成立，即方程 $x^5+x-1=0$ 有且仅有一个正根．

8. 证：(1) 令 $f(x)=\arctan x+\arctan \dfrac{1}{x}(x>0)$，

$$f'(x)=\frac{1}{1+x^2}+\frac{1}{1+\dfrac{1}{x^2}} \cdot \left(-\frac{1}{x^2}\right) \equiv 0.$$

由拉格朗日中值定理知，$f(x)=C$（C 为常数），又 $f(1)=\dfrac{\pi}{2}$，故 $\arctan x+\arctan \dfrac{1}{x}=\dfrac{\pi}{2}$．

(2) 令 $f(x)=\arctan x-\arcsin \dfrac{x}{\sqrt{1+x^2}}$，则

$$f'(x)=\frac{1}{1+x^2}-\frac{1}{\sqrt{1-\left(\dfrac{x}{\sqrt{1+x^2}}\right)^2}} \cdot \left(\frac{\sqrt{1+x^2}-x\dfrac{2x}{2\sqrt{1+x^2}}}{1+x^2}\right) \equiv 0,$$

由拉格朗日中值定理知，$f(x)=C$，又 $f(0)=0$，所以 $f(x)=0$，即 $\arctan x=\arcsin \dfrac{x}{\sqrt{1+x^2}}$．

9. 证：(1) 设 $f(x)=x^n$，$n>1$，则 $f(x)$ 在 $[a,b]$ 上连续，在 (a,b) 内可导，由拉格朗日中值定理得：$\exists \xi \in (a,b)$，使得 $f(a)-f(b)=f'(\xi)(a-b) \Rightarrow a^n-b^n=n\xi^{n-1}(a-b)$．又 $a<\xi<b$，因此 $na^{n-1}(a-b)<n\xi^{n-1}(a-b)<nb^{n-1}(a-b)$，即 $nb^{n-1}(a-b)<a^n-b^n<na^{n-1}(a-b)$．

(2) 设 $f(x)=\ln x$，$x>0$，则 $f(x)$ 在 $[a,b]$ 上连续，在 (a,b) 内可导，由拉格朗日中值定理得：$\exists \xi \in (a,b)$，使得 $f(b)-f(a)=f'(\xi)(b-a) \Rightarrow \ln b-\ln a=\dfrac{1}{\xi}(b-a)$．又 $a<\xi<b$，因此 $\dfrac{b-a}{b}<\dfrac{1}{\xi}(b-a)<\dfrac{b-a}{a}$，即 $\dfrac{b-a}{b}<\ln b-\ln a<\dfrac{b-a}{a} \Rightarrow \dfrac{b-a}{b}<$

$\ln \dfrac{b}{a} < \dfrac{b-a}{a}.$

习题 3-2

1. (1) 2; (2) 2; (3) 1; (4) 0; (5) $-\dfrac{1}{8}$; (6) $\dfrac{1}{3}$; (7) 3; (8) 1;

(9) $+\infty$; (10) 0; (11) $-\dfrac{4}{\pi}$; (12) 0; (13) 0; (14) $\dfrac{3}{2}$; (15) $6^{\frac{3}{2}}$;

(16) 1; (17) 1; (18) 1; (19) $\mathrm{e}^{\frac{1}{3}}$.

2. (1) $\lim\limits_{x\to\infty}\dfrac{3x+\sin x}{x+4}=\lim\limits_{x\to\infty}\dfrac{3+\dfrac{1}{x}\sin x}{1+\dfrac{4}{x}}=3;$

(2) $\lim\limits_{x\to\infty}\dfrac{x+\cos x}{x-\cos x}=\lim\limits_{x\to\infty}\dfrac{1+\dfrac{\cos x}{x}}{1-\dfrac{\cos x}{x}}=1.$

3. $f'(x)=\begin{cases}\dfrac{x\cos x-\sin x-x^2}{x^2}, & x>0,\\ \text{不存在}, & x=0,\\ 0, & x<0.\end{cases}$

习题 3-3

1. (1) $f(x)$ 无单调递增区间，单调递减区间为 $(-\infty,+\infty)$;

(2) $f(x)$ 的单调递增区间为 $[0,2]$，单调递减区间为 $(-\infty,0]$ 和 $[2,+\infty)$;

(3) $f(x)$ 的单调递增区间为 $\left(-\infty,\dfrac{3}{4}\right]$，单调递减区间为 $\left[\dfrac{3}{4},1\right]$;

(4) $f(x)$ 的单调递增区间为 $\left[\dfrac{1}{2},+\infty\right)$，单调递减区间为 $\left(0,\dfrac{1}{2}\right)$;

(5) $f(x)$ 的单调递增区间为 $\left[\dfrac{11}{3},+\infty\right)$ 和 $(-\infty,1]$，单调递减区间为 $\left[1,\dfrac{11}{3}\right]$;

(6) $f(x)$ 的单调递增区间为 $(-\infty,+\infty)$，无单调递减区间.

2. 证: (1) 令 $f(x)=\mathrm{e}^x-1-x-\dfrac{x^2}{2}$, $x\in[0,+\infty)$, 则 $f'(x)=\mathrm{e}^x-1-x$, $f''(x)=\mathrm{e}^x-1$. 当 $x>0$ 时, $f''(x)>0$, 则 $f'(x)$ 在 $(0,+\infty)$ 内单调增加, 因此 $f'(x)>f'(0)=0$, 此时 $f(x)$ 在 $(0,+\infty)$ 内单调增加, 则 $f(x)>f(0)=0$. 即当 $x>0$ 时, $\mathrm{e}^x>1+x+\dfrac{x^2}{2}.$

(2) 令 $f(x)=\sin x+\tan x-2x$, $x\in\left[0,\dfrac{\pi}{2}\right]$, 则 $f'(x)=\cos x+\sec^2 x-2$, $f''(x)=-\sin x+2\sec^2 x\tan x=\sin x(2\sec^3 x-1)$. 当 $x\in\left(0,\dfrac{\pi}{2}\right)$ 时, $f''(x)>0$, 则 $f'(x)$

在 $\left(0,\dfrac{\pi}{2}\right)$ 内单调增加，因此 $f'(x)>f'(0)=0$，此时 $f(x)$ 在 $\left(0,\dfrac{\pi}{2}\right)$ 内单调增加，则

$f(x)>f(0)=0$。即当 $0<x<\dfrac{\pi}{2}$ 时，$\sin x+\tan x>2x$。

（3）令 $f(x)=2x\arctan x-\ln(1+x^2)$，$f(x)$ 的定义域为 $(-\infty,+\infty)$，且 $f(x)$ 为偶函数，因此只需讨论 $x\in[0,+\infty)$。由于 $f'(x)=2\arctan x>0$，故当 $x\in[0,+\infty)$ 时，$f(x)$ 单调增加，则 $f(x)\geqslant f(0)=0$，即 $2x\arctan x\geqslant\ln(1+x^2)$。由于 $f(x)$ 为偶函数，当 $x\in(-\infty,0]$ 时，也有 $f(x)\geqslant f(0)=0$，即 $2x\arctan x\geqslant\ln(1+x^2)$。故 $x\in(-\infty,+\infty)$ 时，总有 $2x\arctan x\geqslant\ln(1+x^2)$。

（4）令 $f(x)=\tan x-x-\dfrac{1}{3}x^3$，$x\in\left[0,\dfrac{\pi}{2}\right)$，则 $f'(x)=(\tan x+x)(\tan x-x)$，想要证明 $f'(x)>0$，只需证明在 $\left[0,\dfrac{\pi}{2}\right)$ 上，$g(x)=\tan x-x>0$ 即可。又 $g'(x)=\tan^2 x>0$，所以 $g(x)$ 在 $\left(0,\dfrac{\pi}{2}\right)$ 内单调增加，因此 $g(x)>g(0)=0$，则 $f'(x)>0$。故 $f(x)$ 在 $\left(0,\dfrac{\pi}{2}\right)$ 内单调增加，有 $f(x)>f(0)=0$。即当 $0<x<\dfrac{\pi}{2}$ 时，$\tan x>x+\dfrac{1}{3}x^3$。

3.（1）极大值为 $f(-1)=\mathrm{e}^{-1}$，极小值为 $f(2)=4\mathrm{e}^{\frac{1}{2}}$；

（2）极大值为 $f(0)=1$，极小值为 $f(1)=0$；

（3）极大值为 $f(-1)=2$，无极小值；

（4）极大值为 $f(-1)=5$，极小值为 $f(1)=1$；

（5）极大值为 $f(-4)=\dfrac{9}{16}$，无极小值；

（6）无极大值，极小值为 $f(0)=\dfrac{1}{3}$。

4.证：由题意知：$g'(x)=\dfrac{xf'(x)-f(x)}{x^2}$，令 $F(x)=xf'(x)-f(x)$，$x\in[0,+\infty)$，则 $F'(x)=xf''(x)$，因此，当 $x\in(0,+\infty)$ 时，$F'(x)>0$，故 $F(x)$ 在 $(0,+\infty)$ 内单调增加，有 $F(x)>F(0)=0$，则 $g'(x)>0$，故 $g(x)=\dfrac{f(x)}{x}$ 在 $(0,+\infty)$ 内单调增加。

5.证：由观察可知 $\sin x=x$ 有根 $x_0=0$；再证此根是唯一的。令 $f(x)=\sin x-x$，$x\in\mathbf{R}$，又 $f'(x)=\cos x-1\leqslant 0$，$x\in\mathbf{R}$；且使 $\cos x-1=0$ 的点为 $x=2k\pi(k\in\mathbf{N})$，它们是一些孤立点，不构成区间，故 $f(x)$ 单调递减，从而 $f(x)$ 的零点唯一，即方程 $\sin x=x$ 有且仅有一个实根。

6.证：令 $f(x)=\ln x-3x$，$x\in(0,+\infty)$，则 $f'(x)=\dfrac{1}{x}-3$，由 $f'(x)=0$ 得 $x=\dfrac{1}{3}$。因此，当 $x\in\left(0,\dfrac{1}{3}\right)$ 时，$f'(x)>0$，此时 $f(x)$ 在 $\left(0,\dfrac{1}{3}\right]$ 单调增加；当 $x\in$

$\left(\dfrac{1}{3},+\infty\right)$时,$f'(x)<0$,此时$f(x)$在$\left[\dfrac{1}{3},+\infty\right)$单调减少;所以$f(x)$在$x=\dfrac{1}{3}$处取得

唯一极大值,也是最大值,且$f(x)_{\max}=f\left(\dfrac{1}{3}\right)=-\ln 3-1<0$.故$f(x)=0$无实根,即方

程$\ln x=3x$无实根.

7. (1) 最大值为 20,最小值为-65;(2) 最大值为$\sqrt{2}$,最小值为$-\sqrt{2}$;(3) 最大值

为$\dfrac{1}{2}$,最小值为 0;(4) 无最大值,最小值为 12.

8. $a=2,b=3$.

9. 生产$x=3$件产品时,平均成本最小;此时边际成本为$C'(3)=6$元.

10. 商品价格$P=101$万元时,利润最大,最大利润为$L=167\,080$万元.

习题 3-4

1. (1) 凹区间为$[2,+\infty)$,凸区间为$(-\infty,-1)$和$(-1,2]$,拐点为$\left(2,\dfrac{2}{9}\right)$;(2) 凹

区间为$[2,+\infty)$,凸区间为$(-\infty,2]$,拐点为$(2,4\mathrm{e}^{-2})$;(3) 凹区间为$(-\infty,+\infty)$,无

凸区间,无拐点;(4) 凹区间为$[2,+\infty)$,凸区间为$(-\infty,2]$,拐点为$(2,0)$;(5) 凹区

间为$[\mathrm{e}^{-\frac{1}{2}},+\infty)$,凸区间为$[0,\mathrm{e}^{-\frac{1}{2}})$,拐点为$(\mathrm{e}^{-\frac{1}{2}},-10\mathrm{e}^{-\frac{3}{2}})$;(6) 凹区间为$(-\infty,0]$

和$[1,+\infty)$,凸区间为$[0,1]$,拐点为$(0,2)$和$(1,1)$.

2. $a=-\dfrac{3}{2},b=\dfrac{9}{2}$.

3. $a=2,b=-6,c=-18,d=20$.

4. 证:(1) 令$f(t)=t\ln t,t\in(0,+\infty)$,则$f'(t)=\ln t+1,f''(t)=\dfrac{1}{t}$,因此当$t>0$

时,$f''(t)>0$,故曲线$y=f(t)$在$(0,+\infty)$内是凹的.由凹凸性的定义知,当$x>0,y>0$

时,$\dfrac{1}{2}[f(x)+f(y)]>f\left(\dfrac{x+y}{2}\right)$.即$\dfrac{1}{2}(x\ln x+y\ln y)>\left(\dfrac{x+y}{2}\right)\ln\dfrac{x+y}{2}$.

(2) 令$f(t)=\mathrm{e}^t,t\in(-\infty,+\infty)$,则$f'(t)=\mathrm{e}^t,f''(t)=\mathrm{e}^t$,因此当$t\in(-\infty,$

$+\infty)$时,$f''(t)>0$,故曲线$y=f(t)$在$(-\infty,+\infty)$内是凹的.由凹凸性的定义知,当

$x,y\in(-\infty,+\infty)$时,$\dfrac{1}{2}[f(x)+f(y)]>f\left(\dfrac{x+y}{2}\right)$.即$\mathrm{e}^{\frac{x+y}{2}}<\dfrac{\mathrm{e}^x+\mathrm{e}^y}{2}$.

(3) 令$f(t)=\arctan t,t\in(0,+\infty)$,则$f'(t)=\dfrac{1}{1+t^2},f''(t)=\dfrac{-2t}{(1+t^2)^2}$,因此当

$t\in(0,+\infty)$时,$f''(t)<0$,故曲线$y=f(t)$在$(0,+\infty)$内是凸的.由凹凸性的定义知,

当$x>0,y>0$时,$\dfrac{1}{2}[f(x)+f(y)]<f\left(\dfrac{x+y}{2}\right)$.即$\arctan\dfrac{x+y}{2}>\dfrac{\arctan x+\arctan y}{2}$.

(4) 要证$\sqrt{xy}<\dfrac{x+y}{2}$,只需证$\ln\sqrt{xy}<\ln\dfrac{x+y}{2}$,即证$\dfrac{1}{2}(\ln x+\ln y)<\ln\dfrac{x+y}{2}$.令

$f(t)=\ln t,t\in(0,+\infty)$,则$f'(t)=\dfrac{1}{t},f''(t)=\dfrac{-1}{t^2}$,因此当$t\in(0,+\infty)$时,$f''(t)<0$,

故曲线 $y=f(t)$ 在 $(0,+\infty)$ 内是凸的. 由凹凸性的定义知, 当 $x>0,y>0$ 时, $\frac{1}{2}[f(x)+f(y)]<f\left(\dfrac{x+y}{2}\right)$. 即 $\frac{1}{2}(\ln x+\ln y)<\ln\dfrac{x+y}{2}$, 则 $\sqrt{xy}<\dfrac{x+y}{2}$.

5. $(1,0)$.　6. $x+\mathrm{e}y-4=0$.　7. $a=\pm\dfrac{\sqrt{2}}{64}$.

8*. 证: $f'(x)=\dfrac{-x^2+2x+1}{(x^2+1)^2}$, $f''(x)=\dfrac{2(x+1)(x-2+\sqrt{3})(x-2-\sqrt{3})}{(x^2+1)^3}$, 令 $f''(x)=0$ 得 $x_1=-1$, $x_2=2-\sqrt{3}$, $x_3=2+\sqrt{3}$. 当 $-\infty<x<-1$ 时, $f''(x)<0$, 因此曲线在 $(-\infty,-1]$ 上是凸的; 当 $-1<x<2-\sqrt{3}$ 时, $f''(x)>0$, 因此曲线在 $[-1,2-\sqrt{3}]$ 上是凹的; 当 $2-\sqrt{3}<x<2+\sqrt{3}$ 时, $f''(x)<0$, 因此曲线在 $[2-\sqrt{3},2+\sqrt{3}]$ 上是凸的; 当 $2+\sqrt{3}<x<+\infty$ 时, $f''(x)>0$, 因此曲线在 $[-1,2-\sqrt{3}]$ 上是凹的. 故曲线有三个拐点, 分别为 $(-1,-1)$, $\left(2-\sqrt{3},\dfrac{1-\sqrt{3}}{4(2-\sqrt{3})}\right)$, $\left(2+\sqrt{3},\dfrac{1+\sqrt{3}}{4(2+\sqrt{3})}\right)$. 由于 $\dfrac{\dfrac{1-\sqrt{3}}{4(2-\sqrt{3})}-(-1)}{2-\sqrt{3}-(-1)}=\dfrac{\dfrac{1+\sqrt{3}}{4(2+\sqrt{3})}-(-1)}{2+\sqrt{3}-(-1)}=\dfrac{1}{4}$, 故这三个拐点共线.

9*. 不是极值点, 是拐点, 理由略.　10. 是拐点, 理由略.

复习题三

1. 证: 令 $F(x)=xf(x)$, 则 $F(x)$ 在闭区间 $[a,b]$ 上连续, 开区间 (a,b) 内可导, 且 $F(a)=af(a)$, $F(b)=bf(b)$, 又 $f(a)=f(b)=0$, 则 $F(a)=F(b)=0$, 因此由罗尔定理知: 至少存在一点 $\xi\in(a,b)$, 使得 $F'(\xi)=0$. 又 $F'(\xi)=\xi f'(\xi)+f(\xi)=0$, 即 $f'(\xi)=-\dfrac{f(\xi)}{\xi}$.

2. 证: (1) 令 $f(x)=2\arctan x+\arcsin\dfrac{2x}{1+x^2}$, $x\geqslant 1$, 则 $f'(x)=\dfrac{2}{1+x^2}-\dfrac{2}{1+x^2}=0$, 由拉格朗日中值定理的推论知, $f(x)=C$, C 为常数, 又 $f(1)=2\arctan 1+\arcsin 1=\pi$, 所以 $f(x)=\pi$, 即 $2\arctan x+\arcsin\dfrac{2x}{1+x^2}=\pi$ $(x\geqslant 1)$.

(2) 令 $f(x)=\arctan x+\text{arccot}x$, $x\in(-\infty,+\infty)$, 则 $f'(x)=\dfrac{1}{1+x^2}-\dfrac{1}{1+x^2}=0$, 由拉格朗日中值定理的推论知, $f(x)=C$, C 为常数, 又 $f(1)=\arctan 1+\text{arccot}1=\dfrac{\pi}{2}$, 所以 $f(x)=\dfrac{\pi}{2}$, 即 $\arctan x+\text{arccot}x=\dfrac{\pi}{2}$, $x\in(-\infty,+\infty)$.

3. 证: (1) 设 $f(x)=\arctan x$, $x>0$, 则 $f(x)$ 在 $[a,b]$ 上连续, 在 (a,b) 内可导, 由

拉格朗日中值定理得：$\exists \xi \in (a,b)$，使得 $f(b)-f(a)=f'(\xi)(b-a)$，即 $\arctan b -$

$\arctan a = \dfrac{1}{1+\xi^2}(b-a)$.

又 $a < \xi < b$，则 $\dfrac{b-a}{1+b^2} < \dfrac{1}{1+\xi^2}(b-a) < \dfrac{b-a}{1+a^2}$，即当 $0 < a < b$ 时，$\dfrac{b-a}{1+b^2} < \arctan b -$

$\arctan a < \dfrac{b-a}{1+a^2}$.

(2) 令 $f(x)=e^x-ex$，$x \in [1,+\infty)$，则 $f'(x)=e^x-e>0$，此时 $f(x)$ 在 $(1,+\infty)$

内单调增加，则 $f(x)>f(1)=0$. 即当 $x \geqslant 1$ 时，$e^x \geqslant ex$.

4. (1) $-\dfrac{1}{2}$；(2) $\dfrac{1}{4}$；(3) ∞；(4) $\cos 3$；(5) $\dfrac{1}{2}$；(6) 0；(7) $\dfrac{1}{4}$；(8) ∞；(9) 0；

(10) ∞；(11) 1；(12) 1.

5. $a=1$，$b=-\dfrac{3}{2}$.

6. (1) 单调增加区间为 $(-\infty,1]$ 和 $[2,+\infty)$，单调减少区间为 $[1,2]$，极小值为 $f(2)=8$，极大值为 $f(1)=9$；(2) 单调增加区间为 $(-\infty,+\infty)$，无单调减少区间，无极值；(3) 单调增加区间为 $(-\infty,0]$ 和 $\left[\dfrac{1}{e},+\infty\right)$，单调减少区间为 $\left(0,\dfrac{1}{e}\right]$，极小值为

$f\left(\dfrac{1}{e}\right)=e^{-\frac{1}{e}}$，极大值为 $f(0)=1$.

7. (1) 凹区间为 $\left(-\infty,-\dfrac{1}{3}\right]$ 和 $\left[\dfrac{1}{2},+\infty\right)$，凸区间为 $\left[-\dfrac{1}{3},\dfrac{1}{2}\right]$，拐点为

$\left(-\dfrac{1}{3},\dfrac{155}{81}\right)$ 和 $\left(\dfrac{1}{2},\dfrac{85}{48}\right)$；(2) 凹区间为 $(-\infty,-1]$ 和 $(0,+\infty)$，凸区间为 $[-1,0]$，拐点为 $(-1,0)$；(3) 凹区间为 $[-\sqrt{2},\sqrt{2}]$，凸区间为 $(-\infty,-\sqrt{2}]$ 和 $[\sqrt{2},+\infty)$，拐点为 $(-\sqrt{2},\ln 4)$ 和 $(\sqrt{2},\ln 4)$.

8. 证：(1) 令 $f(x)=\ln\left(1+\dfrac{1}{x}\right)-\dfrac{1}{1+x}$（$x>0$），则 $f'(x)=\dfrac{-1}{x(1+x)^2}<0$，此时 $f(x)$ 在 $(0,+\infty)$ 内单调减少. 又 $\lim\limits_{x\to+\infty}f(x)=0$，所以 $f(x)>0$，即当 $x>0$ 时，$\ln\left(1+\dfrac{1}{x}\right)>\dfrac{1}{1+x}$.

(2) 令 $f(x)=\arctan x-x$，$x \in [0,+\infty)$，则 $f'(x)=\dfrac{-x^2}{1+x^2}<0$，此时 $f(x)$ 在 $(0,+\infty)$ 内单调减少，则 $f(x)<f(0)=0$，即当 $x>0$ 时，$\arctan x<x$. 令 $g(x)=\arctan x-x+\dfrac{1}{3}x^2$，$x \in [0,+\infty)$，则 $f'(x)=\dfrac{x^4}{1+x^2}>0$，此时 $f(x)$ 在 $(0,+\infty)$ 内单调增加，则 $f(x)>f(0)=0$，即当 $x>0$ 时，$\arctan x>x-\dfrac{1}{3}x^3$. 故当 $x>0$ 时，$x-\dfrac{1}{3}x^3<$

$\arctan x < x.$

9.(1) 最大值为 17,最小值为 -10;(2) 最大值为 10,最小值为 -15;(3) 无最大值,最小值为 $-\dfrac{1}{3e}$.

10.(1) $R(x) = -0.4x^2 + 320x$;(2) $L(x) = -x^2 + 320x - 5\,000$;(3) 160;(4) 20 600;(5) 256.

自测题三

一、填空题

1. π.　2. $\dfrac{5 \pm \sqrt{13}}{12}$.　3. 1.　4. $\left[\dfrac{\ln 2}{2}, +\infty\right)$.　5. $[0, +\infty)$.

6. $x = 1$.　7. $\left(e^{\frac{3}{2}}, \dfrac{3}{2}e^{-\frac{3}{2}}\right)$.　8. 3.　9. $\dfrac{f''(0)}{2}$.　10. $a = -1, b = -1$.

二、计算题

1. $\dfrac{1}{2}$.　2. 2.　3. 1.　4. $a = -3, b = \dfrac{9}{2}$.

5. $a = -\dfrac{4}{3}, b = -\dfrac{1}{3}$,单调增加区间为 $[1,2]$,单调减少区间为 $(0,1)$ 和 $[2, +\infty)$.

6. 凹区间为 $\left[\dfrac{4}{3}, +\infty\right)$,凸区间为 $\left(-\infty, \dfrac{4}{3}\right]$,拐点为 $\left(\dfrac{4}{3}, \dfrac{52}{27}\right)$.

7. 令 $f(x) = \sqrt[x]{x} = x^{\frac{1}{x}} = e^{\frac{1}{x}\ln x}, x > 0$,则 $f'(x) = \sqrt[x]{x} \cdot \dfrac{1 - \ln x}{x}$.令 $f'(x) = 0$,得 $x = e$.当 $x \in (0, e]$ 时,$f'(x) > 0$,则 $f(x)$ 在 $(0, e]$ 内单调增加;当 $x \in [e, +\infty)$ 时,$f'(x) < 0$,则 $f(x)$ 在 $[e, +\infty)$ 内单调减少;所以 $x = e$ 为 $f(x)$ 的唯一极大值点,也是最大值点,最大值为 $f(e) = e^{\frac{1}{e}}$.因为 n 为正整数,$2 < e < 3$,又 $f(2) = \sqrt{2}, f(3) = \sqrt[3]{3}$,$(\sqrt{2})^6 = 8 < (\sqrt[3]{3})^6 = 9$,所以 $f_{\max}(n) = f(3) = \sqrt[3]{3}$.因此,数列 $\{\sqrt[n]{n}\}$ 的最大项的项数为 3,该项的数值为 $\sqrt[3]{3}$.

8. $x = 6\,000$.

三、证明题

1. 证:令 $f(x) = x\ln(x + \sqrt{1 + x^2}) + 1 - \sqrt{1 + x^2}, x \in [0, +\infty)$,则 $f'(x) = \ln(x + \sqrt{1 + x^2})$,$f''(x) = \dfrac{1}{\sqrt{1 + x^2}}$,当 $x > 0$ 时,$f''(x) > 0$,此时 $f'(x)$ 在 $(0, +\infty)$ 内单调增加,有 $f'(x) > f'(0) = 0$,则 $f(x)$ 在 $(0, +\infty)$ 内单调增加,此时 $f(x) > f(0) = 0$.即当 $x > 0$ 时,$\sqrt{1 + x^2} < x\ln(x + \sqrt{1 + x^2}) + 1$.

2. 证:令 $f(x) = a_0 x + \dfrac{a_1}{2}x^2 + \cdots + \dfrac{a_n}{n+1}x^{n+1}$,则 $f(x)$ 在 $[0,1]$ 上连续,在 $(0,1)$ 内可导.又 $f(0) = 0, f(1) = a_0 + \dfrac{a_1}{2} + \cdots + \dfrac{a_n}{n+1} = 0$,即 $f(0) = f(1)$,由罗尔定理可知,

$\exists \xi \in (0,1)$，使得 $f'(\xi) = 0$，即 $a_0 + a_1\xi + \cdots + a_n\xi^n = 0$．因此，方程 $a_0 + a_1x + \cdots + a_nx^n = 0$ 在 $(0,1)$ 内必有一个根．

第四章

习题 4-1

1. (1) $\sin x + \arcsin x + C$；(2) $-\cot x + C$；(3) $\dfrac{1}{x}, x + C$；

(4) $\dfrac{a^x}{\ln a} + C, \dfrac{a^x}{\ln^2 a} + C_1 x + C_2$；(5) $\dfrac{-2}{x} + C$；(6) -2．

2. (1) $\ln|x| + \dfrac{3}{x} + C$；(2) $\dfrac{x^5}{5} + \dfrac{2}{3}x^3 + x + C'$；(3) $\dfrac{1}{3}x^3 + \dfrac{2}{5}x^{\frac{5}{2}} + \dfrac{2}{3}x^{\frac{3}{2}} + x + C$；

(4) $\dfrac{3}{2}x^2 + \arctan x + C$；(5) $e^x + \dfrac{1}{2x^2} + C$；(6) $\dfrac{2}{\ln 3 - 1}\left(\dfrac{3}{e}\right)^x + \dfrac{3}{\ln 2 - 1}\left(\dfrac{2}{e}\right)^x + C$；

(7) $10\ln|x| - x^{-3} + C$；(8) $\dfrac{2}{5}x^{\frac{5}{2}} - \dfrac{4}{3}x^{\frac{3}{2}} + 2x^{\frac{1}{2}} + C$；

(9) $3\arctan x - 2\arcsin x + C$；(10) $\dfrac{1}{3}x^3 - x + \tan x + C$；

(11) $\tan x - \sec x + C$；(12) $\tan x - x + C$；

(13) $\dfrac{1}{2}\tan x + C$；(14) $\sin x - \cos x + C$．

3. 略． 4. $y = x^2 + C$；$y = x^2 + 1$． 5. (1) 27 m；(2) 5 s.

6. $C = x^2 + 10x + 400$．

习题 4-2

1. (1) $\dfrac{1}{10}e^{10x} + C$；(2) $-\dfrac{1}{12}(1-2x)^6 + C$；(3) $-\dfrac{1}{2}\ln|3-2x| + C$；

(4) $-\dfrac{1}{3}(8-2x)^{\frac{3}{2}} + C$；(5) $-2\cos\sqrt{x} + C$；(6) $\ln|\ln\ln x| + C$；

(7) $\arcsin x - \dfrac{1}{2}\sqrt{1-x^2} + C$；(8) $\ln|\tan x| + C$；

(9) $\sqrt{2x} - \ln(1+\sqrt{2x}) + C$；(10) $\dfrac{1}{2}\sin(x^2) + C$；(11) $-\dfrac{3}{4}\sqrt[3]{\left(1+\dfrac{1}{x}\right)^4} + C$；

(12) $\dfrac{1}{97}(1-x)^{-97} - \dfrac{1}{49}(1-x)^{-98} + \dfrac{1}{99}(1-x)^{-99} + C$；(13) $\dfrac{2}{3}(1+\ln x)^{\frac{3}{2}} + C$；

(14) $\dfrac{2}{3}(x+2)^{\frac{3}{2}} - 12(x+2)^{\frac{1}{2}} + C$；(15) $-\sqrt{1+2\cos x} + C$；

(16) $\dfrac{x^2}{2} - \dfrac{9}{2}\ln(x^2+9) + C$；(17) $\arctan e^x + C$；(18) $\dfrac{1}{3}\ln\left|\dfrac{x-2}{x+1}\right| + C$；

(19) $\dfrac{1}{4}\arctan\dfrac{x^2+1}{2} + C$；(20) $\dfrac{1}{4}\ln\left|\dfrac{2+x}{2-x}\right| + C$；(21) $\dfrac{1}{2\sqrt{2}}\ln\left|\dfrac{\sqrt{2}x-1}{\sqrt{2}x+1}\right| + C$；

(22) $\dfrac{1}{2}x+\dfrac{1}{4}\sin2x+C$；(23) $\dfrac{1}{16}\left(x-\dfrac{1}{4}\sin4x\right)-\dfrac{1}{48}\sin^3 2x+C$；

(24) $\dfrac{1}{11}\tan^{11}x+C$；(25) $\dfrac{1}{3}\sec^3 x-\sec x+C$；(26) $-\dfrac{1}{2\ln10}10^{2\arccos x}+C$；

(27) $\dfrac{1}{4}\left(\sin2x+\dfrac{1}{4}\sin8x\right)+C$；(28) $-\dfrac{1}{\arcsin x}+C$；

(29) $\dfrac{a^2}{2}\arcsin\dfrac{x}{a}-\dfrac{x}{2}\sqrt{a^2-x^2}+C$；(30) $\arccos\dfrac{1}{|x|}+C$；(31) $\dfrac{x}{\sqrt{1+x^2}}+C$；

(32) $\sqrt{x^2-9}-3\arccos\dfrac{3}{x}+C$；(33) $\arcsin x-\dfrac{1-\sqrt{1-x^2}}{x}+C$；

(34) $\dfrac{1}{3}\ln\dfrac{|x+1|}{\sqrt{x^2-x+1}}+\dfrac{\sqrt{3}}{3}\arctan\dfrac{2x-1}{\sqrt{3}}+C$；

(35) $\ln|x-2|+\ln|x+5|+C$；

(36) $\dfrac{1}{3}x^3+\dfrac{1}{2}x+x+8\ln|x|-4\ln|x+1|-3\ln|x-1|+C$.

2. $-\dfrac{1}{3}(1-x^2)^{\frac{3}{2}}+C$.　3. $\dfrac{\sqrt{x^2-1}}{3x}\left(2+\dfrac{1}{x^2}\right)+C$.

4. $f(x)=\dfrac{1}{2-x}-\dfrac{1}{3}(x-2)^3+C$.　5. $f(x)=\tan x$.

习题 4-3

1. (1) $x\ln(x+1)-x+\ln(x+1)+C$；(2) $\dfrac{1}{9}\sin3x-\dfrac{1}{3}x\cos3x+C$；

(3) $x^2\sin x+2x\cos x-2\sin x+C$；(4) $2\sqrt{x+1}\ln(x+1)-4\sqrt{x+1}+C$；

(5) $\dfrac{x^2}{4}-\dfrac{x}{4}\sin2x-\dfrac{1}{8}\cos2x+C$；(6) $\dfrac{1}{2}(x^2-1)e^{x^2}+C$；

(7) $-\dfrac{1}{2}x^2+x\tan x+\ln|\cos x|+C$；(8) $-\dfrac{1}{4}x\cos2x+\dfrac{1}{8}\sin2x+C$；

(9) $x(\ln x)^2-2x\ln x+2x+C$；(10) $\dfrac{\ln x}{1-x}+\ln\left|\dfrac{1-x}{x}\right|+C$；

(11) $-\dfrac{1}{2}\left(x^2-\dfrac{3}{2}\right)\cos2x+\dfrac{x}{2}\sin2x+C$；

(12) $x(\arcsin x)^2+2\sqrt{1-x^2}\arcsin x-2x+C$；

(13) $-\dfrac{1}{4}e^{-2x}(\sin2x+\cos2x)+C$；(14) $\dfrac{1}{2}(\sec x\tan x+\ln|\sec x+\tan x|)+C$；

(15) $(\sqrt{2x-1}-1)e^{\sqrt{2x-1}}+C$；(16) $\dfrac{1+2x^2}{8}x\sqrt{1+x^2}-\dfrac{1}{8}\ln(x+\sqrt{1+x^2})+C$；

(17) $(x+1)\arctan\sqrt{x}-\sqrt{x}+C$.

2. $\cos x - 2\dfrac{\sin x}{x} + C$.　3. $\left(2x^2 - \dfrac{1}{4}\right)\mathrm{e}^{4x^2} + C$.

4. $x - (1 + \mathrm{e}^{-x})\ln(1 + \mathrm{e}^x) + C$.

复习题四

1. (1) $\dfrac{1}{3}(2x+1)^{\frac{3}{2}} + C$;(2) $\dfrac{2}{7}x^3\sqrt{x} - \dfrac{10}{3}x\sqrt{x} + C$;(3) $\dfrac{15}{2}x^{\frac{2}{5}} - 6x^{\frac{1}{2}} + 3\ln x + C$;

(4) $\dfrac{x^2}{2} - 3x + 3\ln|x| + \dfrac{1}{x} + C$;(5) $\dfrac{1}{6}\arctan\dfrac{x^3}{2} + C$;(6) $\dfrac{2}{9}(1+x^3)^{\frac{3}{2}} + C$;

(7) $\dfrac{1}{2}\tan x + \dfrac{1}{2}x + C$;(8) $\dfrac{1}{3}\tan 3x + C$;(9) $-\dfrac{1}{2}\ln(5 + 2\cos x) + C$;

(10) $-\dfrac{1}{2}\ln|\cos^2 x + 1| + C$;(11) $\ln|x - \cos x| + C$;(12) $\dfrac{1}{\arccos x} + C$;

(13) $2\mathrm{e}^{\sqrt{x}} + C$;(14) $\dfrac{1}{\ln 2}\arcsin(2^x) + C$;(15) $\ln(\mathrm{e}^x + \sqrt{1 + \mathrm{e}^x}) - \sqrt{\mathrm{e}^{2x} + 1} + C$;

(16) $\dfrac{1}{3}\sqrt{(x^2+1)^3} - \sqrt{x^2+1} + C$;(17) $\dfrac{1}{7}\cos^7 x - \dfrac{1}{5}\cos^5 x + C$;

(18) $-\dfrac{1}{2}\cos(x^2+2) - \tan x + x + C$;(19) $\dfrac{1}{2}(\ln\tan x)^2 + C$;

(20) $-\dfrac{1}{3}(\cos x - \sin x)^3 + C$;(21) $x - \arctan x + \dfrac{1}{2}(\arctan x)^2 + C$;

(22) $-\dfrac{1}{x\sin x} + C$;(23) $\dfrac{1}{2}\mathrm{e}^{x^2-4x+3} + C$;

(24) $\dfrac{2}{9}\sqrt{(1+x^3)^3} - \dfrac{2}{3}\sqrt{1+x^3} + C$;(25) $\dfrac{2}{3}\left[\ln(x + \sqrt{1+x^2})\right]^{\frac{3}{2}} + C$;

(26) $\arcsin\ln x + C$;(27) $\dfrac{1}{2}\ln(x^2 + 2x + 5) + \arctan\dfrac{x+1}{2} + C$;

(28) $\dfrac{1}{3}x^3\arctan x - \dfrac{1}{6}x^2 + \dfrac{1}{6}\ln(x^2+1) + C$;(29) $\dfrac{1}{3}x\sin 3x + \dfrac{1}{9}\cos 3x + C$;

(30) $-\dfrac{\mathrm{e}^{-2x}}{2}\left(x + \dfrac{1}{2}\right) + C$;(31) $x\arcsin x + \sqrt{1 - x^2} + C$;

(32) $\dfrac{1}{2}x^2\ln(x-1) - \dfrac{1}{4}x^2 - \dfrac{1}{2}x - \dfrac{1}{2}\ln(x-1) + C$.

自测题四

一、填空题

1. $-\dfrac{1}{3}\cos 3x + C$.　2. $\sin 2x\,\mathrm{d}x$.　3. $2\arcsin x + C$.　4. $\arctan x + C$.

5. $\dfrac{1}{2}x^2 + \ln|\sin x| + C$.　6. $2\mathrm{e}^{2x}$.　7. $\dfrac{\sin x}{x}\,\mathrm{d}x$.　8. $(\mathrm{e}^{\sin x} + \sin x) + C$.

9. $\dfrac{1}{2}\ln^2 x$.　　10. $-2x^2 e^{-x^2} - e^{-x^2} + C$.

二、计算题

1. (1) $x + \dfrac{2}{3}x^3 + \dfrac{1}{5}x^5 + C$.　(2) $\dfrac{1}{2}x^2\ln x - \dfrac{1}{4}x^2 + C$.　(3) $-e^{\arccos x} + C$.

(4) $x - 2\ln|1 + e^x| + C$.　(5) $(x^2 - 2x + 2)e^x + C$.　(6) $\ln|\ln x| + \ln x + C$.

(7) $\dfrac{1}{2\sqrt{2}}\arctan\dfrac{1}{\sqrt{2}}\sin^2 x + C$.　(8) $\dfrac{1}{4}\arctan\dfrac{x^2+1}{2} + C$.

(9) $-\dfrac{x}{(x\sin x + \cos x)\cos x} + \tan x + C$.

2. $f(x) = \dfrac{x e^{\frac{x}{2}}}{2(1+x)^{\frac{3}{2}}}\ (x \geqslant 0)$.

第五章

习题 5-1

1. $-\dfrac{3}{8}\pi$.　2. 略.

3. (1) $\left[\dfrac{(\sqrt{3}-1)\pi}{4}, \dfrac{(3-\sqrt{3})\pi}{3}\right]$;　(2) $[15, 42]$;　(3) $[3e^{-4}, 3]$;　(4) $\left[\dfrac{3}{4}\pi, \pi\right]$.

4. (1) $\geqslant$;　(2) $\leqslant$;　(3) $\geqslant$;　(4) $>$.

5. (1) $\lim\limits_{n\to\infty}\left[\dfrac{n}{(n+1)^2} + \dfrac{n}{(n+2)^2} + \cdots + \dfrac{n}{(n+n)^2}\right]$;

(2) $\lim\limits_{n\to\infty}\dfrac{1}{n}\left[\sin\dfrac{\pi}{n} + \sin\dfrac{2\pi}{n} + \cdots + \sin\dfrac{(n-1)\pi}{n}\right]$.

6. 略.

习题 5-2

1. (1) $\dfrac{\sin x}{x}$;　(2) $\dfrac{1}{2\sqrt{\ln x}}$;　(3) $-\sqrt{1+y^4}$;　(4) $2x e^{-x^4} - e^{-x^2}$.

2. (1) -1;　(2) $\dfrac{\pi^2}{2}$.

3. $\dfrac{\mathrm{d}y}{\mathrm{d}x} = -e^{y^2}\sin(x^2)$.　4. $\Phi(x) = \begin{cases} \dfrac{x^3}{3}, & 0\leqslant x\leqslant 1, \\ \dfrac{x^2}{2} - \dfrac{1}{6}, & 1\leqslant x\leqslant 2, \end{cases}$ $\Phi(x)$ 在 $[0,2]$ 上连续.

5. (1) 20;　(2) $45\dfrac{1}{6}$;　(3) $\dfrac{\pi}{3}$;　(4) $\dfrac{\pi}{6}$;　(5) $1 - e^{-1}$;　(6) $1 - \dfrac{\pi}{4}$;　(7) 4;　(8) 9.

6. $-\dfrac{12}{7}$.　7. $f(x) = 1 - 2x$.　8. $a = 4, b = 1$.　9. 75 万元.

习题 5-3

1. (1) $\dfrac{1}{3}$；(2) $3\ln 3$；(3) $-\dfrac{1}{8}(\ln 2)^2$；(4) $\dfrac{\pi}{2}$；(5) $\dfrac{\pi}{6}$；(6) $\dfrac{4}{15}$；(7) $\pi+2$；

(8) $2-\sqrt{3}$；(9) $1-\dfrac{\pi}{4}$；(10) $\sqrt{2}-\dfrac{2}{3}\sqrt{3}$；(11) $\dfrac{\pi^2}{4}$；(12) $\dfrac{1}{\sqrt{2}}\arctan\dfrac{1}{\sqrt{2}}$；

(13) $\dfrac{\pi}{4}$；(14) $\dfrac{2}{3}$；(15) $2\sqrt{2}$；(16) $2(\sqrt{3}-1)$；(17) $1+\ln\dfrac{2}{1+\mathrm{e}}$；(18) $2(2-\sqrt{2})$；

(19) $\dfrac{64}{3}$.

2. $f(x)=1+\ln x$.　3. (1) 0；(2) $\dfrac{3}{2}\pi$；(3) $\dfrac{\pi^3}{324}$；(4) 0.　4. ~8. 略.　9. $\dfrac{3}{4}$.

10. (1) $\dfrac{1}{4}(\mathrm{e}^2+1)$；(2) $\left(\dfrac{1}{4}-\dfrac{\sqrt{3}}{9}\right)\pi+\dfrac{1}{2}\ln\dfrac{3}{2}$；(3) $\dfrac{\pi^3}{6}-\dfrac{\pi}{4}$；(4) $\dfrac{1}{5}(\mathrm{e}^\pi-2)$；

(5) $\dfrac{2}{3}\pi-\ln(2+\sqrt{3})$；(6) $\dfrac{1}{3}\ln 2$；(7) $\dfrac{1}{2}(\mathrm{e}\cdot\sin 1-\mathrm{e}\cdot\cos 1+1)$；(8) $2\left(1-\dfrac{1}{\mathrm{e}}\right)$.

11. $1+\dfrac{\pi}{4}$.　12. 1.

习题 5-4

1. (1) $\dfrac{1}{3}$；(2) 发散；(3) $\dfrac{1}{2}$；(4) $\dfrac{1}{4}$；(5) 发散；(6) 发散；(7) $\dfrac{\pi^3}{12}$；

(8) $\dfrac{\pi}{2}$；(9) $\dfrac{32}{3}$；(10) $2(1-\mathrm{e}^{-\sqrt{\pi}})$；(11) $\dfrac{\pi}{2}$；(12) $3(1+\sqrt[3]{2})$.

2. 3.　3. (1) $\dfrac{3}{2}$；(2) $\mathrm{e}+\dfrac{1}{\mathrm{e}}-2$；(3) $b-a$；(4) $\dfrac{7}{6}$.　4. $\dfrac{9}{4}$.　5. 500.　6. $\dfrac{1\,999}{3}$.

7. (1) $L(x)=2+(x^2-x-5)\mathrm{e}^{-x}$；(2) $x=4,L(x)=2+7\mathrm{e}^{-4}$.

8. (1) $P_0=3$；(2) $CS=\dfrac{81}{4},PS=9$.

9. 53.19 万元.

复习题五

1. (1) $\dfrac{2x}{\sqrt{1+x^4}}$；(2) $-2\ln 5$；(3) $2x\mathrm{e}^{x^4}-\mathrm{e}^{x^2}$；(4) $2\sin^2 x+x\sin 2x$.

2. (1) $2\ln 2$；(2) $\dfrac{1}{2}$；(3) 0；(4) 2.

3. (1) $\dfrac{\pi}{6}-\dfrac{\sqrt{3}}{8}$；(2) $\dfrac{\pi}{2}$；(3) $2+2\ln\dfrac{2}{3}$；(4) $\dfrac{1}{\sqrt{2}}\arctan\sqrt{2}$；(5) $\dfrac{1}{3}$；

(6) $2\left(1-\sqrt{1-\dfrac{1}{\mathrm{e}}}\right)$；(7) 10π；(8) $\dfrac{1}{2}$；(9) 0；(10) 2；(11) $\dfrac{\pi}{32}$；(12) $\dfrac{2}{3}$；

(13) $2\sqrt{2}$ ；(14) $\dfrac{\pi}{4}$ ；(15) $-\dfrac{\pi}{4}$ ；(16) $-2(\sqrt{\pi}\cos\sqrt{\pi}-\sin\sqrt{\pi})$ ；(17) $\pi-1$ ；

(18) 1；(19) $\dfrac{\pi}{4}+\dfrac{\ln 2}{2}$ ；(20) $\dfrac{\pi^2}{4}$ ；(21) -4 ；(22) 发散.

4.(1) 0；(2) $\dfrac{16}{3}$ ；(3) 1.　5. $\sin^2(x-y)$.

6. $F(x)=\begin{cases}0, & x<0, \\ x-\sin x, & 0\leqslant x\leqslant \dfrac{\pi}{2}, \\ \dfrac{\pi}{2}-1, & x>\dfrac{\pi}{2}.\end{cases}$

7. $x=1$ 时， $f(x)$ 取得极大值； $x=-1$ 时， $f(x)$ 取得极小值.

8.略.　9. $-\dfrac{\ln 2}{2}$.　10. $\dfrac{\ln^2 2}{2}$.　11.略.　12. $\dfrac{1}{6}-\dfrac{1}{4}\ln 3$.　13. ～14.略.

15.(1) $\dfrac{32}{5}$ ；(2) 8；(3) 1；(4) $2\sqrt{2}$.

16.3.　17.略.　18. $\dfrac{\sqrt{2}}{2}$ ，最小值为 $\dfrac{2-\sqrt{2}}{6}$.　19. $\dfrac{5}{2}$.　20.101 900 万元.

自测题五

一、填空题

1. $\dfrac{\pi}{2}$.　2. $\geqslant$.　3. $\sqrt{1+x^2}$.　4. 0.　5. 0.　6. $\dfrac{\pi}{2}$.

7. $-\pi^2+2\pi+6$.　8. $\sqrt[3]{\dfrac{3}{4}}$.　9. 1.

二、计算题

1. 0.　2. $\dfrac{4}{5}$.　3. 1.　4. $\dfrac{1}{2}\ln 3$.　5. $\dfrac{1}{6}(e-2)$.

6. $f(x)$ 的单调增区间为 $[-1,0]$ 和 $[1,+\infty)$ ； $f(x)$ 的单调减区间为 $(-\infty,-1]$ 和 $[0,1]$ ；极小值为 $f(\pm 1)=0$ ，极大值为 $f(0)=\dfrac{1}{2}(1-\dfrac{1}{e})$.

7. 1.　8. $\lim\limits_{a\to 0^+}b=\dfrac{1}{2}$.　9. $2\ln 2-2$.

10. $Q=20$ 时，税后利润最大，此时的销售价格为 $P=17.15$ 万元/件.

第六章

习题 6-1

1.略.　2. Ⅰ Ⅲ Ⅷ Ⅶ.　3. $x^2+y^2+z^2=12$.

4. (1) $f(x,y)=\dfrac{y^2(1-x)}{1+x}$；(2) $f\left(1,\dfrac{y}{x}\right)=\dfrac{2xy}{x^2+y^2}$.

5. (1) $\{(x,y)\mid x^2+y^2<4,x>0\}$；(2) $\{(x,y)\mid y\geqslant x^2\}$；

(3) $\{(x,y)\mid x+y>0,x>y\}$；(4) $\{(x,y)\mid -1\leqslant x^2+y\leqslant 1\}$.

6. $13+14x+32y-8xy-2x^2-10y^2$.

习题 6-2

1. (1) 0；(2) 1；(3) 2；(4) ∞；(5) $\dfrac{1}{4}$；(6) $\dfrac{1}{e}$.

2. 连续.

3. 因为 $\lim\limits_{\substack{x\to 0\\y=kx}}f(x,y)=\lim\limits_{\substack{x\to 0\\y=kx}}\dfrac{x}{x+kx}=\dfrac{1}{1+k}$ 与 k 有关，所以极限不存在.

4. 不连续点集：$\{(x,y)\mid y=x^2\}$.

习题 6-3

1. (1) 6,8；(2) $2e^2,2e^2$；(3) 2,0；(4) $-\dfrac{1}{2},\dfrac{1}{2}$.　2. 1.

3. (1) $z_x=z_y=\dfrac{1}{2\sqrt{x+y}}$；

(2) $z_x=2x\sin y-y^2\cos x$，$z_y=x^2\cos y-2y\sin x$；

(3) $z_x=(1+y)^x\ln|1+y|$，$z_y=x(1+y)^{x-1}$；

(4) $z_x=\sin y-\sin(x+y)$，$z_y=x\cos y-\sin(x+y)$.

4. (1) $z_{xx}=y^2e^{xy}$，$z_{xy}=z_{yx}=(1+xy)e^{xy}$，$z_{yy}=x^2e^{xy}$；

(2) $z_{xx}=y(y-1)x^{y-2}$，$z_{xy}=z_{yx}=x^{y-1}+yx^{y-1}\ln x$，$z_{yy}=x^y(\ln x)^2$；

(3) $z_{xx}=2\cos(x^2+y^2)-4x^2\sin(x^2+y^2)$，$z_{xy}=z_{yx}=-4xy(x^2+y^2)$，$z_{yy}=2\cos(x^2+y^2)-4y^2\sin(x^2+y^2)$.

5. 证：因为 $z_x=\dfrac{1}{x^2}e^{-\frac{1}{x}-\frac{1}{y}}$，$z_y=\dfrac{1}{y^2}e^{-\frac{1}{x}-\frac{1}{y}}$，等式左边 $=x^2\cdot\dfrac{1}{x^2}e^{-\frac{1}{x}-\frac{1}{y}}+y^2\cdot$

$\dfrac{1}{y^2}e^{-\frac{1}{x}-\frac{1}{y}}=2z=$ 等式右边，所以等式成立.

6. 证：因为 $z_x=\dfrac{x}{x^2+y^2}$，$z_y=\dfrac{y}{x^2+y^2}$，$z_{xx}=\dfrac{y^2-x^2}{x^2+y^2}$，$z_{yy}=\dfrac{x^2-y^2}{x^2+y^2}$，所以等式左

边 $=\dfrac{y^2-x^2}{x^2+y^2}+\dfrac{x^2-y^2}{x^2+y^2}=0$，因此等式成立.

7. 资本的边际产量为 50，劳动力的边际产量为 $\dfrac{800}{3}$.

习题 6-4

1. 0,0.　2. $dz=2e^2dx+2e^2dy$.

3. (1) $dz=yx^{y-1}dx+\ln|x|\cdot x^y dy$；

(2) $dz=2x\cos(x^2+y^2)dx+2y\cos(x^2+y^2)dy$；

（3）$\mathrm{d}z = -\dfrac{y}{x^2}\mathrm{e}^{\frac{y}{x}}\mathrm{d}x + \dfrac{1}{x}\mathrm{e}^{\frac{y}{x}}\mathrm{d}y$；

（4）$\mathrm{d}z = (2x\sin y + y^2\cos x)\mathrm{d}x + (x^2\cos y + 2y\sin x)\mathrm{d}y$.

4.（1）1.08；（2）2.95.　5. 0.014.

习题 6-5

1. $z_x = 10x - 10y$，$z_y = -10x + 20y$.

2. $\dfrac{\mathrm{d}z}{\mathrm{d}x} = \mathrm{e}^x[\sin(1-x^2) - 2x\cos(1-x^2)]$.

3. $z_x = 2x^2y(x^2+y^2)^{xy-1} + y(x^2+y^2)^{xy}\ln(x^2+y^2)$,

$z_y = 2xy^2(x^2+y^2)^{xy-1} + x(x^2+y^2)^{xy}\ln(x^2+y^2)$.

4. $\dfrac{\mathrm{d}z}{\mathrm{d}t} = \cos t + 18t\,\mathrm{e}^{9t^2}$.

5. 证明：因为 $\dfrac{\partial z}{\partial u} = \dfrac{y-x}{x^2+y^2}$，$\dfrac{\partial z}{\partial v} = \dfrac{y+x}{x^2+y^2}$，所以，$\dfrac{\partial z}{\partial u} + \dfrac{\partial z}{\partial v} = \dfrac{2y}{x^2+y^2} = \dfrac{u-v}{u^2+v^2}$.

6. $z_x = 2x^2y(x^2+y^2)^{xy-1} + y(x^2+y^2)^{xy}\ln(x^2+y^2)$,

$z_y = 2xy^2(x^2+y^2)^{xy-1} + x(x^2+y^2)^{xy}\ln(x^2+y^2)$.

7. $\dfrac{\mathrm{d}y}{\mathrm{d}x} = \dfrac{2x - \cos(x+y)}{\mathrm{e}^y + \cos(x+y)}$.

8. $z_x = -\dfrac{F_x}{F_z} = \dfrac{z}{x+z}$，$z_y = -\dfrac{F_y}{F_z} = \dfrac{z^2}{y(x+z)}$.

9. $\mathrm{d}z = \dfrac{3(x^2-z)}{\cos z - 3x}\mathrm{d}x + \dfrac{3y^2}{\cos z - 3x}\mathrm{d}y$.

10. 证：因为 $\dfrac{\partial z}{\partial x} = \dfrac{1 - 2\cos(x+2y-3z)}{3 - 6\cos(x+2y-3z)} = \dfrac{1}{3}$，$\dfrac{\partial z}{\partial y} = \dfrac{2 - 4\cos(x+2y-3z)}{3 - 6\cos(x+2y-3z)} = \dfrac{2}{3}$，所

以 $\dfrac{\partial z}{\partial x} + \dfrac{\partial z}{\partial y} = 1$.

11. 证：因为 $\dfrac{\partial x}{\partial y} = -\dfrac{F_y}{F_x}$，$\dfrac{\partial y}{\partial z} = -\dfrac{F_z}{F_y}$，$\dfrac{\partial z}{\partial x} = -\dfrac{F_x}{F_z}$，所以

$\dfrac{\partial x}{\partial y} \cdot \dfrac{\partial y}{\partial z} \cdot \dfrac{\partial z}{\partial x} = -\dfrac{F_y}{F_x} \cdot \left(-\dfrac{F_z}{F_y}\right) \cdot \left(-\dfrac{F_x}{F_z}\right) = -1$.

习题 6-6

1. 极小值 1，极小值点 $(1,-1)$，无极大值.

2. 极小值 -5，极小值点 $(1,0)$，极大值 31，极大值点 $(-3,2)$.

3. 极小值 0，极小值点 $(1,1)$，无极大值. 4. 极小值 $-\dfrac{\mathrm{e}}{2}$，极小值点 $\left(-1,\dfrac{1}{2}\right)$，无极大值.

5. 极大值为 $\dfrac{1}{8}$.　6. 极大值 $\dfrac{2\sqrt{3}}{9}$.　7. 最大值 $\dfrac{1}{4}$，最小值 -2.

8. 最短距离为 $\dfrac{7}{8}\sqrt{2}$.

9. 边长分别为 4m 和 3m.

10. 两种产品各生产 3 800 件和 2 200 件时,总利润最大为 22.2 万元.

11. 两种产品的产量分别为 100 件和 200 件时,可使总成本最低.

12. 两种广告费用分别为 1 500 万元和 1 000 万元时,可使利润最大.

习题 6-7

1. $\dfrac{16}{3}\pi$.   2. $\displaystyle\iint\limits_{D}(x+y)\mathrm{d}x\,\mathrm{d}y < \iint\limits_{D}(x+y)^3\mathrm{d}x\,\mathrm{d}y$.

3. $0 \leqslant \displaystyle\iint\limits_{D}\cos^2 x\cos^2 y\,\mathrm{d}x\,\mathrm{d}y \leqslant \dfrac{\pi^2}{4}$.

4. (1) $\dfrac{11}{12}$; (2) $-\dfrac{3}{2}\pi$; (3) $\dfrac{1}{2}\mathrm{e}^2-\mathrm{e}+\dfrac{1}{2}$; (4) $\dfrac{\pi}{4}-\dfrac{1}{2}$.

5. (1) $\dfrac{\mathrm{e}^2-2\mathrm{e}}{2}$; (2) $\dfrac{1}{3}$; (3) $\dfrac{13}{6}$; (4) $\dfrac{1}{6}\left(1-\dfrac{2}{\mathrm{e}}\right)$; (5) $\dfrac{15}{8}\pi$;

(6) 8π; (7) $3\pi\left(\dfrac{\pi}{4}-\arctan 2\right)$.

6. $\dfrac{\pi}{12}$.   7. $\dfrac{2}{3}$.   8. π.

复习题六

1. $f(x,y)=\dfrac{x^2(1-y)}{1+y}$.   2. $\{(x,y)\,|\,x^2+y^2<1,y>x\}$.

3. 0.   4. 不连续.

5. $\dfrac{\mathrm{d}z}{\mathrm{d}t}=(2t+\sin 2t)\mathrm{e}^{\sin^2 t+t^2}$.

6. $\dfrac{\partial z}{\partial x}=2x(x+4y)(x^2+y^2)^{x+4y-1}+(x^2+y^2)^{x+4y}\ln(x^2+y^2)$,

$\dfrac{\partial z}{\partial y}=2y(x+4y)(x^2+y^2)^{x+4y-1}+4(x^2+y^2)^{x+4y}\ln(x^2+y^2)$.

7. 证明:因为 $\dfrac{\partial z}{\partial u}=\dfrac{-v}{u^2+v^2}$, $\dfrac{\partial z}{\partial v}=\dfrac{u}{u^2+v^2}$, 所以 $\dfrac{\partial z}{\partial u}+\dfrac{\partial z}{\partial v}=\dfrac{u-v}{u^2+v^2}$.

8. $\dfrac{\partial z}{\partial x}=\dfrac{1}{2y-3z^2}$, $\dfrac{\partial z}{\partial y}=\dfrac{-2z}{2y-3z^2}$.   9. $\mathrm{d}z\Big|_{(0,1)}=\mathrm{d}x-\dfrac{2}{3}\mathrm{d}y$.

10. $\mathrm{d}z=\mathrm{e}^{-\arctan\frac{y}{x}}\dfrac{y\,\mathrm{d}x-x\,\mathrm{d}y}{x^2+y^2}$.

11. 极大值 8,极大值点 $(2,-2)$,无极小值.

12. $\dfrac{1}{2}$.   13. 最大值 $\dfrac{1}{4}$,最小值 -2.   14. $\dfrac{9}{8}$.   15. $\dfrac{17\pi}{4}$.   16. $\dfrac{\sqrt{2}}{2}$.

17. $2-\dfrac{1}{2}\pi$.　18. $\dfrac{2}{3}$.　19. $\dfrac{1}{4}\left(\dfrac{1}{e}-1\right)$.　20. $\dfrac{2}{3}f'(0)$.　21. $\dfrac{49}{20}$.

22. 证明(简)：由 $\displaystyle\iint\limits_{D}[f(x)-f(y)]^2\mathrm{d}x\,\mathrm{d}y\geqslant0$ 得

$$\iint\limits_{D}[f^2(x)+f^2(y)]\mathrm{d}x\,\mathrm{d}y\geqslant2\iint\limits_{D}f(x)f(y)\mathrm{d}x\,\mathrm{d}y,$$

$$\iint\limits_{D}f^2(x)\mathrm{d}x\,\mathrm{d}y+\iint\limits_{D}f^2(y)\mathrm{d}x\,\mathrm{d}y\geqslant2\int_0^1\mathrm{d}x\int_0^1f(x)f(y)\mathrm{d}y,$$

$$\iint\limits_{D}f^2(x)\mathrm{d}x\,\mathrm{d}y+\iint\limits_{D}f^2(x)\mathrm{d}x\,\mathrm{d}y\geqslant2\int_0^1f(x)\mathrm{d}x\int_0^1f(x)\mathrm{d}x.$$

即　$\displaystyle\iint\limits_{D}f^2(x)\mathrm{d}x\,\mathrm{d}y\geqslant\int_0^1f(x)\mathrm{d}x\int_0^1f(x)\mathrm{d}x$.

23. 384.

自测题六

一、填空题

1. $\dfrac{2xy}{x^2+y^2}$.　2. $\{(x,y)\mid x+y>0,x-y>0\}$.　3. 7.　4. -1.

5. $\{(x,y)\mid x=y\}$.　6. $\dfrac{\partial z}{\partial y}=\dfrac{y}{x^2+y^2}$.　7. $\mathrm{d}x-\mathrm{d}y$.　8. 5.

9. 18π.　10. $\geqslant$.

二、计算题

1. $\dfrac{1}{2}$.　2. 连续.　3. $\mathrm{d}z=10(x-y)\mathrm{d}x+10(-x+2y)\mathrm{d}y$.

4. $\dfrac{\partial z}{\partial x}=-\dfrac{e^{x+2y+3z}+yz}{3e^{x+2y+3z}+xy}$，$\dfrac{\partial z}{\partial y}=-\dfrac{2e^{x+2y+3z}+xz}{3e^{x+2y+3z}+xy}$.

5. $\dfrac{\partial^2z}{\partial x^2}=6xy^2$，$\dfrac{\partial^2z}{\partial y\partial x}=6x^2y-9y^2-1$.　6. $\dfrac{2\sqrt{3}}{9}$.

7. $\sin2-\sin1$.　8. $\dfrac{\pi}{12}$.

9. 甲和乙两种鱼的放养数分别为 10 000 万尾和 5 000 尾.

三、证明题

证明：因为 $z_x=y+f(u)-\dfrac{y}{x}f'(u)$，$z_x=x+f'(u)$，所以

$$x\dfrac{\partial z}{\partial x}+y\dfrac{\partial z}{\partial y}=x\left[y+f(u)-\dfrac{y}{x}f'(u)\right]+y[x+f'(u)]=xy+z,$$

即原式成立.

第七章

习题 7-1

1. (1) 二阶；(2) 一阶；(3) 一阶；(4) 二阶；(5) 三阶；(6) 一阶.

2. (1) 是；(2) 不是；(3) 是；(4) 不是.

3. 略. 4. $C=0$ 时，k 可取任意实数；$C \neq 0$ 时，$k=-0.05$.

5. 略.

习题 7-2

1. (1) $y=\dfrac{1}{7}x^3+\dfrac{5}{14}x^2+C$；(2) $-\mathrm{e}^{-y}=\dfrac{1}{2}\mathrm{e}^{2x}+C$；

(3) $\cos x \cos y=C$；(4) $\arcsin y=\arctan x+C$；

(5) $y=C\left(\dfrac{x}{3-x}\right)^{\frac{1}{3}}$；(6) $\dfrac{1}{2}(\ln y)^2=\dfrac{1}{2}(\ln x)^2+C$.

2. (1) $\dfrac{1}{2}\left(\dfrac{y}{x}\right)^2=\ln|x|+C$；(2) $y=x\,\mathrm{e}^{Cx+1}$；(3) $\dfrac{x}{x^2-y^2}=C$；

(4) $\arcsin\dfrac{y}{x}=\ln|x|+C$；(5) $2\mathrm{e}^{\frac{y}{x}}+\dfrac{y}{x}=\dfrac{C}{x}$.

3. (1) $y=\dfrac{1}{x}(x\mathrm{e}^x-\mathrm{e}^x+C)$；(2) $y=\dfrac{1}{\sin x}(C-5\mathrm{e}^{\cos x})$；

(3) $y=(x-2)(4x-x^2+C)$；(4) $y=x^3+Cx^3\mathrm{e}^{-x^2}$.

4. (1) $y=\dfrac{1}{2}\ln y+\dfrac{C}{\ln y}$；(2) $y^2=\mathrm{e}^{-x^2}\left(\dfrac{1}{2}x^2+C\right)$.

5. (1) $\mathrm{e}^{2y}=2\mathrm{e}^x-1$；(2) $\dfrac{y^2}{x^2}=2\ln|x|+2$；(3) $y=\dfrac{2x}{1+x^2}$；

(4) $y=\dfrac{\sin x}{x}+\dfrac{\pi}{x}$；(5) $x=\dfrac{y^2}{2}+y^3$；(6) $xy=\mathrm{e}^x$.

习题 7-3

1. (1) $y^*=\dfrac{1}{4}x^2+\dfrac{5}{4}x$；(2) $y^*=\dfrac{1}{2}(x+1)$；(3) $y^*=x^2\mathrm{e}^x$；

(4) $y^*=\dfrac{\mathrm{e}^x}{2}(x-1)$；(5) $y^*=-\left(\dfrac{x}{10}+\dfrac{4}{25}\right)\cos 2x-\left(\dfrac{x}{5}-\dfrac{13}{100}\right)\sin 2x$；

(6) $y^*=-\dfrac{x}{6}\mathrm{e}^{-2x}\cos 3x$.

2. (1) $y=\mathrm{e}^{3x}(C_1\cos x+C_2\sin x)$；(2) $y=C_1\mathrm{e}^{-x}+C_2\mathrm{e}^{5x}$；

(3) $y=(C_1+C_2x)\mathrm{e}^{\frac{x}{3}}-\dfrac{1}{256}\mathrm{e}^{3x}(1+4x)$；(4) $y=C_1+C_2\mathrm{e}^{\frac{3}{2}x}-\dfrac{x^3}{3}-\dfrac{x^2}{3}-\dfrac{7}{9}$；

(5) $y=(C_1+C_2x)\mathrm{e}^{3x}+\dfrac{3}{50}\sin x-\dfrac{3}{10}x\cos x$；

(6) $y = C_1 \cos 2x + C_2 \sin 2x + \dfrac{e^x}{10}(2\cos x + \sin x)$.

3. (1) $y = 3e^{-2x} \sin 5x$；(2) $y = (4 + 2x)e^{-x}$；(3) $y = \dfrac{1}{2}e^{4x} - \dfrac{1}{2}e^{-2x}$；

(4) $y = \dfrac{5}{2}e^{2x} - 4e^x + \dfrac{5}{2}$；(5) $y = -\cos x - \dfrac{1}{3}\sin x + \dfrac{1}{3}\sin 2x$；

(6) $y = e^x(x^2 - x + 1) - e^{-x}$.

4. $a = -3, b = 2, c = -1$；$y = C_1 e^x + C_2 e^{2x} + e^{2x} + (1 + x)e^x$.

习题 7-4

1. $P = \dfrac{5}{4} + \dfrac{3}{4}e^{-8t}$；当 $t = 0.3$ 时，价格为 $P(0.3) = \dfrac{5}{4} + \dfrac{3}{4}e^{-2.4}$.

2. $S = 4.5e^{-\frac{t}{3}}$，$y = \dfrac{4}{3}e^{\frac{t}{3}} - \dfrac{4}{3}$.

3. $y(t) = 5e^{\frac{3}{10}x}$，$S(t) = \dfrac{1}{2}e^{\frac{3}{10}x}$，$I(t) = \dfrac{1}{2}e^{\frac{3}{10}x}$.

4. $p = 10e^{\frac{\ln 2t}{10}}$. 5. $x(p) = e^{-p^3}$.

6. $y = \dfrac{27}{x} + \dfrac{x^2}{2}$，每辆汽车 3 年大修一次可使每辆汽车的总维修成本最低.

复习题七

1. (1) $2xy - y^2 = C$；(2) $\tan y = C - \dfrac{1}{\cos x}$；

(3) $y = e^x + Ce^{-3x}$；(4) $y = Cxe^x$；(5) $\dfrac{y}{2 + y} = \dfrac{Cx}{2 + x}$；

(6) $x = y^2 + 2y + 2 + Ce^y$；(7) $y = \tan(x + C) - x$；

(8) $y = e^{2x}(C_1 \cos 5x + C_2 \sin 5x)$；(9) $y = C_1 + C_2 e^{-\frac{5}{2}x}$；

(10) $y = C_1 e^x + C_2 e^{-x} - 5x^2 + 2x - 9$；

(11) $y = e^x(C_1 \cos 2x + C_2 \sin 2x) + \dfrac{1}{4}x e^x \sin 2x$.

2. (1) $e^{y^2} = 3\ln|x| - x^3 + 2$；(2) $\left(\dfrac{y}{x}\right)^3 = 3\ln|x|$；

(3) $y = e^{-x^2}(-x\cos x + \sin x + 1)$；

(4) $y = \dfrac{3}{4} + \dfrac{1}{4}e^{2x}(1 + 2x)$；(5) $y = xe^{-x} + \dfrac{1}{2}\sin x$.

3. $y = x - x\ln|x|$. 4. $y^3 = x$. 5. $f(x) = 4\cos x - 4 + Ce^{-\cos x}$.

6. $L(x) = \dfrac{a + 1}{b} - x + \left(L_0 - \dfrac{a + 1}{b}\right)e^{-bx}$.

7. (1) $p = \sqrt[3]{\dfrac{a}{b}}$；(2) $p(t) = \sqrt[3]{\dfrac{a}{b} - \left(\dfrac{a}{b} - 1\right)e^{-3bkt}}$；(3) $\lim\limits_{t \to +\infty} p(t) = \sqrt[3]{\dfrac{a}{b}}$.

8. $C(x) = \dfrac{3e^x}{1 + 2e^{3x}}$.

自测题七

一、填空题

1. 三.   2. $y = e^{-\int P(x)\,dx}\left(\int Q(x)\,e^{\int P(x)\,dx}\,dx + C\right)$.

3. $y^2 = 2x\,e^x - 2e^x + C$.   4. $y = \dfrac{1}{4}e^x + \dfrac{3}{4}e^{-3x}$.

5. $y = (C_1 + C_2 x)e^{3x}$.   6. $y = e^x\left(\cos 3x - \dfrac{1}{3}\sin 3x\right)$.

7. $r_1 = r_2 = 2$.   8. $y'' - y' - 2y = 0$.

9. $y^* = (a_0 + a_1 x)\cos 2x + (b_0 + b_1 x)\sin 2x$.

10. $y = C_1(x - 1) + C_2(x^2 - 1) + 1$.

二、计算题

1. $(x - y)^2 = C - 2x$.   2. $y = C_1 e^{2x} + C_2 e^{-5x} + (1 - 12x)e^{-2x}$.

3. $e^{-\frac{y}{x}} = 1 - \ln|x|$.   4. $y = \dfrac{5}{8}\cos x + 4\sin x - \dfrac{1}{8}\cos 3x$.

5. $y = x\left(\ln|\ln x| + \dfrac{1}{e}\right)$.   6. $y = 2e^{2x} + Ce^x$.

7. $y = e^x - e^{-\frac{1}{2}}e^{x + e^{-x}}$.   8. $R(x) = \dfrac{a}{a - 1}x^3\left[1 - \left(\dfrac{x}{10}\right)^{3(a-1)}\right]$.

9. (1) $\dfrac{dx}{dt} = k(N - x)$; (2) $x(t) = N - (N - x_0)e^{-kt}$.

10. (1) $w(t) = -\dfrac{1}{aby_0}e^{-bt} + \dfrac{k}{b}e^{bt} + w_0 + \dfrac{1}{aby_0} - \dfrac{k}{b}$, $y(t) = y_0 e^{bt}$;

(2) $\lim\limits_{t \to +\infty}\dfrac{w(t)}{y(t)} = \dfrac{k}{by_0}$.

预备知识

一、常用初等代数公式

（一）指数和对数的运算公式

1. 指数的运算公式

(1) $a^m \cdot a^n = a^{m+n}$；   (2) $\dfrac{a^m}{a^n} = a^{m-n}$；   (3) $(a^m)^n = a^{m \cdot n}$；

(4) $(a \cdot b)^m = a^m \cdot b^m$；   (5) $\left(\dfrac{a}{b}\right)^m = \dfrac{a^m}{b^m}$ $(a>0, b>0, a\neq1, b\neq1, m$ 为实数$)$

2. 对数的运算公式

(1) 若 $a^y = x$，则 $y = \log_a x$；

(2) $\log_a a = 1, \log_a 1 = 0, \ln e = 1$；

(3) $\log_a (x \cdot y) = \log_a x + \log_a y$；

(4) $\log_a \dfrac{x}{y} = \log_a x - \log_a y$；

(5) $\log_a x^b = b \cdot \log_a x$；

(6) $a^{\log_a x} = x, e^{\ln x} = x$；

(7) $\log_a b = \dfrac{\log_c b}{\log_c a}$ $(a>0, c>0, a\neq1, c\neq1), \log_a b = \dfrac{1}{\log_b a}$ $(b>0, b\neq1)$；

(8) $\log_{a^n} b^m = \dfrac{m}{n} \log_a b$ $(n\neq0, a>0, a\neq1)$.

（二）常用二项展开式

(1) $(a+b)^2 = a^2 + 2ab + b^2$；

(2) $(a-b)^2 = a^2 - 2ab + b^2$；

(3) $(a+b)^3 = a^3 + 3a^2 b + 3ab^2 + b^3$；

(4) $(a-b)^3 = a^3 - 3a^2 b + 3ab^2 - b^3$；

(5) $a^2 - b^2 = (a+b)(a-b)$；

(6) $a^3 - b^3 = (a-b)(a^2 + ab + b^2)$；

(7) $a^3 + b^3 = (a+b)(a^2 - ab + b^2)$；

(8) $a^n - b^n = (a-b)(a^{n-1} + a^{n-2}b + a^{n-3}b^2 + \cdots + b^{n-1})$；

(9) $(a+b)^n = C_n^0 a^n + C_n^1 a^{n-1}b + C_n^2 a^{n-2}b^2 + \cdots + C_n^k a^{n-k}b^k + \cdots + C_n^n b^n$.

（三）常用不等式

若 $a > b$，则有

(1) $a \pm c > b \pm c$;

(2) $ac > bc (c > 0), ac < bc (c < 0)$;

(3) $\dfrac{a}{c} > \dfrac{b}{c} (c > 0), \dfrac{a}{c} < \dfrac{b}{c} (c < 0)$;

(4) $\sqrt[n]{a} > \sqrt[n]{b}$（$n$ 为正整数，$a > 0, b > 0$）;

(5) $a^n > b^n (n > 0, a > 0, b > 0), a^n < b^n (n < 0, a > 0, b > 0)$;

(6) 对于任意实数 a, b，均有 $\big| |a| - |b| \big| \leqslant |a + b| \leqslant |a| + |b|$;

(7) $a^2 + b^2 > 2ab$.

（四）排列组合公式

(1) $n! = n(n-1)(n-2) \cdots 2 \cdot 1, 0! = 1$;

(2) 排列数 $A_n^m = n(n-1)(n-2) \cdots (n-m+1), A_n^0 = 1, A_n^n = n!$;

(3) 组合数 $C_n^m = \dfrac{n(n-1)(n-2) \cdots (n-m+1)}{m!} = \dfrac{n!}{m!(n-m)!}, C_n^0 = 1, C_n^n = 1$.

二、三角函数及公式

（一）平方和公式

$\sin^2 \alpha + \cos^2 \alpha = 1; 1 + \tan^2 \alpha = \sec^2 \alpha; 1 + \cot^2 \alpha = \csc^2 \alpha$.

（二）三角函数的和差公式

1. 余弦的和差公式

(1) $\cos(\alpha + \beta) = \cos\alpha \cos\beta - \sin\alpha \sin\beta$;

(2) $\cos(\alpha - \beta) = \cos\alpha \cos\beta + \sin\alpha \sin\beta$.

2. 正弦的和差公式

(1) $\sin(\alpha + \beta) = \sin\alpha \cos\beta + \cos\alpha \sin\beta$;

(2) $\sin(\alpha - \beta) = \sin\alpha \cos\beta - \cos\alpha \sin\beta$.

3. 正切的和差公式

(1) $\tan(\alpha + \beta) = \dfrac{\tan\alpha + \tan\beta}{1 - \tan\alpha \tan\beta}$;

(2) $\tan(\alpha - \beta) = \dfrac{\tan\alpha - \tan\beta}{1 + \tan\alpha \tan\beta}$.

（三）半角公式

(1) $\sin \dfrac{\alpha}{2} = \pm \sqrt{\dfrac{1 - \cos\alpha}{2}}$;

(2) $\cos \dfrac{\alpha}{2} = \pm \sqrt{\dfrac{1 + \cos\alpha}{2}}$;

(3) $\tan\dfrac{\alpha}{2}=\pm\sqrt{\dfrac{1-\cos\alpha}{1+\cos\alpha}}=\dfrac{1-\cos\alpha}{\sin\alpha}=\dfrac{\sin\alpha}{1+\cos\alpha}.$

(四）倍角公式

(1) $\sin2\alpha=2\sin\alpha\cos\alpha$；

(2) $\cos2\alpha=\cos^2\alpha-\sin^2\alpha=2\cos^2\alpha-1=1-2\sin^2\alpha$；

(3) $\tan2\alpha=\dfrac{2\tan\alpha}{1-\tan^2\alpha}.$

(五）三角函数的积化和差及和差化积公式

1. 积化和差公式

(1) $\sin\alpha\cos\beta=\dfrac{1}{2}\big[\sin(\alpha+\beta)+\sin(\alpha-\beta)\big]$；

(2) $\cos\alpha\sin\beta=\dfrac{1}{2}\big[\sin(\alpha+\beta)-\sin(\alpha-\beta)\big]$；

(3) $\cos\alpha\cos\beta=\dfrac{1}{2}\big[\cos(\alpha+\beta)+\cos(\alpha-\beta)\big]$；

(4) $\sin\alpha\sin\beta=-\dfrac{1}{2}\big[\cos(\alpha+\beta)-\cos(\alpha-\beta)\big].$

2. 和差化积公式

(1) $\sin\alpha+\sin\beta=2\sin\dfrac{\alpha+\beta}{2}\cos\dfrac{\alpha-\beta}{2}$；

(2) $\sin\alpha-\sin\beta=2\cos\dfrac{\alpha+\beta}{2}\sin\dfrac{\alpha-\beta}{2}$；

(3) $\cos\alpha+\cos\beta=2\cos\dfrac{\alpha+\beta}{2}\cos\dfrac{\alpha-\beta}{2}$；

(4) $\cos\alpha-\cos\beta=-2\sin\dfrac{\alpha+\beta}{2}\sin\dfrac{\alpha-\beta}{2}.$

(六）万能公式

$$\sin\alpha=\frac{2\tan\dfrac{\alpha}{2}}{1+\tan^2\dfrac{\alpha}{2}};\quad \cos\alpha=\frac{1-\tan^2\dfrac{\alpha}{2}}{1+\tan^2\dfrac{\alpha}{2}};\quad \tan\alpha=\frac{2\tan\dfrac{\alpha}{2}}{1-\tan^2\dfrac{\alpha}{2}}.$$

(七）正弦定理和余弦定理

1. 正弦定理

$\dfrac{a}{\sin A}=\dfrac{b}{\sin B}=\dfrac{c}{\sin C}$（$a,b,c$ 为角 A,B,C 的对边）.

2. 余弦定理

$a^2=b^2+c^2-2bc\cdot\cos A$；$b^2=a^2+c^2-2ac\cdot\cos B$；$c^2=a^2+b^2-2ab\cdot\cos C$（$a,b,$ c 为角 A,B,C 的对边）.

三、极坐标

极坐标是指在平面内取一个定点 O，叫作极点；引一条射线 Ox，叫作极轴；再选定一个长度单位和角度的正方向（通常取逆时针方向）.对于平面内任何一点 M，用 ρ（或 r）表示线段 OM 的长度，称为点 M 的极径；θ 表示从极轴 Ox 到 OM 的角度（逆时针方向），称为点 M 的极角.有序数对 (ρ, θ) 称为点 M 的极坐标.

极坐标与直角坐标的关系：

$$\begin{cases} x = \rho\cos\theta, \\ y = \rho\sin\theta; \end{cases} \qquad \begin{cases} \rho^2 = x^2 + y^2, \\ \tan\theta = \dfrac{y}{x} \quad (x \neq 0). \end{cases}$$

圆 $x^2 + y^2 = a^2$ 的极坐标方程为 $\rho = a$；

圆 $x^2 + y^2 - 2ax = 0$ 的极坐标方程为 $\rho = 2a\cos\theta$；

圆 $x^2 + y^2 - 2ay = 0$ 的极坐标方程为 $\rho = 2a\sin\theta$；

射线 $y = kx(x \geqslant 0)$ 的极坐标方程为 $\theta = \arctan k$.

四、常用面积和体积公式

（一）圆

周长 $= 2\pi r$

面积 $= \pi r^2$

（二）平行四边形

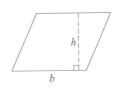

面积 $= bh$

（三）三角形

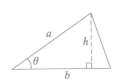

面积 $= \dfrac{1}{2}bh$

面积 $= \dfrac{1}{2}ab\sin\theta$

（四）梯形

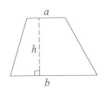

面积 $= \dfrac{a+b}{2}h$

（五）圆扇形

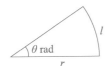

面积 $= \dfrac{1}{2}r^2\theta$

弧长 $l = r\theta$

（六）圆扇面

面积 $= \pi(r_1 + r_2)l$

（七）圆柱体

体积$=\pi r^2 h$

侧面积$=2\pi rh$

表面积$=2\pi r(r+h)$

（八）圆锥体

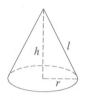

体积$=\dfrac{1}{3}\pi r^2 h$

侧面积$=\pi rl$

表面积$=\pi r(r+l)$

（九）圆台

体积$=\dfrac{1}{3}\pi(r^2+rR+$

$R^2)h$

侧面积$=\pi(r+R)l$

表面积$=\pi(r+R)l+$

$\pi(r^2+R^2)$

（十）球体

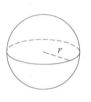

体积$=\dfrac{4}{3}\pi r^3$

表面积$=4\pi r^2$

五、复数

（一）复数的概念与运算

形如 $a+bi(a,b$ 均为实数$)$的数为复数,其中 a 被称为实部,b 被称为虚部,i 为虚数单位且 $i^2=-1$,即 $i=\sqrt{-1}$.复数通常用 z 表示,即 $z=a+bi$.$\sqrt{a^2+b^2}$ 叫作复数 z 的模,记作$|z|$.当 z 的虚部 $b=0$ 时,z 为实数;当 z 的虚部 $b\neq 0$,实部 $a=0$ 时,常称 z 为纯虚数.

$a-bi$ 叫作复数 z 的共轭复数,记作 $\bar{z}$.

若 $z_1=a_1+b_1i,z_2=a_2+b_2i$,则

(1) $z_1=z_2$ 充分必要条件为 $a_1=a_2,b_1=b_2$;

(2) $z_1+z_2=(a_1+a_2)+(b_1+b_2)i$;

(3) $z_1z_2=(a_1+b_1i)(a_2+b_2i)=(a_1a_2-b_1b_2)+(a_1b_2+a_2b_1)i$;

(4) $\bar{z}z=a^2+b^2$.

（二）复数的三角形式

$z=a+bi$ 都可以表示为 $z=r(\cos\theta+i\sin\theta)$,其中 r 是 z 的模,θ 是 z 的辐角.

若 $z_1=r_1(\cos\theta_1+i\sin\theta_1),z_2=r_2(\cos\theta_2+i\sin\theta_2)$,则

(1) $z_1z_2=r_1r_2[\cos(\theta_1+\theta_2)+i\sin(\theta_1+\theta_2)]$;

(2) $z^n=r^n(\cos n\theta+i\sin n\theta)$;

(3) $\dfrac{z_1}{z_2}=\dfrac{r_1}{r_2}(\cos\theta_1+i\sin\theta_1)(\cos\theta_2-i\sin\theta_2)=\dfrac{r_1}{r_2}[\cos(\theta_1-\theta_2)+i\sin(\theta_1-\theta_2)]$;

(4) $z=r(\cos\theta+i\sin\theta)$ 的 n 次方根为

$$\sqrt[n]{r}\left(\cos\frac{\theta+2k\pi}{n}+i\sin\frac{\theta+2k\pi}{n}\right),k=0,1,\cdots,n-1.$$

数学归纳法

数学归纳法是一种数学证明方法,通常被用于证明某个给定命题在整个(或者局部)自然数范围内成立.在数论中,数学归纳法以一种不同的方式来证明任意一个给定的情形都是正确的(第一个,第二个,第三个,一直下去概不例外)的数学定理.

虽然数学归纳法名字中有"归纳",但是数学归纳法并非不严谨的归纳推理法,它属于完全严谨的演绎推理法.事实上,所有数学证明都是演绎法.

最简单和常见的数学归纳法是证明当 n 等于任意一个自然数时某命题成立.用数学归纳法证明的步骤为:

(1)归纳检验,即验证当 n 取第一个值 n_0 时命题成立;

(2)归纳假设,即假设 $n=k$ 时命题成立;

(3)归纳证明,即证明 $n=k+1$ 时命题也成立.

完成了这三个步骤后,就可以断言命题对从 n_0 开始的一切自然数 n 都成立.

例 1 用数学归纳法证明: $1+2+\cdots+n=\dfrac{n(n+1)}{2}$, $n\in \mathbf{N}^+$.

证明 当 $n=1$ 时,左式 $=1$,右式 $=\dfrac{1\cdot(1+1)}{2}=1$,等式成立.

假设 $n=k$ 时等式成立,即 $1+2+\cdots+k=\dfrac{k(k+1)}{2}$.

当 $n=k+1$ 时,

$$1+2+\cdots+k+(k+1)=\frac{k(k+1)}{2}+(k+1)=\frac{(k+1)(k+2)}{2},$$

即当 $n=k+1$ 时等式也成立.

于是对一切自然数 n ,等式 $1+2+\cdots+n=\dfrac{n(n+1)}{2}$ 成立.

例 2 证明: $\dfrac{1}{\sqrt{1}}+\dfrac{1}{\sqrt{2}}+\cdots+\dfrac{1}{\sqrt{n}}<2\sqrt{n}$, $n\in\mathbf{N}^+$.

证明 当 $n=1$ 时,左式 $=1$,右式 $=2$,命题成立.

假设 $n=k$ 时命题成立,即 $\dfrac{1}{\sqrt{1}}+\dfrac{1}{\sqrt{2}}+\cdots+\dfrac{1}{\sqrt{k}}<2\sqrt{k}$.

当 $n=k+1$ 时,

$$\frac{1}{\sqrt{1}}+\frac{1}{\sqrt{2}}+\cdots+\frac{1}{\sqrt{k}}+\frac{1}{\sqrt{k+1}}<2\sqrt{k}+\frac{1}{\sqrt{k+1}}<2\sqrt{k}+\frac{2}{\sqrt{k+1}+\sqrt{k}},$$

由于

$$2\sqrt{k}+\frac{2}{\sqrt{k+1}+\sqrt{k}}=2\sqrt{k}+\frac{2(\sqrt{k+1}-\sqrt{k})}{k+1-k}=2\sqrt{k+1},$$

所以当 $n=k+1$ 时,命题仍成立.

即对一切**正整数** n,命题 $\frac{1}{\sqrt{1}}+\frac{1}{\sqrt{2}}+\cdots+\frac{1}{\sqrt{n}}<2\sqrt{n}$ 成立.

关于递归数列的一些问题,利用数学归纳法来处理,常常是很适合的.

例 3 已知数列 $\{a_n\}$ 满足:$a_1=1$,$a_{n+1}=a_n+\frac{1}{a_n}$,$n=1,2,\cdots$.

证明 不等式 $\sqrt{2n-1}\leqslant a_n\leqslant\sqrt{3n-2}$ 对一切正整数 n 成立.

证:由已知易得 $\{a_n\}$ 的各项均为正,且为递增数列,于是有

$$a_n\geqslant1,n=1,2,\cdots.$$

当 $n=1$ 时,$\sqrt{2-1}\leqslant1\leqslant\sqrt{3-2}$,即不等式成立.

假设 $n=k$ 时,不等式成立,即有

$$\sqrt{2k-1}\leqslant a_k\leqslant\sqrt{3k-2}.$$

当 $n=k+1$ 时,因为函数 $f(x)=x+\frac{1}{x}$ 在 $[1,+\infty)$ 上单调增加,所以

$$a_{k+1}=a_k+\frac{1}{a_k}\leqslant\sqrt{3k-2}+\frac{1}{\sqrt{3k-2}}=\frac{3k-1}{\sqrt{3k-2}}\leqslant\sqrt{3k+1},$$

以及

$$a_{k+1}=a_k+\frac{1}{a_k}\geqslant\sqrt{2k-1}+\frac{1}{\sqrt{2k-1}}=\frac{2k}{\sqrt{2k-1}}\geqslant\sqrt{2k+1}.$$

于是,当 $n=k+1$ 时,不等式也成立.

故有

$$\sqrt{2n-1}\leqslant a_n\leqslant\sqrt{3n-2},n=1,2,\cdots.$$

最后,我们用数学归纳法来证明重要的**二项式定理**.

设 n 为正整数,则有

$$(a+b)^n=C_n^0a^n+C_n^1a^{n-1}b+C_n^2a^{n-2}b^2+\cdots+C_n^nb^n.$$

当 $n=1$ 时,关系式显然成立.

假设 $n=k$ 时,关系式成立,即有

$$(a+b)^k=C_k^0a^k+C_k^1a^{k-1}b+C_k^2a^{k-2}b^2+\cdots+C_k^kb^k.$$

当 $n=k+1$ 时,

$$\begin{aligned}(a+b)^{k+1}&=(a+b)(a+b)^k\\&=(a+b)(C_k^0a^k+C_k^1a^{k-1}b+C_k^2a^{k-2}b^2+\cdots+C_k^kb^k)\\&=C_k^0a^{k+1}+(C_k^0+C_k^1)a^kb+(C_k^1+C_k^2)a^{k-1}b^2+\cdots+\\&\quad(C_k^{k-1}+C_k^k)ab^k+C_k^kb^{k+1}\end{aligned}$$

由于 $C_k^0 = C_{k+1}^0 = 1, C_k^k = C_{k+1}^{k+1} = 1$,以及 $C_k^{r-1} + C_k^r = C_{k+1}^r$,所以

$$(a+b)^{k+1} = C_{k+1}^0 a^{k+1} + C_{k+1}^1 a^k b + C_{k+1}^2 a^{k-1} b^2 + \cdots + C_{k+1}^{k+1} b^{k+1}.$$

即对一切正整数 n,成立

$$(a+b)^n = C_n^0 a^n + C_n^1 a^{n-1} b + C_n^2 a^{n-2} b^2 + \cdots + C_n^n b^n.$$

其中,组合数 $C_n^k = \dfrac{n!}{k!\ (n-k)!}$.

参考文献

[1] 龚升,林立军.简明微积分发展史[M].长沙:湖南教育出版社,2005.

[2] 卡尔·B.波耶.微积分概念发展史[M].唐生,译.上海:复旦大学出版社,2007.

[3] 朱来义.微积分[M].北京:高等教育出版社,2008.

[4] 戴中寅,卢殿臣.高等数学及其应用:财经类[M].镇江:江苏大学出版社,2012.

[5] 同济大学数学系.高等数学[M].7 版.北京:高等教育出版社,2014.

[6] 吴传生.经济数学:微积分[M].3 版.北京:高等教育出版社,2015.

[7] 维克多·J.卡兹.简明数学史[M].董晓波,顾琴,邓海荣,等译.北京:机械工业出版社,2016.

[8] 吴赣昌.微积分[M].5 版.北京:中国人民大学出版社,2017.

[9] 杨松林.文科高等数学[M].苏州:苏州大学出版社,2019.

[10] 戴维·M.布雷苏.微积分溯源:伟大思想的历程[M].陈见柯,林开亮,叶卢庆,译.北京:人民邮电出版社,2022.